普通高等教育系列教材

AutoCAD 2021 工程制图

江　洪　吴楚骐　陈　勃　编著

机械工业出版社

AutoCAD 2021 是目前流行的 CAD 软件之一，广泛应用于机械、建筑、电子、航天和水利等工程领域。

本书将画法几何、工程制图和计算机应用知识有机结合，在进行知识点讲解的同时，列举了大量的实例，培养读者的空间想象力。读者可以边学边操作，轻松地学习工程制图及有关的国家标准，掌握 AutoCAD 2021 的使用方法和技巧。

本书的特点是用具体的实例讲述了 AutoCAD 2021 的功能。本书主要内容包括奇妙的几何图形的绘制、尺寸和几何约束、外部参照、块、文字、查询、参数化绘图、几何约束绘图、零件图、装配图、打印等。

本书可作为高等院校的 CAD 课程教材，也可供工业设计领域的工程技术人员，以及 CAD / CAM 研究与应用人员参阅。

本书配有电子课件，需要的教师可登录 www.cmpedu.com 免费注册，审核通过后下载，或联系编辑索取（微信：13146070618，电话：010-88379739）。

图书在版编目（CIP）数据

AutoCAD 2021 工程制图 / 江洪，吴楚骐，陈勃编著．—北京：机械工业出版社，2021.12（2024.8 重印）

普通高等教育系列教材

ISBN 978-7-111-69877-7

Ⅰ. ①A… Ⅱ. ①江… ②吴… ③陈… Ⅲ. ①工程制图-AutoCAD 软件-高等学校-教材 Ⅳ. ①TB237

中国版本图书馆 CIP 数据核字（2021）第 260180 号

机械工业出版社（北京市百万庄大街 22 号　邮政编码 100037）

策划编辑：胡　静　　责任编辑：胡　静

责任校对：张艳霞　　责任印制：邓　博

北京盛通数码印刷有限公司印刷

2024 年 8 月第 1 版 • 第 5 次印刷

184mm×260mm • 15.75 印张 • 390 千字

标准书号：ISBN 978-7-111-69877-7

定价：65.00 元

电话服务

客服电话：010-88361066

010-88379833

010-68326294

网络服务

机　工　官　网：www.cmpbook.com

机　工　官　博：weibo.com/cmp1952

金　书　网：www.golden-book.com

机工教育服务网：www.cmpedu.com

前　言

党的二十大提出，“加快建设制造强国”。实现制造强国，智能制造是必经之路。计算机辅助设计技术是智能制造的重要支撑技术之一，其推广和使用缩短了产品的设计周期，提高了企业的生产率，从而使生产成本得到了降低，增强了企业的市场竞争力，所以掌握计算机辅助设计对高等院校的学生来说是十分必要的。

AutoCAD 2021 是目前流行的 CAD 软件之一，是由 Autodesk 公司专门开发的用于计算机辅助设计的软件。Autodesk 公司自从 1982 年推出第一个版本的 AutoCAD 以来，不断追求功能完善和技术领先，已经对 AutoCAD 进行了多次升级。每次升级都带来一些功能的改进，使得绘制功能更强大，操作更灵活，更适合于设计小组共同工作。目前，AutoCAD 已经广泛应用于机械、建筑、电子、航天和水利等工程领域。

AutoCAD 2021 的二维功能十分强大，现代工程制图已经完全能用 AutoCAD 来实现。工程图样是工程界的语言，是表达设计思想最重要的工具。要将自己的设计方案规范、美观、符合国家标准（简称 GB）地表达出来，不仅要掌握 AutoCAD 2021 的基本知识，还要了解国家标准的有关规定，熟悉机械绘图规范。本书就是为广大读者能绘制出符合国家标准的机械图样而编写的。

本书不是简单地讲述如何使用 AutoCAD 2021，也不是单纯地介绍机械制图，而是讲述如何使用 AutoCAD 2021 进行规范化工程制图。本书没有罗列软件中的枯燥命令，而是紧密结合工程图样，结合作者多年的实践经验和教学经验选取典型的实例，用实际的操作过程来覆盖软件的命令，在实例中融合了如何满足国家制图标准、如何绘制机械图样等知识。

本书的特点是将画法几何、工程制图和计算机应用结合起来，在进行知识点讲解的同时，列举了大量的实例，培养读者的空间想象力。读者可以边学边做，轻松学习，并学习和巩固工程制图及有关的国家标准，在实践中掌握 AutoCAD 2021 的使用方法和技巧，为将来的课程设计和毕业设计打下坚实的基础，为将来的工作实践做准备。

在绘图过程中，对于同类型的图形，在不同的例子中，有时会采用不同的命令来实现，以便使读者能够更全面地掌握 AutoCAD 提供的功能，并对其进行比较。

本书由浅入深、内容翔实、图文并茂、语言简洁、思路清晰、模型典型。同时，为了便于教师讲解和学生练习，本书还提供素材和上机练习题答案，可以从 http://www.cmpedu.com/上下载。

参加本书编写的人员有江洪、吴楚骐、陈勃。

由于编者水平有限，书中难免有疏漏之处，恳请广大读者批评指正。

编　者

目　录

第 1 章　AutoCAD 2021 的基础知识

本章主要介绍了 AutoCAD 的功能特点、工作界面、基本操作方法、文件管理、选择方式和精确绘图等，使读者对 AutoCAD 软件有一些简单了解，以便进一步学习。

1.1　AutoCAD 2021 的界面

AutoCAD 的工作界面是操作 AutoCAD 的窗口，熟悉 AutoCAD 的工作界面是熟练应用 AutoCAD 软件的基本条件之一。

1.1　启动 AutoCAD 2021

1.1.1　启动 AutoCAD 2021

启动 AutoCAD 2021 的方法很多，通常可采用以下方法。

1）在 Windows 桌面上双击 AutoCAD 2021 快捷图标。

2）单击 Windows 桌面左下角的“开始”按钮，在弹出的菜单中选择“所有程序”→“AutoCAD 2021-简体中文（Simplified Chinese）”选项，如图 1-1 中①②所示。

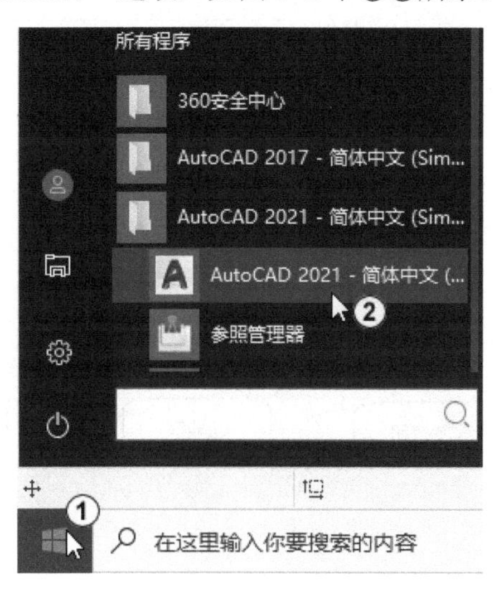

图 1-1　启动 AutoCAD 2021

3）在“我的电脑”或“资源管理器”中双击任意一个 AutoCAD 图形文件（*.DWG 文件）。

启动 AutoCAD 2021 后，系统会弹出启动界面，AutoCAD 2021 的用户界面更加人性化，有快速入门、最近使用的文档、通知等选项。单击屏幕左上方的“新建”按钮，如图 1-2 中①所示，在弹出的“选择样板”对话框中单击“打开”按钮，如图 1-2 中②所示

（此时默认的是公制单位，单位是毫米，模板为 acadiso.dwt），即可进入 AutoCAD 2021 界面，如图 1-3 所示。

图 1-2　AutoCAD 2021 启动界面

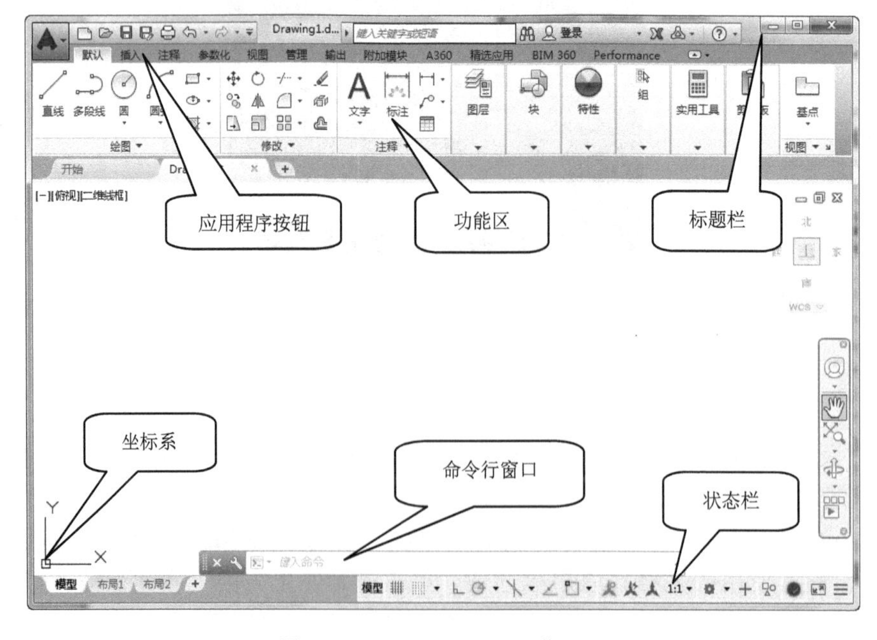

图 1-3　AutoCAD 2021 工作界面

AutoCAD 2021 工作界面是通过工作空间来组织的。工作空间是由分组组织的菜单、工具栏、选项板和功能区控制面板组成的集合。

AutoCAD 2021 工作界面包括标题栏、绘图窗口、命令行窗口、菜单栏、状态栏、工具栏、工具选项板等。

1.1.2 标题栏

AutoCAD 2021 和其他 Windows 应用程序相似，其标题栏位于用户界面的顶部，左边显示“应用程序”按钮及当前所操作图形文件的名称 Drawing1.dwg。单击左上角的“应用程序”按钮，如图 1-4 中①所示，可弹出应用程序菜单，进行相应的操作，如图 1-4 中②所示。标题栏右侧分别是：“窗口最小化”按钮、“窗口最大化”按钮、“关闭窗口”按钮，可以实现对程序窗口状态的调节，如图 1-4 中③～⑤所示。

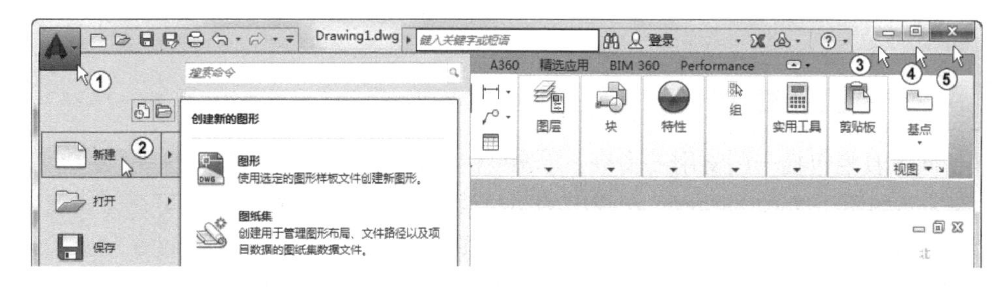

图 1-4　AutoCAD 2021 标题栏

1.1.3 功能区

功能区由若干个选项卡组成，每个选项卡又由若干按一定次序排列的命令按钮组成，如图 1-5 所示，与传统的工具栏类似，提供了 AutoCAD 2021 常用命令的快捷方法。单击选项卡的标签，可以切换当前选项卡，以显示不同的命令按钮。

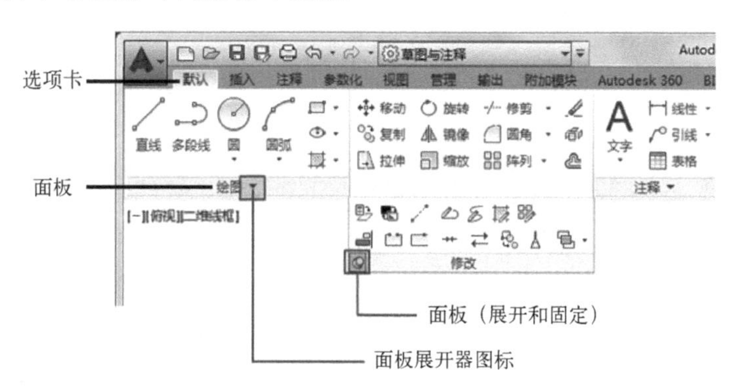

图 1-5　功能区

选项卡的面板上有多个命令按钮，有一部分在默认状态下并不显示出来，如图 1-6 左方所示。单击“圆”按钮下方的下拉按钮，如图 1-6 中①所示，将其展开，如图 1-6 中②所示。单击“绘图”按钮下方的下拉按钮，如图 1-6 中③所示，将其展开，如图 1-6 中④所示。还可以单击其“锁定”/“解锁”按钮，将其锁定或解锁，如图 1-6 中⑤所示。

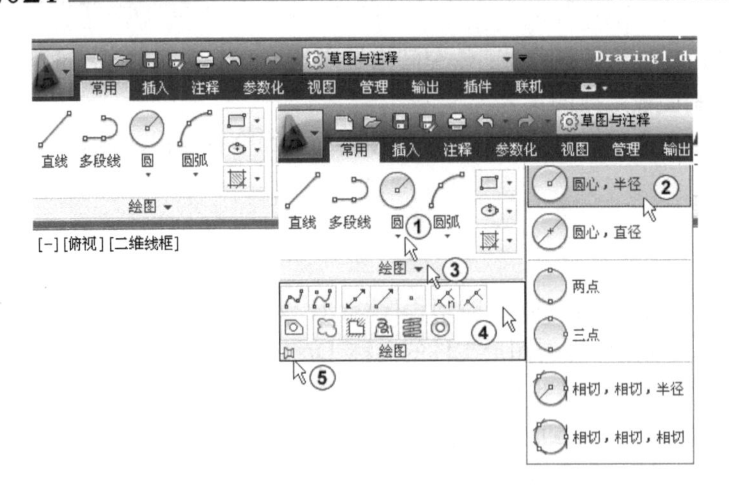

图 1-6　展开命令

1.1.4 快速访问工具栏

快速访问工具栏包括一些常用的命令。单击“快速访问工具栏”右侧的下拉按钮，如图 1-7 中①所示。在弹出的下拉菜单中通过选择相应选项可在“快速访问工具栏”上添加命令，如选择了“特性匹配”选项，如图 1-7 中②～④所示。通过在已选的选项上再次单击可移除命令。还可将“快速访问工具栏”显示在功能区的上面或下面。

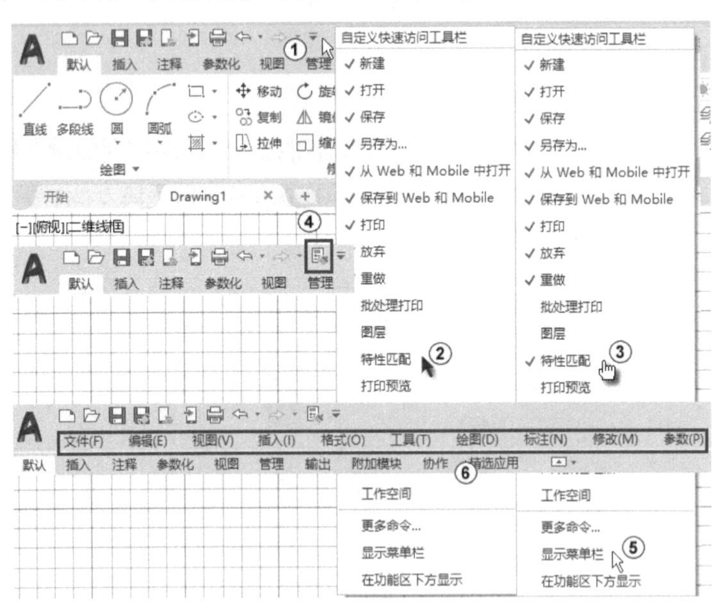

图 1-7　快速访问工具栏

1.1.5 菜单栏

对于 AutoCAD 的老用户，可以通过单击“快速访问工具栏”右侧的下拉按钮，在弹出的下拉菜单中选择“显示菜单栏”选项，如图 1-7 中⑤所示，这样即可在使用功能区的同时，显示

AutoCAD 的传统菜单，如图 1-7 中⑥所示。

AutoCAD 2021 的菜单栏将显示出“文件”“编辑”“视图”“插入”“格式”“工具”“绘图”“标注”“修改”“参数”等菜单，AutoCAD 2021 的主要命令都在其内。

1.1.6 绘图窗口

绘图窗口是 AutoCAD 绘制、编辑图形的区域。绘图窗口中的光标为十字光标，用于绘制图形和选择图形对象，十字线的中心为光标当前位置，十字线的方向与当前用户坐标系的 X 轴、Y 轴方向平行；绘图窗口左下角有一坐标系图标，用于反映当前所使用的坐标系形式和坐标方向；绘图窗口左下方有一个选项卡控制栏 模型 布局1 布局2 + ，用户单击“模型”或“布局”即可在模型空间和图纸空间之间切换。

1.1.7 工具栏

1.1.7 工具栏

工具栏是一组图标型工具的集合。工具栏提供了 AutoCAD 2021 常用命令的快捷方法，调出工具栏的步骤是，选择“工具”→“工具栏”→“AutoCAD”→“修改”选项，如图 1-8 中①～④所示，可以调出“修改”工具栏，如图 1-8 中⑤所示。

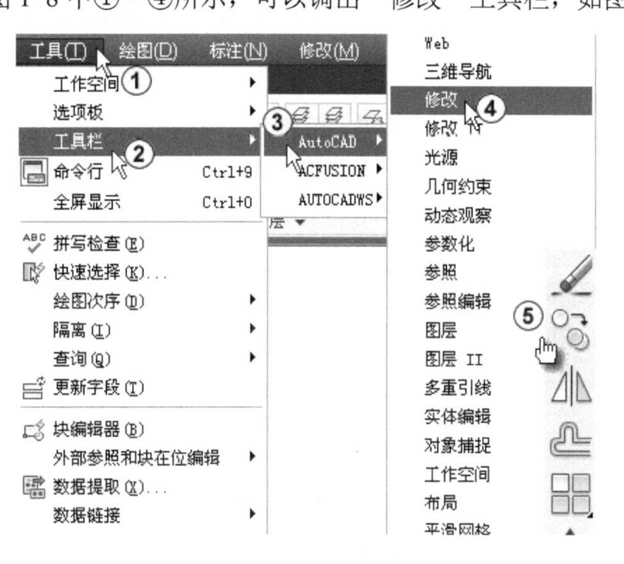

图 1-8 调出“修改”工具栏

工具栏可以处在固定状态也可处在浮动状态。对于图 1-9 所示的绘图工具栏（浮动状态），可单击右上角的“关闭”按钮，关闭该工具栏；将鼠标指针移到标题区，按住左键，可拖动该工具栏在屏幕上自由移动，当拖动到图形区边界时，则工具栏变成固定状态。同样，处于固定状态的工具栏，也可被拖出，成为浮动的工具栏。

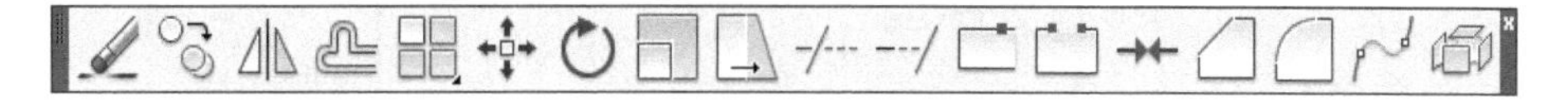

图 1-9 浮动状态的工具栏

可右击任意一个工具栏上的图标，在弹出的快捷菜单中选择相应命令增减某些工具栏。也可以在工具栏的名称列表中选中或取消选中某些工具栏，从而达到增减某些工具栏的目的。

1.1.8 状态栏

AutoCAD 2021 的状态栏位于屏幕的底部，状态栏上显示的工具可能会发生变化，具体取决于当前的工作空间以及当前显示的是“模型”选项卡还是“布局”选项卡。状态栏提供对某些最常用的绘图工具的快速访问，可以切换设置（例如，夹点、捕捉、极轴追踪和对象捕捉）；也可以通过单击某些工具的下拉按钮▼，来访问它们的其他设置。

按下状态栏中的按钮，表示绘图时使用相应的功能；弹起相应的按钮，表示绘图时不能使用相应的功能。

系统默认的“显示图形栅格”▦是激活状态的，单击▦，则取消栅格显示，如图 1-10 中①～③所示；按〈F7〉键也可以取消栅格显示。

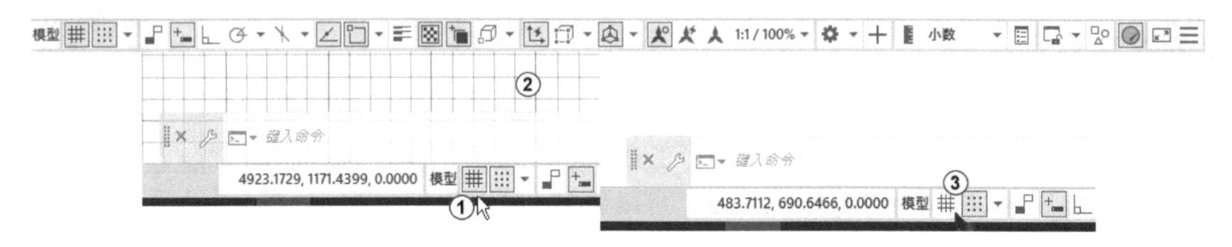

图 1-10　状态栏

如果状态栏不见了，操作将十分不方便，可命令行窗口输入 statusbar，按〈Enter〉键（即回车键）或者键盘空格键；设置值为 1 即可调出状态栏。

1.1.9 命令行窗口

1.1.9　命令行窗口

命令行窗口位于绘图窗口的下方，如图 1-11 所示，是用户输入命令名和显示命令提示信息的区域。用户可以用改变一般 Windows 窗口的方法来改变命令行窗口的大小。

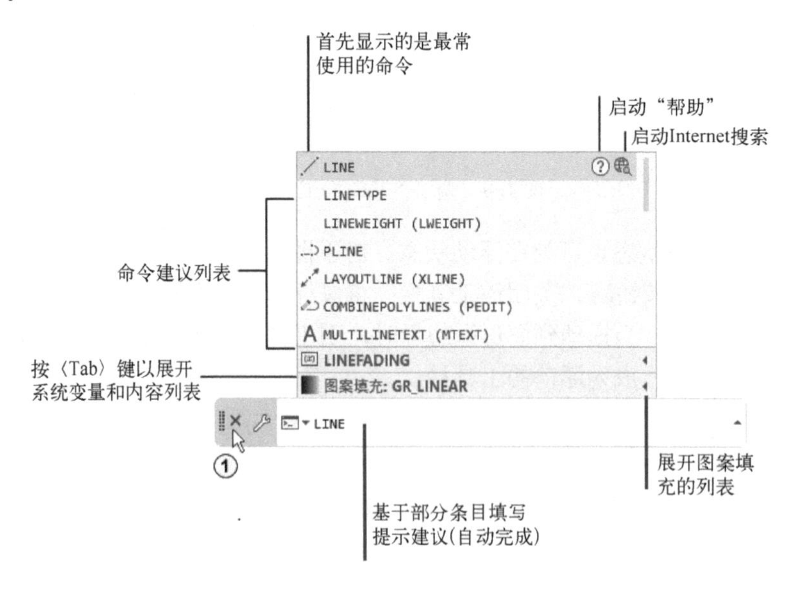

图 1-11　命令行窗口

单击“关闭”按钮✖，如图 1-11 中①所示；或者按快捷键〈Ctrl+9〉，系统弹出“命令行-关闭窗口”对话框，单击“是”按钮，如图 1-12 所示，可实现隐藏命令行窗口的操作。再次按快捷键〈Ctrl+9〉，可显示命令行窗口。

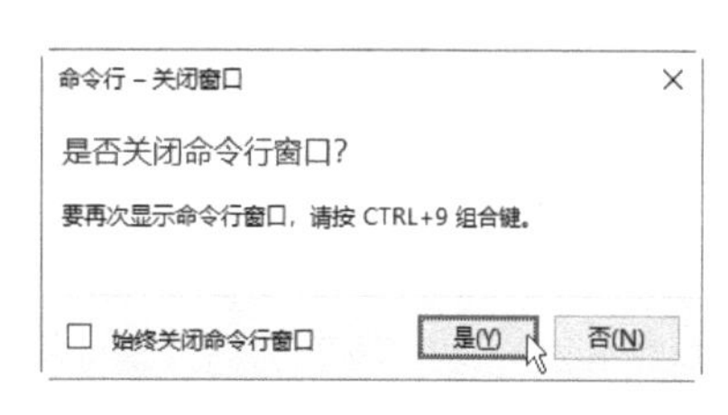

图 1-12 “命令行-关闭窗口”对话框

执行一个命令后，命令行会出现提示。有些提示很简单，有些提示很复杂，但基本格式是相同的。正确解读命令行的提示可以更好地理解接下来要做什么，并更快捷地绘图。这里以“圆”命令为例，在命令行窗口输入“圆”命令的快捷键〈C〉（这里不区分大小写），稍等一下，系统就会出现一系列的清单，这时便可以选择所需命令；按〈Enter〉键，出现命令提示，如图 1-13 中所示。

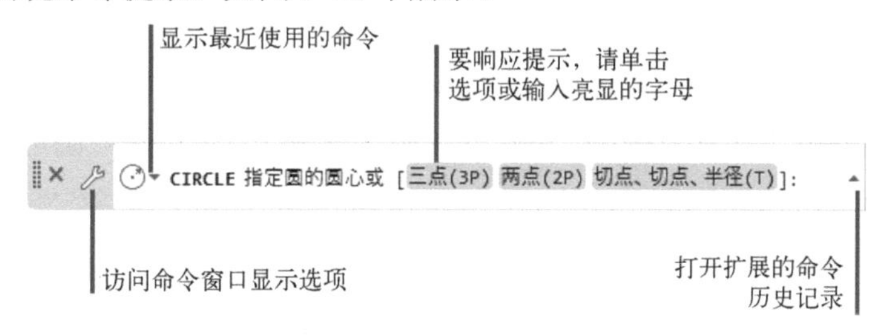

图 1-13　命令提示

说明：

1）命令必须在英文输入状态下才有效。

2）最左方的内容是当前的默认值。若想采用默认值，直接按提示做即可。此时默认值是指定圆的圆心，可以输入 X，Y 坐标值或单击绘图区域中的某个位置。有时，默认选项（包括当前值）显示在尖括号中的选项里面：

```
命令: _polygon
输入侧面数 <4>:
```

此时按〈Enter〉键保留当前设置 4。如果要更改设置，请输入不同的数字并按〈Enter〉键。

3）方括号“[ ]”表示各个选项。若要选择某个选项，请单击该选项。如果愿意使用键盘，则需要输入圆括号中的字母，可以是大写字母，也可以是小写字母，例如，上例中想用两点画圆可输入“2p”，再按〈Enter〉键。

4）AutoCAD 的命令是交互式的，当输入命令或命令选项或几何数据后，必须按〈Enter〉键确认，系统才执行命令。

1.2　恢复最初界面分布和“选项”对话框

在使用过程中，如果不小心点错了将会改变原来的界面分布，可能会不方便使用，这时可将其恢复到安装时的界面分布。

1.2.1　恢复最初界面分布

选择“工具”→“选项板”→“功能区”选项，如图 1-14 中①～③所示，关闭功能区，如图④所示。

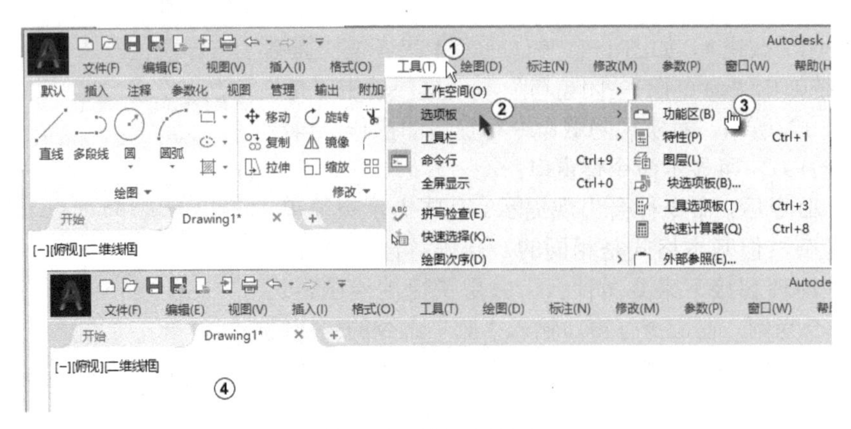

图 1-14　关闭功能区

单击窗口左上方的“应用程序”按钮，再单击“选项”按钮，在弹出的“选项”对话框中选择“配置”选项，单击“重置”按钮，再单击“是”按钮，然后单击“确定”按钮，如图 1-15 中①～⑥所示。

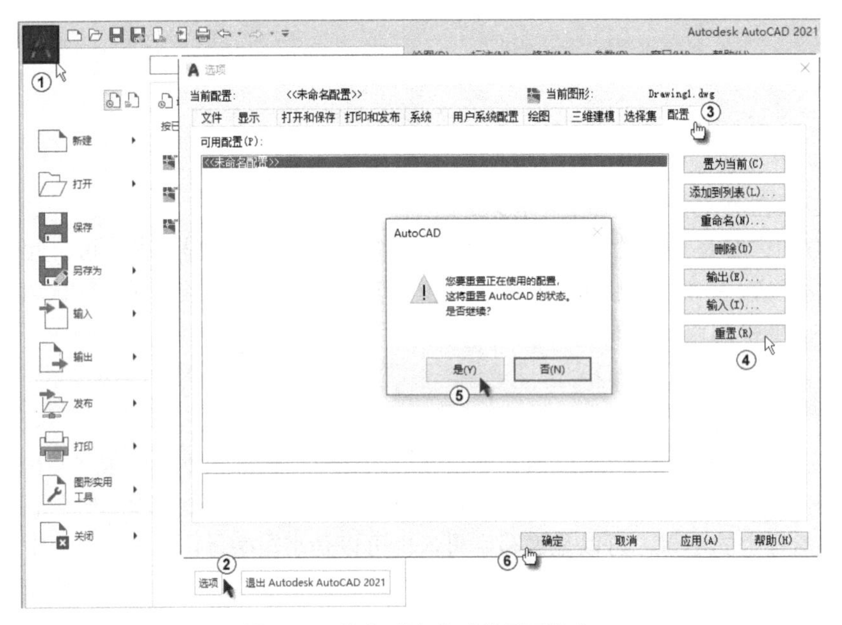

图 1-15　恢复到安装时的界面分布

1.2.2 “选项”对话框

1.2.2 “选项”对话框

“选项”对话框是设置一些常用操作（如颜色）的对话框，有 5 种方法可以将其调出来，一般掌握其中一两种即可。

1）在绘图区任意处右击，在弹出的快捷菜单中选择最下方的“选项”选项，如图 1-16 中①所示。系统弹出“选项”对话框，选择“显示”选项卡，单击“颜色主题(M)”下拉按钮，选择“明”选项，如图 1-16 中②③所示。单击“颜色”按钮，在弹出的“图形窗口颜色”对话框中单击“颜色(C)”下拉按钮，选择“白”选项，单击“应用并关闭”按钮，如图 1-16 中④～⑥所示。单击“选项”对话框中的“确定”按钮，窗口及绘图区由黑色变为白色。

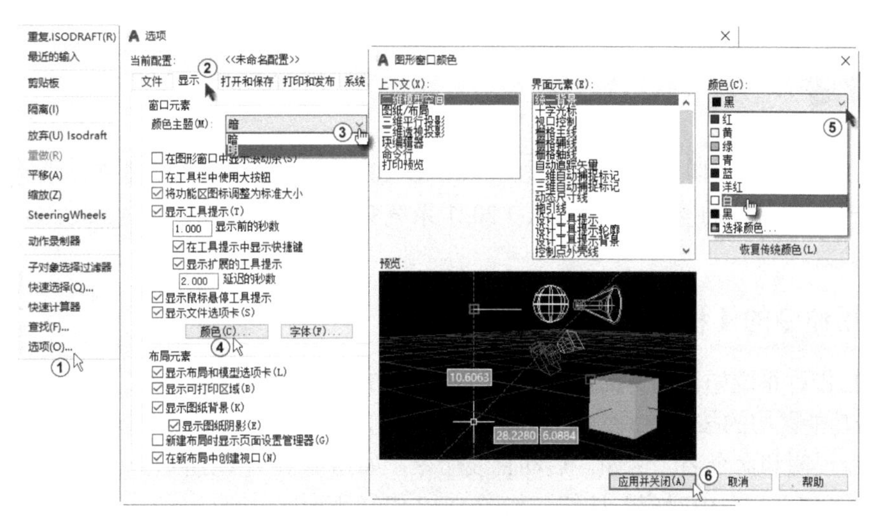

图 1-16 “选项”对话框

2）在命令行窗口输入 opt，按〈Enter〉键即可打开“选项”对话框。

3）在命令行窗口任意处右击，在弹出的快捷菜单中选择“选项”选项，如图 1-17 中①所示。

4）在“捕捉到图形栅格”按钮等处右击，在弹出的快捷菜单中选择“捕捉设置”选项，系统弹出“草图设置”对话框，单击其中的“选项”按钮，如图 1-17 中②～④所示。

5）选择“工具”→“选项”选项，如图 1-17 中⑤⑥所示。

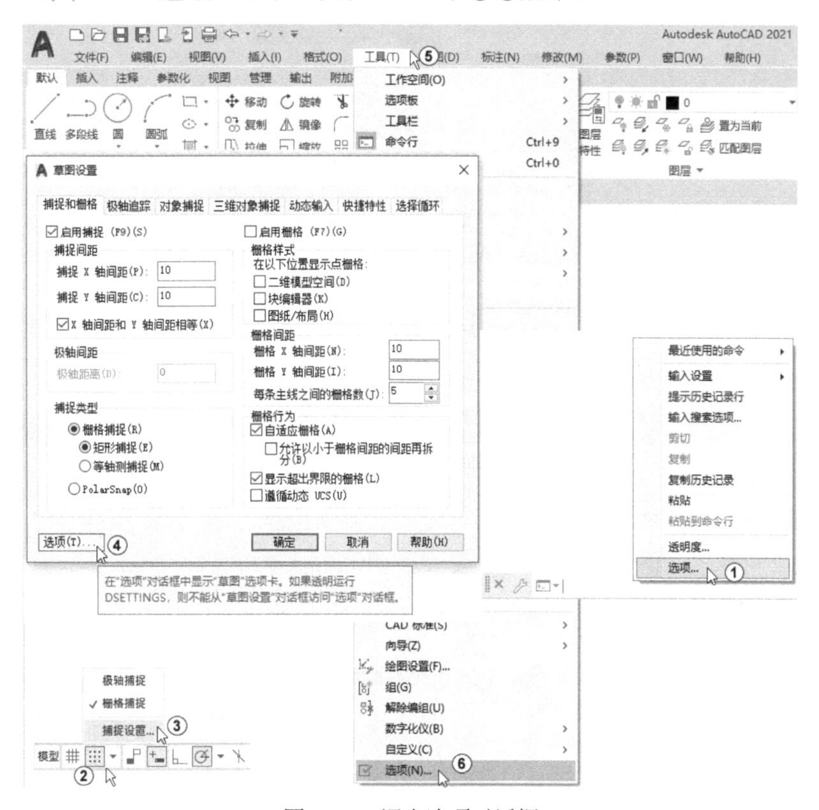

图 1-17 调出选项对话框

1.3 命令

AutoCAD 2021 的一切操作都是通过 AutoCAD 2021 的命令和系统变量来完成的。AutoCAD 2021 命令用于完成具体的操作，AutoCAD 2021 系统变量用于设置和记录 AutoCAD 2021 运行环境、状态和参数。

1.3.1 调用命令的 4 种方式

1.3.1 调用命令的 4 种方式

命令是指告诉系统如何操作的指令，有 4 种常用的方法可以启动命令。

1）单击功能区中的按钮，系统就执行相应的命令，同时在状态栏中可以看到对应的命令说明和命令名。例如，启动直线命令，如图 1-18 中①所示。

2）单击“工具栏”中对应的按钮，如图 1-18 中②所示。

3）选择“绘图”→“直线”选项，如图 1-18 中③④所示。

4）在命令行窗口中输入命令，如图 1-18 中⑤所示。

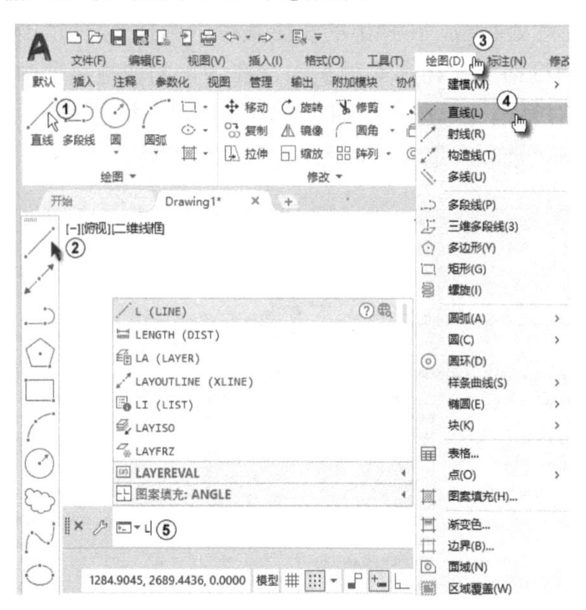

图 1-18 4 种常用的方法可以启动命令

鼠标的功能如图 1-19 所示。

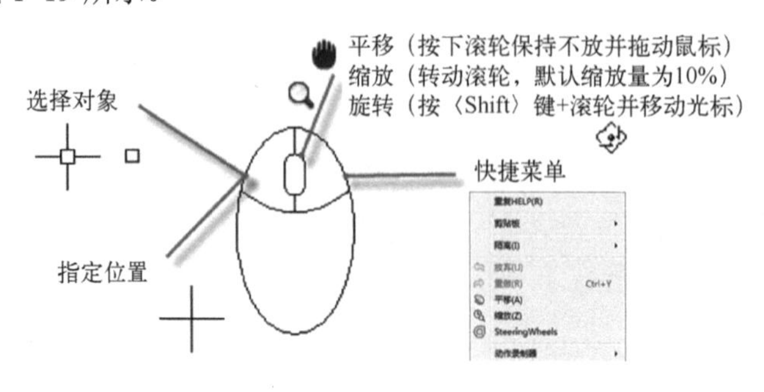

图 1-19 三键滚轮鼠标的功能

1.3.2 命令的取消和重复执行

1）命令的取消。在命令执行的任何时刻都可以按〈Esc〉键取消和终止命令的执行，也可以直接选择工具栏中的命令按钮或下拉菜单中的菜单项，同样可以中断正在执行的命令，并激活新的命令。按快捷键〈Ctrl+Z〉或工作界面最上方的“放弃”按钮或输入 UNDO 撤销命令后按〈Enter〉键，均可以撤销刚刚执行的操作。

2）命令的重复执行。若在命令执行完毕后再次执行该命令，可在命令行窗口中的“命令：”提示下按〈Enter〉键或空格键，还可以在绘图区中任意位置右击，从弹出的快捷菜单中选择刚执行过的命令。

1.3.3 透明命令的使用

许多命令可以透明使用，即可以在使用另一个命令时，在命令行窗口中输入这些命令或单击相应的工具栏按钮，该命令执行后系统继续执行原命令。透明命令经常用于更改图形设置或显示选项。

不是所用的命令都能透明使用，可以透明使用的命令在透明使用时可单击工具栏按钮或在输入命令前输入单引号“'”。

1.4 数据的输入方法

常用的数据输入方法有用鼠标（直观但数据不精确）和用键盘（数据精确）两种。

（1）用鼠标拾取数据

当移动鼠标指针时，十字光标和状态行的坐标值随之变化。可以通过鼠标拾取光标中心作为一个点的数据输入。使用鼠标选择位置拾取数据比较直观。

（2）用键盘输入数据

键盘往往用于准确坐标数据的输入。键盘输入数据有 3 种方式：绝对坐标输入数据；相对坐标输入数据；极坐标输入数据。

1.4.1 点的输入-分析

1.4.1 点的输入

以平面为例，用键盘在命令行窗口输入点的坐标，有两种输入方式。

1）绝对坐标值 x,y（如 10,5 指定一个沿 X 轴正方向 10 个单位，沿 Y 轴正方向 5 个单位，如图 1-20 中①所示）。

2）相对坐标值@x,y（如@5,10，坐标值都相对于上一个点的坐标而言的，代表输入了一个相对于上一个点 X 值加 5，Y 值加 10 的点，实际上绝对坐标值是 15,15，如图 1-20 中②所示）。操作过程是在命令行窗口输入 L，按〈Enter〉键，系统提示如下：

```
LINE
指定第一个点:0,0↙（用键盘输入坐标原点的数字）
指定下一点或 [放弃(U)]:10,5↙
指定下一点或 [放弃(U)]:↙(结束画线命令，如图 1-20 中①所示)
命令:↙（重复画线命令）
LINE
```

1.4.1 点的输入-绘制

```
指定第一个点:↙（指定最后输入的点为新直线的第 1 点）
指定下一点或 [放弃(U)]:5,10(输入相对坐标点，代表相对于上一个点 X 增加 5，Y 增加 10 的点，实际上绝对坐标是 15，15)
指定下一点或 [放弃(U)]:↙(结束画线命令，如图 1-20 中②所示)
命令:↙（重复画线命令）
LINE
指定第一个点:↙（指定最后输入的点为新直线的第 1 点）
指定下一点或 [放弃(U)]: 20<30(输入相对极坐标点)
指定下一点或 [放弃(U)]:↙(结束画线命令，如图 1-20 中③所示)
```

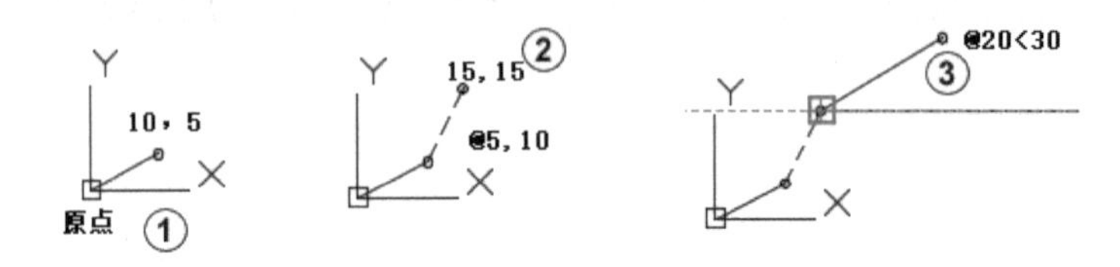

图 1-20　点的输入方式

此时图形在工作界面的左下方，由于比较小，不注意的话，也许看不到图形，不要着急，下一节的显示命令将解决这个问题。

极坐标只能表示二维平面中点的坐标。也有两种输入方式：长度<角度（其中长度为点到坐标原点的距离，角度为原点到该点连线与 X 轴正向夹角，如 20<30）或@长度<角度（相对于上一点的相对极坐标，如@20<30 代表输入了一个到上一个点的连线长度为 20，与 X 轴正向夹角角度为 30 的点，如图 1-20 中③所示）。

注意

本书约定：执行命令时，有灰色背景的部分表示是需要读者操作的，括号内是说明，其中“↙”表示〈Enter〉键。逗号必须在英文状态下输入才有效。

1.4.2 距离值和角度值的输入

对于高度、宽度、长度、半径等距离值。系统提供了两种方式：一种是在命令行窗口或动态输入工具栏提示中输入数值；另一种是在工作界面上点取两点，以两点距离值定出所需要的数值。

角度值的输入和距离值的输入相似。一种是在命令行窗口或动态输入工具栏提示中输入数值；另一种是在工作界面上点取两点，以第一点到第二点连线与正 X 轴的夹角所需要数值。

1.4.3 动态数据的输入

默认状态下，状态栏中的“动态输入”按钮是激活状态的，因此绘图时在光标附近会出现一个坐标框动态显示当前光标的位置，坐标框的数据可以重新输入，两个数据之间用逗号分隔，当第一个点确定后，坐标框中动态显示当前光标到第一个点的连线的长度，如图 1-21 中①～③所示。

注意

透视图不支持“动态输入”功能。

动态输入点的坐标，在默认设置下，第二个点和后续点默认设置为相对极坐标。不需要输入

“@”符号。如果需要使用绝对坐标，请使用“#”作前缀。例如，要画一直线，其第二点在原点，请在提示输入第二个点时，输入“#0,0”。

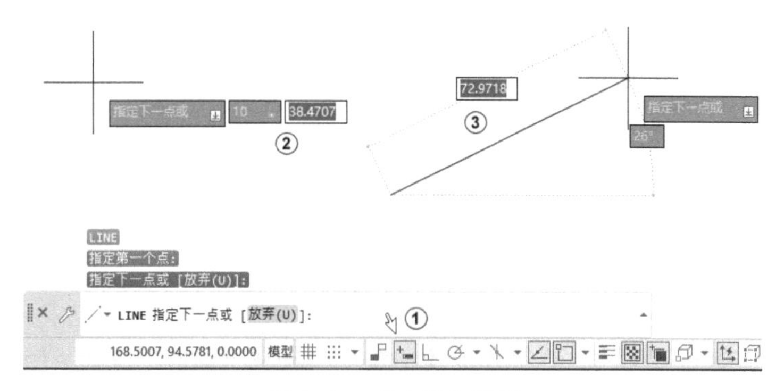

图 1-21　动态输入数据

在工作界面上直接单击，这时的数据往往不是很精确的整数。因此利用捕捉、对象捕捉等辅助绘图工具捕捉绘图窗口上的特殊点（如圆心、端点、中点、切点、垂足等）后，用鼠标拉出橡皮筋线（捕捉或者是追踪的虚线），再用键盘输入一个距离值。

1.5　显示控制

1.5　显示控制

在一幅图形的绘制和编辑过程中，经常要对所画的图形进行缩放、平移、重生成等操作。可以通过平移来重新确定视图的位置，通过缩放来更改视图的放大倍数。通常，可以使用滚轮鼠标平移和缩放当前视图。使用滚轮缩放视图，同时按住并拖动滚轮可平移视图。

1.5.1　显示缩放

显示缩放能放大或缩小图形对象的视觉尺寸，而其实际尺寸则保持不变。

显示缩放命令中的“实时”可采用以下几种方法之一来激活。

导航栏：单击“导航栏”选项卡→选择“实时缩放”选项。

菜单栏：选择“视图(V)”→“缩放(L)”→“实时(R)”选项。

工具栏：单击“标准”工具栏上的“实时缩放”按钮。

命令行窗口：ZOOM（缩写名：Z，可以透明使用）。

默认状态下工作界面左方有导航栏，单击“范围缩放”按钮的下拉按钮，将其展开，选择“全部缩放”选项，如图 1-22 中①～④所示。

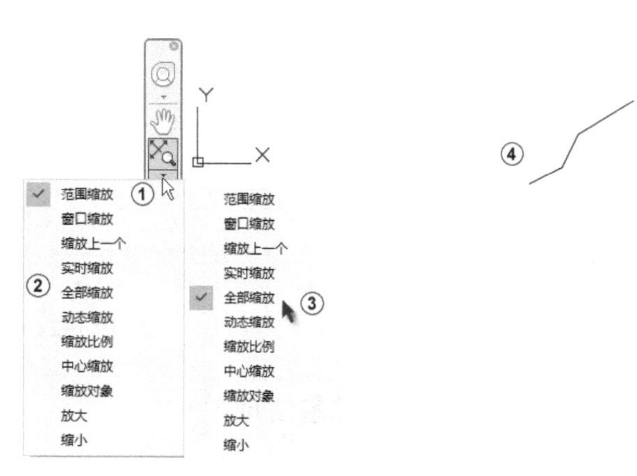

图 1-22　全部缩放

按〈Enter〉键，再次执行缩放命令，系统提示如下：

```
命令:↙
ZOOM
指定窗口的角点，输入比例因子(nX 或 nXP)，或者
[全部(A)/中心(C)/动态(D)/范围(E)/上一个(P)/比例(S)/窗口(W)/对象(O)] <实时>:c↙（缩放显示由中心点和高度所定义的窗口。高度值较小时增加放大比例，高度值较大时减小放大比例，在透视投影中不可用）
指定中心点:0,0(输入原点)
输入比例或高度 <1264.6317>:800↙（从键盘上手工输入高度 800，按〈Enter〉键）
命令:↙（重复执行缩放命令）
ZOOM
指定窗口的角点，输入比例因子 (nX 或 nXP)，或者
[全部(A)/中心(C)/动态(D)/范围(E)/上一个(P)/比例(S)/窗口(W)/对象(O)] <实时>:0.5x↙（将图形<缩小 50%>显示）
```

在绘图窗口内任意位置右击，在弹出的快捷菜单中选择“缩放”选项，如图 1-23 中①所示。光标呈放大镜形状，表示进入实时缩放模式，按住鼠标左键向上拖动或向左拖动，图形将随着鼠标的移动而放大，按住鼠标左键向下拖动或向右拖动，图形将随着鼠标的移动而缩小，即从绘图窗口中当前鼠标光标点处向外移鼠标光标，图形显示变大；向内移则图形显示缩小。按〈Esc〉键退出命令或者在绘图区内任意位置右击，在弹出的快捷菜单中选择“退出”选项，如图 1-23 中②所示。

图 1-23　快捷菜单

显示缩放 zoom 命令和比例缩放 scale 命令是不同的。用显示缩放 zoom 命令时图形的实际尺寸不变，而使用 scale 命令后图形的实际尺寸变化了，两者的图形几何关系均是保持不变的。

如果导航栏不小心关闭了，可以单击绘图窗口左上角的[-]按钮，选中“导航栏”或者单击功能区上的“视图”选项卡，激活“导航栏”按钮，将出现导航栏，如图 1-24 中①～⑤所示。

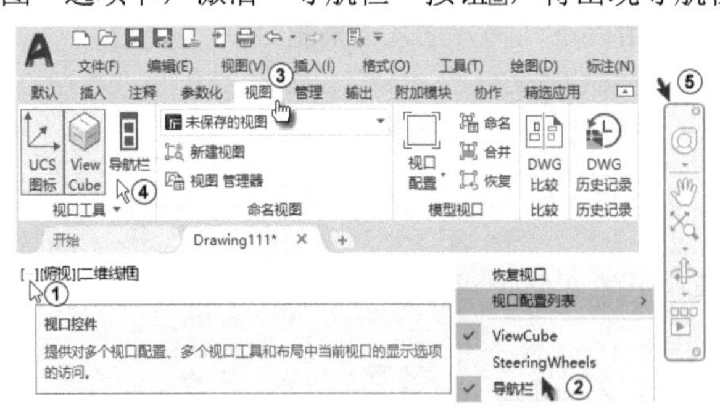

图 1-24　打开导航栏

1.5.1　比例缩放

1.5.2　显示平移和重生成

（1）显示平移

显示平移可改变视图而不更改查看方向或比例。

“显示平移”命令中的“实时”可采用以下几种方法之一来激活。

🖱功能区：单击“视图”选项卡→“二维导航”面板→“平移”选项。

🖱菜单栏：选择“视图(V)”→“平移(P)”→“实时”选项。

🖱工具栏：单击“标准”工具栏上的“实时平移”按钮。

⌨命令行窗口：PAN（缩写名：P，可透明使用）。

🖱快捷菜单：不选定任何对象，在绘图窗口右击，在弹出的快捷菜单中选择“平移”选项。在绘图窗口中，光标变成手形形状，表示进入实时平移模式，按住鼠标，拖动手形光标，图形将随着鼠标移动，移动到适当的位置后按〈Enter〉键或〈Esc〉键即可退出平移状态。

（2）重生成

重生成将使原来显示不光滑的图形重新变得光滑。

输入 regen 命令（缩写名：RE），或选择“视图”→“重生成(G)”选项，将刷新当前窗口中的所有图形对象。

1.6 精确绘图的方式-分析

1.6 精确绘图的方式

绘制工程图样时的质量由精确绘图来保证。精确绘图直接关系到后续的制图问题，如图案填充、尺寸标注等。

下面介绍贯穿绘图始终的精确绘图的各种命令。

1.6.1 对象捕捉

对象捕捉是 AutoCAD 精确定位于对象上某点的一种极为重要的方法。例如，使用对象捕捉可以绘制圆心或线段的中心。

使用快捷键〈F3〉或者单击工作界面最下方状态栏上的“对象捕捉”按钮，可打开或关闭对象捕捉功能。

选择“工具”→“绘图设置”选项；在命令行窗口直接输入 os 或 osnap 命令，以及在工作界面最下方状态栏上的“将光标捕捉到二维参照点”或“显示图形栅格”按钮或“捕捉模式格”按钮上右击，从弹出的快捷菜单中选择“对象捕捉设置”选项，如图 1-25 中①②所示，都可以打开“草图设置”对话框。

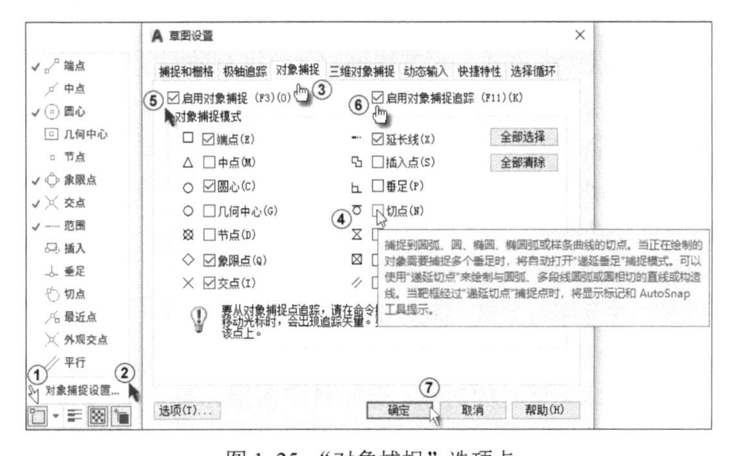

图 1-25 “对象捕捉”选项卡

选择“对象捕捉”选项卡，设置当前点的捕捉模式为“切点”，选中“启用对象捕捉”复选框和“启用对象捕捉追踪”复选框，单击“确定”按钮，如图 1-25 中③～⑦所示。

各对象捕捉模式的含义如表 1-1 所示。

表 1-1　各对象捕捉模式的含义

图 标	捕 捉 点	说　明
	端点（END）	捕捉到圆弧、椭圆弧、直线、多线、多段线、样条曲线、面域或射线的最近端点，以及宽线、实体或三维面域的最近角点
	中点（MID）	捕捉到圆弧、椭圆、椭圆弧、直线、多线、多段线、面域、实体、样条曲线或参照线的中点
	圆心（CEN）	捕捉到圆弧、圆、椭圆或椭圆弧的圆心
	节点（NOD）	捕捉到点对象、标注定义点或标注文字起点
	象限点（QUA）	相对于当前 UCS，捕捉到圆弧、圆、椭圆或椭圆弧的最左、最上、最右、最下点
	交点（INT）	捕捉到圆弧、圆、椭圆、椭圆弧、直线、多线、多段线、射线、面域、样条曲线或参照线的交点
	延伸（EXT）	当鼠标光标经过对象的端点时，显示临时延长线或圆弧，以便用户在延长线或圆弧上指定点
	插入点（INS）	捕捉到属性、块、形或文字的插入点
	垂足（PER）	捕捉圆弧、圆、椭圆、椭圆弧、直线、多线、多段线、射线、面域、实体、样条曲线或参照线的垂足
	切点（TAN）	捕捉到圆弧、圆、椭圆、椭圆弧或样条曲线的切点
	最近点（NEA）	捕捉到圆弧、圆、椭圆、椭圆弧、直线、多线、点、多段线、射线、样条曲线或参照线的最近点
	外观交点（APP）	捕捉到不在同一平面但是可能看起来在当前视图中相交的两个对象的外观交点
	平行（PAR）	捕捉图形对象的平行线

注意

如果同时打开“交点”和“外观交点”执行对象捕捉，可能会得到不同的结果。

AutoCAD 2021 还提供了另一种对象捕捉的操作方式，即在命令要求输入点时，临时调用对象捕捉功能，此时它覆盖“对象捕捉”选项卡的设置，称为单点优先方式。此方法只对当前点有效，对下一点的输入就无效了。

在命令要求输入点时，同时按下〈Shift〉键和鼠标右键或者〈Ctrl〉键和鼠标右键，可弹出“对象捕捉”快捷菜单，如图 1-26 所示，选择相应的对象捕捉功能。

使用对象捕捉功能来绘制图形有时是必然的选择，但更是一种良好的习惯，应当随时注意用对象捕捉功能来准确捕捉图形的某些特殊部位。

对象捕捉只影响工作界面上可见的对象，包括锁定图层、布局视口边界和多段线上的对象。不能捕捉不可见的对象，未显示的对象、关闭或冻结图层上的对象或虚线的空白部分。

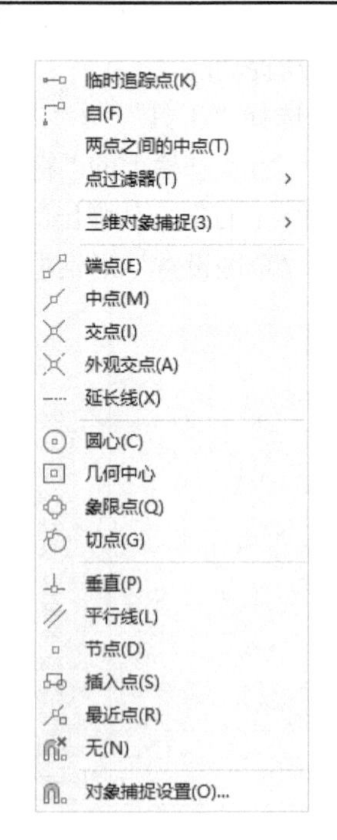

图 1-26 “对象捕捉”快捷菜单

有时需要暂时取消对象捕捉，这时可以单击“对象捕捉”工具栏上的“无捕捉”按钮，而由鼠标自由输入点。

在命令要求输入点时，先输入相应的对象捕捉标识字母，如圆心（cen）、中点（mid）等，即可打开对应的对象捕捉功能。

临时追踪点的应用可以减少辅助线，提高效率。临时追踪点是先临时追踪到该点的坐标，然后在该点的基础上确定其他点的位置。当命令结束时，临时追踪点也随之消失。

注意

当前光标与临时追踪虚线的相对位置决定了目标的位置。如果光标位于临时追踪点的下方，那么所定位的目标点也位于追踪点的下方，反之，目标点位于临时追踪点的上方。

1.6.2 对象捕捉追踪

1.6 精确绘图的方式-绘制

使用对象捕捉追踪功能之前，必须预先设置好对象捕捉，即对象捕捉追踪和对象捕捉功能应该配合使用。

对象捕捉追踪是使光标从对象捕捉点开始，沿着对齐路径进行追踪，同时屏幕会出现临时辅助线，并找到需要的精确位置。

使用快捷键〈F11〉可打开或关闭对象捕捉追踪功能；单击状态栏上的“对象追踪”按钮，也可打开或关闭对象捕捉追踪功能。

右击状态栏上的“显示捕捉参照线”按钮，在打开的快捷菜单中选择“对象捕捉追踪设置”选项，可打开“草图设置”中的“对象捕捉”选项卡进行“启用对象捕捉追踪”的设置。

```
命令: C↙（输入命令，按〈Enter〉键）
CIRCLE
指定圆的圆心或 [三点(3P)/两点(2P)/切点、切点、半径(T)]:（用鼠标在屏幕中任意位置单击以拾取当前点为圆心）
指定圆的半径或 [直径(D)]:10↙
命令:L↙（输入命令，按〈Enter〉键）
LINE
指定第一个点:（捕捉圆的右象限点，即在圆的右象限点按下鼠标，如图 1-27 中①所示）
指定下一点或 [放弃(U)]: 30↙（向右移动鼠标指针到适当的距离后从键盘上输入数字，如图 1-27 中②所示）
指定下一点或 [放弃(U)]:（同时按下〈Shift〉键和鼠标右键，从弹出的快捷菜单中选择“临时追踪点”选项）
_tt 指定临时对象追踪点:（移动鼠标指针捕捉“圆心”，如图 1-27 中③所示，再单击）
指定下一点或 [闭合(C)/放弃(U)]: 28↙（向下移动鼠标指针引出临时追踪虚线后从键盘上输入数字，如图 1-27 中④⑤所示）
指定下一点或 [闭合(C)/放弃(U)]:↙
```

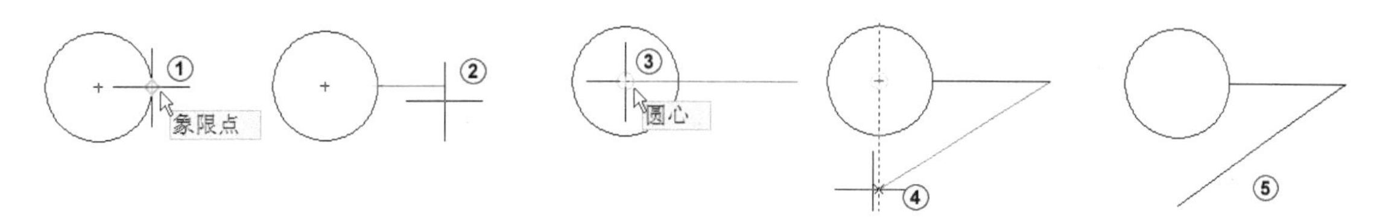

图 1-27 用“对象捕捉”和“对象捕捉追踪”画图

1.6.3 极轴追踪

极轴追踪可以在任何角度和方向上引出角度矢量，从而可以很方便地精确定位方向上的任何一点，精确地绘出图形对象。

使用快捷键〈F10〉可打开或关闭极轴追踪功能；单击状态栏上的“按指定角度限制光标”按钮也可打开或关闭极轴和对象捕捉追踪功能。

右击状态栏上的“按指定角度限制光标”按钮，在弹出的快捷菜单中选择“正在追踪设置”选项，可打开“草图设置”中的“极轴追踪”选项卡进行极轴追踪的设置。在“极轴角设置”选项组中设置“增量角”为 45°，并选中“启用极轴追踪”复选框，在“对象捕捉追踪设置”选项组中选中“用所有极轴角设置追踪”单选按钮，最后单击“确定”按钮，绘图时会出现相应的提示，如图 1-28 中①～⑦所示。例如，在命令行输入 L，按〈Enter〉键，系统提示如下：

```
LINE
指定第一个点:↙
指定下一点或 [放弃(U)]:20↙
指定下一点或 [放弃(U)]:↙(结束画线命令)
```

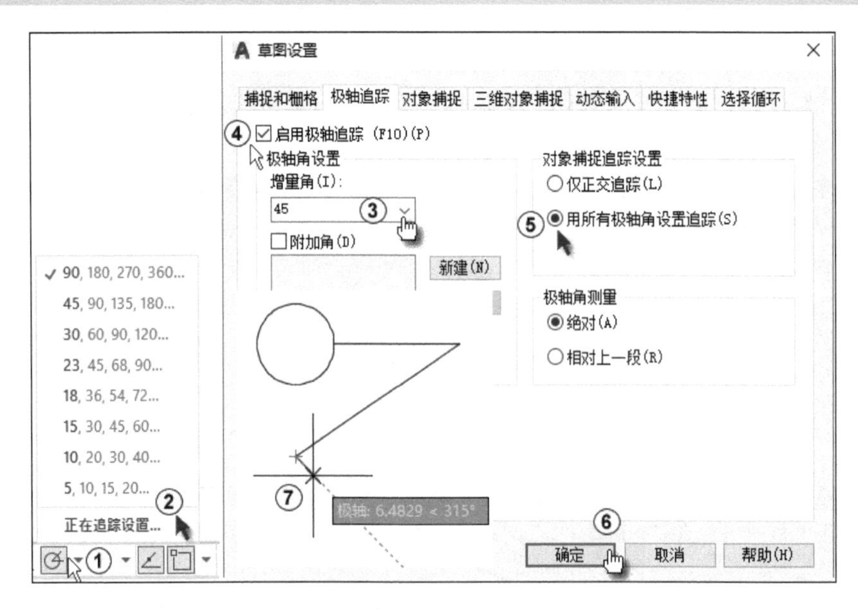

图 1-28 极轴追踪

1.7 图形的选择方式

在 AutoCAD 中常会出现“选择对象：”的提示，如输入了错误信息，则系统会出现下列提示：

```
        需要点或 窗口(W)/上一个(L)/窗交(C)/框选(BOX)/全部(ALL)/栏选(F)/圈围(WP)/圈交(CP)/编组(G)/添加(A)/删除(R)/多选(M)/上一个(P)/放弃(U)/自动(AU)/单选(SI)
        选择对象:
```

系统列出所有的选择方式引导用户进行正确操作，其具体含义如表 1-2 所示。

表 1-2 选择方式

操作方法	使用说明
直接拾取对象	单击对象，拾取到的对象醒目显示
W（窗口方式）	选择矩形窗口（由两点定义）中的所有对象。窗口方式显示的方框为实线方框，方框从左到右指定角点创建窗口选择
L	选择最近一次创建的对象
C（窗交方式）	除选择矩形窗口（由两点定义）中的所有对象之外，还选择与 4 条边界相交的所有对象。窗交显示的方框为虚线方框，从右到左指定角点创建窗交选择
BOX（框选方式）	选择矩形（由两点确定）内部或与之相交的所有对象。如果矩形的点是从右至左指定的，框选与窗交等价；否则，框选与窗选等价
ALL（全选方式）	选择图中全部对象（在加锁或冻结图层中的除外）
F（栏选方式）	画一多段折线，形如一个栅栏，与多段折线各边相交的所有对象被选中
WP（圈围方式）	构造一个任意的封闭多边形，在圈内的所有对象都被选中
CP（圈交方式）	构造一个任意的封闭多边形，在圈内的所有对象及和多边形边界相交的对象都被选中
G（编组）	预先将某些特定的图形创建为组，并给定组名。选择对象时，输入组名，即可选中组中的所有对象
A	把删除模式转化为加入模式，其提示恢复为“选择对象：”
R	把加入模式转化为删除模式，其提示恢复为“删除对象：”
M（多选方式）	可以多次直接拾取对象，按〈Enter〉键结束
P	选择上一次选择的对象
U	放弃前一次的操作
AU（自动窗口方式）	当用鼠标指针拾取一点，并未拾取到对象时，系统自动把该点作为开窗口的第一角点，并按 BOX 方式进行选择
SI（单选方式）	选中一个对象后，自动进入后续的编辑操作
回车	结束选择的操作

按〈Esc〉键取消选择全部选定对象。

熟练地掌握选择对象的方法是非常重要的。系统还提供了 Select（选择）、Filter（对象选择过滤器）等命令用于对象的选择。

1.8 文件管理

文件管理主要讲述新建文件、打开文件、保存文件等内容。

1.8.1 新建图形文件

启动 AutoCAD 2021 后，可采用以下几种方法之一来新建文件。

菜单栏：选择“文件(F)”→“新建(N)”选项。

工具栏：单击“标准”或“快速访问”工具栏上的“新建”按钮。

命令行窗口：new。

快捷键：〈Ctrl+N〉。

系统打开“选择样板”对话框。从样板文件“名称”列表中选择一种样板文件（如图 1-29 中①所示）后文件名自动输入（如图 1-29 中②所示）；或者单击“打开”按钮旁的下拉按钮，如图 1-29 中③所示，从弹出的下拉列表框中选择“无样板打开-(公制)”选项，如图 1-29 中④所示。然后单击“打开”按钮，如图 1-29 中⑤所示。

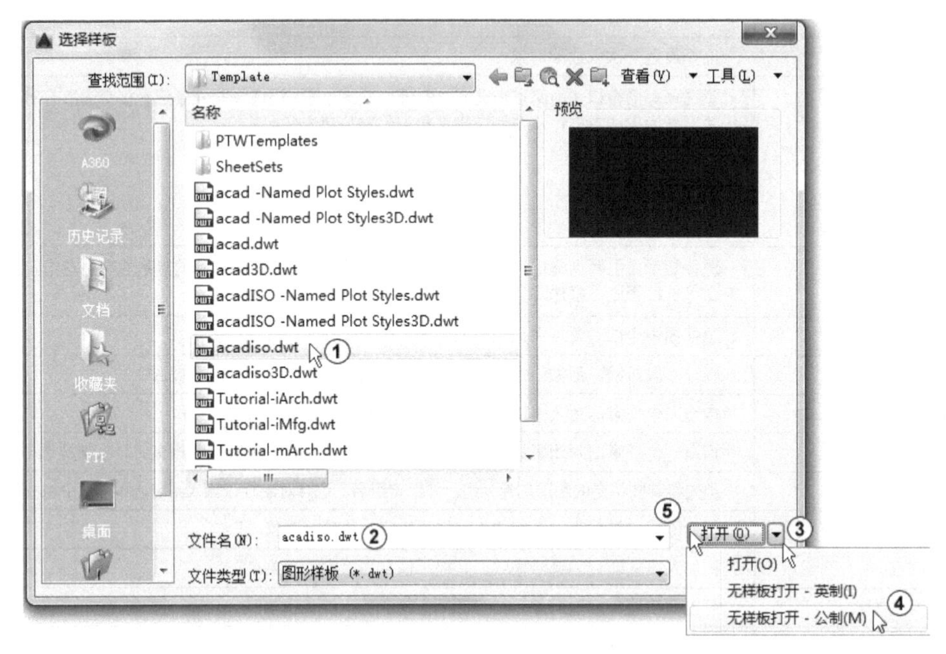

图 1-29 “选择样板”对话框

1.8.2 保存文件

1.8 保存文件

在 AutoCAD 2021 工作界面中，单击快速启动工具栏的“保存”按钮，选择“文件”→“保存”选项，使用快捷键〈Ctrl+S〉或在命令行窗口输入命令 qsave，均可保存文件。若文件已命名，则 AutoCAD 2021 自动保存；若文件未命名，则自动打开“图形另存为”对话框，可以命名保存。还可以在“文件类型”下拉列表框中选择保存文件的类型，如图 1-30 中①②所示。单击对话框上方“保存于(I)”后的下拉按钮，可选择想要保存的磁盘，还可修改默认的文件名 Drawing1.dwg 为自己想要的名字（扩展名.dwg 不能改，否则就打不开了），最后单击“保存”按钮，如图 1-30 中③～④所示。

在 AutoCAD 2021 工作界面中，选择“文件”→“另存为”选项，使用快捷键〈Ctrl+Shift+S〉或在命令行输入命令 saveas，都可以自动打开“图形另存为”对话框，可命名保存，并将当前图形更名。

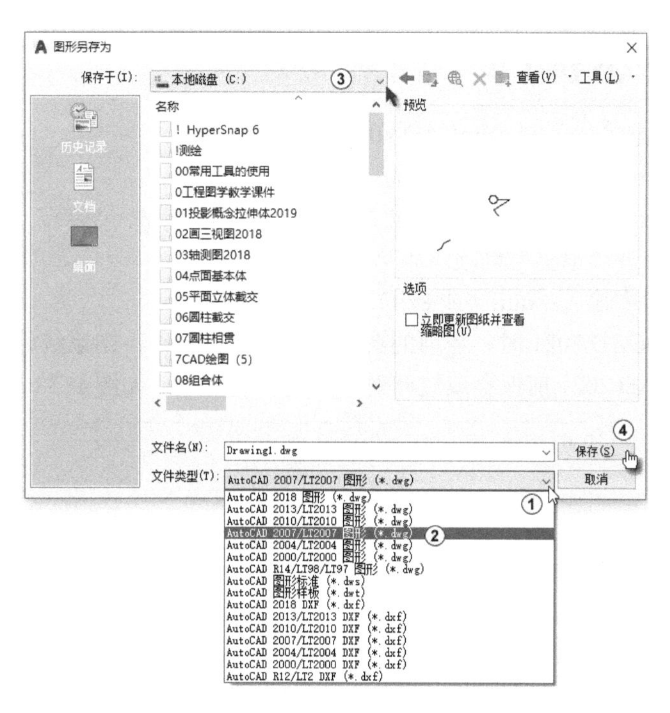

图 1-30 “图形另存为”对话框

1.8.3 打开图形文件

在 AutoCAD 2021 工作界面中，单击快速访问工具栏的“打开”按钮，选择“文件”→“打开”选项，使用快捷键〈Ctrl+O〉或在命令行输入命令 open，都可打开“选择文件”对话框，在“文件类型”下拉列表框中用户可选择图形（.dwg）、标准（.dws）、DXF（.dxf）、样板文件（.dwt），如图 1-31 中①②所示。选择要打开的文件，然后单击“打开”按钮，如图 1-31 中③④所示，则可打开该文件。

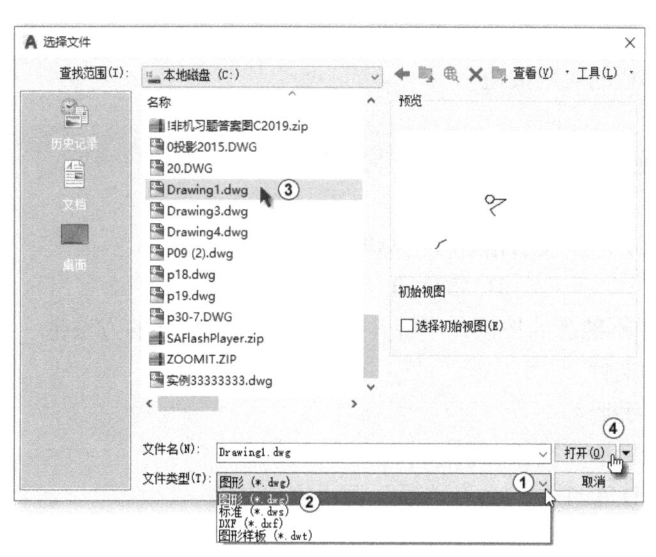

图 1-31 “选择文件”对话框

1.8.4 退出 AutoCAD 2021

可通过如下几种方式来退出 AutoCAD 2021。

1）直接单击 AutoCAD 主窗口右上角的“关闭”按钮。

2）直接双击 AutoCAD 主窗口左上角的“应用程序”按钮。

3）选择“文件”→“退出”选项。

4）在命令行窗口中输入：quit（或 exit）。

如果在退出 AutoCAD 2021 时，当前的图形文件没有被保存，则系统将弹出提示对话框，提示用户在退出 AutoCAD 2021 前保存或放弃对图形所做的修改，如图 1-32 所示。

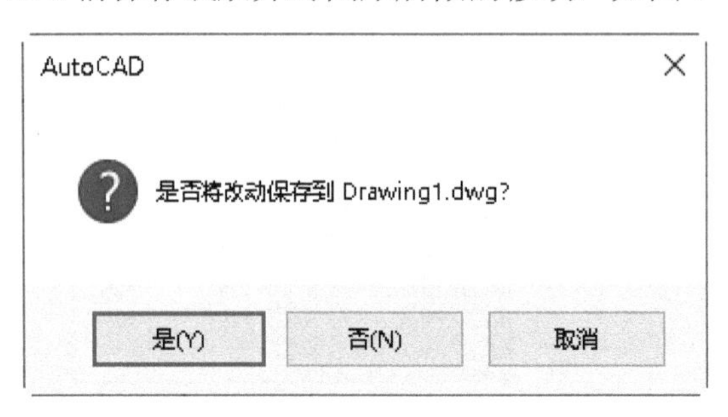

图 1-32　系统提示对话框

1.9　习题

一、选择题

1．调用 AutoCAD 2021 命令的方法有________。

A．在命令行窗口输入命令名

B．在命令行窗口输入命令的缩写

C．选择下拉菜单中的菜单选项

D．单击工具栏的对应按钮

E．以上都对

2．要指定一个绝对位置（8,5）的点，应该输入________。

A．@8,5　　B．#8,5　　C．8,5　　D．8<5

3．AutoCAD 2021 中，表示相对极坐标的是________。

A．50,60　　B．50<60　　C．@50<60　　D．@50,60

4．对于工具栏中不熟悉的按钮，了解其命令和功能最简捷的方法是________。

A．阅读帮助文件

B．查看用户手册

C．把鼠标指针放在按钮上稍停片刻

5．对于 AutoCAD 2021 中的命令选项，调用方法是________。

A．在选项提示下输入选项的缩写字母

B．右击并在弹出的快捷菜单中选取

C．以上都对

6．在操作中，按〈Esc〉键的作用是________。

A．重复执行命令　　B．暂停命令的执行

C．取消命令的执行

7．完成图形的编辑工作，或者需要保存阶段性的成果，都可以选择“文件”→“保存”命令，或者直接按下快捷键________。

A．〈Ctrl+S〉　　B．〈Ctrl+V〉　　C．〈Ctrl+D〉　　D．〈Ctrl+C〉

8．AutoCAD 2021 图形文件的扩展名为________。

A．DWG　　B．JPG　　C．GIF　　D．BMP

9．打开图形文件的快捷键是________。

A．〈Ctrl+N〉　　B．〈Ctrl+O〉　　C．〈Ctrl+S〉　　D．〈Ctrl+P〉

10．按快捷键________可以弹出文本窗口。

A．〈F1〉　　B．〈F2〉　　C．〈F3〉

D．〈F5〉　　E．〈F6〉　　F．〈F8〉

二、简答题

1．在 AutoCAD 2021 中，怎样输入一个点？怎么输入一个距离值？

2．简述临时捕捉的操作方法。

3．简述极轴角的设置方法。

4．打开 AutoCAD 2021 自带的样本文件，进行缩放、平移操作，观察图形，最后退出，不要保存文件。

第 2 章　奇妙的几何图形

生活中处处都有几何图形的身影，例如，三角形的自行车架、圆形的汽车轮子、圆柱形的电线杆等。仔细观察可以发现这些与人们生活息息相关的几何图形都是由点、直线、圆、圆弧、多边形等组合而成的。本章通过几何图形的绘制，详细介绍 AutoCAD 2021 最常用的绘图、编辑、捕捉、缩放、追踪等命令的使用方法，为今后的学习打下了基础。

学习 AutoCAD 2021 命令时始终要与实际应用相结合，不要把主要精力花费在孤立地学习各个命令上；要把学以致用的原则贯穿整个学习过程，以使自己对绘图命令有深刻和形象的理解，有利于培养自己应用 AutoCAD 2021 独立完成绘图的能力。

同一图形，一般都有几种不同的绘制方法，这与每个人对命令的熟练程度，对图形进行几何分析的能力等因素有关，适合自己的就是最好的。熟练掌握这些命令，才能熟练地绘制图形，提高绘图的效率。

大多数命令都提供了几种不同的方式来创建同一实体，例如，有 11 种方式可以绘制圆弧，读者在使用时，可以根据不同的已知条件，辅以对象捕捉和对象捕捉追踪命令，选择不同的创建对象方式来更快更便捷地绘制图形。

绘图最好使用 1∶1 的画图比例，输出比例可以随便调整。画图比例和输出比例是两个概念，输出时使用“输出 1 单位=绘图 200 单位”就是按 1/200 比例输出，若“输出 10 单位=绘图 1 单位”就是放大 10 倍输出。

用 1∶1 比例画图好处很多：①容易发现错误，由于按实际尺寸画图，很容易发现尺寸设置不合理的地方。②标注尺寸非常方便，尺寸数字是多少，软件自己测量，万一画错了，一看尺寸数字就发现了（虽然软件也能设置尺寸标注比例，但较麻烦）。③在各个图之间复制局部图形或者使用块时，由于都是 1∶1 比例，调整块尺寸方便。④由零件图拼成装配图或由装配图拆画零件图时非常方便。⑤用不着进行烦琐的比例缩小和放大计算，提高了工作效率，防止出现换算过程中可能出现的差错。

2.1　三角形内嵌正多边形

2.1　三角形内嵌正多边形

【例 2-1】 绘制三角形内嵌正五边形，如图 2-1 所示。

分析：本题总体较为简单，由一个三角形和一个正五边形组成，本题可以推广到一个三角形内嵌一个正多边形的问题，难点是不知道正多边形的边长，但可用参照缩放命令完成图形的绘制。

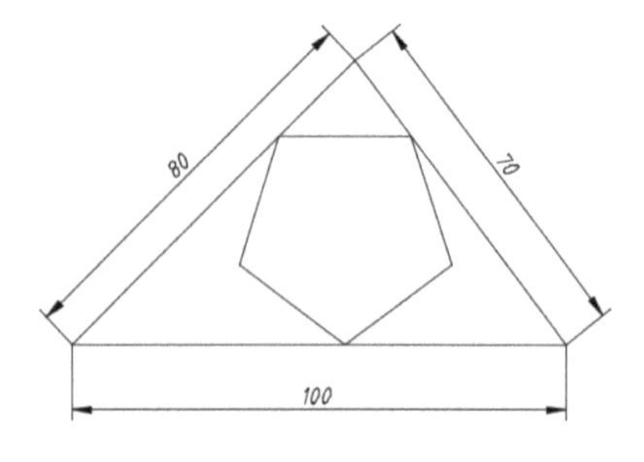

图 2-1　三角形内嵌正五边形

2.1.1　直线命令

AutoCAD 绘制直线的原理是两点确定一条直线。直线的要素是起点和终点，或者长度与角度。绘制直线命令是用来绘制两个给定点之间的线段。可采用以下几种方法之一来激活直线命令。

功能区：单击“默认”选项卡→“绘图”面板→“直线”按钮。

菜单栏：选择“绘图(D)”→“直线(L)”选项。

工具栏：单击“绘图”工具栏上的“直线”按钮。

命令行窗口：L。

1）启动 AutoCAD 2021 后，系统自动进入“Drawing1.dwg”的文件。

2）绘制一条长为 100 的水平直线。单击“默认”→“绘图”面板→“直线”按钮，系统提示如下：

```
命令: _line
指定第一点:（在绘图区任意位置单击，确定一点）
指定下一点或 [放弃(U)]:@0,100↙（输入相对坐标）
指定下一点或 [闭合(C)/放弃(U)]:↙（结束命令）
```

结果如图 2-2 中①所示。

说明：

命令:_line 指定第一点：此时可以用绝对坐标输入起点，或用鼠标在绘图区选择起点。如果直接按空格键或者按〈Enter〉键响应，AutoCAD 会把所绘制图形的最后一点指定为起点。指定起点后，命令行出现提示：

指定下一点或[放弃(U)]：下一点可以用绝对坐标、相对坐标或极坐标指定，指定了下一点后，工作界面会显示指定两点间的一条线段。这时按空格键、〈Esc〉键或者〈Enter〉键响应，就退出绘制直线命令。在命令行窗口输入 U 就取消输入的第一点，AutoCAD 会提示重新输入起点。如果需要连续绘制线段，AutoCAD 会继续提示：

指定下一点或[放弃(U)]：AutoCAD 会把上次所绘制线段的终点作为第二条线段的起点，指定了第三点后就绘制出第二条线段。如需要退出绘制直线命令，可以直接按空格键、〈Esc〉键或者〈Enter〉键。如输入 U 则取消上一条线段继续上述提示。绘制完第二条线段后，AutoCAD 会继续提示：

指定下一点或[闭合(C)/放弃(U)]：指定了第四点后就绘制出第三条线段，如果继续响应上述提示，可绘制出多条首尾相连的线段。这时仍然可以按空格键、〈Esc〉键或者〈Enter〉键退出绘制直线命令。如果输入 C，AutoCAD 会自动在第一条线段的起点和最后一条线段的终点之间绘制一条线段，使折线形成闭合的图形，并且退出绘制直线命令。如果输入 U 则依次向前删除线段。

2.1.2 圆命令

圆是工程图当中常用的图形元素之一，使用非常频繁。绘制圆可采用以下几种方法之一来激活绘制圆命令。

功能区：单击“默认”选项卡→“绘图”面板→“圆”按钮。

菜单栏：选择“绘图(D)”→“圆(C)”→“圆心、半径(R)”选项。

工具栏：单击“绘图”工具栏上的“圆”按钮。

命令行窗口：C。

根据给定参数的不同，AutoCAD 提供了 6 种绘制圆的方式，这些方式位于“绘图”下拉菜单的“圆”选项中，可以根据需要选择一种绘制圆的方式。

1）绘制两个圆。在命令行窗口输入 C 并按〈Enter〉键，系统提示如下：

命令:C↙

CIRCLE 指定圆的圆心或 [三点(3P)/两点(2P)/切点、切点、半径(T)]:（按〈F3〉键打开“对象捕捉”，捕捉直线的右端点，如图 2-2 中②所示）

指定圆的半径或 [直径(D)] <0.6>:70↙（输入半径的数值后按〈Enter〉键，绘出一个小圆）

命令:↙（继续延用圆命令）

指定圆的圆心或 [三点(3P)/两点(2P)/切点、切点、半径(T)]:（捕捉直线的左端点，如图 2-2 中③所示）

指定圆的半径或 [直径(D)] <1.0>:80↙（输入半径的数值后按〈Enter〉键，绘出一个大圆）

2）绘制两条斜线。在命令行窗口输入 C 并按〈Enter〉键，系统提示如下：

命令: L↙

LINE

指定第一个点:（捕捉直线的左端点，如图 2-2 中③所示）

指定下一点或 [放弃(U)]:（捕捉两个圆的交点，如图 2-2 中④所示）

指定下一点或 [放弃(U)]:（捕捉直线的右端点，如图 2-2 中⑤所示，绘制出三角形）

指定下一点或 [闭合(C)/放弃(U)]:↙（结束命令）

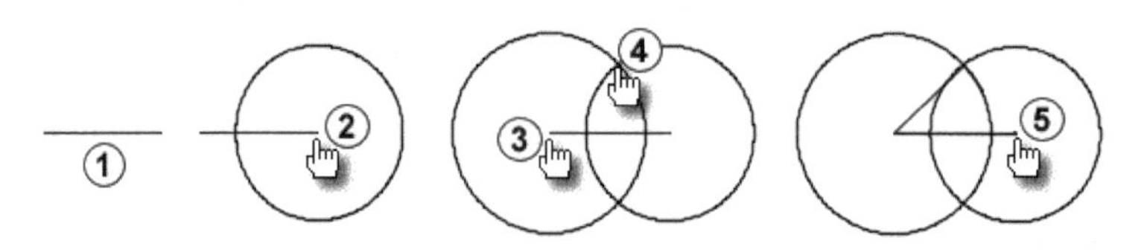

图 2-2　绘制三角形

2.1.3 删除命令

可采用以下几种方法之一来激活删除命令。

功能区：单击“默认”选项卡→“修改”面板→“删除”按钮。

菜单栏：选择“修改(M)”→“删除(E)”选项。

工具栏：单击“修改”工具栏上的“删除”按钮。

命令行窗口：erase。

快捷菜单：选择要删除的对象，在绘图区域中右击，从弹出的快捷菜单中选择“删除”选项。

删除辅助圆：在命令行窗口输入字母 erase 并按〈Enter〉键，系统提示如下：

命令:erase↙

选择对象:（在绘图区分别选择两个圆，如图 2-3 中①②所示）

选择对象:↙

或直接选中两个辅助圆，按〈Delete〉键即可删除。

结果如图 2-3 中③所示。

2.1.4 正多边形命令

正多边形的特征是无论它有多少条边，每条边长都等长。边长不等长的多边形属于非正多边形。AutoCAD 提供了绘制正多边形的命令，绘制正多边形的边数范围是 3～1024。从三角形到五边形、10 边形直至 1024 边形都可以通过正多边形命令得到。当边数足够多的时候，这个正多边形就可以被视为是圆的拟合。

绘制正多边形的方法可以分为中心点法、边长法两种。中心点法又分为内切圆、外接圆两种形式。可采用以下几种方法之一来激活绘制正多边形命令。

功能区：单击“默认”选项卡→“绘图”面板→“正多边形”按钮。

菜单栏：选择“绘图(D)”→“正多边形(Y)”选项。

工具栏：单击“修改”工具栏上的“正多边形”按钮。

命令行窗口：pol。

在三角形内绘制一个较小的正多边形（例中为正五边形）。在命令行窗口输入 pol 并按〈Enter〉键，系统提示如下：

```
命令：pol↙
POLYGON 输入侧面数<4>:5↙
指定正多边形的中心点或 [边(E)]:e↙（用边长的方式绘制多边形）
指定边的第一个端点：（在三角形内部适当位置单击确定一点，如图 2-3 中④所示）
指定边的第二个端点：（按〈F8〉键打开“正交模式”，鼠标指针向左动任意一段距离后单击，如图 2-3 中⑤所示）
```

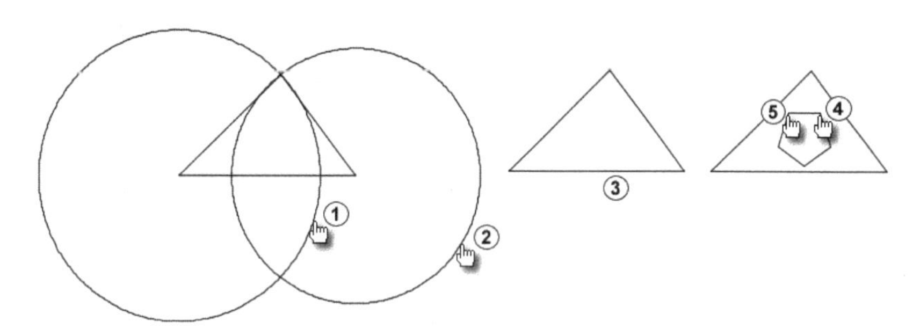

图 2-3　绘制正五边形

2.1.5 偏移命令

可采用以下几种方法之一来激活偏移命令。

功能区：单击“默认”选项卡→“修改”面板→“偏移”按钮。

菜单栏：选择“修改(M)”→“偏移(S)”。

工具栏：单击“修改”工具栏上的“偏移”按钮。

命令行窗口：off。

1）采用通过点的方式将三角形的三边过正五边形的 3 个顶点。单击“默认”选项卡→“修改”面板→“偏移”按钮，系统提示如下：

```
命令：_offset
当前设置：删除源=否　图层=源　OFFSETGAPTYPE=0
指定偏移距离或 [通过(T)/删除(E)/图层(L)] <22.0>:t↙
选择要偏移的对象，或[退出(E)/放弃(U)]<退出>:（选择选择三角形上的一条边，如图 2-4 中①所示）
指定通过点或 [退出(E)/多个(M)/放弃(U)]<退出>:（选择选择五边形上的点，如图 2-4 中②所示）
选择要偏移的对象，或[退出(E)/放弃(U)]<退出>:（选择选择三角形上的一条边，如图 2-4 中③所示）
```

```
指定通过点或 [退出(E)/多个(M)/放弃(U)]<退出>:(选择选择五边形上的点,如图 2-4 中④所示)
选择要偏移的对象,或[退出(E)/放弃(U)]<退出>:(选择选择三角形上的一条边,如图 2-4 中⑤所示)
指定通过点或 [退出(E)/多个(M)/放弃(U)]<退出>:(选择选择五边形上的点,如图 2-4 中⑥所示)
选择要偏移的对象,或 [退出(E)/放弃(U)] <退出>:↙(结果如图 2-4 中⑦所示)
```

2）删除多余直线。在命令行输入字母 erase 并按〈Enter〉键，系统提示如下：

```
命令:erase↙
选择对象:(在绘图区分别选择三条直线, 如图 2-4 中①③⑤所示)
选择对象:↙(结果如图 2-4 中⑧所示)
```

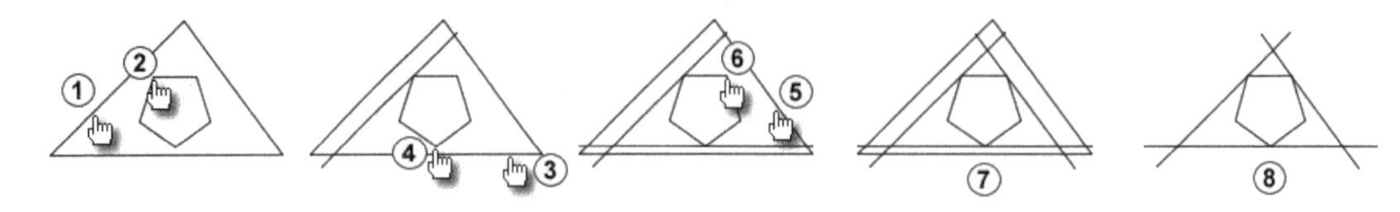

图 2-4　偏移三角形

2.1.6 修剪命令

在绘图过程中，经常遇到一个实体超出了边界部分或者把实体分解为两部分。此时要用修剪命令来处理，AutoCAD 首先要求确定修剪边界，再以边界为剪刀，剪掉实体的一部分。在使用修剪命令时，也可以选中所有参与修剪的对象作为“选择剪切边”的回应，让它们互为剪刀。

注意

被剪部分一定与修剪边界相交。

可采用以下几种方法之一来激活修剪命令。

功能区：单击“默认”选项卡→“修改”面板→“修剪”按钮。

菜单栏：选择“修改(M)”→“修剪(T)”选项。

工具栏：单击“修改”工具栏上的“修剪”按钮。

命令行窗口：tr。

修剪图形：在命令行窗口输入 tr 并按〈Enter〉键，系统提示如下：

```
命令:tr↙
当前设置:投影=UCS, 边=无
选择剪切边...
选择对象或 <全部选择>:↙(全部选择)
选择要修剪的对象,或按住〈Shift〉键选择要延伸的对象,或[栏选(F)/窗交(C)/投影(P)/边(E)/删除(R)/放弃(U)]:(在绘图区单击图 2-5 中①所示的线)
选择要修剪的对象,或按住〈Shift〉键选择要延伸的对象,或[栏选(F)/窗交(C)/投影(P)/边(E)/删除(R)/放弃(U)]:(在绘图区单击图 2-5 中②所示的线)
选择要修剪的对象,或按住〈Shift〉键选择要延伸的对象,或[栏选(F)/窗交(C)/投影(P)/边(E)/删除(R)/放弃(U)]:(在绘图区单击图 2-5 中③所示的线)
选择要修剪的对象,或按住〈Shift〉键选择要延伸的对象,或[栏选(F)/窗交(C)/投影(P)/边(E)/删除(R)/放弃(U)]:(在绘图区单击图 2-5 中④所示的线)
选择要修剪的对象,或按住〈Shift〉键选择要延伸的对象,或[栏选(F)/窗交(C)/投影(P)/边(E)/删除(R)/放弃(U)]:(在绘图区单击图 2-5 中⑤所示的线)
```

```
        选择要修剪的对象，或按住〈Shift〉键选择要延伸的对象，或[栏选(F)/窗交(C)/投影(P)/边(E)/删除(R)/放弃(U)]：(在绘图区单击图 2-5 中⑥所示的线)
        选择要修剪的对象，或按住〈Shift〉键选择要延伸的对象，或[栏选(F)/窗交(C)/投影(P)/边(E)/删除(R)/放弃(U)]：↙
```

2.1.7 缩放对象命令

要缩放对象，需要指定基点和比例因子。基点将作为缩放操作的中心，并保持静止。比例因子大于 1 时将放大对象。比例因子介于 0～1 之间时将缩小对象。指定的基点表示选定对象的大小发生改变（从而远离静止基点）时位置保持不变的点。

可采用以下几种方法之一来激活缩放命令。

功能区：单击“默认”选项卡→“修改”面板→“缩放”按钮。

菜单栏：选择“修改(M)”→“缩放(L)”选项。

工具栏：单击“修改”工具栏上的“缩放”按钮。

命令行窗口：scale。

快捷菜单：选择要缩放的对象，然后在绘图区域中右击，从弹出的快捷菜单中选择“缩放”选项。

1）缩放图形。用比例因子缩放，必须知道比例因子；如果不知道比例因子，但知道缩放后实体的尺寸，可以用参照缩放。其实缩放后的尺寸与原尺寸比值就是一个比例因子。单击“修改”面板上“缩放”按钮，系统提示如下：

```
命令:_scale
选择对象:all↙(选择所有的图形)
选择对象:↙(按〈Enter〉键结束选择)
指定基点:(捕捉左下方的“端点”，如图 2-5 中⑦所示)
指定比例因子或 [复制(C)/参照(R)] <1.0>: r↙ (输入“r”，执行参照缩放)
指定参照长度 <1.0>:(再次捕捉左下方的“端点”，如图 2-5 中⑦所示)
指定第二点:(捕捉右下方的“端点”，如图 2-5 中⑧所示)
指定新的长度或 [点(P)] <1.0>:100↙ (输入新长度 100，完成操作，如图 2-5 中⑨所示)
```

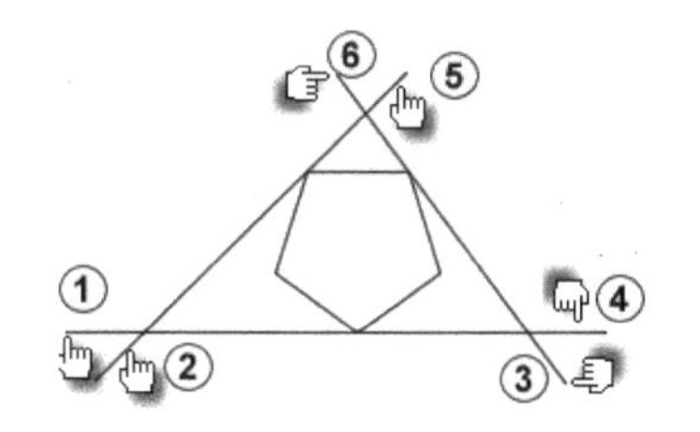

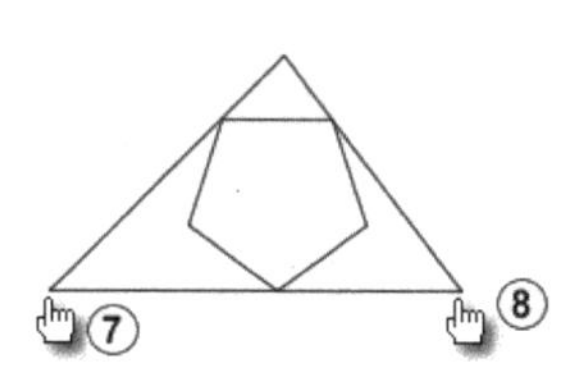

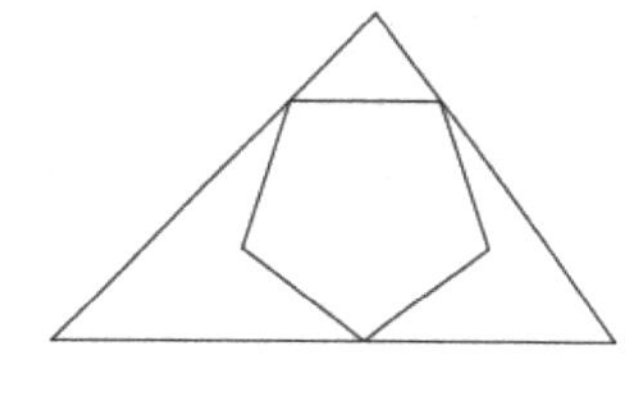

图 2-5 修剪和缩放图形

2）单击“快速访问工具栏”上的“保存”按钮，将图形用默认的文件名“Drawing1.dwg”保存。

2.2 等弦长图形-分析

2.2 等弦长图形

【例 2-2】 绘制等弦长的几何图形，如图 2-6 所示。

分析：图 2-6 看似简单，但轻易是画不出来的。本题难点是不知斜线的起终点，且斜线与两个圆相交的弦长相等。所以通过一个圆心做一条斜线的平行线，并过另一个圆绘制该平行线的垂线。将小圆复制到垂线的垂足上，得到目标斜线的一个端点。再通过偏移或复制得到目标斜线，如图 2-7 所示。

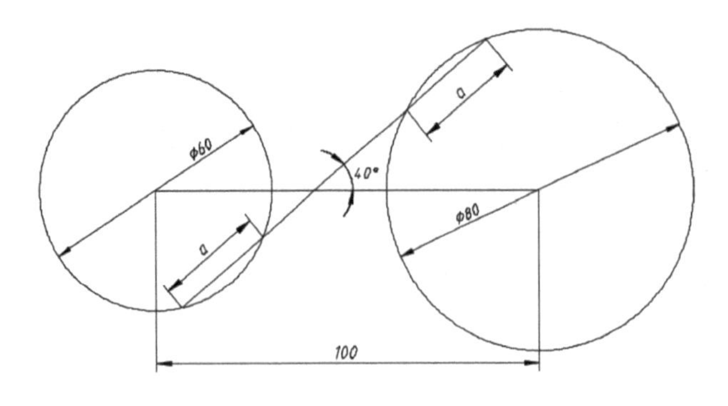

图 2-6　几何图形

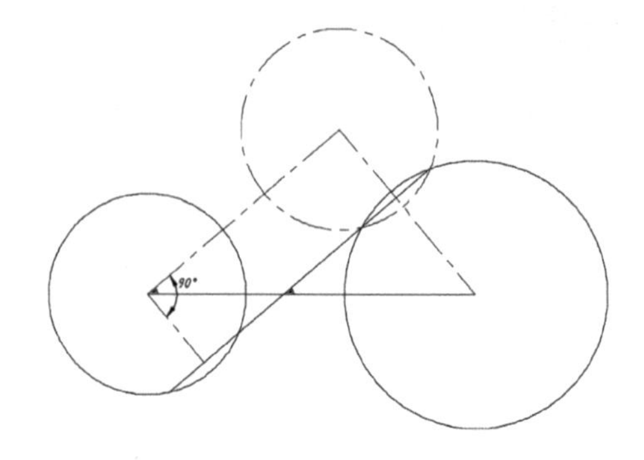

图 2-7　分析图形

2.2.1 复制命令

2.2　等弦长图形-绘制

可采用以下几种方法之一来激活复制命令。

功能区：单击“默认”选项卡→“修改”面板→“复制”按钮。

菜单栏：选择“修改(M)”→“复制(Y)”选项。

工具栏：单击“修改”工具栏上的“复制”按钮。

命令行窗口：copy。

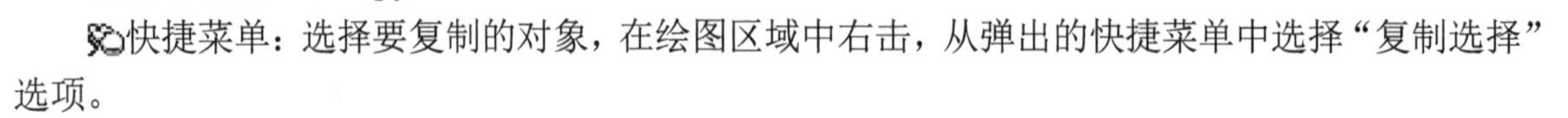
快捷菜单：选择要复制的对象，在绘图区域中右击，从弹出的快捷菜单中选择“复制选择”选项。

1）启动 AutoCAD 2021 后，系统自动进入“Drawing2.dwg”文件。

2）在正交模式下，绘制一条长为 100 的水平直线。单击“绘图”工具栏上的“直线”按钮，系统提示如下：

```
命令: _line
指定第一点:(在绘图区任意位置单击，确定一点)
指定下一点或 [放弃(U)]:100↙（按〈F8〉键打开“正交模式”，将鼠标指针放在第一个点的右侧，输入数值）
指定下一点或 [闭合(C)/放弃(U)]:↙（结束命令）
```

3）绘制两个圆。在命令行窗口输入 C 并按〈Enter〉键，系统提示如下：

```
命令:C↙
CIRCLE 指定圆的圆心或 [三点(3P)/两点(2P)/切点、切点、半径(T)]:（按〈F3〉键打开“对象捕捉”，捕捉直线的左端点，如图 2-8 中①所示）
指定圆的半径或 [直径(D)] <0.6>:30↙（输入半径的数值后按〈Enter〉键，绘出一个小圆）
命令:↙（继续延用圆命令）
指定圆的圆心或 [三点(3P)/两点(2P)/切点、切点、半径(T)]:（捕捉直线的右端点，如图 2-8 中②所示）
指定圆的半径或 [直径(D)] <1.0>:40↙（输入半径的数值后按〈Enter〉键，绘出一个大圆）
```

4）用相对坐标法以小圆的圆心为起点绘制一条夹角为 40°的斜线。单击“绘图”工具栏上的“直线”按钮，系统提示如下：

```
命令：_line 指定第一点：(捕捉小圆圆心，如图 2-8 中③所示)
指定下一点或 [放弃(U)]：@100<40↙
指定下一点或 [闭合(C)/放弃(U)]：↙（结束命令，如图 2-8 中④所示）
```

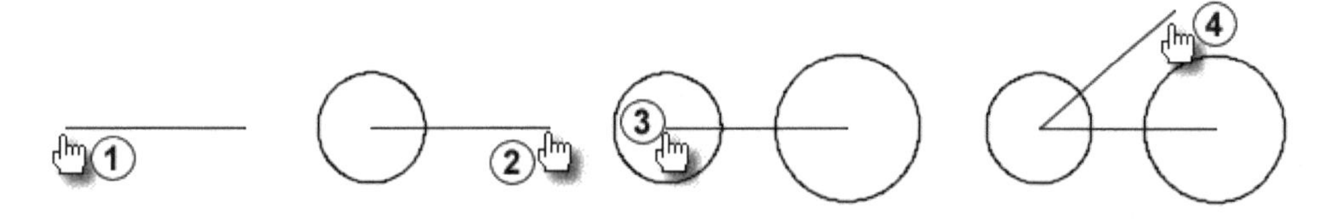

图 2-8　绘制直线和圆

5）过大圆的圆心作斜线的垂线。单击“绘图”工具栏上的“直线”按钮，系统提示如下：

```
命令：_line
指定第一点：(捕捉大圆的圆心，如图 2-9 中①所示)
指定下一点或 [放弃(U)]：(按住〈Shift〉键并在绘图区域内右击，从弹出的快捷菜单中选择“垂直”选项，如图 2-9 中②所示)
_per 到（垂足捕捉模式被激活，移动鼠标指针到斜线上，出现递延垂足符号时单击，如图 2-9 中③所示）
指定下一点或 [放弃(U)]：↙（结束命令，如图 2-9 中④所示）
```

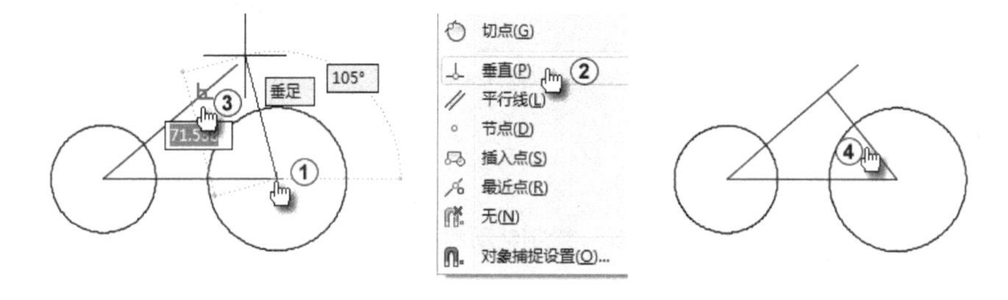

图 2-9　绘制垂线

6）以小圆的圆心为基点将小圆复制到斜线垂足上，单击“默认”选项卡→“修改”面板→“复制”按钮，系统提示如下：

```
命令：_copy
选择对象：(选择小圆，如图 2-10 中①所示)
指定基点或 [位移(D)/模式(O)] <位移>：(捕捉小圆圆心，如图 2-10 中②所示)
指定第二个点或 <使用第一个点作为位移>：(捕捉斜线上的垂足，如图 2-10 中③所示)
```

2.2.2 延伸命令

可采用以下几种方法之一来激活延伸命令。

- 功能区：单击“默认”选项卡→“修改”面板→“延伸”按钮。
- 菜单栏：选择“修改(M)”→“复制(Y)”选项。
- 工具栏：单击“修改”工具栏上的“延伸”按钮。

命令行窗口：extend。

1）单击“绘图”工具栏上的“直线”按钮，系统提示如下：

```
命令: _line
指定第一点:(捕捉交点，如图 2-10 中④所示)
指定下一点或 [放弃(U)]:(捕捉交点，如图 2-10 中⑤所示)
指定下一点或 [闭合(C)/放弃(U)]:↙ (结束命令)
```

2）单击“默认”选项卡→“修改”面板→“延伸”按钮，系统提示如下：

```
命令: _extend
当前设置:投影=UCS，边=无
选择边界的边...
选择对象或 <全部选择>:(选择小圆的圆弧，如图 2-10 中⑥所示)
选择要延伸的对象，或按住〈Shift〉键选择要修剪的对象，或[栏选(F)/窗交(C)/投影(P)/边(E)/放弃(U)]:(单击斜线的下方，如图 2-10 中⑦所示)
选择要延伸的对象，或按住〈Shift〉键选择要修剪的对象，或[栏选(F)/窗交(C)/投影(P)/边(E)/放弃(U)]:(再次单击延伸后的斜线的下方，如图 2-10 中⑧所示)
选择要延伸的对象，或按住〈Shift〉键选择要修剪的对象，或[栏选(F)/窗交(C)/投影(P)/边(E)/放弃(U)]: ↙ (结束命令)
```

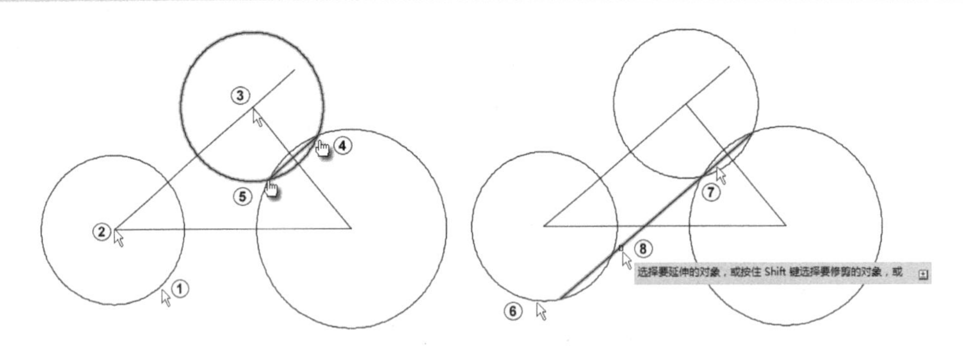

图 2-10　绘制辅助圆和辅助线

3）删除多余的辅助圆和辅助线。单击“默认”选项卡→“修改”面板→“删除”按钮，系统提示如下：

```
命令: _erase
选择对象:(选中辅助圆和两条辅助斜线，结果如图 2-10 所示)
```

2.2.3 测量命令

可采用以下几种方法之一来激活绘制测量命令。

功能区：单击“默认”选项卡→“实用工具”面板→“测量”→“距离”按钮。

菜单栏：选择“工具(T)”→“查询(Q)”→“距离(D)”选项。

工具栏：单击“测量工具”工具栏上的查询“距离”按钮。

命令行窗口：measuregeom。

下面用测量命令来检查图形准确性。

单击“默认”选项卡→“实用工具”面板→“测量”→“距离”按钮，系统提示如下：

```
命令:_MEASUREGEOM
```

```
输入选项 [距离(D)/半径(R)/角度(A)/面积(AR)/体积(V)] <距离>:_distance
指定第一点:(捕捉右端点，如图 2-11 中①所示)
指定第二个点或 [多个点(M)]:(捕捉左端点，如图 2-11 中②所示)
距离 = 27.3797, XY 平面中的倾角 = 220,   与 XY 平面的夹角 = 0
X 增量 = -20.9741,   Y 增量 = -17.5993,    Z 增量 = 0.0000
输入选项 [距离(D)/半径(R)/角度(A)/面积(AR)/体积(V)/退出(X)] <距离>: D↙
指定第一点:(捕捉右端点，如图 2-11 中③所示)
指定第二个点或 [多个点(M)]:(捕捉左端点，如图 2-11 中④所示)
距离 = 27.3797, XY 平面中的倾角 = 220,   与 XY 平面的夹角 = 0
X 增量 = -20.9741,   Y 增量 = -17.5993,    Z 增量 = 0.0000
输入选项 [距离(D)/半径(R)/角度(A)/面积(AR)/体积(V)/退出(X)] <距离>:↙
```

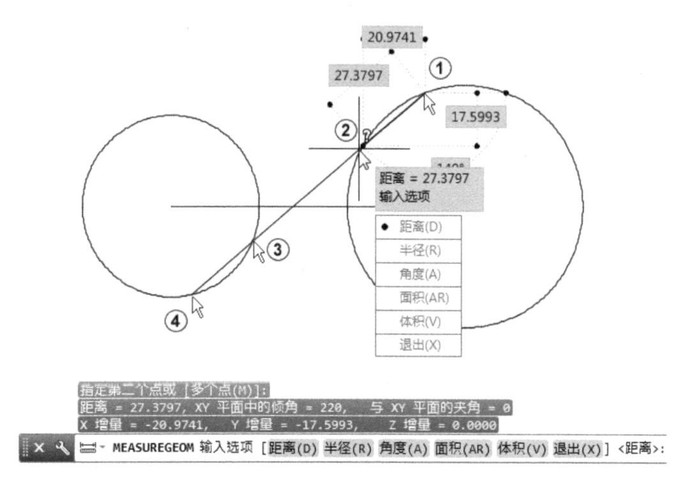

图 2-11　检查图形

2.3　环环相扣图形

2.3　环环相扣图形-分析

【例 2-3】 绘制几何图形，如图 2-12 所示。

分析：看到这样有规律的图形，而且是环状的，自然是环形阵列了。阵列操作的关键是找到阵列的对象，再者是确定阵列个数以及阵列对象的位置，本题的阵列个数为 10，可通过正十边形来确定阵列对象的位置，但列阵的对象则需要仔细分析对比（见图 2-13 中①②）后才能确定（见图 2-13 中③所示的有颜色填充的图案）。

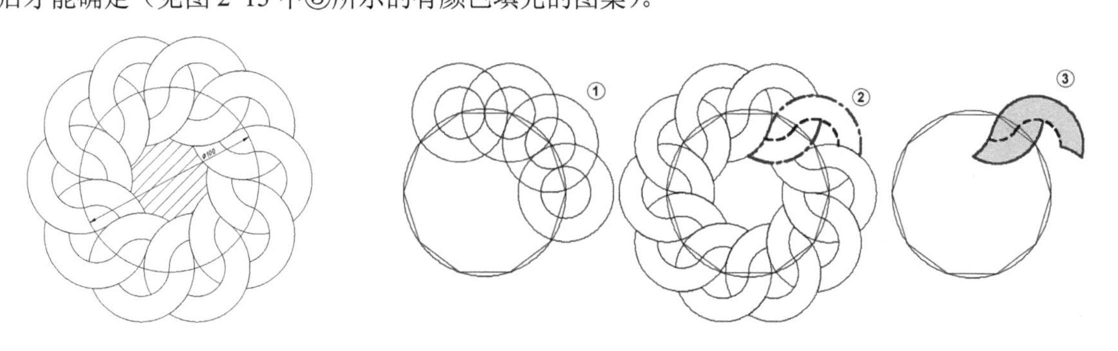

图 2-12　几何图形　　图 2-13　解题关键

2.3.1 环形阵列命令

2.3 环环相扣图形-绘制

可采用以下几种方法之一来激活阵列命令。

功能区：单击“默认”选项卡→“修改”面板→“阵列”按钮。

菜单栏：选择“修改(M)”→“阵列”→“环形阵列”选项。

工具栏：单击“修改”工具栏上的“环形阵列”按钮。

命令行窗口：arraypolar。

1）绘制一个直径为 100 的圆。单击“默认”选项卡→“绘图”面板→“圆”按钮，系统提示如下：

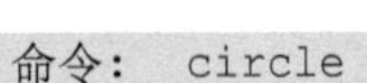

```
命令：_circle
指定圆的圆心或 [三点(3P)/两点(2P)/切点、切点、半径(T)]：(在绘图窗口内任取取一点)
指定圆的半径或 [直径(D)]:50↙ (结果如图 2-14 中①所示)
```

2）绘制内切正十边形。单击“默认”选项卡→“绘图”面板→“正多边形”按钮，系统提示如下：

```
命令：_polygon
输入边的数目 <4>:10↙
指定正多边形的中心点或 [边(E)]：(按住〈Shift〉键并在绘图区域内右击，从弹出的快捷菜单中选择“圆心”选项，捕捉圆心，如图 2-14 中②所示)
输入选项 [内接于圆(I)/外切于圆(C)] <I>:I↙
指定圆的半径:50↙ (结果如图 2-14 中③所示)
```

3）用直线命令连接圆心与正十边形相邻的两个顶点。单击“默认”选项卡→“绘图”面板→“直线”按钮，系统提示如下：

```
命令:_line
指定第一点:(捕捉圆心，如图 2-14 中④所示)
指定下一点或 [放弃(U)]：(捕捉圆心正十边形的左上端点，如图 2-14 中⑤所示)
指定下一点或 [放弃(U)]：(捕捉圆心正十边形相邻的端点，如图 2-14 中⑥所示)
```

4）过正十边形左上角点绘制另一条连线的垂线。单击“默认”选项卡→“绘图”面板→“直线”按钮，系统提示如下：

```
命令：_line
指定第一点:(选择正十边形左上角点，如图 2-14 中⑦所示)
指定下一点或 [放弃(U)]：(按住〈Shift〉键并在绘图区域内右击，从弹出的快捷菜单中选择“垂足”选项，再选择直线，如图 2-13 中⑧所示)
```

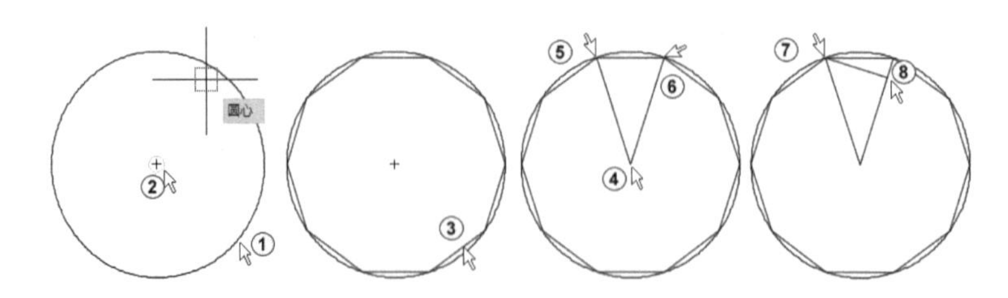

图 2-14 绘制辅助图形

5）以左上角点为圆心，正十边形边长的一半为半径画小圆，垂线长度为半径绘制大圆。单击“默认”选项卡→“绘图”面板→“圆”按钮，系统提示如下：

命令：_circle
指定圆的圆心或 [三点(3P)/两点(2P)/切点、切点、半径(T)]：(选择正十边形左上角点，如图 2-15 中①所示)
指定圆的半径或 [直径(D)] <50.0000>：(按住〈Shift〉键并在绘图区域内右击，从弹出的快捷菜单中选择“中点”选项，捕捉中点，如图 2-15 中②所示)
命令：↙（继续画圆）
指定圆的圆心或 [三点(3P)/两点(2P)/切点、切点、半径(T)]：(选择正十边形左上角点，如图 2-15 中①所示)
指定圆的半径或 [直径(D)] <15.4508>：(按住〈Shift〉键并在绘图区域内右击，从弹出的快捷菜单中选择“交点”选项，单击垂足，如图 2-15 中③所示)

6）利用复制命令将大圆和小圆复制到相邻的 4 个正十边形端点上，并删除之前所绘制的辅助线，单击“默认”选项卡→“修改”面板→“复制”按钮，系统提示如下：

命令：_copy
选择对象：(单击小圆，如图 2-15 中④所示)
选择对象：(单击大圆，如图 2-15 中⑤所示)
选择对象：↙
当前设置： 复制模式 = 多个
指定基点或 [位移(D)/模式(O)] <位移>：(捕捉圆心，如图 2-15 中①所示)
指定第二个点或 <使用第一个点作为位移>：(右侧第 1 个端点，如图 2-15 中⑥所示)
指定第二个点或 [退出(E)/放弃(U)] <退出>：(右侧第 2 个端点，如图 2-15 中⑦所示)
指定第二个点或 [退出(E)/放弃(U)] <退出>：(右侧第 3 个端点，如图 2-15 中⑧所示)
指定第二个点或 [退出(E)/放弃(U)] <退出>：↙

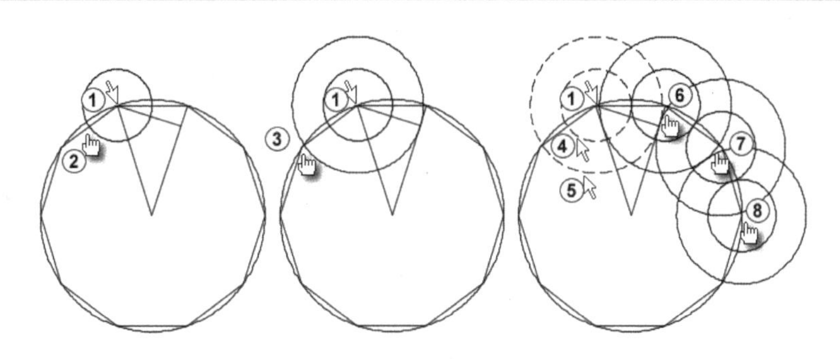

图 2-15 绘制辅助圆

单击“默认”选项卡→“修改”面板→“删除”按钮，系统提示如下：

命令：_erase
选择对象：(选择 3 条直线)
选择对象：↙（如图 2-16 中①所示)

7）根据分析所得列阵对象，利用修剪命令得到阵列的对象。单击“默认”选项卡→“修改”面板→“修剪”按钮，系统提示如下：

命令：_trim
当前设置：投影=UCS，边=延伸
选择剪切边...
选择对象或 <全部选择>：↙（选择全部)

选择要修剪的对象，或按住〈Shift〉键选择要延伸的对象，或[栏选(F)/窗交(C)/投影(P)/边(E)/删除(R)/放弃(U)]：(依次在不需要的图线上单击，最终结果如图 2-16 中②所示)
选择要修剪的对象，或按住〈Shift〉键选择要延伸的对象，或[栏选(F)/窗交(C)/投影(P)/边(E)/删除(R)/放弃(U)]：↙

图 2-16　修剪对象

8）环形列阵。选择要阵列的对象，如图 2-17 中①所示，单击“修改”工具栏上的“环形阵列”按钮，系统提示如下：

命令：_arraypolar 找到 6 个
类型 = 极轴　关联 = 是
指定阵列的中心点或［基点(B)/旋转轴(A)]：(捕捉圆的圆心，如图 2-17 中②所示)
选择夹点以编辑阵列或［关联(AS)/基点(B)/项目(I)/项目间角度(A)/填充角度(F)/行(ROW)/层(L)/旋转项目(ROT)/退出(X)］<退出>：i↙
输入阵列中的项目数或［表达式(E)］<6>：10↙（阵列的项目总数为 10）
选择夹点以编辑阵列或［关联(AS)/基点(B)/项目(I)/项目间角度(A)/填充角度(F)/行(ROW)/层(L)/旋转项目(ROT)/退出(X)］<退出>：↙

单击“默认”选项卡→“修改”面板→“删除”按钮，系统提示如下：

命令：_erase
选择对象：(选择多边形，如图 2-17 中③所示)
选择对象：↙（结果如图 2-17 中④所示）

图 2-17　阵列操作

2.3.2 图案填充命令

可采用以下几种方法之一来激活阵列命令。

功能区：单击“默认”选项卡→“绘图”面板→“图案填充”按钮。

菜单栏：选择“绘图(D)”→“图案填充”选项。

工具栏：单击“绘图”工具栏上的“图案填充”按钮。

命令行窗口：hatch。

对图形中心部分进行填充处理。单击“默认”选项卡→“绘图”面板→“图案填充”按钮，系统提示如下：

```
命令：_hatch
拾取内部点或 [选择对象(S)/放弃(U)/设置(T)]：(选择图案，确定填充图案比例为 40，如图 2-18 中②②所示，单击中心空白处任意位置)
拾取内部点或 [选择对象(S)/放弃(U)/设置(T)]：↙ (结果如图 2-18 中③所示)
```

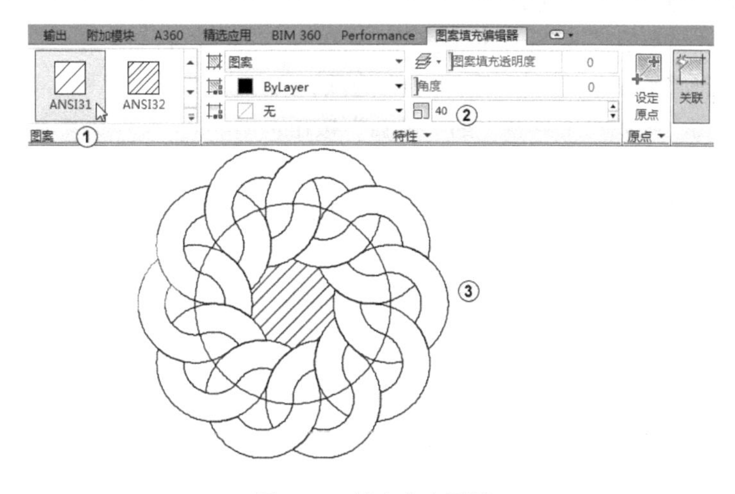

图 2-18　填充中心区域

2.4　角度图形

2.4　角度图形–分析

【例 2-4】 绘制具有角度的图形，如图 2-19 所示。

分析：如图 2-20 中①所示的内容：同弧 AB 或同弦 AB 所对的圆周角 $\angle ACB$ 都等于这条弦所对的圆心角 $\angle AOB$ 的一半；同弧 AB 或同弦 AB 所对的圆周角 $\angle ACB$、$\angle ADB$、$\angle AEB$ 相等。

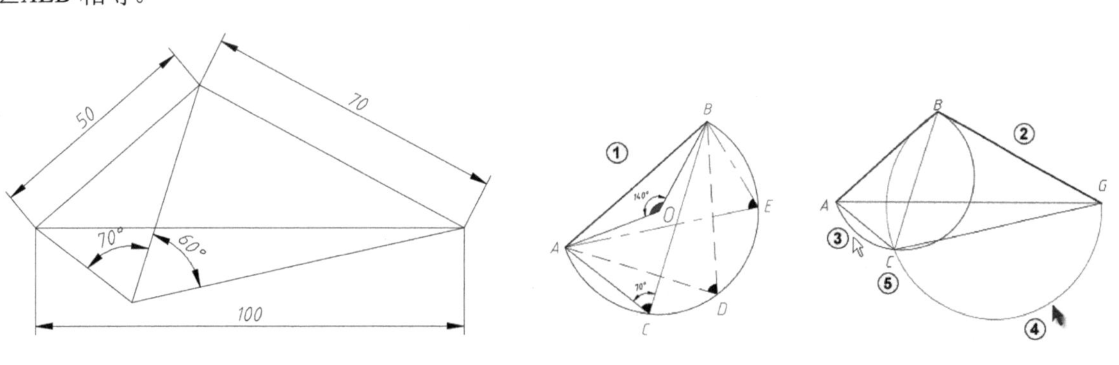

图 2-19　几何图形　　　　图 2-20　分析图

此题主要是角度的绘制，难点是要找到 C 点。左右两三角形共用斜直线为 BC，绘制左边△ABC

的外接圆和右边△*BCG* 外接圆，两圆在 *C* 点相交，如图 2-20 中②～⑤所示。根据圆周角定理可知一条弦 *AB* 对应同一侧的圆周角相等，如 *C*、*D*、*E* 对应的角都相等均等于 70°。因此分别以 *AB* 边和 *BG* 边为弦绘制圆弧，得到两个圆弧的交点即为 *C* 点。

2.4 角度图形-绘制

2.4.1 圆弧命令

绘制圆弧，可以指定圆心、端点、起点、半径、角度、弦长和方向值的各种组合形式。

可采用以下几种方法之一来激活圆弧命令。

功能区：单击“默认”选项卡→“绘图”面板→“圆弧”按钮。

菜单栏：选择“绘图(D)”→“圆弧(A)”选项。

工具栏：单击“绘图”工具栏上的“圆弧”按钮。

命令行窗口：arc。

默认情况下，以逆时针方向绘制圆弧。按住〈Ctrl〉键的同时拖动鼠标，可以顺时针方向绘制圆弧。另外如果角度为负，将顺时针绘制圆弧。

1）在正交模式下，绘制一条长为 100 的水平直线。单击“默认”选项卡→“绘图”面板→“直线”按钮，系统提示如下：

```
命令: _line
指定第一点:(绘图区域内任意取一点)
指定下一点或 [放弃(U)]: 100↙ (按〈F8〉键打开正交模式，将鼠标指针放在第一个点的右侧后再输入数值)
指定下一点或 [放弃(U)]:↙ (如图 2-21 中①所示)
```

2）以左端点为圆心绘制半径为 50 的圆弧。单击“默认”选项卡→“绘图”面板→“圆弧”按钮→“圆心，起点，角度”按钮，系统提示如下：

```
命令: _arc
指定圆弧的起点或 [圆心(C)]: _c
指定圆弧的圆心:(捕捉直线左端点，如图 2-21 中②所示)
指定圆弧的起点: 50↙ (按〈F8〉键打开正交模式，将鼠标指针放在左端点的右侧后再输入数值，如图 2-21 中③所示)
指定圆弧的端点(按住〈Ctrl〉键以切换方向)或 [角度(A)/弦长(L)]: _a
指定夹角(按住〈Ctrl〉键以切换方向): 90↙ (如图 2-21 中④所示)
```

3）以右端点 D 为圆心绘制半径为 70 的圆弧。单击“默认”选项卡→“绘图”面板→“圆弧”按钮→“圆心，起点，端点”按钮，系统提示如下：

```
命令: _arc
指定圆弧的起点或 [圆心(C)]: _c
指定圆弧的圆心:(捕捉直线右端点，如图 2-21 中⑤所示)
指定圆弧的起点:70↙ (将鼠标指针放在右端点的上方后再输入数值，如图 2-21 中⑥所示)
指定圆弧的端点:(按住〈Ctrl〉键以切换方向)或 [角度(A)/弦长(L)]:(向左下方移动鼠标指针，直到与另一圆弧相交后单击确定一点，如图 2-21 中⑦所示)
```

4）连线。单击“默认”选项卡→“绘图”面板→“直线”按钮，系统提示如下：

```
命令: _line
指定第一个点:
```

```
指定下一点或 [放弃(U)]:(单击水平线左端点)
指定下一点或 [放弃(U)]:(单击水平线上方的两个圆弧的交点)
指定下一点或 [闭合(C)/放弃(U)]:(单击水平线右端点)
指定下一点或 [放弃(U)]:↙(如图 2-21 中⑧⑨所示)
```

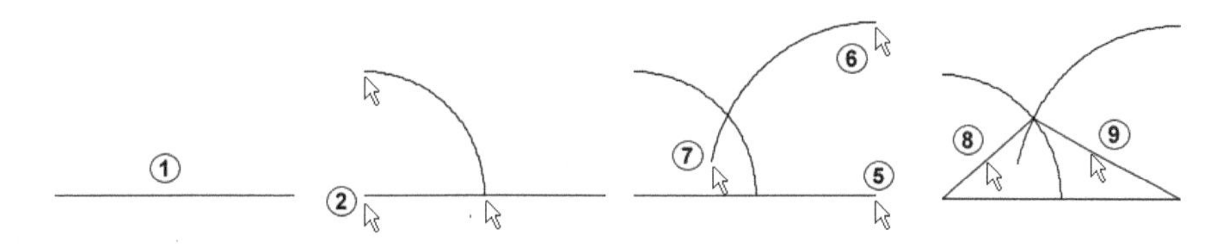

图 2-21　绘制三角形

5）单击“默认”选项卡→“修改”面板→“删除”按钮，系统提示如下：

```
命令: _erase
选择对象:(选择 2 段圆弧)
选择对象:↙(如图 2-21 中⑧⑨所示)
```

6）以左斜线为弦画出圆弧的包含角为 220°（即总角度 360°−2×70°）的弧；以右斜线为弦画出圆弧的包含角为 240°（即总角度 360°−2×60°）的弧。单击“默认”选项卡→“绘图”面板→“圆弧”按钮→“起点，端点，角度”按钮，系统提示如下：

```
命令: _arc
指定圆弧的起点或 [圆心(C)]:(捕捉直线左下点，如图 2-22 中①所示)
指定圆弧的第二个点或 [圆心(C)/端点(E)]: _e
指定圆弧的端点:(捕捉直线最高点，如图 2-22 中②所示)
指定圆弧的中心点(按住〈Ctrl〉键以切换方向)或 [角度(A)/方向(D)/半径(R)]: _a
指定夹角(按住〈Ctrl〉键以切换方向):220↙(移动鼠标指针到想要的弧的方向后输入数值，结果如图 2-22 中③所示)
命令:↙
指定圆弧的起点或 [圆心(C)]:(捕捉直线最高点，如图 2-22 中④所示)
指定圆弧的第二个点或 [圆心(C)/端点(E)]: _e
指定圆弧的端点:(捕捉直线右下点，如图 2-22 中⑤所示)
指定圆弧的中心点(按住〈Ctrl〉键以切换方向)或 [角度(A)/方向(D)/半径(R)]: _a
指定夹角(按住〈Ctrl〉键以切换方向):240↙(移动鼠标指针到想要的弧的方向后输入数值，结果如图 2-22 中⑥所示)
```

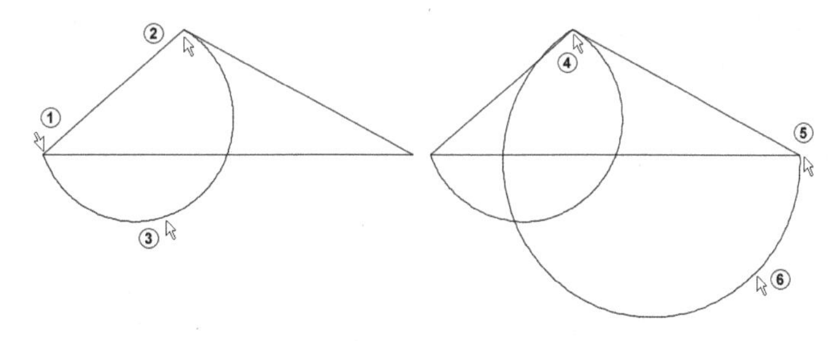

图 2-22　绘制以两边长为弦的圆弧

7）连线。单击“默认”选项卡→“绘图”面板→“直线”按钮，系统提示如下：

```
命令: _line
指定第一个点:
```

```
指定下一点或 [放弃(U)]:(选择左端点，如图 2-23 中①所示)
指定下一点或 [放弃(U)]:(选择下端点，如图 2-23 中②所示)
指定下一点或 [闭合(C)/放弃(U)]:(右击下端点，如图 2-23 中③所示)
指定下一点或 [放弃(U)]:↙
命令:↙(重复绘制直线命令)
命令: _line
指定第一点:(选择下端点，如图 2-23 中②所示)
指定下一点或 [放弃(U)]:(选择上端点，如图 2-23 中④所示)
指定下一点或 [放弃(U)]:↙
```

8）删除多余圆弧。单击“默认”选项卡→“修改”面板→“删除”按钮，系统提示如下：

```
命令: _erase
选择对象:(单击小圆弧，如图 2-23 中⑤所示)
选择对象:(单击大圆弧，如图 2-23 中⑥所示)
选择对象:↙(结果如图 2-23 中⑦所示)
```

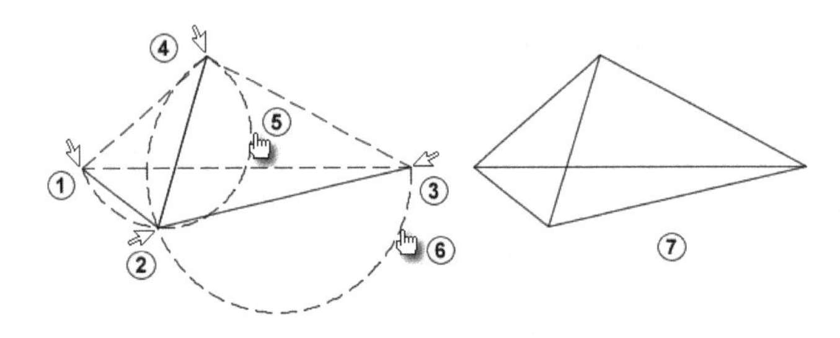

图 2-23　连线并删除圆弧

2.4.2 构造线命令

构造线绘制无限长的直线。可采用以下几种方法之一来激活构造线命令。

功能区：单击“默认”选项卡→“绘图”面板→“构造线”按钮。

菜单栏：选择“绘图(D)”→“构造线(T)”选项。

工具栏：单击“绘图”工具栏上的“构造线”按钮。

命令行窗口：xl。

按 2.4.1 节的步骤 1）～5）绘制三角形，完成三角形绘制后进行以下操作。

1）分别绘制右斜线和左斜线的中垂线。单击“默认”选项卡→“绘图”面板→“构造线”按钮，系统提示如下：

```
命令: _xlin
指定点或 [水平(H)/垂直(V)/角度(A)/二等分(B)/偏移(O)]:A↙
输入构造线的角度 (0) 或 [参照(R)]: R↙
选择直线对象:(选择右斜线，如图 2-24 中①所示)
输入构造线的角度 <0>: 90↙
指定通过点:(按住〈Shift〉键并在绘图区域内右击，从弹出的快捷菜单中选择“中点”选项，捕捉
右斜线中点，如图 2-24 中②所示)
指定通过点:↙(结束命令，结果如图 2-24 中③所示)
命令:↙
XLINE
指定点或 [水平(H)/垂直(V)/角度(A)/二等分(B)/偏移(O)]:A↙
```

```
输入构造线的角度 (0) 或 [参照(R)]: R↙
选择直线对象:(选择左斜线，如图 2-24 中④所示)
输入构造线的角度 <0>: 90↙
指定通过点:(按住〈Shift〉键并在绘图区域内右击，从弹出的快捷菜单中选择“中点”选项，捕捉右斜线中点，如图 2-24 中⑤所示)
指定通过点:↙(结束命令，结果如图 2-24 中⑥所示)
```

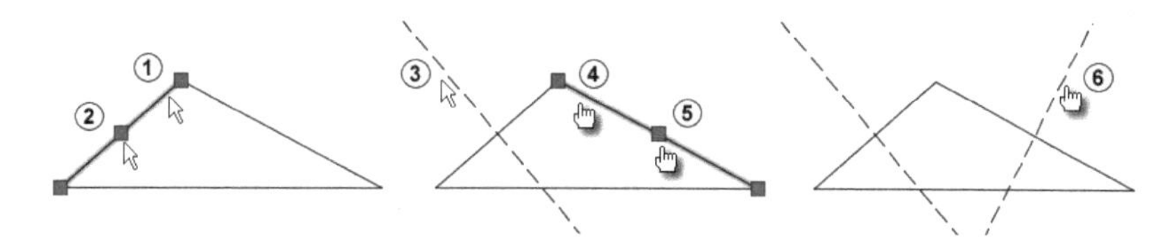

图 2-24 绘制中垂线

2）绘制角度为 55°（即 90°−70°/2）的斜线。

```
命令:xl↙
指定点或 [水平(H)/垂直(V)/角度(A)/二等分(B)/偏移(O)]:A↙
输入构造线的角度 (0) 或 [参照(R)]: R↙
选择直线对象:(选择斜线，如图 2-25 中①所示)
输入构造线的角度 <0>: -55↙
指定通过点:(捕捉左端点，如图 2-25 中②所示)
指定通过点:↙(结束命令，结果如图 2-25 中③所示)
```

3）画小圆弧。单击“默认”选项卡→“绘图”面板→“圆弧”按钮→“三点”按钮，系统提示如下：

```
命令: _arc
指定圆弧的起点或 [圆心(C)]:(捕捉左端点，如图 2-25 中④所示)
指定圆弧的第二个点或 [圆心(C)/端点(E)]:(捕捉交点，如图 2-25 中⑤所示)
指定圆弧的端点:(捕捉上端点，如图 2-25 中⑥所示)
```

4）删除两条辅助线，结果如图 2-25 中⑦所示。

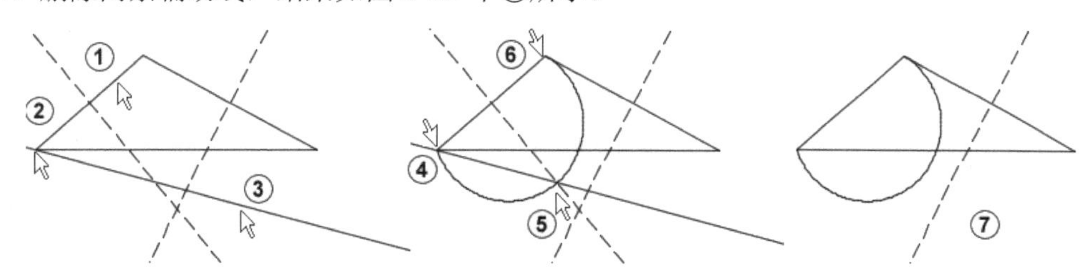

图 2-25 绘制小圆弧

5）绘制角度为 60°（即 90°−60°/2）的斜线。

```
命令:xl↙
指定点或 [水平(H)/垂直(V)/角度(A)/二等分(B)/偏移(O)]:A↙
输入构造线的角度 (0) 或 [参照(R)]: R↙
选择直线对象:(选择斜线，如图 2-26 中①所示)
输入构造线的角度 <0>: 60↙
指定通过点:(捕捉右端点，如图 2-26 中②所示)
指定通过点:↙(结束命令)
```

6）画大圆弧。单击“默认”选项卡→“绘图”面板→“圆弧”按钮→“三点”按钮，系统提示如下：

```
命令：_arc
指定圆弧的起点或 [圆心(C)]：(捕捉左端点，如图 2-26 中③所示)
指定圆弧的第二个点或 [圆心(C)/端点(E)]：(捕捉交点，如图 2-26 中④所示)
指定圆弧的端点：(捕捉上端点，如图 2-26 中⑤所示)
```

7）删除两条辅助线，结果如图 2-26 中⑥所示。

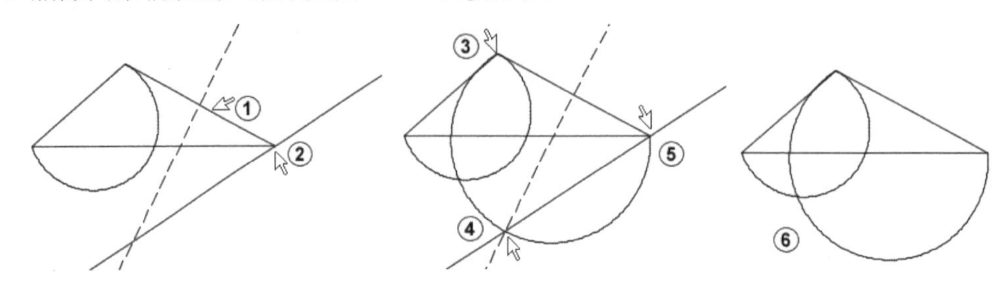

图 2-26　绘制大圆弧

要完成图 2-19 所示的图形，余下的部分按 2.4.1 节的 7）和 8）步骤来实现。

2.5　矩形、圆、正多边形的混合图形

【例 2-5】 绘制矩形、圆、正多边形的混合图形，如图 2-27 所示。

2.5　矩形、圆、正多边形的混合图形-分析

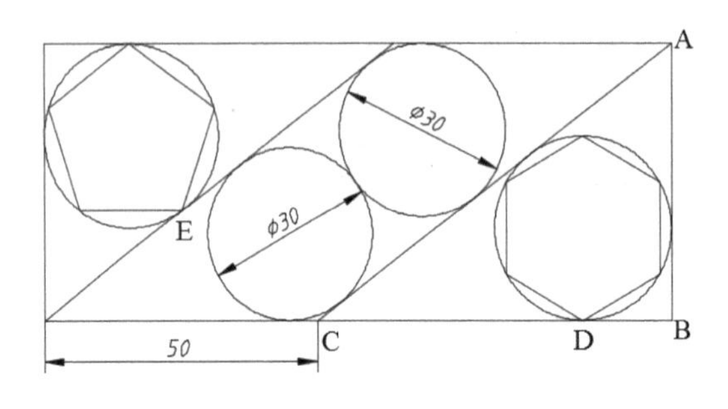

图 2-27　混合图形

分析：从图 2-27 中可见，4 个圆均与相邻边相切，矩形的长和宽均未知。但中间部分的 2 个直径均为 30 的圆都与同一条斜的直线相切，且 2 条斜平行线之间的距离是 50。所以可以先任意画一个半径为 15 的圆，作与之相切的斜平行线，然后用三点相切的方法绘制另一个半径为 15 的圆。得到这 2 个圆后可以通过相切关系画出矩形的长和宽，最后画出内切圆和内切正多边形。

2.5　矩形、圆、正多边形的混合图形-绘制

2.5.1　镜像命令

绘制图形时，经常会遇到一些对称的图形，这时可以制作出对称图形的一半，然后用镜像命令将另一半对称图形复制出来。可采用以下几种方法之一来激活镜像命令。

功能区：单击“默认”选项卡→“修改”面板→“镜像”按钮。

菜单栏：选择“修改(M)”→“镜像(I)”选项。

工具栏：单击“修改”工具栏上的“镜像”按钮。

命令行窗口：mi。

1）绘制一个半径为 15 的圆，并在正交模式下过圆心向右画一条长为 25 的水平线段，如图 2-28 中①②所示。

2）将水平直线进行镜像得到另一侧等长线段。单击“默认”选项卡→“修改”面板→“镜像”按钮，系统提示如下：

```
命令: _mirror
选择对象:（选择刚刚绘制的水平线，如图 2-28 中③所示的虚线）
选择对象:↙（按〈Enter〉键结束选择）
指定镜像线的第一点:（捕捉圆心，如图 2-28 中④所示）
指定镜像线的第二点:（在过圆心的竖直线上任意单击一点，如图 2-28 中⑤所示）
要删除源对象吗？[是(Y)/否(N)] <N>:↙（按〈Enter〉键接受默认选项不删除）
```

结果如图 2-28 中⑥所示。

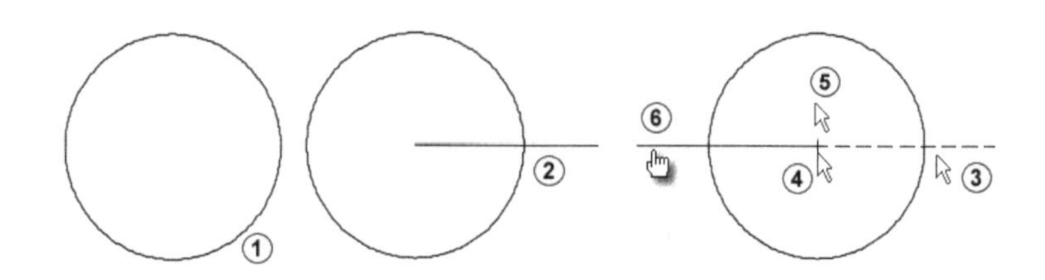

图 2-28　绘制圆和直线

2.5.2 矩形命令

可采用以下几种方法之一来激活矩形命令。

功能区：单击“默认”选项卡→“绘图”面板→“矩形”按钮。

菜单栏：选择“绘图(D)”→“矩形(G)”选项。

工具栏：单击“绘图”工具栏上的“矩形”按钮。

命令行窗口：rec。

在 2.5.1 节的基础上，继续进行以下操作。

1）过直线端点分别作圆的切线，系统提示如下：

```
命令: _line
指定第一点:（单击直线左端点，如图 2-29 中①所示）
指定下一点或 [放弃(U)]:（按〈Shift〉或〈Ctrl〉键并在圆的附近右击，从弹出的快捷菜单中选择“切点”选项）
_tan 到（移动鼠标指针到圆弧上并单击，如图 2-29 中②所示）
指定下一点或 [放弃(U)]:↙
命令:↙（重复绘制直线命令）
命令: _line
指定第一点:（单击直线右端点，如图 2-29 中③所示）
```

指定下一点或 [放弃(U)]:(按〈Shift〉或〈Ctrl〉键并在圆附近右击，从弹出的快捷菜单中选择“切点”选项)
_tan 到(移动鼠标指针到圆弧上并单击，如图 2-29 中④所示)
指定下一点或 [放弃(U)]:↙

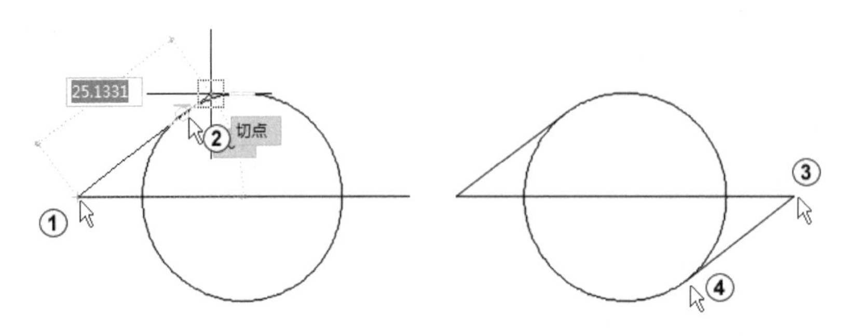

图 2-29　绘制切线

2）绘制辅助矩形（不妨绘制得大一些）。单击“默认”选项卡→“绘图”面板→“矩形”按钮，系统提示如下：

命令: _rectang
指定第一个角点或 [倒角(C)/标高(E)/圆角(F)/厚度(T)/宽度(W)]:(单击绘图区左下角某一点，如图 2-30 中①所示)
指定另一个角点或 [面积(A)/尺寸(D)/旋转(R)]:(单击绘图区右上角某一点，将所绘制的图形包围在内，如图 2-30 中②所示)

3）对两条切线的两边进行延伸。单击“默认”选项卡→“修改”面板→“延伸”按钮，系统提示如下：

命令: _extend
当前设置:投影=UCS，边=无
选择边界的边...
选择对象或 <全部选择>:↙(全部选择)
选择要延伸的对象，或按住〈Shift〉键选择要修剪的对象，或[栏选(F)/窗交(C)/投影(P)/边(E)/放弃(U)]:(单击左侧切线下方，如图 2-30 中③所示)
选择要延伸的对象，或按住〈Shift〉键选择要修剪的对象，或[栏选(F)/窗交(C)/投影(P)/边(E)/放弃(U)]:(单击左侧切线上方，如图 2-30 中④所示)
选择要延伸的对象，或按住〈Shift〉键选择要修剪的对象，或[栏选(F)/窗交(C)/投影(P)/边(E)/放弃(U)]:(单击右侧切线下方，如图 2-30 中⑤所示)
选择要延伸的对象，或按住〈Shift〉键选择要修剪的对象，或[栏选(F)/窗交(C)/投影(P)/边(E)/放弃(U)]:(单击右侧切线上方，如图 2-30 中⑥所示)
选择要延伸的对象，或按住〈Shift〉键选择要修剪的对象，或[栏选(F)/窗交(C)/投影(P)/边(E)/放弃(U)]:

4）利用“相切，相切，相切”的方式绘制另一个半径为 15 的圆。单击“默认”选项卡→“绘图”面板→“圆”按钮，系统提示如下：

命令: _circle
指定圆的圆心或 [三点(3P)/两点(2P)/切点、切点、半径(T)]:3p↙
指定圆上的第一个点: _tan 到(按住〈Shift〉键并在绘图区域内右击，从弹出的快捷菜单中选择“切点”选项，捕捉左边斜线，如图 2-30 中⑦所示)
指定圆上的第二个点: _tan 到(按住〈Shift〉键并在绘图区域内右击，从弹出的快捷菜单中选择

“切点”选项，捕捉右侧斜线，如图 2-30 中⑧所示）

指定圆上的第三个点：_tan 到（按住〈Shift〉键并在绘图区域内右击，从弹出的快捷菜单中选择“切点”选项，捕捉圆，如图 2-30 中⑨所示）

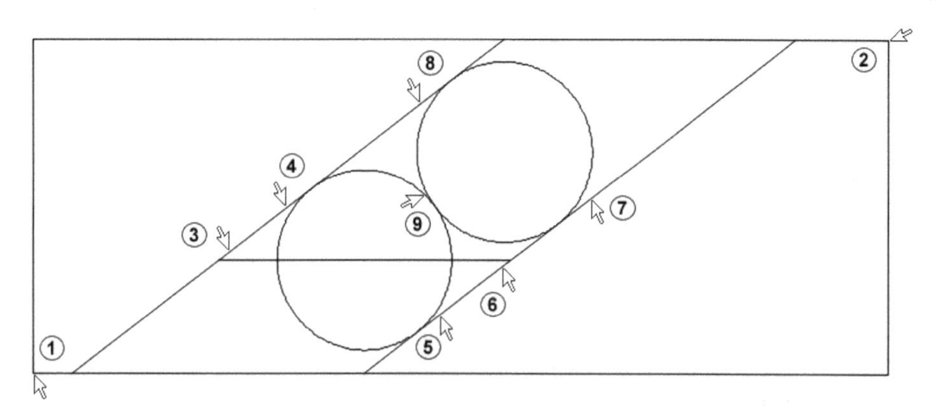

图 2-30　延长切线并画圆

5）分别用象限点绘制两条水平直线和两条垂直线。

命令：L↙

指定第一点：（按住〈Shift〉键并在绘图区域内右击，从弹出的快捷菜单中选择“象限点”选项，单击下方圆的下象限点，如图 2-31 中①所示）

指定下一点或 [放弃(U)]：（按〈F10〉键打开极轴追踪，捕捉与左侧平行斜线的交点，如图 2-31 中②所示）

指定下一点或 [放弃(U)]：（向上移动鼠标指针到适当位置并单击确定一点，如图 2-31 中③所示）

指定下一点或 [放弃(U)]：↙

命令：↙（重复绘制直线命令）

LINE

指定第一个点：_qua 于（按住〈Shift〉键并在绘图区域内右击，从弹出的快捷菜单中选择“象限点”选项，单击上方圆的上象限点，如图 2-31 中④所示）

指定下一点或 [放弃(U)]：（捕捉与右侧平行斜线的交点，如图 2-31 中⑤所示）

指定下一点或 [放弃(U)]：（向下移动鼠标指针到适当位置并单击确定一点，如图 2-31 中⑥所示）

指定下一点或 [放弃(U)]：↙

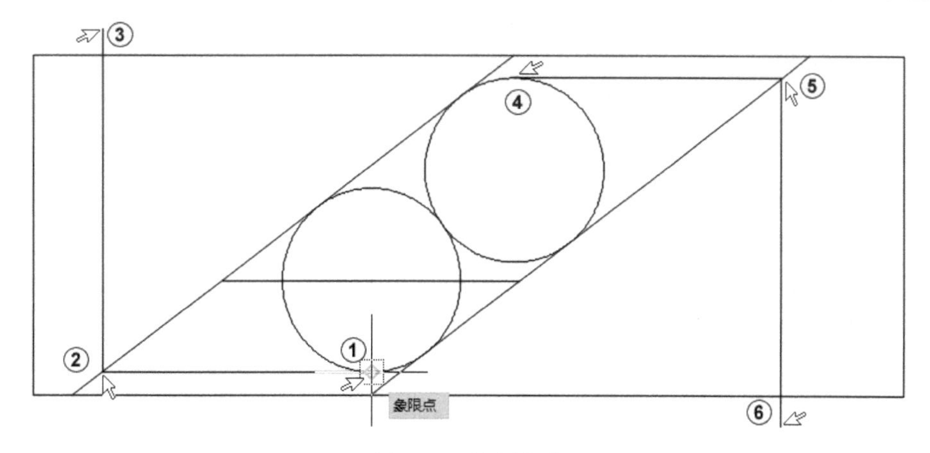

图 2-31　绘制直线

6）删除辅助矩形，单击“默认”选项卡→“修改”面板→“删除”按钮，系统提示如下：

```
命令：_erase
选择对象：（选择最外边的辅助矩形）
选择对象：↙
```

7）单击“默认”选项卡→“修改”面板→“延伸”按钮，系统提示如下：

```
命令：_extend
当前设置：投影=UCS，边=无
选择边界的边...
选择对象或 <全部选择>：↙
选择要延伸的对象，或按住〈Shift〉键选择要修剪的对象，或[栏选(F)/窗交(C)/投影(P)/边(E)/放弃(U)]：（单击过上象限点的水平直线，如图 2-32 中①所示）
选择要延伸的对象，或按住〈Shift〉键选择要修剪的对象，或[栏选(F)/窗交(C)/投影(P)/边(E)/放弃(U)]：（再次单击过上象限点的水平直线，如图 2-32 中②所示）
选择要延伸的对象，或按住〈Shift〉键选择要修剪的对象，或[栏选(F)/窗交(C)/投影(P)/边(E)/放弃(U)]：（单击过下象限点的水平直线，如图 2-32 中③所示）
选择要延伸的对象，或按住〈Shift〉键选择要修剪的对象，或[栏选(F)/窗交(C)/投影(P)/边(E)/放弃(U)]：（再次单击过下象限点的水平直线，如图 2-32 中④所示）
选择要延伸的对象，或按住〈Shift〉键选择要修剪的对象，或[栏选(F)/窗交(C)/投影(P)/边(E)/放弃(U)]：↙
```

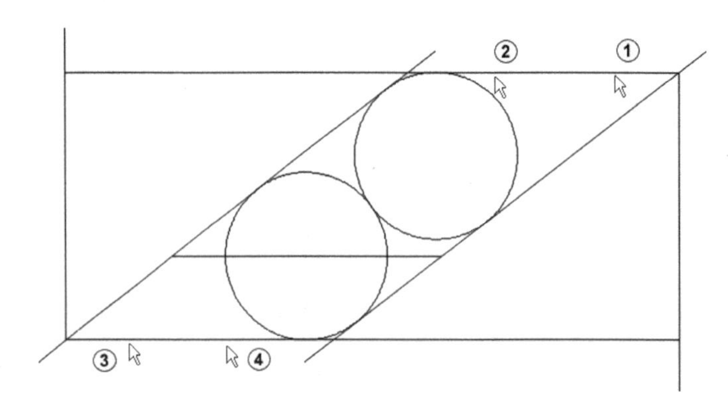

图 2-32　延伸直线

8）修剪多余部分，结果如图 2-33 所示。

9）用“相切，相切，相切”画圆的方法绘制三角形的内切圆。单击状态栏上的下拉按钮，如图 2-33 中①所示，在下拉菜单中选择“切点”选项，如图 2-33 中②所示；取消选择“端点”选项，如图 2-33 中③所示。单击“默认”选项卡→“绘图”面板→“圆”按钮，系统提示如下：

```
命令：_circle
指定圆的圆心或 [三点(3P)/两点(2P)/切点、切点、半径(T)]：3p↙
指定圆上的第一个点：_tan 到（捕捉矩形左侧竖线，如图 2-33 中④所示）
指定圆上的第二个点：_tan 到（捕捉上方水平直线，如图 2-33 中⑤所示）
指定圆上的第三个点：_tan 到（捕捉左侧斜线，如图 2-33 中⑥所示）
命令↙（重复绘制圆命令）
命令：_circle
指定圆的圆心或 [三点(3P)/两点(2P)/切点、切点、半径(T)]：3p↙
指定圆上的第一个点：_tan 到（捕捉矩形右侧竖线，如图 2-33 中⑦所示）
指定圆上的第二个点：_tan 到（捕捉下方水平直线，如图 2-33 中⑧所示）
指定圆上的第三个点：_tan 到（捕捉右侧斜线，如图 2-33 中⑨所示）
```

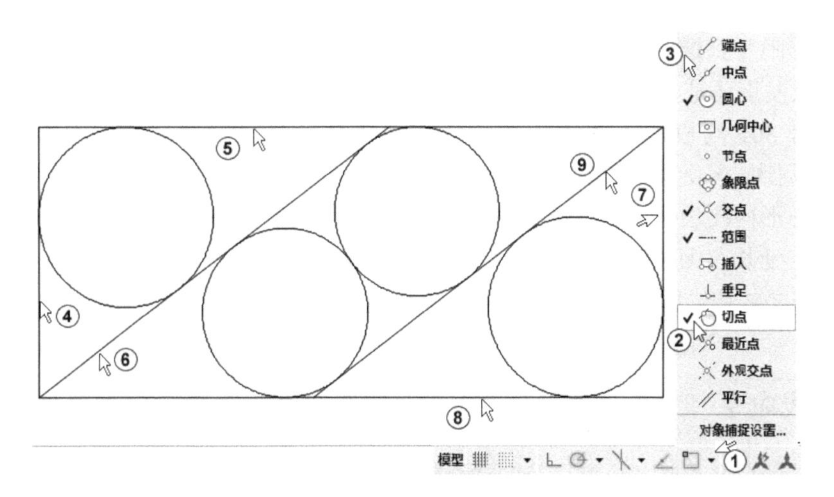

图 2-33　画圆

10）在左上方的圆内绘制内切正五边形，在右下方的圆内绘制内切正六边形。单击“默认”选项卡→“绘图”面板→“正多边形”按钮，系统提示如下：

```
命令：_polygon
输入边的数目 <4>：5↙
指定正多边形的中心点或［边(E)］：(捕捉圆心，如图 2-34 中①所示)
输入选项［内接于圆(I)/外切于圆(C)］<I>：T↙
指定圆的半径：(捕捉交点，如图 2-34 中②所示)
命令：↙(重复绘制正多边形命令)
命令：_polygon
输入边的数目 <5>：6↙
指定正多边形的中心点或［边(E)］：(捕捉圆心，如图 2-34 中③所示)
输入选项［内接于圆(I)/外切于圆(C)］<I>：I↙
指定圆的半径：(捕捉圆心，如图 2-34 中④所示)
```

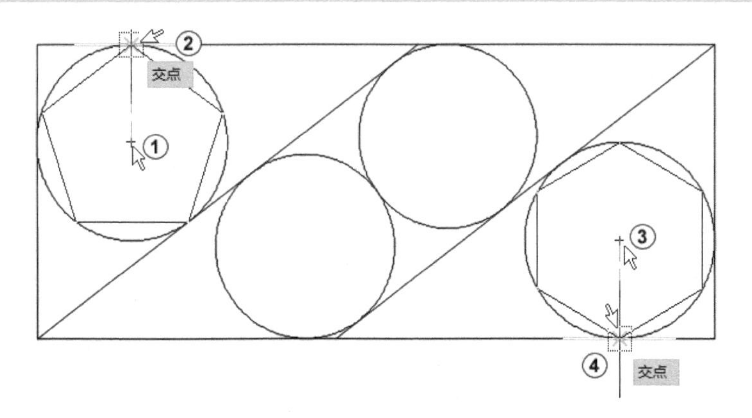

图 2-34　绘制内切正多边形

2.6　心心相印图形

【例 2-6】 绘制矩形、圆、正多边形的混合图形，如图 2-35 所示。

分析：第一眼看到这图形时或许有些不知所措，但认真分析后可以发现还是有律可循的。3 个直径为 40 的圆之间的距离为 80，可以通过位移法复制得到，另外直径为 40 的 3 个圆均与心形内侧边相切，而第一个心形外侧边与第二个心形内侧边重合。此题的关键是外侧大圆的直径是多少？延长左侧大圆和中间小圆左侧的切线，可以发现大圆与之相切，且切线与大圆的直径成 90°，如图 2-35 所示。

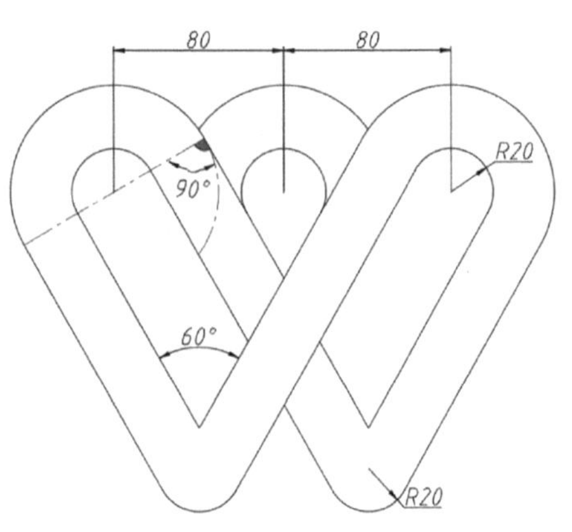

图 2-35　心心相印图形

2.6　心心相印图形-分析

2.6　心心相印图形-绘制

2.6.1 多段线命令

多段线也可称为多义线，它由一系列线段组合而成，但它又表现为一个单个的对象实体。这一系列线段可以是直线段，也可以是圆弧线段、曲线线段。既能将多段线的各个线段设置成统一的线宽尺寸，也能将其设置成不同的线宽尺寸，甚至同一条线段首、尾的线宽可以是不一样的。

多段线绘制的图形完全可以用绘制直线或绘制圆弧的命令分别完成，但这样操作得到的多边形是“散”的。在以后的编辑操作中，选取这个多边形就会比较麻烦。如果使用多段线的方法绘制，得到的多边形将是单个实体，对它进行编辑操作，选取就会比较方便。

多线段是由一列线段或圆弧组成的，AutoCAD 系统将多线段看作一个独立的对象。可以采用以下几种方法之一激活多线段命令。

功能区：单击“默认”选项卡→“绘图”面板→“多线段”按钮。

菜单栏：选择“绘图(D)”→“多线段(P)”选项。

工具栏：单击“绘图”工具栏上的“多线段”按钮。

命令行窗口：pl。

1）单击“默认”选项卡→“绘图”面板→“多线段”按钮，系统提示如下：

命令：_pline

指定起点：(在绘图区任意位置单击，确定一点，如图 2-36 中①所示)

当前线宽为 0.0000

指定下一个点或 [圆弧(A)/半宽(H)/长度(L)/放弃(U)/宽度(W)]:120↙（按〈F8〉键打开“正交模式”，向上移动鼠标指针到任意位置后，输入直线的长度再按〈Enter〉键，如图 2-36 中②所示）

指定下一点或 [圆弧(A)/闭合(C)/半宽(H)/长度(L)/放弃(U)/宽度(W)]:a↙（输入“A”开始画圆弧）

指定圆弧的端点(按住〈Ctrl〉键以切换方向)或[角度(A)/圆心(CE)/闭合(CL)/方向(D)/半宽(H)/直线(L)/半径(R)/第二个点(S)/放弃(U)/宽度(W)]:40↙（向左移动鼠标指针到任意位置后输入小圆直径再按〈Enter〉键，如图 2-36 中③所示，画一段与直线相切的圆弧）

指定圆弧的端点(按住〈Ctrl〉键以切换方向)或[角度(A)/圆心(CE)/闭合(CL)/方向(D)/半宽(H)/直线(L)/半径(R)/第二个点(S)/放弃(U)/宽度(W)]:L↙（输入“L” 开始画直线）

指定下一点或 [圆弧(A)/闭合(C)/半宽(H)/长度(L)/放弃(U)/宽度(W)]:120↙（向下移动鼠标指针到任意位置后输入直线的长度再按〈Enter〉键，如图 2-36 中④所示）

指定下一点或 [圆弧(A)/闭合(C)/半宽(H)/长度(L)/放弃(U)/宽度(W)]:↙

2）按〈F10〉键打开极轴追踪，绘制一条通过圆心的水平线（长度任意），结果如图2-36中⑤所示。

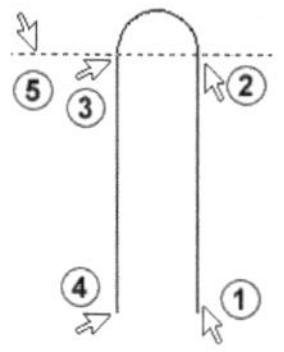

图2-36　绘制多段线

2.6.2 旋转命令

可采用以下几种方法之一来激活旋转命令。

功能区：单击“默认”选项卡→“修改”面板→“旋转”按钮。

菜单栏：选择“修改(M)”→“旋转(LR)”选项。

工具栏：单击“修改”工具栏上的“旋转”按钮。

命令行窗口：rotate。

快捷菜单栏：选择要缩放的对象，然后在绘图区域中右击，从弹出的快捷菜单中选择“旋转”选项。

（1）绘制小圆。单击“默认”选项卡→“绘图”面板→“圆”按钮，系统提示如下：

命令：_circle

指定圆的圆心或［三点(3P)/两点(2P)/切点、切点、半径(T)］:80↙（按〈F3〉键确保已打开对象捕捉，按〈F11〉键确保已打开对象捕捉追踪，捕捉圆心但不要按下鼠标，如图2-37中①所示，然后向右移动鼠标指针，出现水平追踪虚线时从键盘上输入80，如图2-37中②所示）

指定圆的半径或［直径(D)］:20↙（如图2-37中③所示）

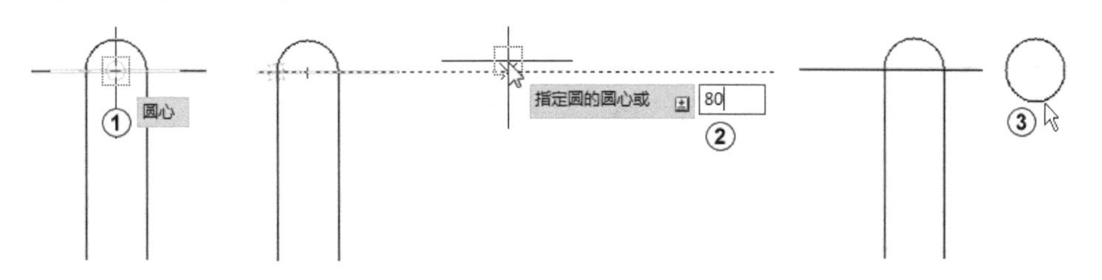

图2-37　绘制圆

（2）单击“默认”选项卡→“修改”面板→“旋转”按钮，系统提示如下：

命令：_rotate

UCS 当前的正角方向：　ANGDIR=逆时针　ANGBASE=0

选择对象：（选择图形，如图2-38中虚线所示）

选择对象：↙

指定基点：（捕捉圆心，如图2-38中①所示）

指定旋转角度，或［复制(C)/参照(R)］<0>：30↙（结果如图2-38中②所示）

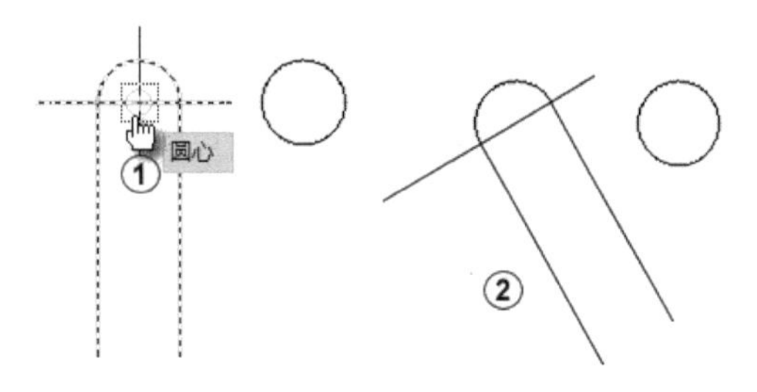

图2-38　旋转图形

2.6.3 分解命令

在对一组实体进行编辑时，可能这一组实体是一个整体，例如，用矩形命令绘制的矩形，多边形命令绘制的正多边形等，如图 2-39 中①所示。要对一组实体的某一部分进行编辑，就需要把整体分解为一个个的实体，如图 2-39 中②所示。分解后使用移动工具就可以改变其位置，如图 2-39 中③所示。

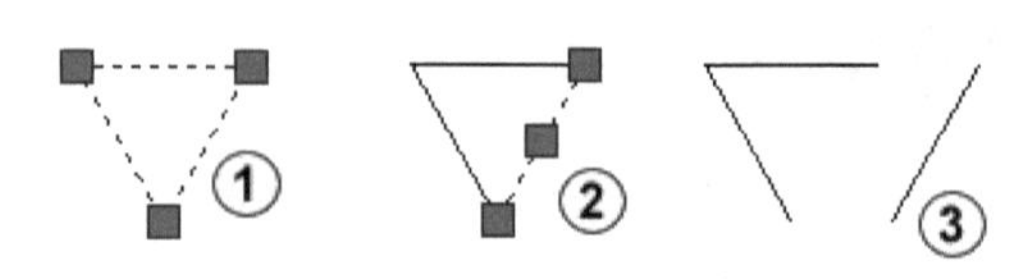

图 2-39　分解三角形

分解命令在操作上没有什么特殊的地方，它依旧是传统的操作步骤：执行命令、选择编辑对象、确认完成。分解命令应用最多的是分解一条多段线和分解块对象。分解多段线的结果是将多段线拆分成各个独立的直线、圆弧，分解后的独立对象不再是一个整体。需要注意的是，多段线分解后的线宽设置将丢失。想得到宽的分解后的多段线只能是对单独的直线、圆弧再重新设置线宽。

不是所有的对象都可以分解。虚线、点画线等特殊线型不能分解；直线、圆弧等基本二维图形对象不能分解；圆对象不能分解；非等比例的块对象不能分解；多重插入的块对象不能分解；外部参考对象不能分解；单行文本对象不能分解。

AutoCAD 中提供了分解命令，它为分解操作提供了一个有效工具。可采用以下几种方法之一来激活分解命令。

功能区：单击“默认”选项卡→“修改”面板→“分解”按钮。

菜单栏：选择“修改(M)”→“分解(X)”选项。

工具栏：单击“修改”工具栏上的“分解”按钮。

命令行窗口：explode。

1）单击“默认”选项卡→“修改”面板→“分解”按钮，系统提示如下：

```
命令：_explode
选择对象：(选择 U 形，如图 2-40 中①所示)
选择对象：↙（按〈Enter〉键结束操作）
```

2）单击“默认”选项卡→“修改”面板→“复制”按钮，系统提示如下：

```
命令：_copy
选择对象：(选择直线，如图 2-40 中②所示)
选择对象：↙
当前设置：  复制模式 = 多个
指定基点或 [位移(D)/模式(O)] <位移>：(捕捉圆心，如图 2-40 中③所示)
指定第二个点或 [阵列(A)] <使用第一个点作为位移>：(捕捉圆心，如图 2-40 中④所示)
指定第二个点或 [阵列(A)/退出(E)/放弃(U)] <退出>：↙
```

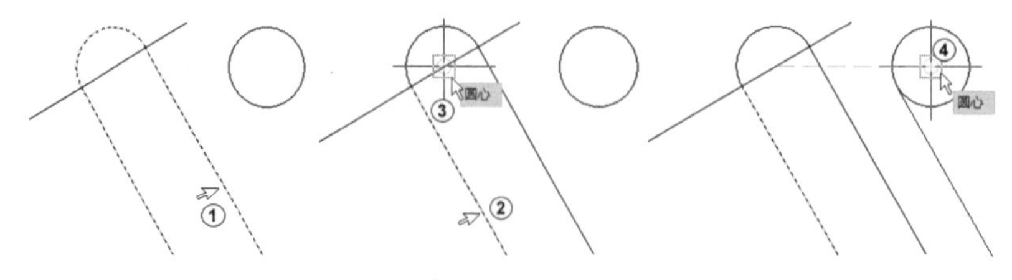

图 2-40　复制圆

2.6.4 圆角命令

可采用以下几种方法之一来激活圆角命令。

功能区：单击“默认”选项卡→“修改”面板→“倒角和圆角”下拉菜单→“圆角”按钮。

菜单栏：选择“修改(M)”→“圆角(F)”选项。

工具栏：单击“修改”工具栏上的“圆角”按钮。

命令行窗口：fillet。

1）单击“默认”选项卡→“绘图”面板→“圆”按钮，系统提示如下：

```
命令：_circle
指定圆的圆心或 [三点(3P)/两点(2P)/切点、切点、半径(T)]：(捕捉圆心，如图 2-41 中①所示)
指定圆的半径或 [直径(D)] <20.0000>：_tan (在斜线上捕捉切点，如图 2-41 中②所示)
```

选择刚复制的斜线，再次单击所选斜线的上端点，如图 2-41 中③所示，移动鼠标指针到交点后单击，如图 2-41 中④所示，将刚复制的斜线延伸到大圆上。

2）选择刚刚生成的斜线，如图 2-42 中①所示，复制到在圆的另一边，如图 2-42 中②所示。

3）单击“默认”选项卡→“修改”面板→“镜像”按钮，系统提示如下：

```
命令：_mirror
选择对象：(选择对象，如图 2-42 中③所示的虚线)
选择对象：↙
指定镜像线的第一点：(捕捉小圆的圆心，如图 2-42 中④所示)
指定镜像线的第二点：<正交 开> (按〈F8〉键，鼠标指针向下移动到任意位置后单击，如图 2-42 中⑤所示)
要删除源对象吗？[是(Y)/否(N)] <否>：↙
```

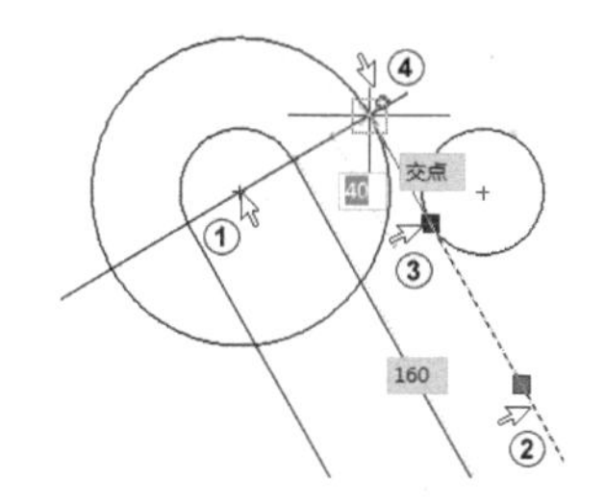

图 2-41 绘制大圆

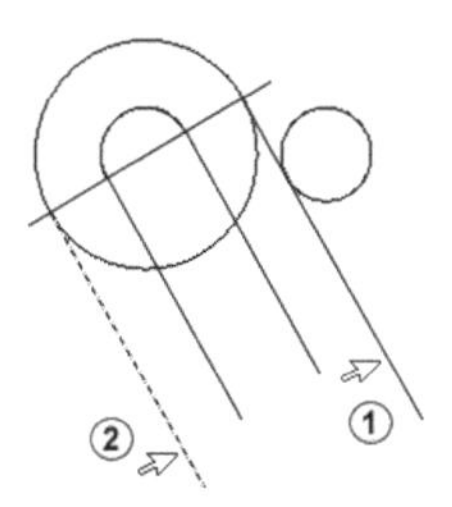

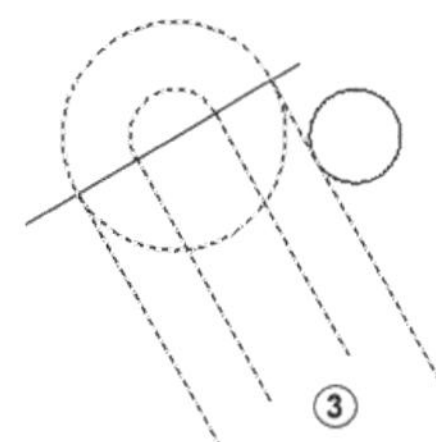

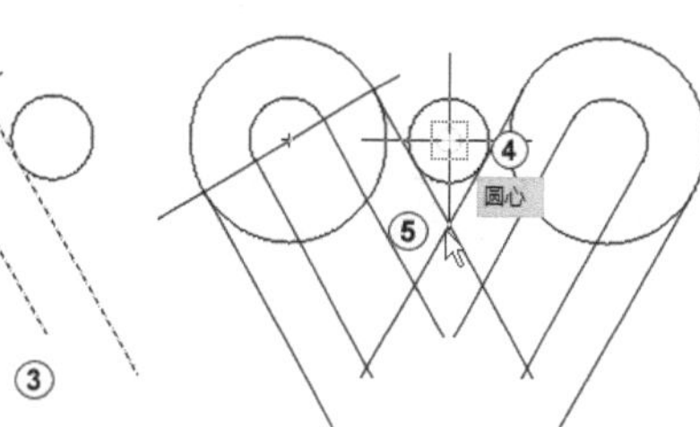

图 2-42 镜像图形

4）修剪和删除，结果如图 2-43 中①所示。

5）延伸图形，结果如图 2-43 中②所示。

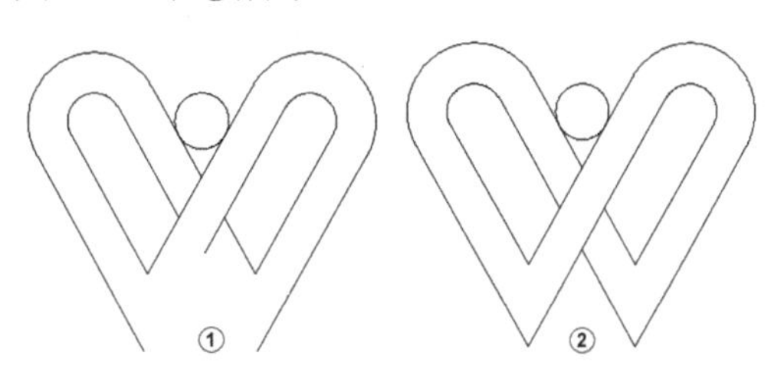

图 2-43 修剪和延伸图形

6）单击“默认”选项卡→“修改”面板→“倒角和圆角”下拉菜单→“圆角”按钮，系统提示如下：

```
命令: _fillet
当前设置: 模式 = 修剪，半径 = 10.0000
选择第一个对象或 [放弃(U)/多段线(P)/半径(R)/修剪(T)/多个(M)]: r↙
指定圆角半径 <10.0000>: 20↙
选择第一个对象或 [放弃(U)/多段线(P)/半径(R)/修剪(T)/多个(M)]:（选择斜边，如图 2-44中①所示）
选择第二个对象，或按住〈Shift〉键选择对象以应用角点或 [半径(R)]:（选择斜边，如图 2-44中②所示）
命令:
FILLET
当前设置: 模式 = 修剪，半径 = 20.0000
选择第一个对象或 [放弃(U)/多段线(P)/半径(R)/修剪(T)/多个(M)]:（选择斜边，如图 2-44中③所示）
选择第二个对象，或按住〈Shift〉键选择对象以应用角点或 [半径(R)]:（选择斜边，如图 2-44中④所示）
```

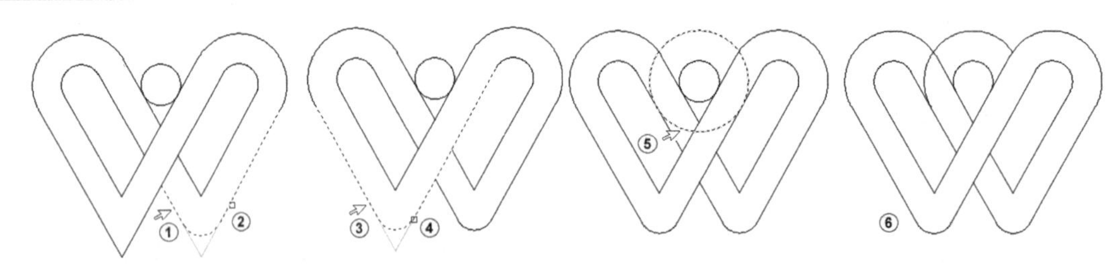

图 2-44　圆角

7）画与斜线相切的大圆，如图 2-44 中⑤所示，修剪图形，如图 2-44 中⑥所示。

2.7　阿氏圆图形-分析

2.7　阿氏圆图形

【例 2-7】 绘制中间直线与底边直线平行的三角形图形，如图 2-45 所示。

分析：图 2-45 中尺寸很少，但用一般的方法不易绘制，用阿氏圆可较方便求解。

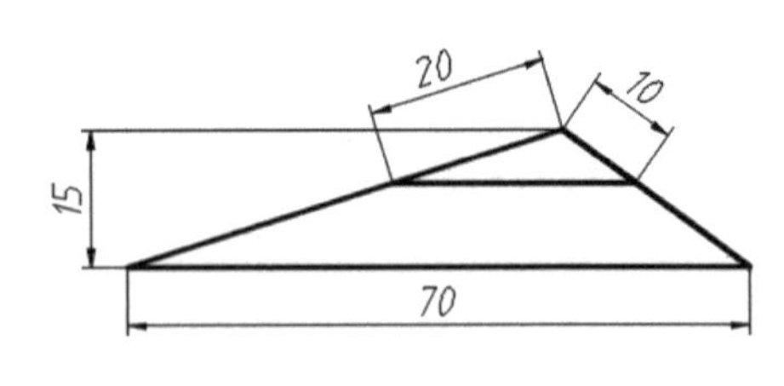

图 2-45　三角形

2.7.1　阿氏圆定理（阿波罗尼斯圆定理）

在平面上给定相异两点 A、B，设 P 点在同一平面上且满足 $PA / PB=\lambda$，当 $\lambda=1$ 时，P 点轨迹为 AB 的中垂线，如图 2-46 中①所示。

当 $\lambda>0$ 且 $\lambda\neq1$ 时，P 点的轨迹是一个圆，这个圆称作阿波罗尼斯圆（即阿氏圆），如图 2-46 中②所示（其中 $P_1A / P_1B=P_2A / P_2B=P_3A / P_3B=\lambda$）。$P_1$ 为内分点，N 为外分点，则阿氏圆的直径是：内分点 P_1 和外分点 N 的连线。

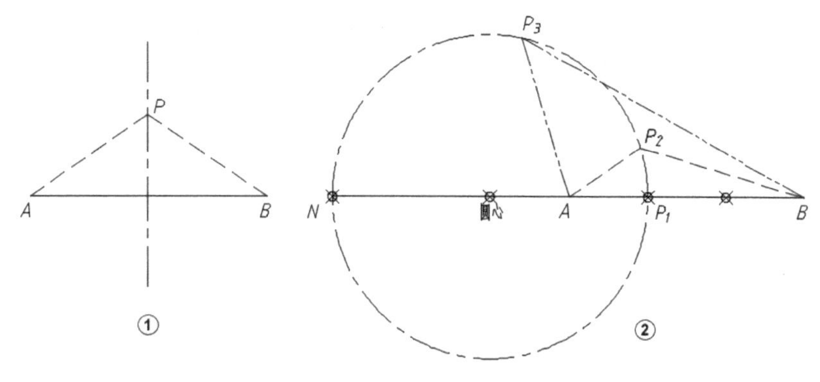

图 2-46　阿氏圆

可以通过公式推导出 AN 的长度：

$$AN/BN = AP_1/BP_1 \text{（其中 } BN=AN+AB\text{）}$$

所以

$$AN/(AN+AB) = AP_1/BP_1$$
$$AN=AP_1*AB/(BP_1-AP_1)$$

以 NP_1 为直径的圆就是所求的轨迹圆。

2.7.2 定数等分命令

2.7　阿氏圆图形-绘制

可采用以下几种方法之一来激活定数等分命令。

功能区：单击“默认”选项卡→“绘图”面板→“定数等分”按钮。

菜单栏：选择“绘图(D)”→“点(O)”→“定数等分(D)”选项。

工具栏：单击“绘图”工具栏上的“定数等分”按钮。

命令行窗口：divide。

注意

divide 命令所形成的点并不分割对象，只是标明等分的位置，此时只能用“节点”捕捉得到，其他捕捉方式是捕捉不到的。定距等分 measure 的起始点是距选择点最近的点，但对于圆，一般从 0°开始测量。

1）绘制一条长度为 70 的水平线。

2）选择“格式”→“点样式”选项，如图 2-47 中①②所示。在弹出的“点样式”对话框中选择点样式，设置“点大小”为“5”，单击“确定”按钮，如图 2-47 中③④所示。

3）单击“默认”选项卡“绘图”面板上的“定数等分”按钮，如图 2-47 中⑤所示，系统提示如下：

```
命令：_divide
选择要定数等分的对象：(选择绘制的水平直线，如图 2-47 中⑥所示)
输入线段数目或 [块(B)]:3↙（将直线分成 3 等分）
```

结果如图 2-47 中⑦所示。

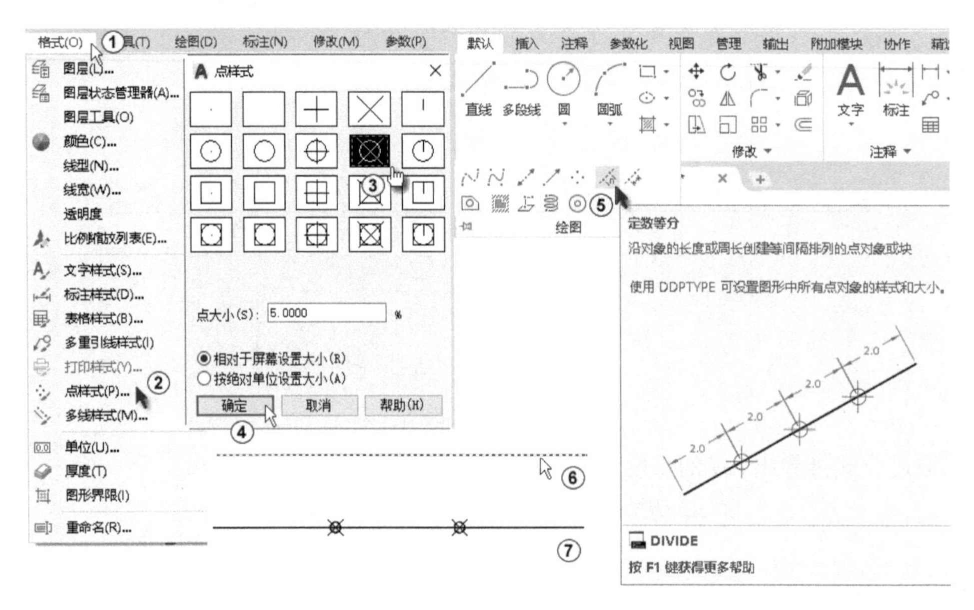

图 2-47　等分直线

4）分别以 70 线段的两个端点为圆心画两个圆，其中一个圆半径不妨取 R27（半径一定要大于 70/3=23.33），另一个圆的半径是 R54（即 2*27，即满足 1∶2 的关系）。用两个圆的两个交点和三等分线段的一个等分点为三点画阿氏圆。单击“默认”选项卡→“绘图”面板→“圆”按钮 ，系统提示如下：

```
命令: _circle
指定圆的圆心或 [三点(3P)/两点(2P)/切点、切点、半径(T)]: 3p↙
指定圆上的第一个点:(捕捉交点，如图 2-48 中①所示)
指定圆上的第二个点: _nod （于先选定捕捉“节点”后再捕捉交点，如图 2-48 中②所示)
指定圆上的第三个点:(捕捉交点，如图 2-48 中③所示。结果得到阿氏圆，如图 2-48 中④所示)
```

5）删除两个辅助圆，只留下阿氏圆，如图 2-48 中⑤所示。

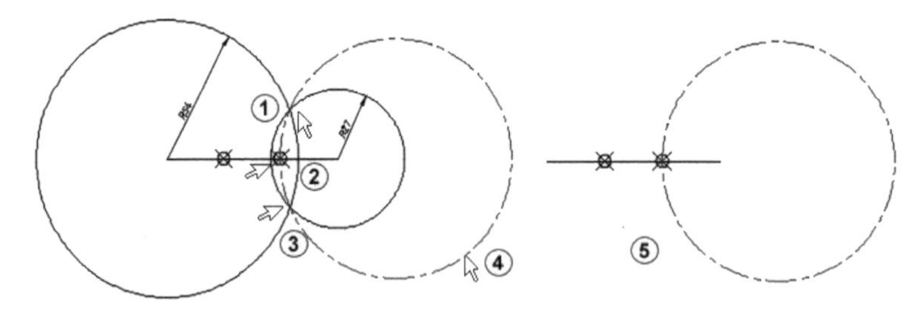

图 2-48　画阿氏圆

6）将水平线向上偏移 15，与阿氏圆有一个交点，如图 2-49 中①所示。将交点与水平线的两个端点相连，如图 2-49 中②③所示，则可以得到 1∶2 的两个线段。将阿氏圆和多余直线删除，如图 2-49 中④所示。

7）以三角形的上顶点为圆心，如图 2-50 中①所示，绘制两个同心圆，半径分别为 10 和 20，如图 2-50 中②③所示。连接交点，如图 2-50 中④⑤所示。删除多余的线，最终结果如图 2-50 中⑥所示。

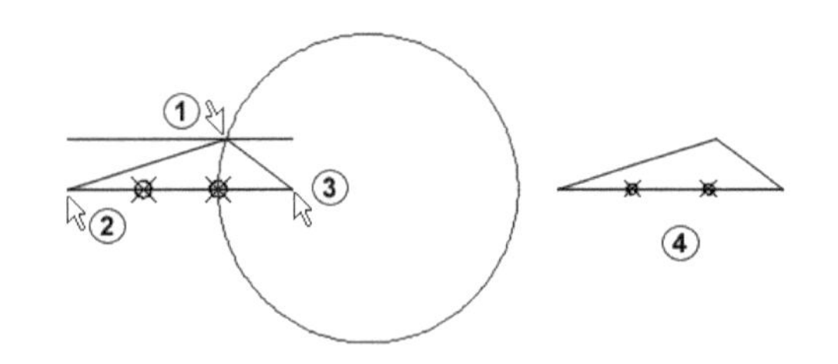

图 2-49　连线

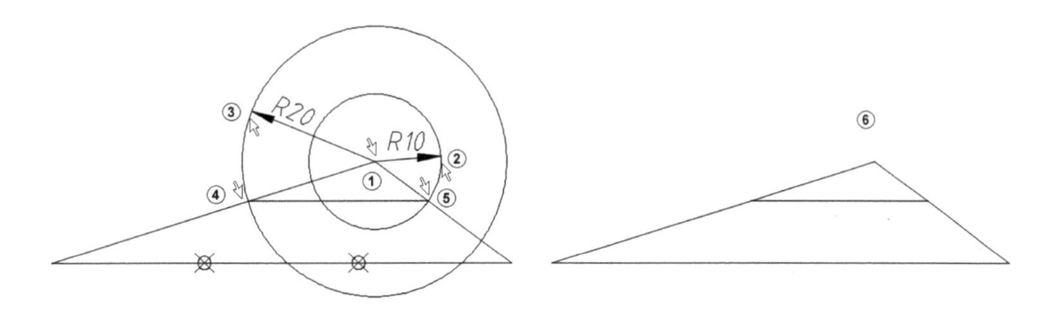

图 2-50　画辅助圆

下面用轨迹法来做。那么轨迹圆应该如何做呢？

1）绘制一条长度为 70 的水平线，如图 2-51 中①所示。

2）分别以 70 线段的两个端点为圆心绘制 3 对比例为 1∶2 的圆，如 R27/ R54，R30/R60、R35/R70，取每对圆的上方交点，如图 2-51 中②～④所示。

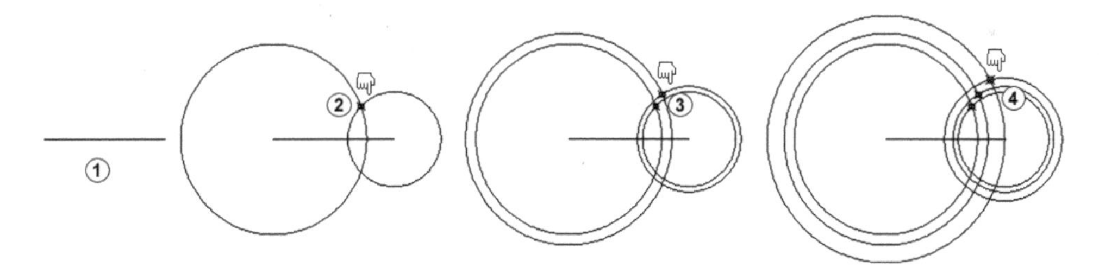

图 2-51　找 3 个交点

3）三点确定一个圆，根据这三点做出这个轨迹圆（也就是阿氏圆了），如图 2-52 中①所示。删除多余的线，结果如图 2-52 中②所示。

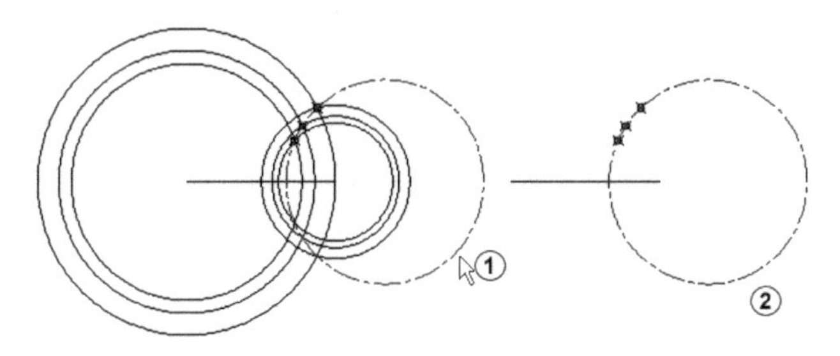

图 2-52　轨迹圆

其余步骤参考阿氏圆法的第 6）和第 7）步。

2.8 习题

1．绘制如图 2-53 所示的图形。

2．绘制如图 2-54 所示的三角形内嵌两个相切圆的图形，并求 a 和 b 的值。

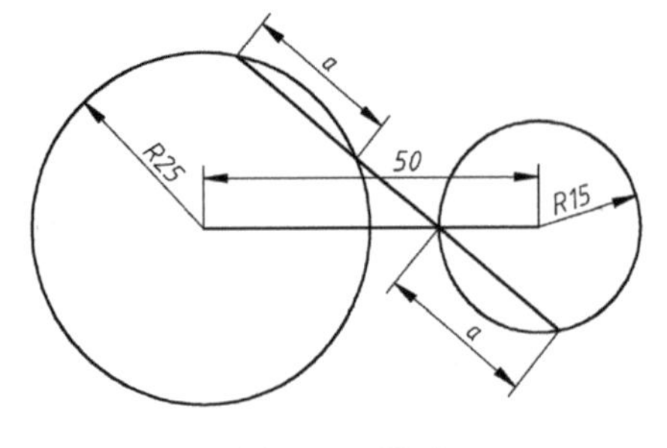

图 2-53 图形 1

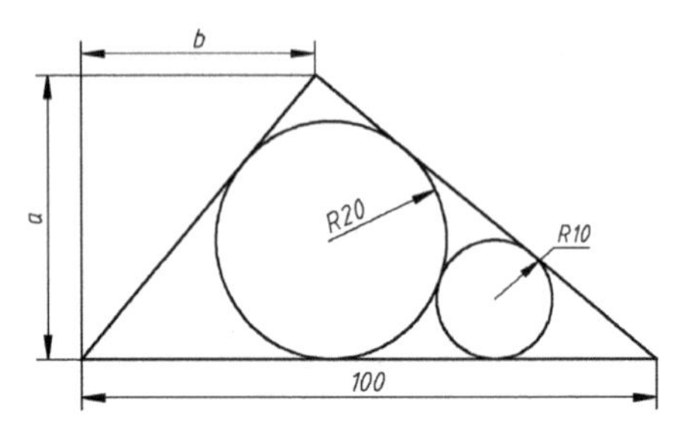

图 2-54 图形 2

3．绘制如图 2-55 所示的图形。

4．绘制如图 2-56 所示的图形。

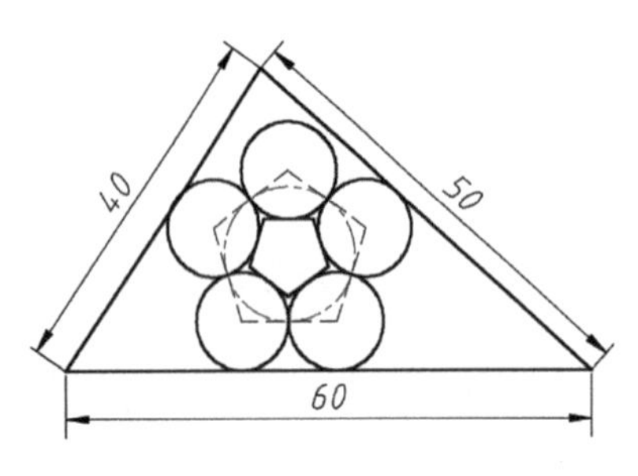

图 2-55 图形 3

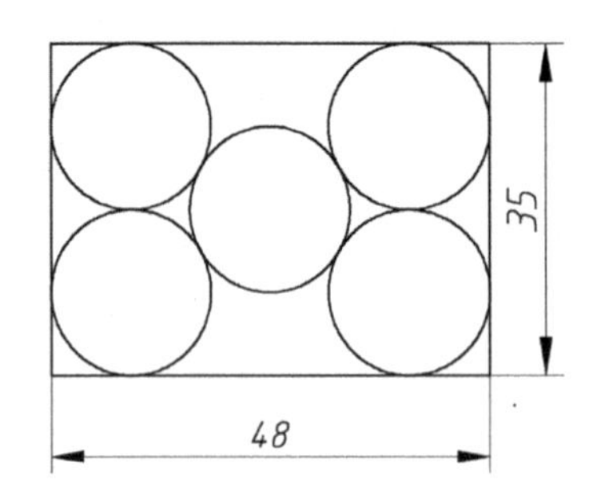

图 2-56 图形 4

5．绘制如图 2-57 所示的图形。

6．绘制如图 2-58 所示的图形。

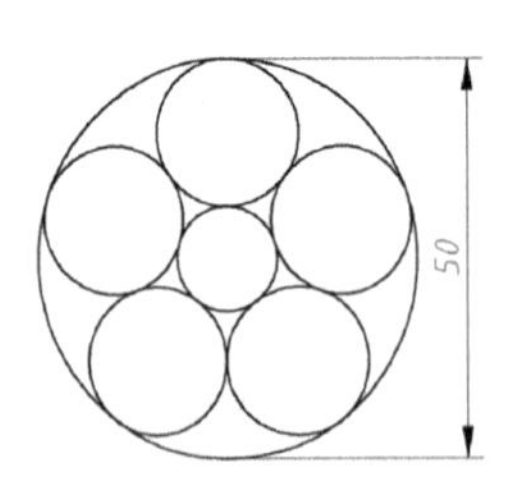

图 2-57 图形 5

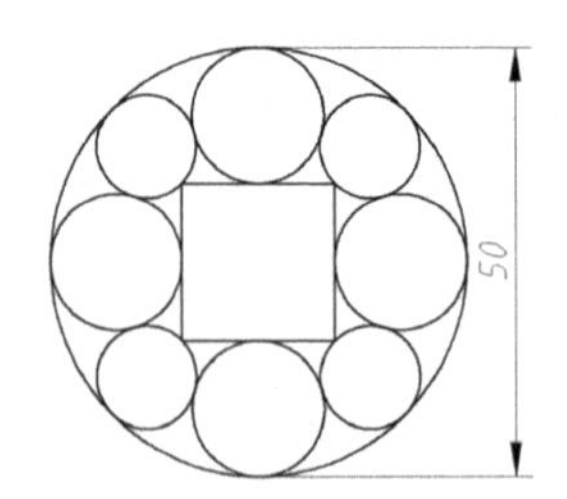

图 2-58 图形 6

7．绘制如图 2-59 所示的图形。

8．绘制如图 2-60 所示的图形。

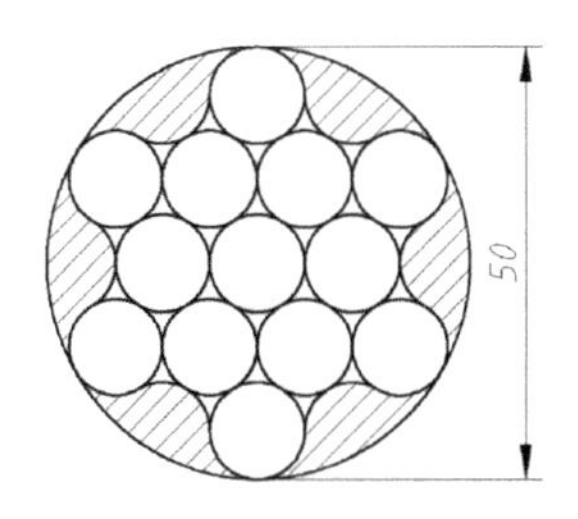

图 2-59　图形 7

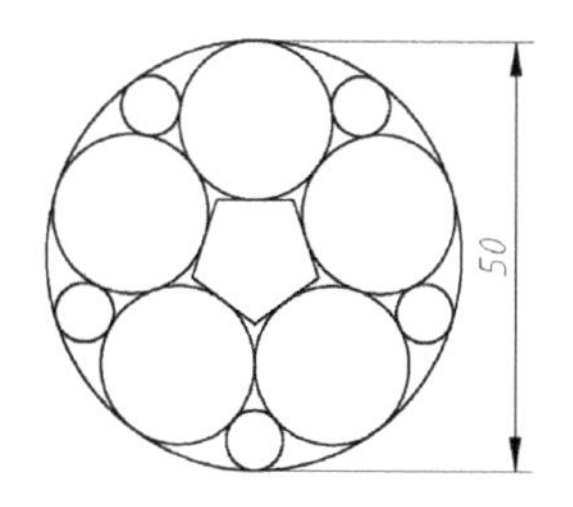

图 2-60　图形 8

9．绘制如图 2-61 所示的图形。

10．绘制如图 2-62 所示的图形。

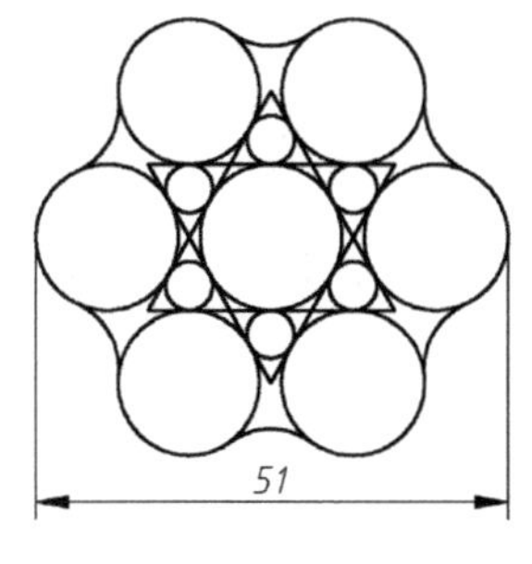

图 2-61　图形 9

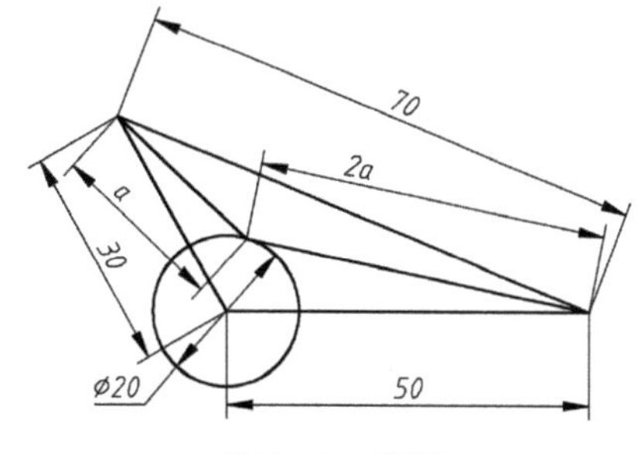

图 2-62　图形 10

11．绘制如图 2-63 所示的图形。

12．绘制如图 2-64 所示的图形（a=32，b=R8）。

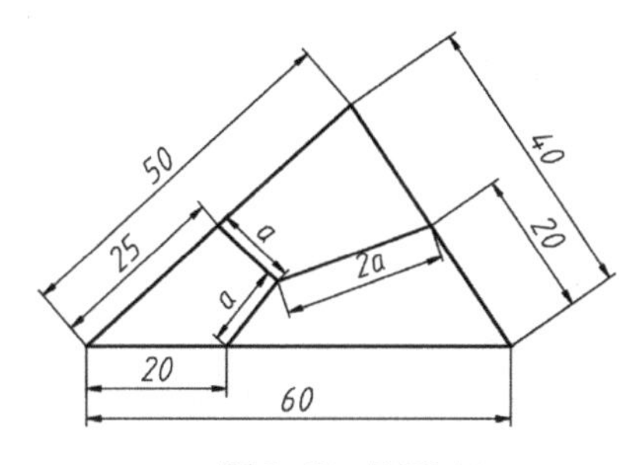

图 2-63　图形 11

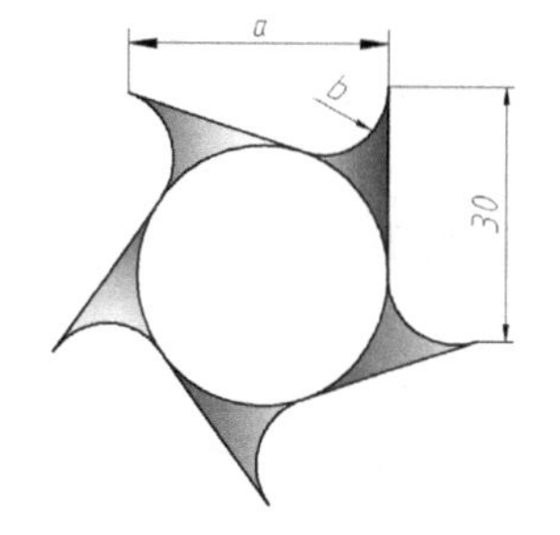

图 2-64　图形 12

13．绘制如图 2-65 所示的图形。

14．绘制如图 2-66 所示的图形。

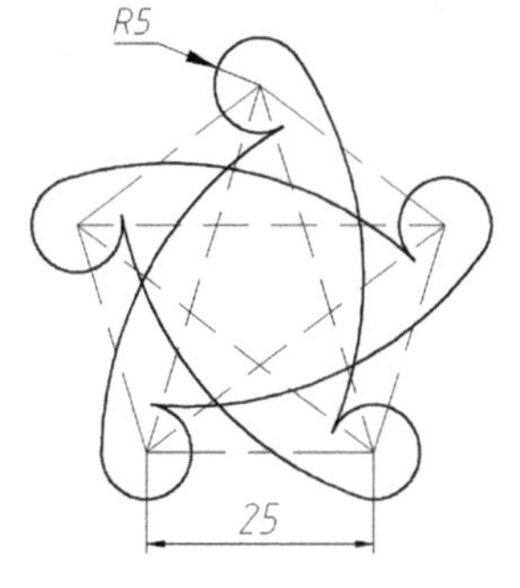

图 2-65　图形 13

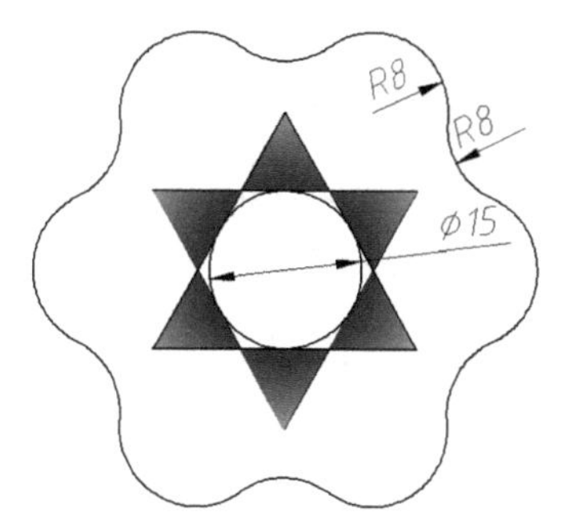

图 2-66　图形 14

第3章　平 面 图 形

平面图是零件图、装配图的基础，也是三维实体的基础。在初学阶段，可用工具栏和下拉菜单进行命令的输入，以利于记忆。熟练后，应尽量采用在命令行窗口输入命令缩写的方法，以提高操作的速度。

在手工绘图时，要尽量减少修改。而用 AutoCAD 进行绘图时，要充分利用其强大的编辑功能，运用“边设计、边画图、边修改”的三边原则进行操作。若图形较复杂时，应该在绘图的过程中随时保存文件，以免由于意外停机等原因造成损失。

系统默认的坐标系是世界坐标系，世界坐标系（WCS）是固定坐标系，其坐标原点在左下角。

绘制 CAD 图的一般步骤如下。

1）分析图形。

2）绘制各视图的主要中心线及定位线。

3）按形体分析法逐个绘制出各基本形体的视图。作图时，应该注意各视图间的投影关系要满足投影规律。对于复杂的细节，可先画出作图基准线或辅助线，再绘制大轮廓，最后绘制详细的细节部分。

4）检查并修饰图形。

本章用几个典型实例介绍基本的绘图和修改命令，以及命令的使用技巧。

3.1　知识扩展：圆定位

3.1　圆弧连接

3.1　圆弧连接的原理

圆弧连接的实质是圆弧与圆弧，或圆弧与直线间的相切关系。表 3-1 用轨迹方法分析圆相切时的几何关系，得出圆弧连接的原理与作图方法。其作图步骤是：分清连接类别，求连接弧的圆心；求切点；不超过切点画连接圆弧。

表 3-1　圆弧连接的原理与作图方法

类别	与定直线相切的圆心轨迹	与定圆外切的圆心轨迹	与定圆内相切的圆心轨迹
图例	连接圆弧　圆心轨迹　R　O　O'　T　T　已知直线　连接点（切点）	连接圆弧　R　O　圆心轨迹　T　已知圆弧　R_1+R　R_1　O'　0　T　连接点（切点）	T　已知圆弧　R　O_1　圆心轨迹　连接圆弧　R_1　R_1-R　O'　T　O_1　连接点（切点）
连接弧圆心的轨迹及切点位置	半径为 R 的连接圆弧与已知直线连接（相切）时，连接弧圆心 O 的轨迹是与直线相距 R 且平行直线的直线；切点为连接弧圆心向已知直线所作垂线的垂足 T	当一个半径为 R 的连接圆弧与已知圆弧（半径为 R_1）外切时，则连接圆弧圆心的轨迹是已知圆弧的同心圆弧，其半径为 R_1+R；切点为两圆心的连线与已知圆的交点 T	当一个半径为 R 的连接圆弧与已知圆弧（半径为 R_1）内切时，则连接圆弧圆心的轨迹是已知圆弧的同心圆弧，其半径为 R_1-R；切点为两圆心的连线与已知圆的交点 T

3.1.1 圆弧连接分析

3.1.2 绘制连接弧

3.1.1 圆弧连接分析

【例 3-1】 用 1∶1 的比例绘制如图 3-1 所示的圆弧连接。

分析：此题的关键在于找到圆心并应用圆命令中的“切点、切点、半径(T)”选项绘制外接圆和内切圆。

3.1.2 绘制连接弧

1）绘制中心线，小矩形（长 80，高 5），圆心在垂直线上且半径为 120、距离下方矩形底边为 65 的圆，如图 3-2 中所示。

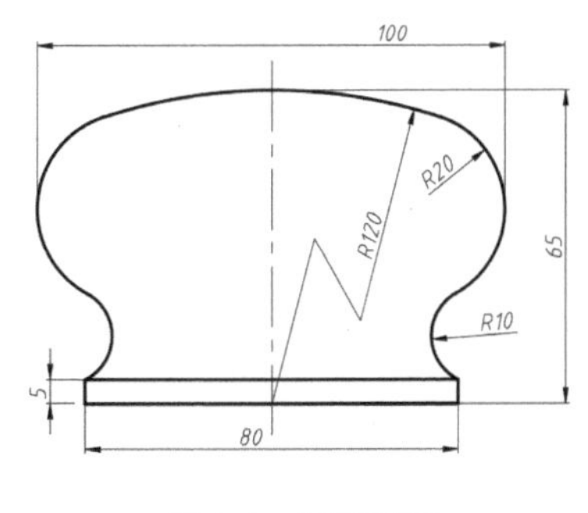

图 3-1 圆弧连接

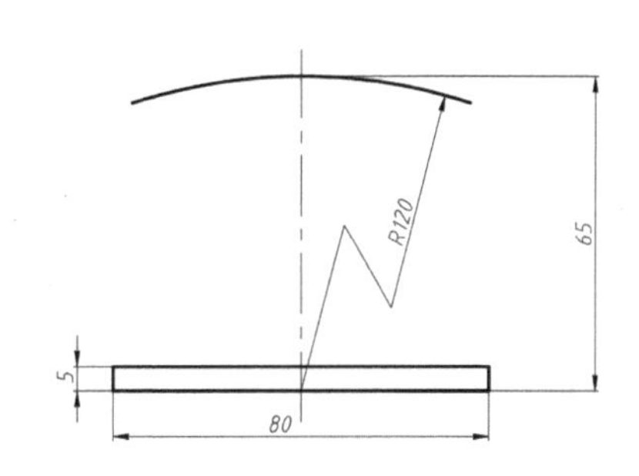

图 3-2 绘制已知图形

2）绘制左侧的内切连接弧。向左偏移中心线 30 得一条垂直线，以大圆的圆心为圆心，半径 *R*100（120-20）画圆后与垂直线交于一点。以交点为圆心，半径 *R*20 画圆，如图 3-3 中①～④所示。

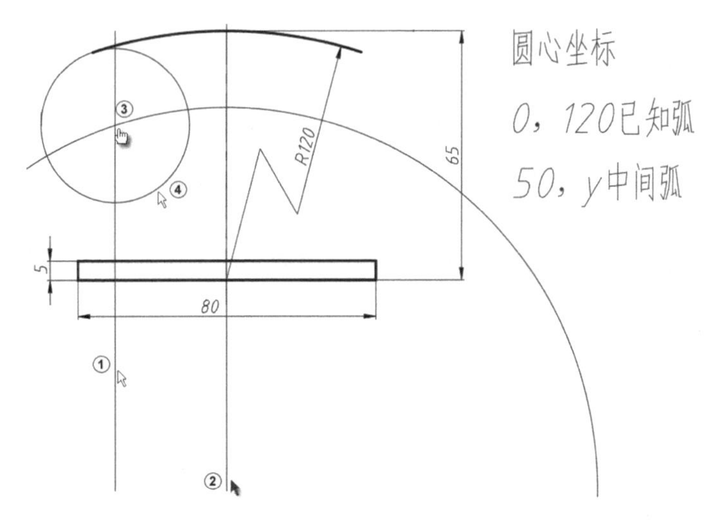

图 3-3 绘制内切连接弧

3）绘制右下方相切的圆。以交点为圆心，半径 *R*30 画圆，如图 3-4 中①②所示。以矩形左上角点为圆心，半径 *R*10 画圆，得到交点，如图 3-4 中③～⑤所示。

4）绘制内切圆。修剪多余线，以交点为圆心，半径 *R*10 画圆，如图 3-5 中①②所示。

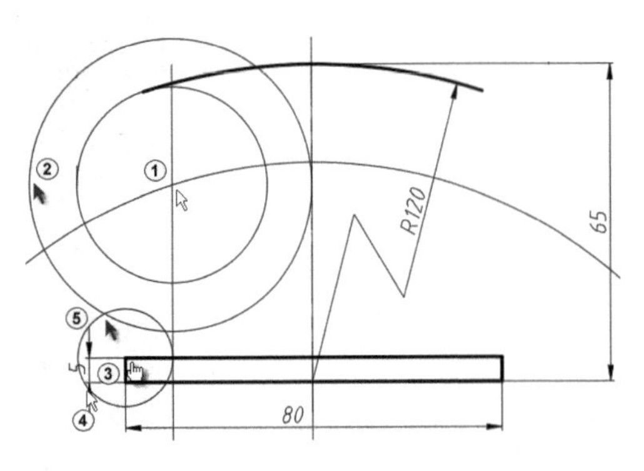

图 3-4　绘制与水平线相切的圆

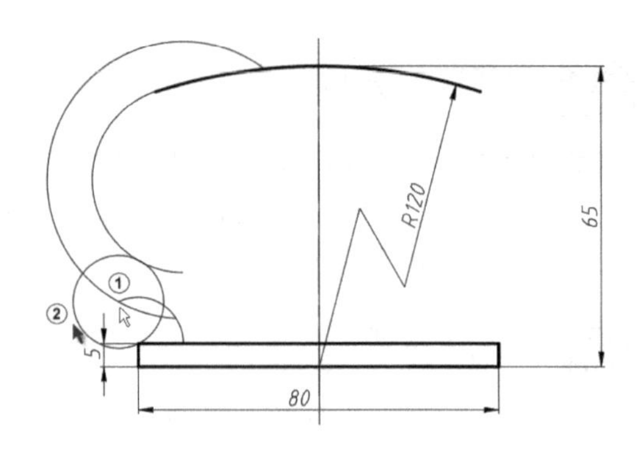

图 3-5　绘制外切圆

5）修剪多余线后图形如图 3-6 所示。

6）镜像。镜像左侧两个圆弧后，如图 3-7 所示。

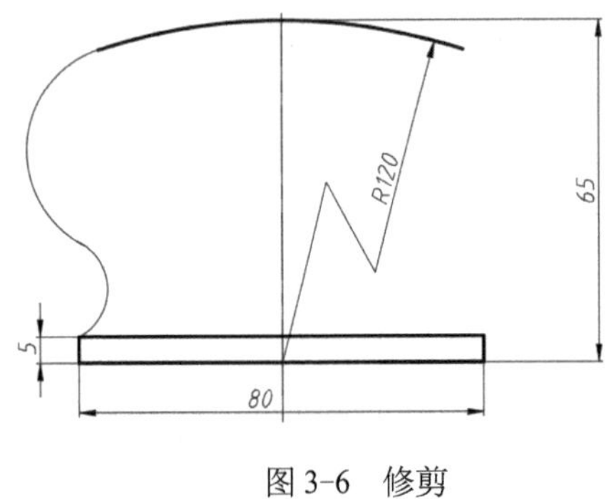

图 3-6　修剪

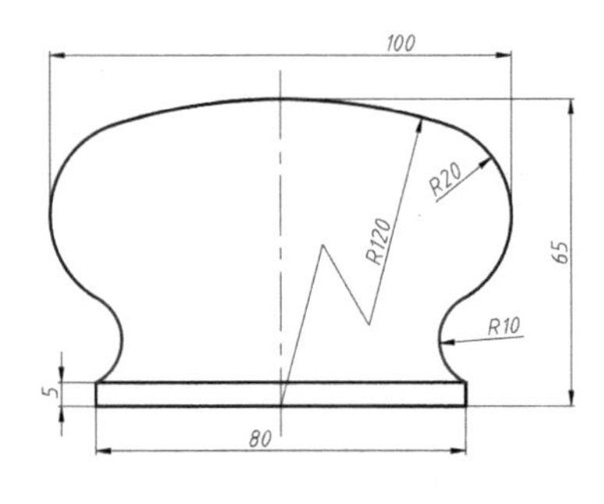

圆心坐标

0，120已知弧

50，y中间弧

x，y连接弧

图 3-7　镜像

3.2　窗

3.2　窗

【例 3-2】 按图 3-8 的尺寸要求，绘制窗。

分析：此题目的在于进行偏移命令、边界和各种追踪方法的综合运用。

边界命令用于从多个相交对象中提取一个或多个闭合的多段线边界，也可提取面域。

可采用以下几种方法之一来激活边界命令。

菜单栏：选择“绘图(D)”→“边界(B)”选项。

命令行窗口：boundary。

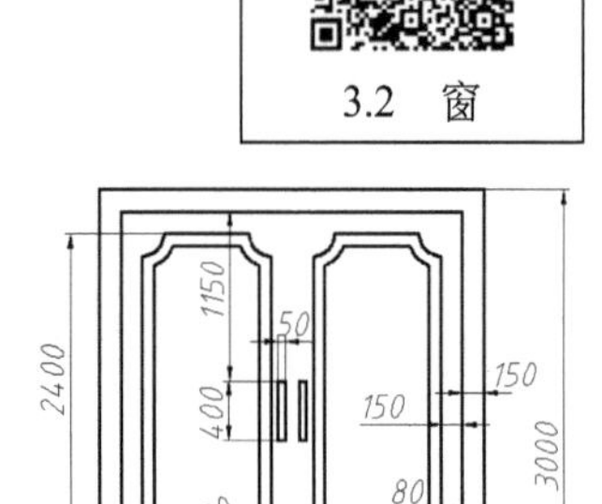

图 3-8　窗

1）绘制窗的外框线。单击“默认”选项卡→“绘图”面板→“矩形”按钮，系统提示如下：

```
命令：_rectang
指定第一个角点或 [倒角(C)/标高(E)/圆角(F)/厚度(T)/宽度(W)]：（在绘图区任意位置单击确定一点）
指定另一个角点或 [面积(A)/尺寸(D)/旋转(R)]:@2700,3000↙（结果如图 3-9 中①所示）
```

2）偏移大矩形。单击“默认”选项卡“修改”面板上的“偏移”按钮，系统提示如下：

```
命令: _offset
当前设置: 删除源=否  图层=源  OFFSETGAPTYPE=0
指定偏移距离或 [通过(T)/删除(E)/图层(L)] <50.0>:150↙
选择要偏移的对象, 或 [退出(E)/放弃(U)] <退出>:(选择刚绘制的大矩形)
指定通过点或 [退出(E)/多个(M)/放弃(U)] <退出>:(向矩形内移动到任意点单击)
选择要偏移的对象, 或 [退出(E)/放弃(U)] <退出>:↙(结果如图 3-9 中②所示)
```

3）绘制小矩形。单击“默认”选项卡→“绘图”面板→“矩形”按钮，系统提示如下：

```
命令: _rectang
指定第一个角点或 [倒角(C)/标高(E)/圆角(F)/厚度(T)/宽度(W)]:(按〈Shift〉键的同时右击, 在弹出的对象捕捉快捷菜单中选择“自”选项, 如图 3-9 中③所示)
_from 基点:(捕捉小矩形的左下角点, 如图 3-9 中④所示)
<偏移>:@150,150↙(确定所需绘制的新矩形的起始点, 如图 3-9 中⑤所示)
指定另一个角点或 [面积(A)/尺寸(D)/旋转(R)]:@900,2400↙(结果如图 3-9 中⑥所示)
```

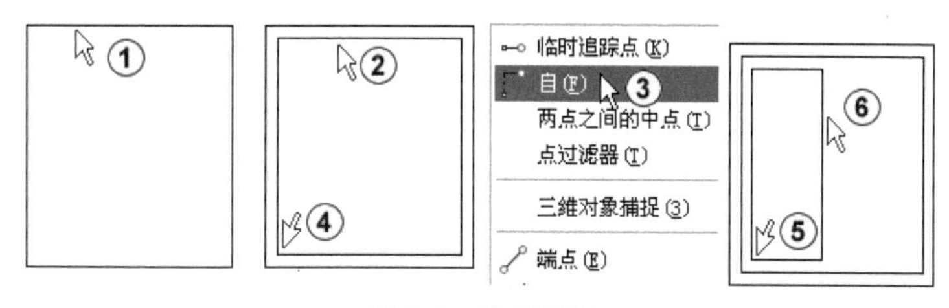

图 3-9　绘制窗框

4）绘制圆并复制。单击“默认”选项卡→“绘图”面板→“圆”按钮，系统提示如下：

```
命令: _circle
指定圆的圆心或 [三点(3P)/两点(2P)/切点、切点、半径(T)]:(捕捉最小矩形的左下角点, 如图 3-10 中①所示)
指定圆的半径或 [直径(D)] <40.0>:150↙(输入半径 150 后按〈Enter〉键)
命令: _copy
选择对象:(选择刚绘制的圆, 如图 3-10 中②所示)
选择对象:↙(结束选择对象)
当前设置:  复制模式 = 多个
指定基点或 [位移(D)/模式(O)] <位移>:(捕捉最小矩形的右下角点, 如图 3-10 中③所示)
指定第二个点或 [阵列(A)] <使用第一个点作为位移>:(捕捉最小矩形的右上角点, 如图 3-10 中④所示)
指定第二个点或 [阵列(A)/退出(E)/放弃(U)] <退出>:(捕捉最小矩形的左上角点, 如图 3-10 中⑤所示)
指定第二个点或 [阵列(A)/退出(E)/放弃(U)] <退出>:↙
```

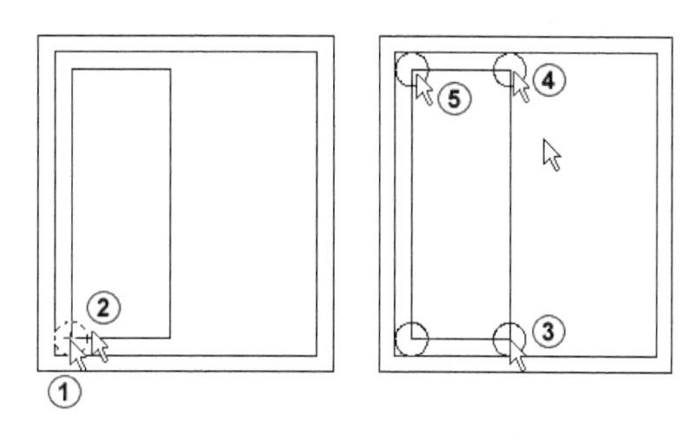

图 3-10　绘制圆

5）创建边界多段线。选择“绘图(D)”→“边界(B)”选项，如图 3-11 中①②所示。系统弹出“边界创建”对话框，在“对象类型”下拉列表中，默认选择“多段线”选项。在“边界集”选项组中，保持默认值“当前视口”选项，即从当前视口中显示的全部对象创建边界集，如图 3-11 中③④所示。单击“拾取点”按钮，在每个区域内指定点以形成边界多段线，如图 3-11 中⑤⑥所示。按〈Enter〉键以创建边界多段线并结束命令，系统提示如下：

```
命令: _boundary
拾取内部点:  正在选择所有对象...
正在选择所有可见对象...
正在分析所选数据...
正在分析内部孤岛...
拾取内部点:
BOUNDARY 已创建 1 个多段线
```

图 3-11　创建窗扇

注意：

此区域必须全部包围起来；在包围的对象之间不能有空隙。

单击“默认”选项卡“修改”面板上的“删除”按钮，系统提示如下：

```
命令：_erase
选择对象：（选择 4 个小圆和矩形）
选择对象：↙（结果如图 3-11 中⑦所示）
```

6）偏移边界多段线。单击“默认”选项卡“修改”面板上的“偏移”按钮，系统提示如下：

```
命令：_offset
当前设置：删除源=否  图层=源  OFFSETGAPTYPE=0
指定偏移距离或［通过(T)/删除(E)/图层(L)］<通过>:80↙
选择要偏移的对象，或［退出(E)/放弃(U)］<退出>:（选择窗扇，如图 3-12 中①所示）
指定要偏移的那一侧上的点，或［退出(E)/多个(M)/放弃(U)］<退出>:（向矩形内移动到任意点单击）
选择要偏移的对象，或［退出(E)/放弃(U)］<退出>:↙（结果如图 3-12 中②所示）
```

7）绘制窗把手。单击“默认”选项卡→“绘图”面板→“矩形”按钮，系统提示如下：

```
命令：_rectang
指定第一个角点或［倒角(C)/标高(E)/圆角(F)/厚度(T)/宽度(W)］:（在绘图区适当位置单击确定一点）
指定另一个角点或［面积(A)/尺寸(D)/旋转(R)］:@50,400↙（结果如图 3-12 中③所示）
```

8）移动。单击“默认”选项卡→“修改”→“移动”按钮，系统提示如下：

```
命令：_move
选择对象：（选择移动，如图 3-13 中①所示的虚线）
选择对象：↙
指定基点或［位移(D)］<位移>:（捕捉窗把手最左边垂直线的中点，如图 3-13 中②所示）
指定第二个点或 <使用第一个点作为位移>:（按〈Ctrl〉键的同时右击，在弹出的对象捕捉快捷菜单中选择“自”选项）
_from 基点：<偏移>:（捕捉窗扇最右边垂直线的中点，如图 3-13 中③所示）
<偏移>:@50,0↙（结果如图 3-13 中④所示）
```

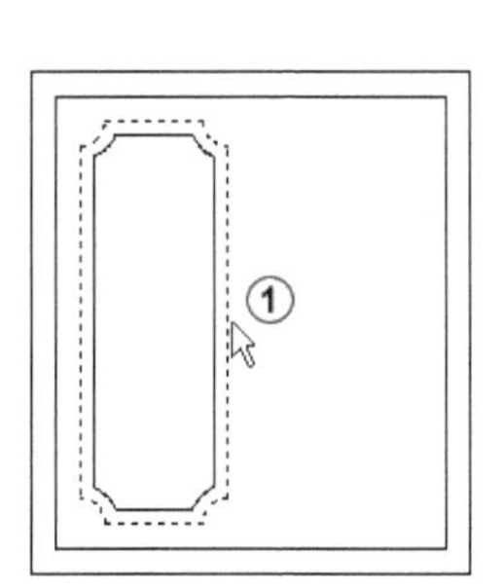

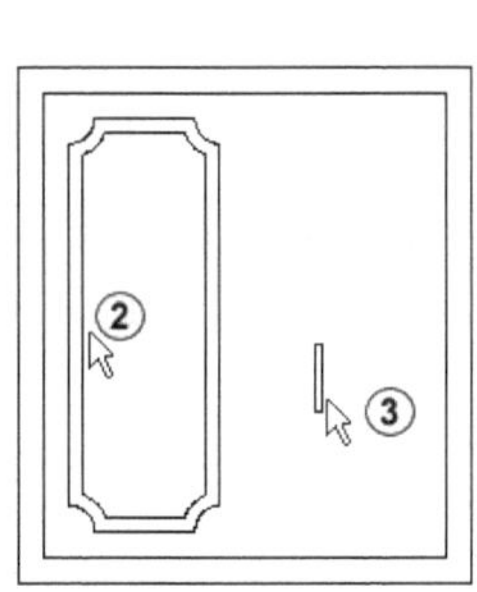

图 3-12　绘制窗把手

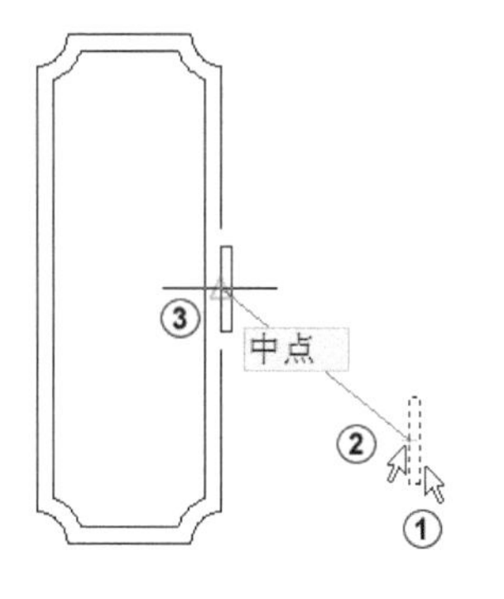

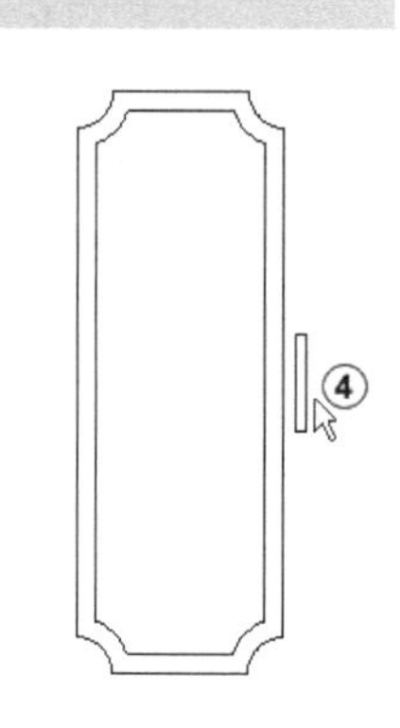

图 3-13　移动窗把手

9）镜像视图轮廓。单击“默认”选项卡“修改”面板上的“镜像”按钮，系统提示如下：

```
命令：_mirror
选择对象：（选择图形，如图 3-14 中①所示的虚线）
选择对象：↙
指定镜像线的第一点：（捕捉图 3-14 中②所示的中点）
```

```
指定镜像线的第二点:（捕捉图 3-14 中③所示的中点）
要删除源对象吗? [是(Y)/否(N)] <N>:↙（结果如图 3-14 中④所示）
```

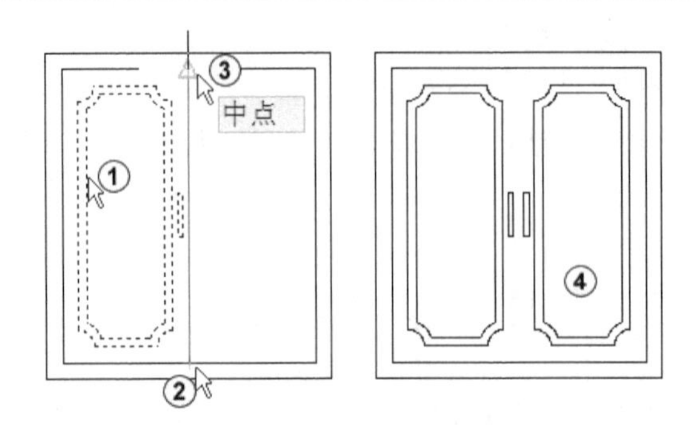

图 3-14　镜像视图轮廓

3.3　斜视图

斜视图是将机件向不平行于基本投影面的平面投射而得到的视图。为了表达机件上倾斜表面的实际形状，常选用一个平行于这个倾斜表面的平面作为投影面，画出它的斜视图。斜视图若用坐标直接确定点的位置，需要换算，而且坐标值通常为小数，比较麻烦。下面将介绍如何绘制图形，减少不必要的麻烦。

斜视图的画法不采用具体的数字，而是用复制、极轴、对象追踪、对象捕捉等手段来绘制。

绘制倾斜图形的常用方法如下。

1）用旋转命令。在水平方向绘制图形，再将图形旋转到倾斜方向上。

2）用对齐命令。在水平方向绘制图形，再将图形定位到倾斜方向上（可同时进行旋转与平移）。

3）用相对极坐标。

4）用构造线 xl 命令。

5）用极轴追踪。设置追踪的角度，即可方便地绘制出斜线。

6）用新坐标。先沿倾斜方向建立用户坐标，用 ucs 命令将新坐标的 X 轴放置成水平方向，目的是让作图环境与世界坐标系中一样，最后用 ucs 或者 plan 命令恢复到原环境。

【例 3-3】 绘制如图 3-15 所示的斜视图。未拉伸和旋转的图形如图 3-16 所示。

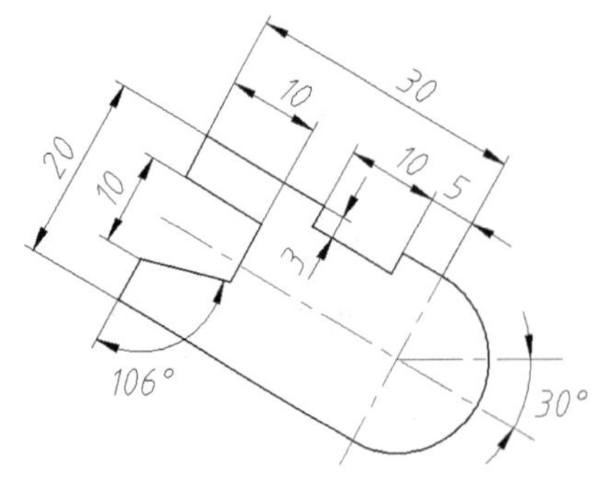

图 3-15　斜视图

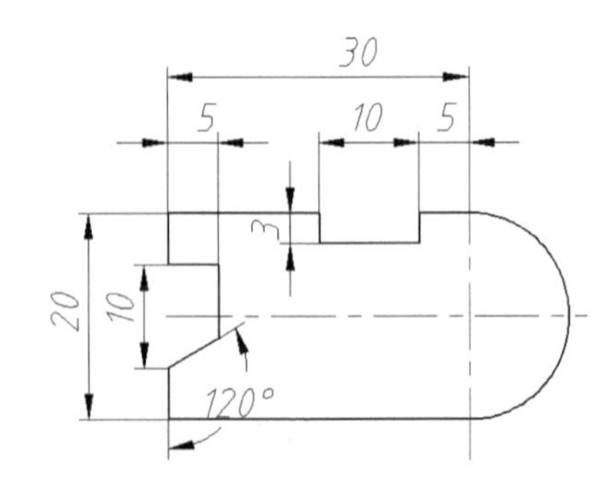

图 3-16　未拉伸斜槽和旋转的图形

分析：图 3-15 由直线、斜线和半圆弧组成，涉及多段线、极轴追踪、修剪、拉伸、旋转、用户坐标、矩形、对齐、面域、差集等多方面的知识。该例实际上可以一气呵成，但为了尽量多地介绍相关的知识点，采用了较为烦琐的先用极轴追踪绘制出斜线，然后旋转图形，最后拉伸斜槽的绘图方式。

1）右击工作界面最下方状态栏上的“极轴追踪”按钮，在弹出的快捷菜单中选择“设置”选项，打开“草图设置”对话框，可在“极轴追踪”选项卡中进行相关设置，如图 3-17 所示。

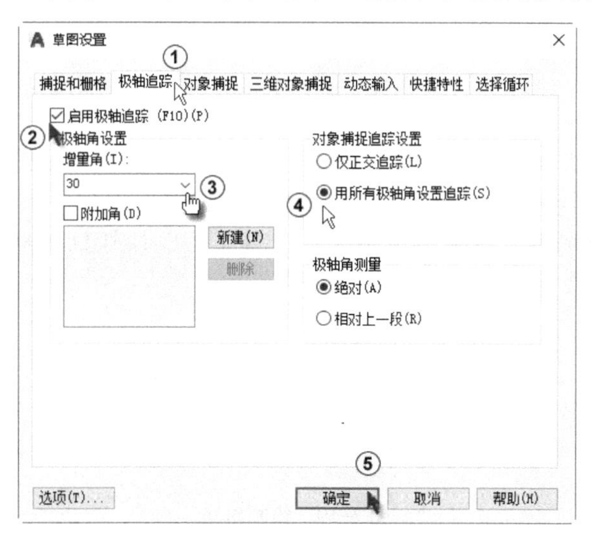

图 3-17 “极轴追踪”选项卡

2）绘制多段线。单击“默认”选项卡“绘图”面板上的“多段线”按钮，如图 3-18 中①所示，系统提示如下：

```
命令: _pline
指定起点:(在绘图区任意位置单击确定一点，如图 3-18 中②所示)
当前线宽为 0.0
指定下一个点或 [圆弧(A)/半宽(H)/长度(L)/放弃(U)/宽度(W)]:5↙(将鼠标指针向下移动一段距离后，输入数字 5，如图 3-18 中③所示)
指定下一点或 [圆弧(A)/闭合(C)/半宽(H)/长度(L)/放弃(U)/宽度(W)]:20↙(将鼠标指针向右移动一段距离后，输入数字 20，如图 3-18 中④所示)
指定下一点或 [圆弧(A)/闭合(C)/半宽(H)/长度(L)/放弃(U)/宽度(W)]:a↙(选择绘制圆弧)
指定圆弧的端点或[角度(A)/圆心(CE)/闭合(CL)/方向(D)/半宽(H)/直线(L)/半径(R)/第二个点(S)/放弃(U)/宽度(W)]:@0,20↙(输入半圆弧端点的相对坐标，如图 3-18 中⑤所示)
指定圆弧的端点或[角度(A)/圆心(CE)/闭合(CL)/方向(D)/半宽(H)/直线(L)/半径(R)/第二个点(S)/放弃(U)/宽度(W)]:l↙(选择绘制直线)
指定下一点或 [圆弧(A)/闭合(C)/半宽(H)/长度(L)/放弃(U)/宽度(W)]:20↙(将鼠标指针向右移动一段距离后，输入数字 20，如图 3-18 中⑥所示)
指定下一点或 [圆弧(A)/闭合(C)/半宽(H)/长度(L)/放弃(U)/宽度(W)]:5↙(将鼠标指针向下移动一段距离后，输入数字 5，如图 3-18 中⑦所示)
指定下一点或 [圆弧(A)/闭合(C)/半宽(H)/长度(L)/放弃(U)/宽度(W)]:5↙(将鼠标指针向右移动一段距离后，输入数字 5，如图 3-18 中⑧所示)
指定下一点或 [圆弧(A)/闭合(C)/半宽(H)/长度(L)/放弃(U)/宽度(W)]:10↙(将鼠标指针向下移动一段距离后，输入数字 10，如图 3-18 中⑨所示)
指定下一点或 [圆弧(A)/闭合(C)/半宽(H)/长度(L)/放弃(U)/宽度(W)]:↙
```

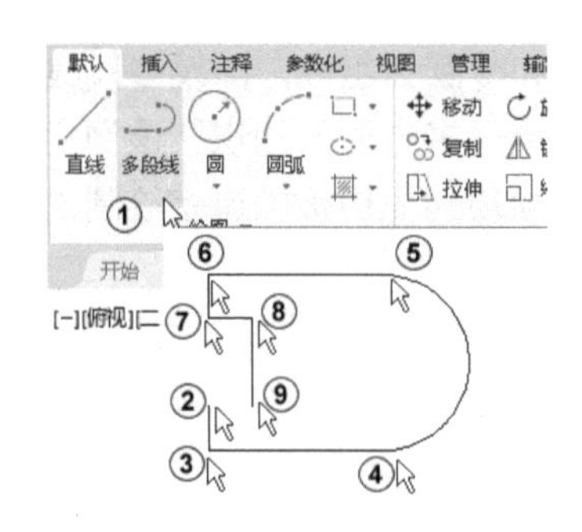

图 3-18　绘制多段线

3）绘制斜线。单击“默认”选项卡“绘图”面板上的“直线”按钮╱，系统提示如下：

```
命令：_line 指定第一点：(捕捉图 3-19 所示的①点)
指定下一点或 [放弃(U)]：(移动鼠标指针，出现极轴追踪线和交点时单击，如图 3-19 中②所示)
指定下一点或 [放弃(U)]：↙ (如图 3-19 中③所示)
```

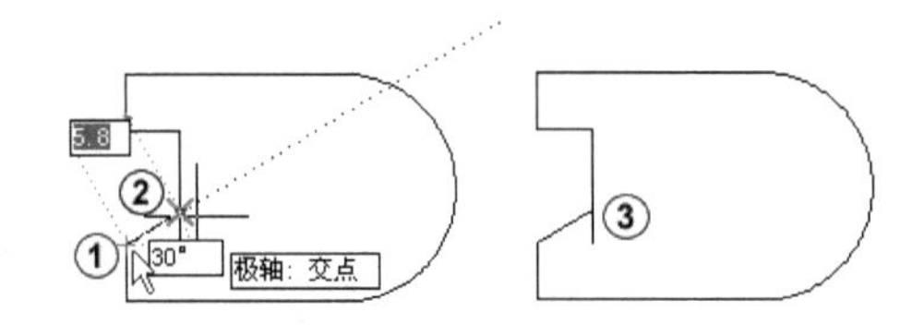

图 3-19　绘制斜线

4）修剪图形。单击“默认”选项卡“修改”面板上的“修剪”按钮，修剪多余的线段，结果如图 3-20 中①所示。

多段线是几段直线和圆弧构成的连续线段，它是一个单独的图形对象，若要对其中的一部分进行编辑，必须先分解为一个个的对象。

5）分解图形。单击“默认”选项卡“修改”面板上的“分解”按钮，如图 3-20 中②所示，系统提示如下：

```
命令：_explode
选择对象：(选择图 3-20 中③所示的图形)
选择对象：↙
```

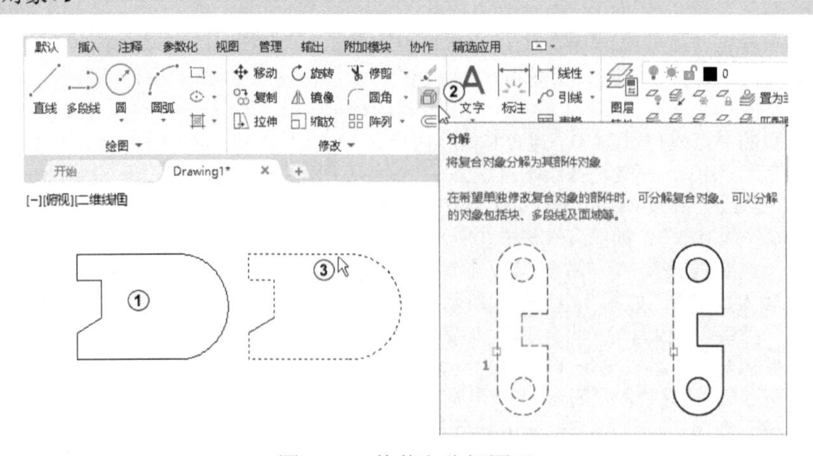

图 3-20　修剪和分解图形

6）拉伸图形。选择“修改”→“拉伸”选项，系统提示如下：

3.3 知识扩展：
拉伸概念

```
命令: _stretch
以交叉窗口或交叉多边形选择要拉伸的对象...
选择对象：(选择图 3-21 中①所示的虚线，注意必须是框选，一条线一条线地选择后拉伸出的是断裂的线)
选择对象：↙
指定基点或 [位移(D)] <位移>：(在绘图区中任意单击一点)
指定第二个点或 <使用第一个点作为位移>:@10,0↙（输入相对坐标，如图 3-21 中②所示）
```

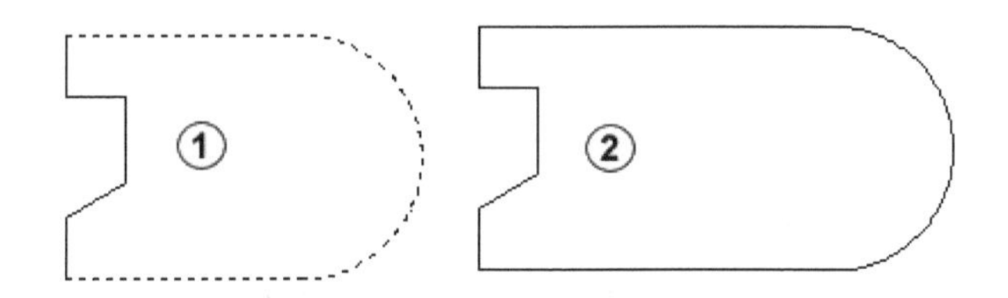

图 3-21　拉伸图形

7）旋转图形。单击“默认”选项卡“修改”面板上的“旋转”按钮，系统提示如下：

```
命令: _rotate
UCS 当前的正角方向： ANGDIR=逆时针  ANGBASE=0
选择对象：(选择整个图形，如图 3-22 中①所示)
选择对象：↙
指定基点：(捕捉圆心，如图 3-22 中②所示)
指定旋转角度，或 [复制(C)/参照(R)] <60>:-30↙（结果如图 3-22 中③所示）
```

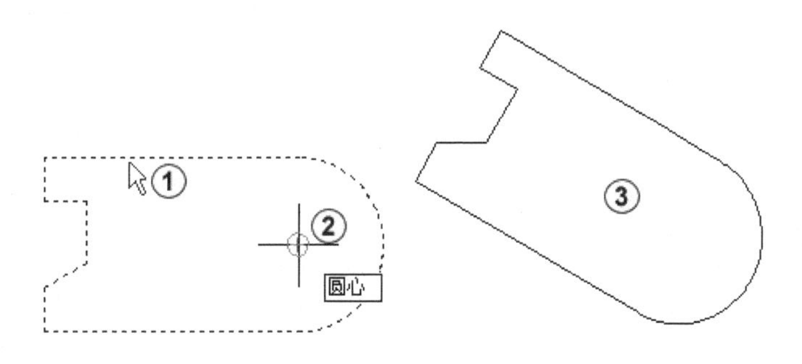

图 3-22　旋转图形

3.3.1 用户坐标命令

用户坐标系（UCS）是可移动坐标系。UCS 可用于输入坐标、定义和设置图形平面，还可将三维空间直角坐标系的原点和方向按解题需要方便灵活地进行多方位的平移、旋转等坐标系变换，并在新确定的空间直角坐标系中以 XOY 平面为基面作图。

注意

改变 UCS 并不改变视点，它只是改变了坐标系的方向和倾斜度。

选择 UCS 坐标图标后会出现夹点，单击坐标原点夹点并移动鼠标指针，即可将 UCS 坐标定位到需要的位置。

可采用以下几种方法之一来激活用户坐标命令：

菜单栏：单击菜单“工具(T)”→“新建 UCS(W)”→某个选项。

工具栏：单击“UCS”工具栏上的某个选项。

命令行窗口：ucs。

快捷菜单栏：在 UCS 图标上右击，在弹出的快捷菜单中选择单击某个选项。

UCS 各选项的功能如表 3-2 所示。

表 3-2　UCS 命令选项的说明

UCS 选项	选项说明
面（F）	将 UCS 与实体对象的选定面对齐
命名（NA）	给 UCS 一个名字，以便将来随时调出来使用
对象（OB）	选定一个对象（如直线、圆等）
上一个（P）	恢复上一次的 UCS 为当前 UCS
视图（V）	UCS 原点不变，按 UCS 的 XOY 平面与当前屏幕平行来定义当前 UCS
世界（W）	将世界坐标系设置为当前 UCS
原点	平移 UCS 到新原点
（X）	绕 X 轴旋转一个指定的角度，定义当前 UCS
（Y）	绕 Y 轴旋转一个指定的角度，定义当前 UCS
（Z）	绕 Z 轴旋转一个指定的角度，定义当前 UCS
Z 轴（ZA）	指定新原点和新 Z 轴正向上一点，定义当前 UCS

1）建立用户坐标。

```
命令:ucs↙
当前 UCS 名称: *世界*
指定 UCS 的原点或 [面(F)/命名(NA)/对象(OB)/上一个(P)/视图(V)/世界(W)/X/Y/Z/Z 轴(ZA)] <世界>:(捕捉圆心，如图 3-23 中①所示)
指定 X 轴上的点或 <接受>:(捕捉中点，如图 3-23 中②所示)
指定 XY 平面上的点或 <接受>:↙ (结果如图 3-23 中③所示)
```

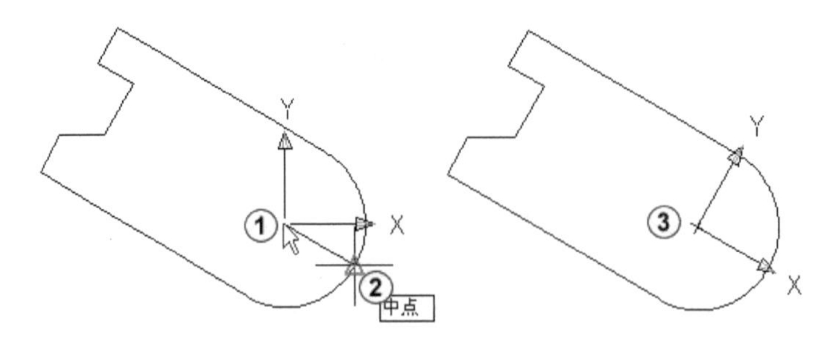

图 3-23　建立用户坐标

2）拉伸图形。选择“修改”→“拉伸”选项，系统提示如下：

```
命令: _stretch
以交叉窗口或交叉多边形选择要拉伸的对象...
选择对象:(单击图 3-24 中①所示的点)
指定对角点:(单击图 3-24 中②所示的点)
选择对象:↙
指定基点或 [位移(D)] <位移>:(捕捉图 3-24 中③所示的点)
指定第二个点或 <使用第一个点作为位移>:(捕捉图 3-24 中④所示的点)
```

结果如图 3-24 中⑤所示。

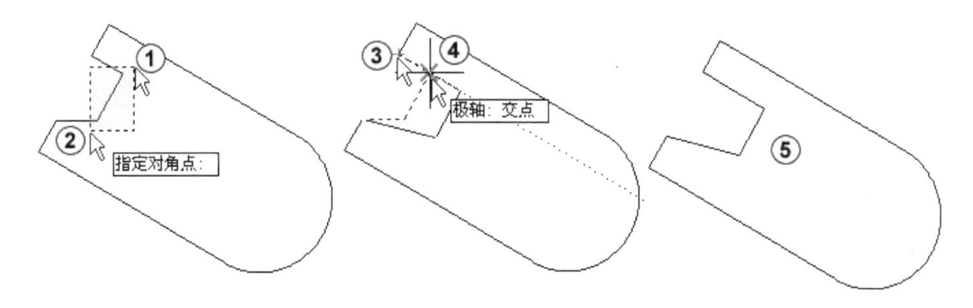

图 3-24　拉伸图形

3）绘制矩形。单击“默认”选项卡“绘图”面板上的“矩形”按钮，系统提示如下：

```
命令: _rectang
指定第一个角点或 [倒角(C)/标高(E)/圆角(F)/厚度(T)/宽度(W)]:(在绘图区任意位置单击确定一点)
指定另一个角点或 [面积(A)/尺寸(D)/旋转(R)]:@10,6↙ (输入矩形另一个角点的相对坐标)
```

3.3.2 对齐命令

可采用以下几种方法之一来激活对齐命令。

功能区：单击“默认”选项卡→“修改”面板→“对齐”按钮。

菜单栏：选择“修改(M)”→“三维操作(3)”→“对齐(L)”选项。

工具栏：单击“修改”工具栏上的“对齐”按钮。

命令行窗口：align。

注意

对齐对象时，用于对齐的 3 个源点或 3 个目标点不能处在同一水平或垂直位置上。

对齐图形。单击“默认”选项卡“修改”面板上的“对齐”命令，如图 3-25 中①所示，系统提示如下：

```
命令: _align
选择对象:(选择图 3-25 中②所示的虚线图形)
选择对象:↙
指定第一个源点: <对象捕捉 开>(捕捉图 3-25 中③所示的中点)
指定第一个目标点:(捕捉图 3-25 中④所示的中点)
指定第二个源点:↙ (结果如图 3-25 中⑤所示)
```

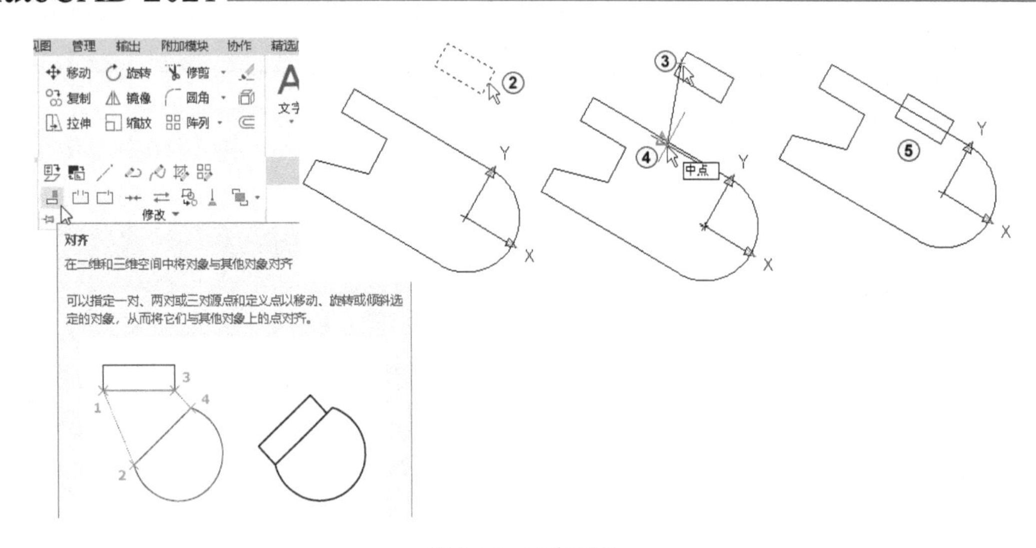

图 3-25　对齐图形

3.3.3 面域命令

可采用以下几种方法之一来激活面域命令。

功能区：单击“默认”选项卡→“绘图”面板→“面域”按钮。

菜单栏：选择“绘图(D)”→“面域(N)”选项。

工具栏：单击“绘图”工具栏上的“面域”按钮。

面域绘图的基本思想是将图形分成几个组成部分，并将各部分创建成面域，再通过面域间的布尔运算构图。用 region 命令生成面域时，面域间的“差”运算是用一个或多个面域减去另一个或多个面域；面域间的“并”运算将多个面域合并为一个面域；面域间的“交”运算是计算多个面域的相交部分，以得到它们的交集。

单击“默认”选项卡“绘图”面板上的“面域”按钮，如图 3-26 中①所示，系统提示如下：

```
命令:_region
选择对象:(选择图 3-26 中②所示的虚线图形)
选择对象:↙
已提取 1 个环。
已创建 1 个面域。
命令:↙
选择对象:(选择图 3-26 中③所示的虚线图形)
选择对象:↙
已提取 1 个环。
已创建 1 个面域。
```

3.3.4 差集命令

可采用以下几种方法之一来激活差集命令。

功能区：单击“三维工具”选项卡→“实体编辑”面板→“差集”按钮。

菜单栏：选择“修改(M)”→“实体编辑(N)”→“差集(S)”选项。

工具栏：单击“实体编辑”工具栏上的“差集”按钮。

命令行窗口：subtract。

选择“修改”→“实体编辑”→“差集”选项，系统提示如下：

```
命令:_subtract
选择要从中减去的实体、曲面和面域...
选择对象:(选择图 3-26 中②所示的虚线图形)
选择对象:↙
选择要减去的实体、曲面和面域...
选择对象:(选择图 3-26 中③所示的虚线图形)
选择对象:↙ (结果如图 3-26 中④所示)
```

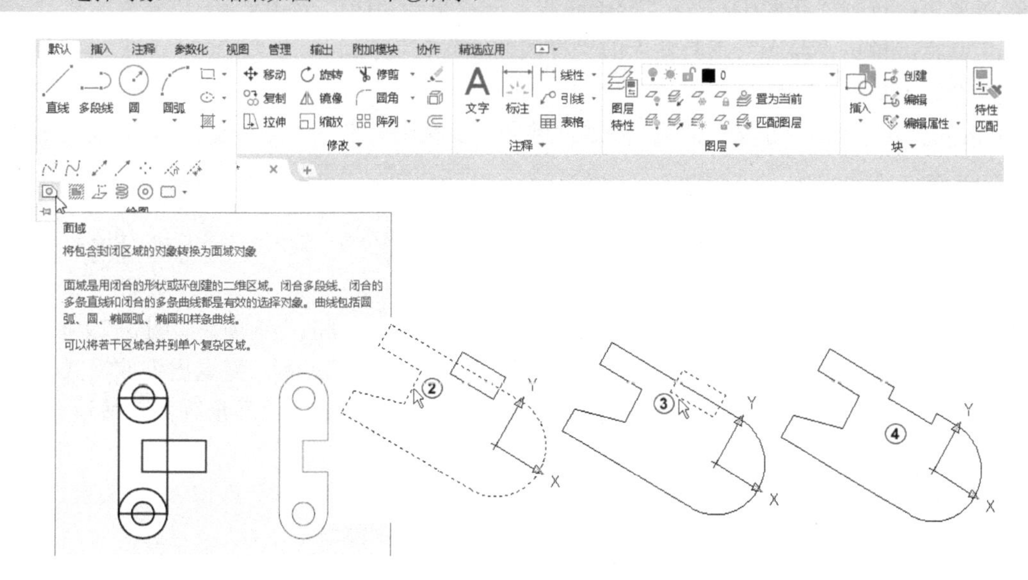

图 3-26　面域差集

恢复原始的世界坐标的命令如下：

```
命令 ucs↙
当前 UCS 名称: *没有名称*
指定 UCS 的原点或 [面(F)/命名(NA)/对象(OB)/上一个(P)/视图(V)/世界(W)/X/Y/Z/Z 轴(ZA)] <世界>:↙ (坐标回到原始的世界坐标)
```

3.4　凸轮轮廓

【例 3-4】 绘制如图 3-27 所示的凸轮轮廓图形。

此节主要讲解阵列、加长、样条曲线和圆弧的综合应用。下面介绍样条曲线拟合命令。

样条曲线是经过或接近一系列给定点的光滑曲线，有拟合点和控制点两种绘制方式。拟合点是指样条曲线通过每个点，如图 3-28 中①～④所示；控制点是指样条曲线不通过每个点，如图 3-28 中⑤～⑧所示。样条曲线绘制完成后可用 splineedit 或夹点编辑的方式进行调整。

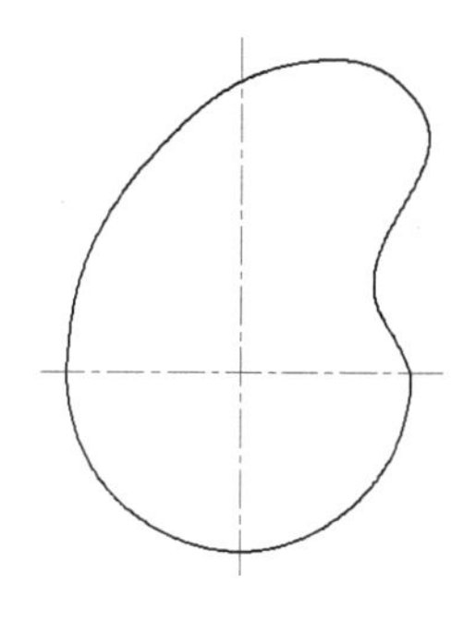

图 3-27　凸轮轮廓

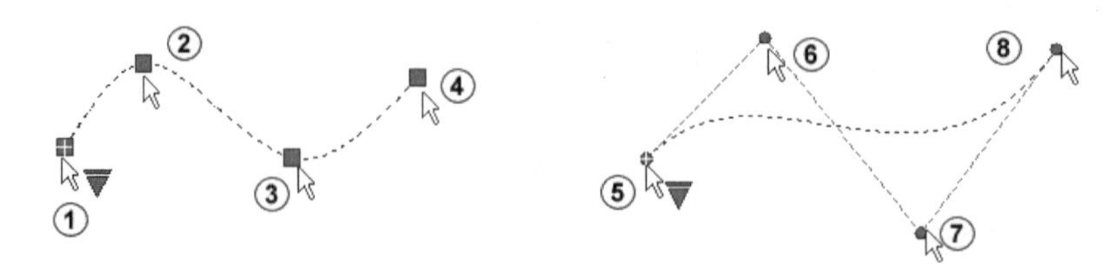

图 3-28　拟合点和控制点的样条曲线

可采用以下几种方法之一来激活样条曲线拟合命令。

功能区：单击“默认”选项卡→“绘图”面板→“样条曲线拟合”按钮。

菜单栏：选择“绘图(D)”→“样条曲线”→“拟合点(F)”选项。

工具栏：单击“绘图”工具栏上的“样条曲线”按钮。

命令行窗口：spline。

1）按下状态栏上的“正交”模式，单击“绘图”工具栏上的“直线”按钮，系统提示如下：

```
命令: _line
指定第一点:(在绘图区任意位置单击确定一点)
指定下一点或 [放弃(U)]:6↙ (鼠标指针向右移动到适当位置，输入数字 6 后按〈Enter〉键)
指定下一点或 [放弃(U)]:↙
```

2）在绘图区内任意位置右击，从弹出的快捷菜单中选择“缩放”选项，如图 3-29 中①所示。将图形缩放到适当大小，如图 3-29 中②所示，按〈Esc〉键或〈Enter〉键退出缩放模式。

3）单击“默认”选项卡→“修改”面板→“阵列”下拉菜单→“环形阵列”按钮，系统提示如下：

```
命令: _arraypolar
选择对象:(选择刚绘制的水平直线，如图 3-29 中③所示的虚线)
选择对象:↙
类型 = 极轴  关联 = 是
指定阵列的中心点或 [基点(B)/旋转轴(A)]:(选择水平直线的左端点，如图 3-29 中④所示)
选择夹点以编辑阵列或 [关联(AS)/基点(B)/项目(I)/项目间角度(A)/填充角度(F)/行(ROW)/层(L)/旋转项目(ROT)/退出(X)] <退出>:I↙ (选择项目总数选项)
输入阵列中的项目数或 [表达式(E)] <6>:8↙ (项目总数为 8，如图 3-29 中⑤所示)
选择夹点以编辑阵列或 [关联(AS)/基点(B)/项目(I)/项目间角度(A)/填充角度(F)/行(ROW)/层(L)/旋转项目(ROT)/退出(X)] <退出>:F↙ (选择填充角度选项)
指定填充角度(+=逆时针、-=顺时针)或 [表达式(EX)] <360>:90↙ (填充角度为 90°)
选择夹点以编辑阵列或 [关联(AS)/基点(B)/项目(I)/项目间角度(A)/填充角度(F)/行(ROW)/层(L)/旋转项目(ROT)/退出(X)] <退出>:↙ (如图 3-29 中⑥所示)
```

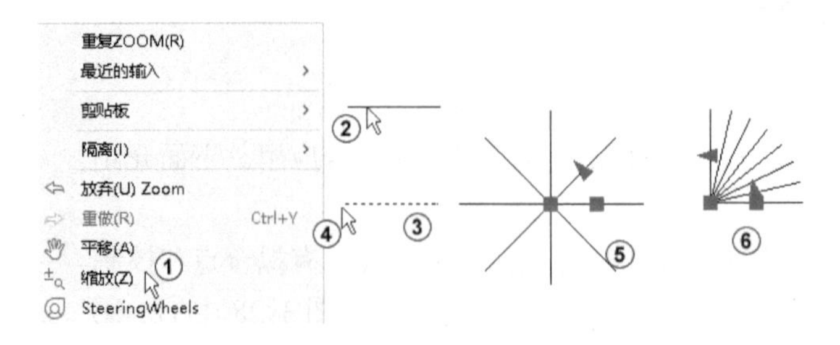

图 3-29　阵列水平线

4）单击“默认”选项卡→“修改”面板→“分解”按钮，系统提示如下：

命令：_explode
选择对象：（选择刚阵列出来的 8 条线）
选择对象：↙（按〈Enter〉键结束操作）

5）单击“默认”选项卡→“修改”面板→“阵列”下拉菜单→“环形阵列”按钮，系统提示如下：

命令：_arraypolar
选择对象：（选择刚分解的图形中最左边的垂直线，如图 3-30 中①所示的虚线）
选择对象：↙
类型 = 极轴　关联 = 是
指定阵列的中心点或［基点(B)/旋转轴(A)］：（选择最左边垂直线的下端点，如图 3-30 中②所示）
选择夹点以编辑阵列或［关联(AS)/基点(B)/项目(I)/项目间角度(A)/填充角度(F)/行(ROW)/层(L)/旋转项目(ROT)/退出(X)］<退出>:I↙（选择项目总数选项）
输入阵列中的项目数或［表达式(E)］<6>:5↙（项目总数为 5，如图 3-30 中③所示）
选择夹点以编辑阵列或［关联(AS)/基点(B)/项目(I)/项目间角度(A)/填充角度(F)/行(ROW)/层(L)/旋转项目(ROT)/退出(X)］<退出>:F↙（选择填充角度选项）
指定填充角度(+=逆时针、-=顺时针)或［表达式(EX)］<360>:90↙（填充角度为 90°）
选择夹点以编辑阵列或［关联(AS)/基点(B)/项目(I)/项目间角度(A)/填充角度(F)/行(ROW)/层(L)/旋转项目(ROT)/退出(X)］<退出>:↙（如图 3-30 中④所示）

6）单击“默认”选项卡→“修改”面板→“分解”按钮，系统提示如下：

命令：_explode
选择对象：（选择刚阵列出来的 5 条线，如图 3-30 中⑤所示的虚线）
选择对象：↙（按〈Enter〉键结束操作）

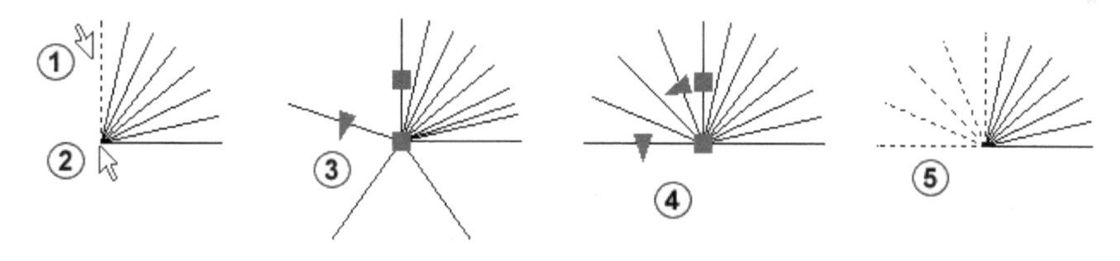

图 3-30　阵列垂直线

7）设置阵列出的各线段的精确长度。选择“修改”→“拉长”选项，如图 3-31 中①所示，系统提示如下：

命令：_lengthen
选择对象或［增量(DE)/百分数(P)/全部(T)/动态(DY)］：（选择斜线，注意选择位置要远离中心而靠近外边，如图 3-31 中②所示）
当前长度：6.0
选择对象或［增量(DE)/百分数(P)/全部(T)/动态(DY)］:t↙（输入字母 t 后按〈Enter〉键）
指定总长度或［角度(A)］<1.0>:5.5↙（输入数字 5.5 后按〈Enter〉键）
选择要修改的对象或［放弃(U)］：（再次选择同一根斜线，注意选择位置要远离中心而靠近外边，如图 3-31 中③所示）
选择要修改的对象或［放弃(U)］:↙（至此所选斜线的长度由原来的 6 变为了 5.5，如图 3-31 中③所示）

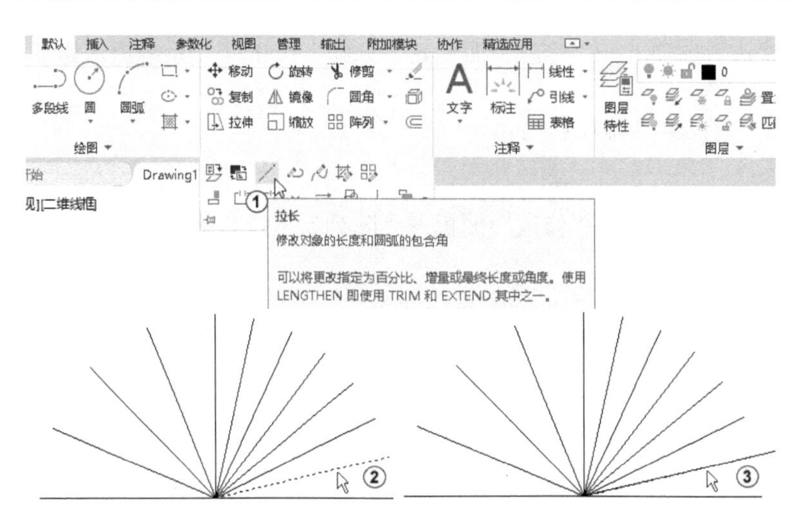

图 3-31 修改斜线的精确长度

依次修改图 3-32 中①～⑨所对应的长度为 5.3、6.2、10.5、11.2、10.6、9.7、7.9、6.8、6.2，结果如图 3-32 所示。

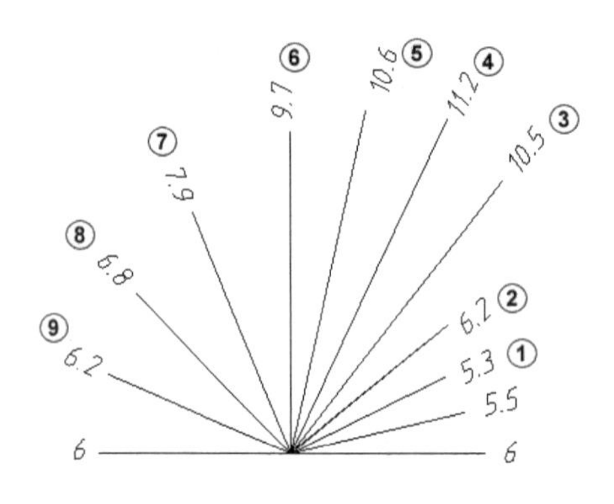

图 3-32 设置斜线的精确长度

8）绘制样条曲线。单击“绘图”工具栏上的“样条曲线”按钮，系统提示如下：

```
命令：_spline↙
指定第一个点或 [对象(O)]：(单击最右边的水平线的右端点)
指定下一点：(依次单击各线段的端点)
指定下一点或 [闭合(C)/拟合公差(F)] <起点切向>：↙
指定起点切向：↙
指定端点切向：↙（结果如图 3-33 所示）
```

9）单击“绘图”工具栏上的“圆弧”按钮，系统提示如下：

```
命令：_arc↙
指定圆弧的起点或 [圆心(C)]：(捕捉左端点，如图 3-34 中①所示)
指定圆弧的第二个点或 [圆心(C)/端点(E)]：c↙（输入字母 c 后按〈Enter〉键）
指定圆弧的圆心：(捕捉中间的端点，如图 3-34 中②所示)
指定圆弧的端点或 [角度(A)/弦长(L)]：(捕捉右端点，如图 3-34 中③所示)
```

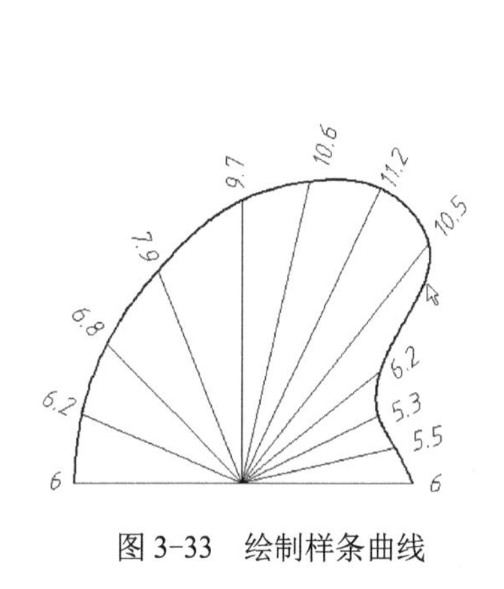

图 3-33　绘制样条曲线

图 3-34　绘制圆弧

10）单击“修改”工具栏上的“删除”按钮，删除辅助用的斜线。

3.5　符合投影规律的作图方法-分析

3.5　符合投影规律的作图方法

【例 3-5】 先绘制主视图和左视图，如图 3-35 所示。再补画俯视图，仅供参考的立体图如图 3-36 所示。

分析：这是切割类的模型。先绘制主视图，然后利用“高平齐”绘制左视图，难点在于俯视图。该例题中用正交、对象捕捉、极轴和偏移的方法来补画俯视图，偏移命令主要用于画“宽相等”，这样可以免去很多辅助线。具体作图步骤如下。

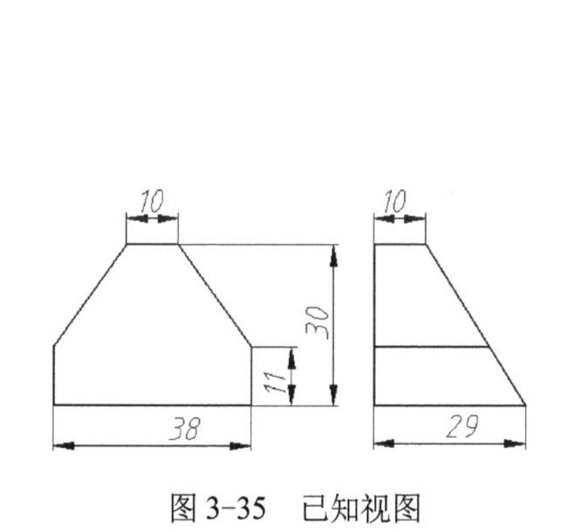

图 3-35　已知视图

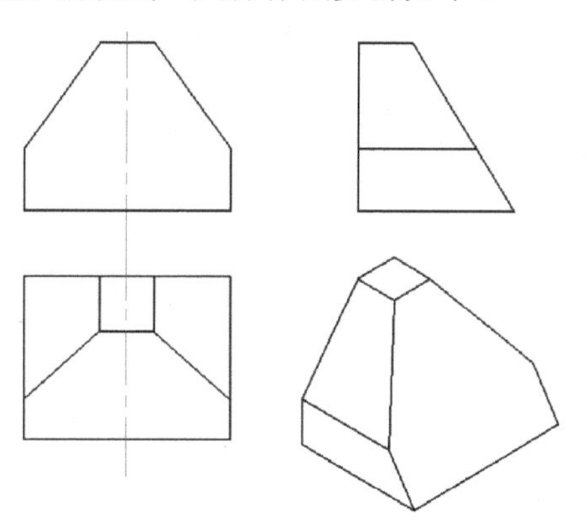

图 3-36　补画的俯视图和仅供参考的立体图

3.5　符合投影规律的作图方法-绘制

1）绘制主视图轮廓。单击“默认”选项卡“绘图”面板上的“直线”按钮，系统提示如下：

```
命令: _line
指定第一点:（在绘图区任意位置单击确定一点，如图 3-37 中①所示）
指定下一点或 [放弃(U)]: <正交 开>5↙（按下状态栏上的“正交”模式或者按〈F8〉键，将鼠标指针向右移动一段距离后，输入数字 5，如图 3-37 中②所示）
指定下一点或 [放弃(U)]:30↙（将鼠标指针向下移动一段距离后，输入数字 30，如图 3-37 中③所示）
```

```
指定下一点或 [放弃(U)]:19↙（将鼠标指针向左移动一段距离后，输入数字 19，如图 3-37 中④所示）
指定下一点或 [放弃(U)]:11↙（将鼠标指针向上移动一段距离后，输入数字 11，如图 3-37 中⑤所示）
指定下一点或 [放弃(U)]:（捕捉①点）
指定下一点或 [放弃(U)]:↙
```

2）镜像主视图轮廓。单击“默认”选项卡“修改”面板上的“镜像”按钮，系统提示如下：

```
命令: _mirror
选择对象:（选择图形，如图 3-38 中虚线所示）
选择对象:↙
指定镜像线的第一点:（捕捉图 3-38 中①所示的点）
指定镜像线的第二点:（捕捉图 3-38 中②所示的点）
要删除源对象吗? [是(Y)/否(N)] <N>:↙（不删除源对象，结果如图 3-38 中③所示）
```

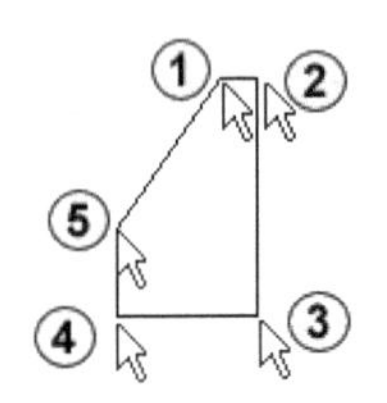

图 3-37　绘制主视图轮廓

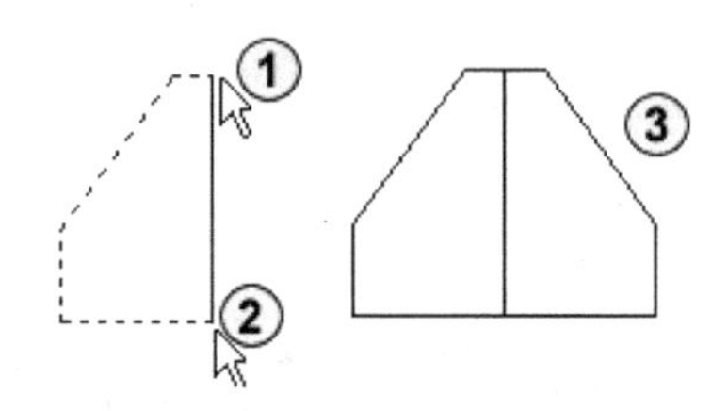

图 3-38　镜像主视图轮廓

3）绘制左视图。单击“默认”选项卡“绘图”面板上的“直线”按钮，系统提示如下：

```
命令: _line
指定第一点: <极轴 开>（按下状态栏上的“极轴追踪”模式或者按〈F10〉键，用鼠标碰到右上端点但不要单击，如图 3-39 中①所示。将鼠标指针向右移动适当的距离引出追踪虚线后单击以确定左视图的起点，如图 3-39 中②所示）
指定下一点或 [放弃(U)]:（用鼠标碰到右下端点但不要单击，如图 3-39 中③所示。将鼠标指针向右移动适当的距离引出追踪虚线的交点时单击以确定垂直线的下端点，如图 3-39 中④所示）
指定下一点或 [放弃(U)]:29↙（将鼠标指针向右移动一段距离后，输入数字 29，如图 3-39 中⑤所示）
指定下一点或 [放弃(U)]:↙
```

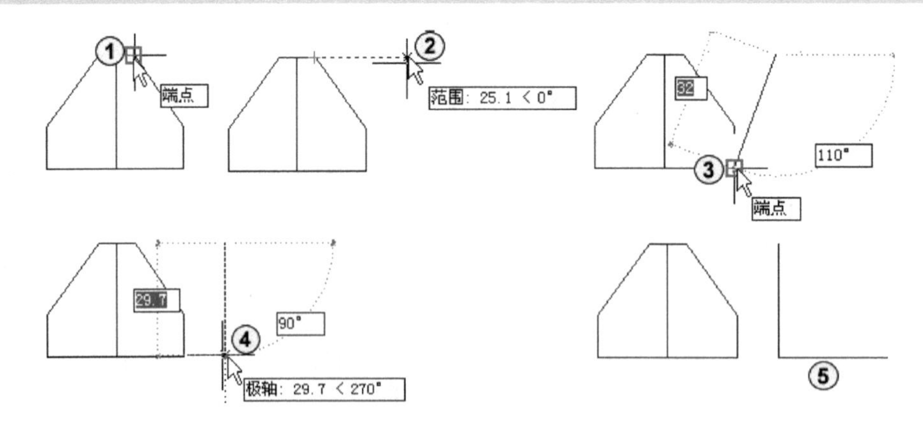

图 3-39　绘制两条直线

```
命令:↙（重复画线命令）
LINE
指定第一点:（捕捉图 3-40 中①所示的点）
```

指定下一点或 [放弃(U)]:10↙（将鼠标指针向右移动一段距离后，输入数字 10，如图 3-40 中②所示）
指定下一点或 [放弃(U)]:（捕捉图 3-40 中③所示的点）
指定下一点或 [放弃(U)]:↙（结果如图 3-40 中④所示）

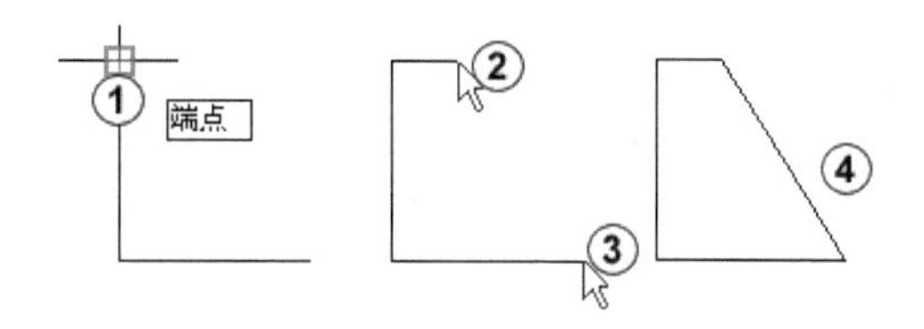

图 3-40　左视图外轮廓

命令:↙
LINE
指定第一点:（用鼠标碰到图 3-41 中①所示的点但不要单击。将鼠标指针向右移动适当的距离引出追踪虚线的交点时单击以确定第一点，如图 3-41 中②所示）
指定下一点或 [放弃(U)]:（继续将鼠标指针向右移动适当的距离引出追踪虚线的交点时单击以确定另一点，如图 3-41 中③所示）
指定下一点或 [放弃(U)]:↙

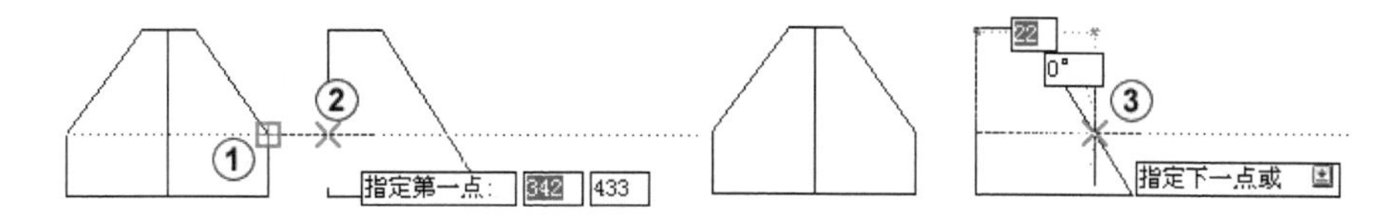

图 3-41　完成左视图

4）绘制水平线。单击“默认”选项卡“绘图”面板上的“直线”按钮╱，系统提示如下：

命令: _line
指定第一点: <极轴 开>（用鼠标碰到左下端点但不要单击，如图 3-42 中①所示。将鼠标指针向下移动适当的距离引出追踪虚线时单击以确定一点，如图 3-42 中②所示）
指定下一点或 [放弃(U)]:（用鼠标碰到图 3-42 中③所示右下端点但不要单击，将鼠标指针向右移动适当的距离引出追踪虚线的交点时单击以确定一点，如图 3-42 中④所示）
指定下一点或 [放弃(U)]:↙

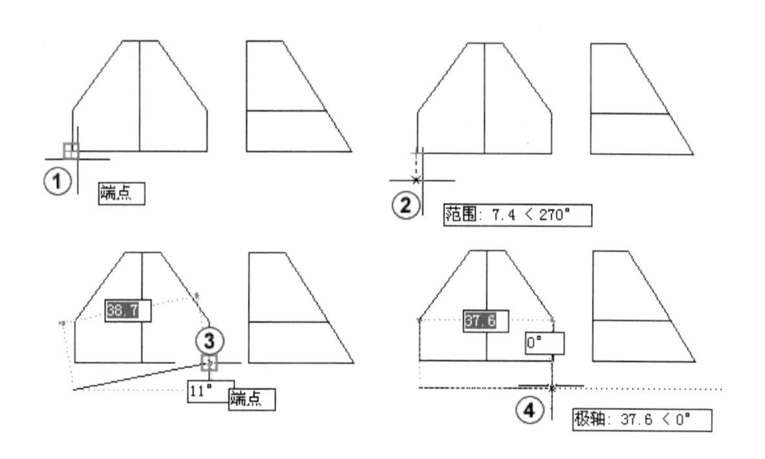

图 3-42　绘制水平线

5）偏移水平线。单击“默认”选项卡“修改”面板上的“偏移”按钮，系统提示如下：

```
命令：_offset
当前设置：删除源=否  图层=源  OFFSETGAPTYPE=0
指定偏移距离或 [通过(T)/删除(E)/图层(L)] <22.0>:（单击图 3-43 中①所示的点）
指定第二点：（单击图 3-43 中②所示的点）
选择要偏移的对象，或 [退出(E)/放弃(U)] <退出>:（选择图 3-43 中③所示的水平线）
指定要偏移的那一侧上的点，或 [退出(E)/多个(M)/放弃(U)] <退出>:（鼠标指针向下方移动到任意点单击）
选择要偏移的对象，或 [退出(E)/放弃(U)] <退出>:↙（结果如图 3-43 中④所示）
```

类似地偏移出两条直线，如图 3-44 中④和⑧所示。

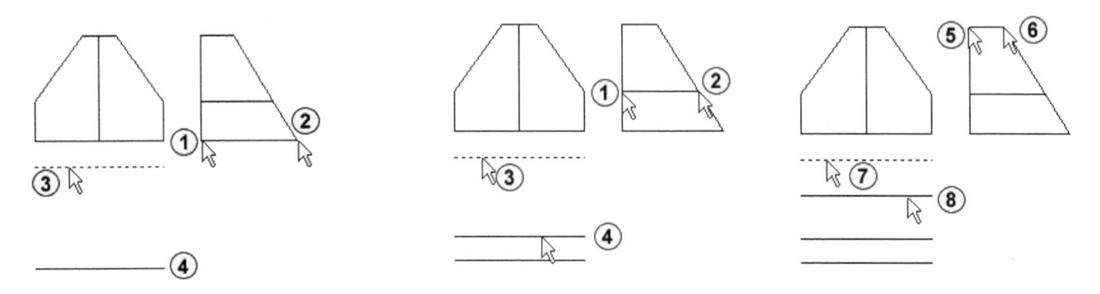

图 3-43　偏移水平线

图 3-44　偏移出两条直线

6）绘制垂直线。单击“默认”选项卡“绘图”面板上的“直线”按钮，系统提示如下：

```
命令：_line 指定第一点：<极轴 开>（用鼠标指针碰到图 3-45 中①所示的点但不要单击，将鼠标指针向下移动适当的距离引出追踪虚线交点时单击，如图 3-45 中②所示）
指定下一点或 [放弃(U)]:（继续向下移动鼠标指针到适当的距离引出追踪虚线的交点时单击，如图 3-45 中③所示）
指定下一点或 [放弃(U)]:↙
```

类似地绘制另一条垂直线，如图 3-45 中④所示。

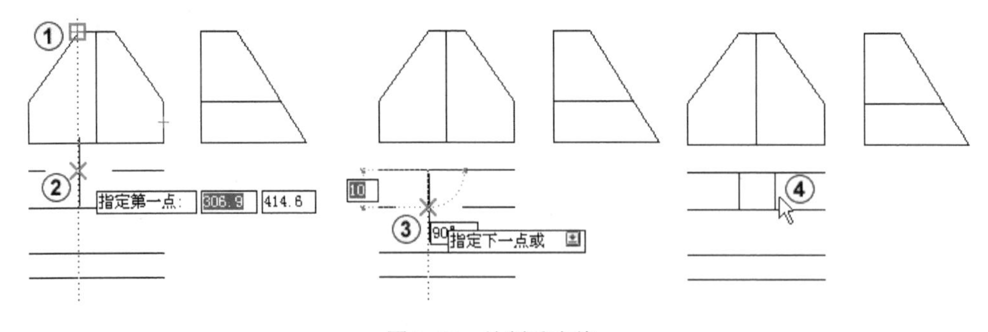

图 3-45　绘制垂直线

7）连接直线。单击“默认”选项卡“绘图”面板上的“直线”按钮，连接如图 3-46 所示的 4 条直线。

8）修剪和删除图形。分别单击“默认”选项卡“修改”面板上的“修剪”按钮和“删除”按钮，整理图形如图 3-47 所示。

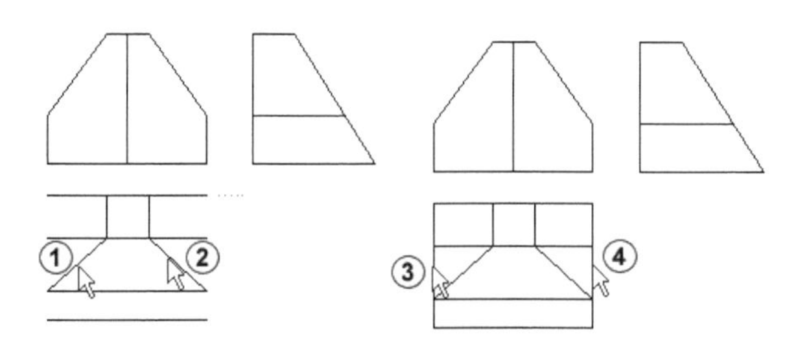

图 3-46　连接直线

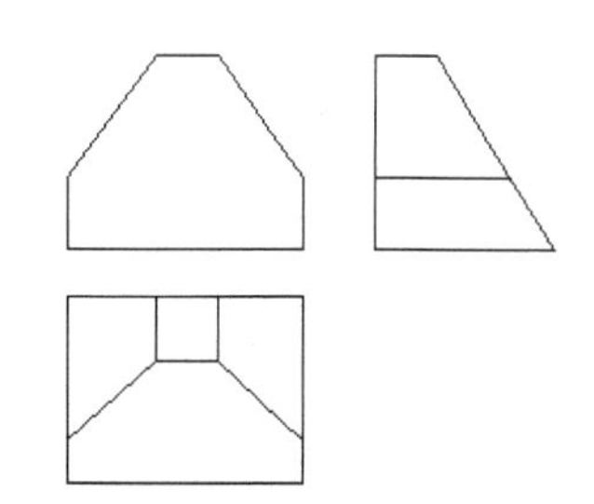

图 3-47　修剪和删除图形

3.6　用几何约束绘图

3.6　用几何约束绘图-分析

3.6　用几何约束绘图-绘制

【例 3-6】 绘制几何图形，如图 3-48 所示。

分析：正六边形与正三角形同心，6 个圆两两相切，且分别与正六边形相邻两边相切；正三角形与 3 个大圆相切，且与 3 个小圆分别相交于三角形的 3 个顶点。此题的关键在于确定任一组相邻的大、小圆的位置后用圆周阵列即可。

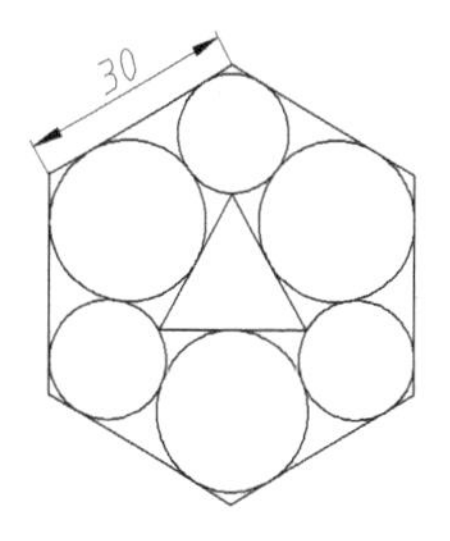

图 3-48　几何图形

3.6.1 传统几何约束绘图

1）绘制任意边长的同心辅助正六边形和正三角形，以确定一组相邻大、小圆的位置。单击“默认”选项卡→“绘图”面板→“正多边形”按钮⬠，系统提示如下：

```
命令: _polygon
输入侧面数 <4>:6↙
指定正多边形的中心点或 [边(E)]:e↙（用边长的方式绘制多边形）
指定边的第一个端点:（在绘图区适当位置单击确定一点）
指定边的第二个端点:（按〈F8〉键打开“正交模式”，鼠标指针向下移动任意一段距离后单击，结果如图 3-49 中①所示）
命令:↙（重复绘制多边形命令）
命令: _polygon
输入侧面数 <6>:3↙
指定正多边形的中心点或 [边(E)]:（按〈F3〉和〈F11〉打开对象捕捉和追踪功能，鼠标指针碰到图 3-49 中②所示的点后向右移动引出水平追踪虚线；鼠标指针碰到图 3-49 中③所示的点后向下移动引出垂直追踪虚线，定位交点为图 3-49 中④所示的中心点）
输入选项 [内接于圆(I)/外切于圆(C)] <I>:c↙
指定圆的半径:（鼠标指针垂直向下移动到适当距离后单击，结果如图 3-49 中⑤所示）
```

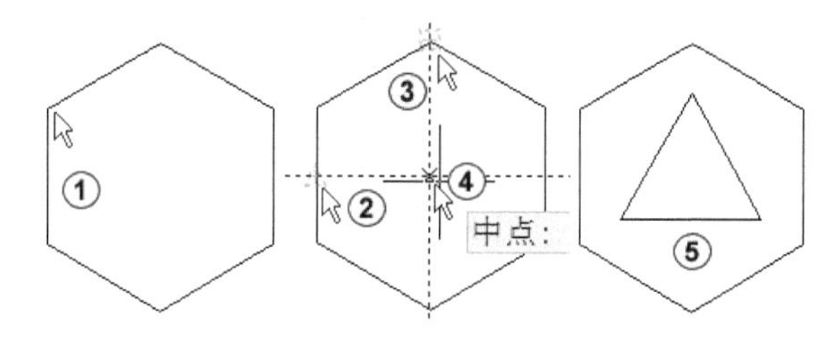

图 3-49　绘制正六边形和正三角形

2）绘制一组相邻的大小圆。用“端点、切点、切点”绘制小圆。单击“默认”选项卡→“绘图”面板→“圆”按钮，系统提示如下：

```
命令：_circle
指定圆的圆心或［三点(3P)/两点(2P)/切点、切点、半径(T)］:3p↙（选择三点画圆的方式）
指定圆上的第一个点：（捕捉三角形的端点，如图 3-50 中①所示）
指定圆上的第二个点：（按住〈Shift〉键并在绘图区域内右击，从弹出的快捷菜单中选择“切点”选项）
_tan 到（移动鼠标指针到垂直线上单击，如图 3-50 中②所示）
指定圆上的第三个点：（按住〈Shift〉键并在绘图区域内右击，从弹出的快捷菜单中选择“切点”选项）
_tan 到（移动鼠标指针到斜线上单击，如图 3-50 中③所示，结果如图 3-50 中④所示）
命令：↙（重复画圆命令，用“切点、切点、切点”绘制大圆）
指定圆的圆心或［三点(3P)/两点(2P)/切点、切点、半径(T)］:3p↙
指定圆上的第一个点：_tan 到（按住〈Shift〉键并在绘图区域内右击，从弹出的快捷菜单中选择“切点”选项，捕捉水平线，如图 3-50 中⑤所示）
指定圆上的第二个点：_tan 到（按住〈Shift〉键并在绘图区域内右击，从弹出的快捷菜单中选择“切点”选项，捕捉小圆，如图 3-50 中⑥所示）
指定圆上的第三个点：_tan 到（按住〈Shift〉键并在绘图区域内右击，从弹出的快捷菜单中选择“切点”选项，捕捉斜线，如图 3-50 中⑦所示）
```

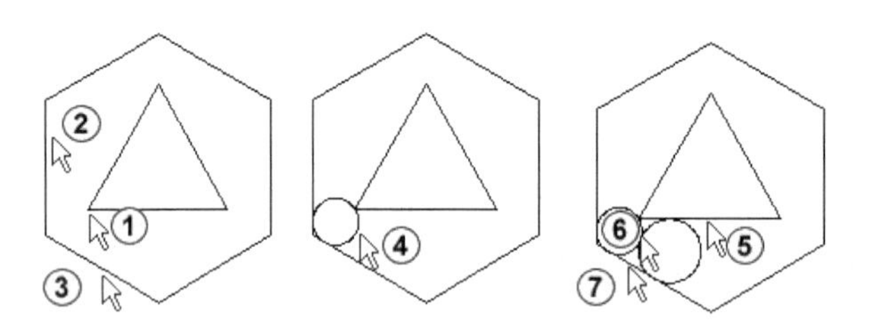

图 3-50　绘制一组相邻的大小圆

3）做大圆的外切小正六边形，使小正六边形的左下方斜边与大正六边形的左下方斜边重合。单击“默认”选项卡→“绘图”面板→“正多边形”按钮，系统提示如下：

```
命令：_polygon
输入侧面数 <4>:6↙
指定正多边形的中心点或［边(E)］：（捕捉圆心，如图 3-51 中①所示）
输入选项［内接于圆(I)/外切于圆(C)］ <I>:c↙
指定圆的半径：（捕捉图 3-51 中②所示的交点，结果如图 3-51 中③所示）
```

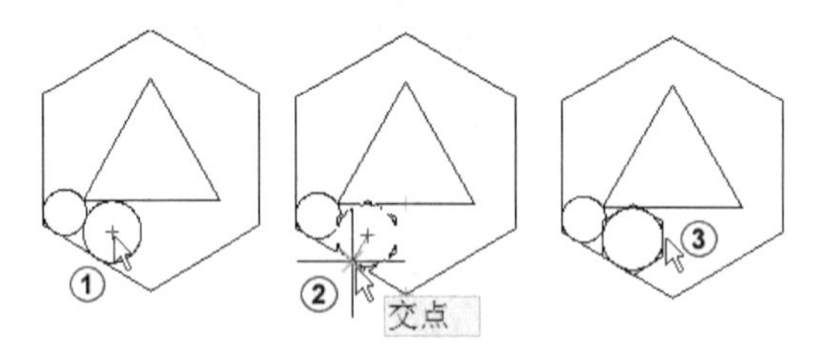

图 3-51　绘制多边形

4）解此题最为关键的一步是巧妙地运用 scale 命令对小正六边形进行缩放。单击“修改”工具栏上的“缩放”按钮，系统提示如下：

```
命令：_scale↙
```

```
选择对象:(选择小正六边形,如图 3-52 中①所示)
选择对象:↙(按〈Enter〉键结束选择)
指定基点:(捕捉小正六边形最下方的点,如图 3-52 中②所示)
指定比例因子或 [复制(C)/参照(R)] <1.0>: r↙(输入“r”,执行参照缩放)
指定参照长度 <1.0>:(再次捕捉小正六边形最下方的点,如图 3-52 中②所示)
指定第二点:(捕捉小正六边形左下方的点,如图 3-52 中③所示)
指定新的长度或 [点(P)]<1.0>:(捕捉图 3-52 中④所示的大正六边形右下方的点,结果如图 3-52 中⑤所示)
```

单击“默认”选项卡→“修改”面板→“删除”按钮,系统提示如下:

```
命令: _erase
选择对象:(选择大六边形与三角形)
选择对象:↙(结果如图 3-52 中⑥所示)
```

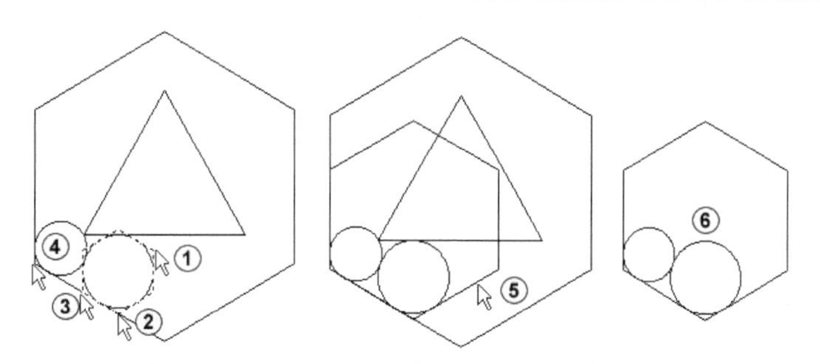

图 3-52 缩放小正六边形

5)单击“默认”选项卡→“修改”面板→“阵列”下拉菜单→“环形阵列”按钮,系统提示如下:

```
命令: _arraypolar
选择对象:(选择大圆和小圆,如图 3-53 中①所示的虚线)
选择对象:↙
类型 = 极轴  关联 = 是
指定阵列的中心点或 [基点(B)/旋转轴(A)]:(捕捉正六边形的中心,如图 3-53 中②所示)
选择夹点以编辑阵列或 [关联(AS)/基点(B)/项目(I)/项目间角度(A)/填充角度(F)/行(ROW)/层(L)/旋转项目(ROT)/退出(X)] <退出>:I↙(选择项目总数选项)
输入阵列中的项目数或 [表达式(E)] <6>:3↙(项目总数为 3)
选择夹点以编辑阵列或 [关联(AS)/基点(B)/项目(I)/项目间角度(A)/填充角度(F)/行(ROW)/层(L)/旋转项目(ROT)/退出(X)] <退出>:↙(结果如图 3-53 中③所示)
```

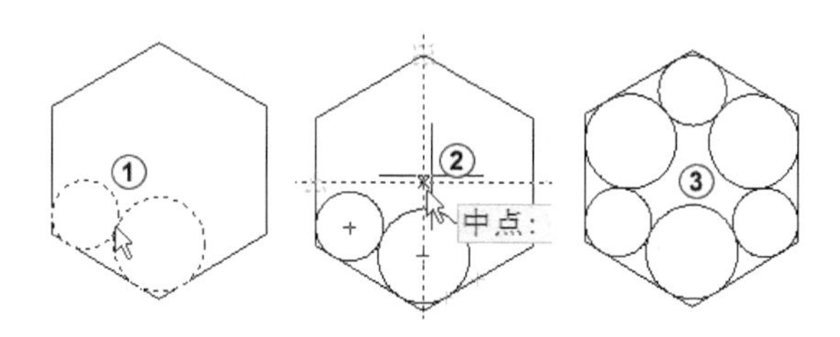

图 3-53 阵列圆

6)单击“默认”选项卡→“绘图”面板→“正多边形”按钮,系统提示如下:

```
命令: _polygon
```

```
输入侧面数 <4>:3↙
指定正多边形的中心点或 [边(E)]:(捕捉正六边形的中心，如图 3-54 中①所示)
输入选项 [内接于圆(I)/外切于圆(C)] <I>:c↙
指定圆的半径:(捕捉如图 3-54 中②所示的象限点，结果如图 3-54 中③所示)
```

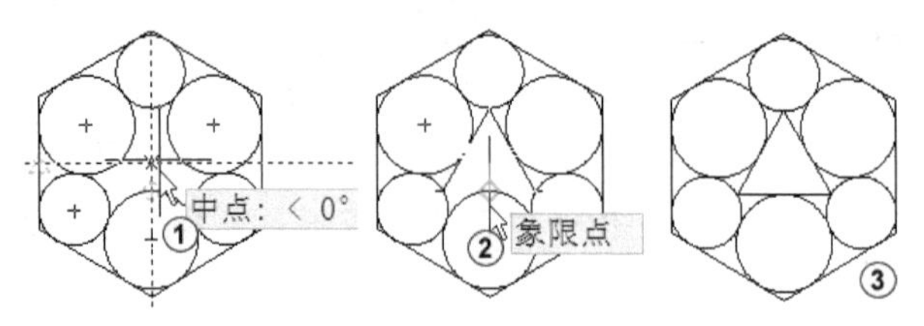

图 3-54　绘制三角形

7）单击“默认”选项卡→“修改”面板→“缩放”按钮，系统提示如下：

```
命令: _scale
选择对象:all↙
选择对象:↙
指定基点:(捕捉上端点，如图 3-55 中①所示)
指定比例因子或 [复制(C)/参照(R)]: r↙
指定参照长度 <1.0000>:(再次捕捉上端点，如图 3-55 中①所示)
指定第二点:(捕捉端点，如图 3-55 中②所示)
指定新的长度或 [点(P)] <1.0000>:30↙ (结果如图 3-55 中③所示)
```

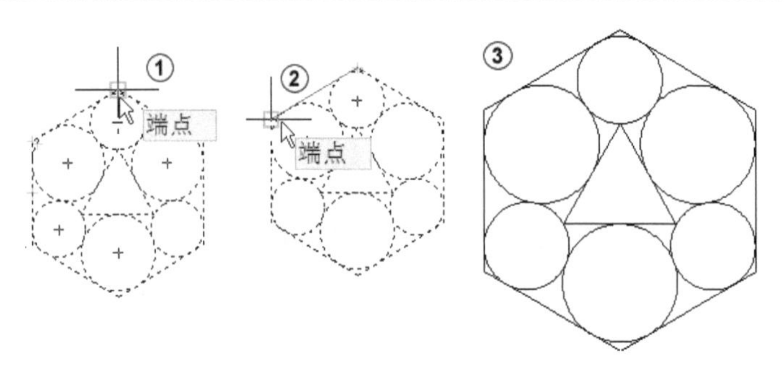

图 3-55　缩放图形

3.6.2 自动约束和几何约束绘图

3.6.1 节所述的解法对许多人来说较难，AutoCAD 的“约束”功能，使此类图形能很容易地实现。

AutoCAD 的约束操作命令，集成在“参数”菜单（工作空间为“AutoCAD 经典”）或“参数化”选项卡（工作空间为“二维草图与注释”），如图 3-56 所示。

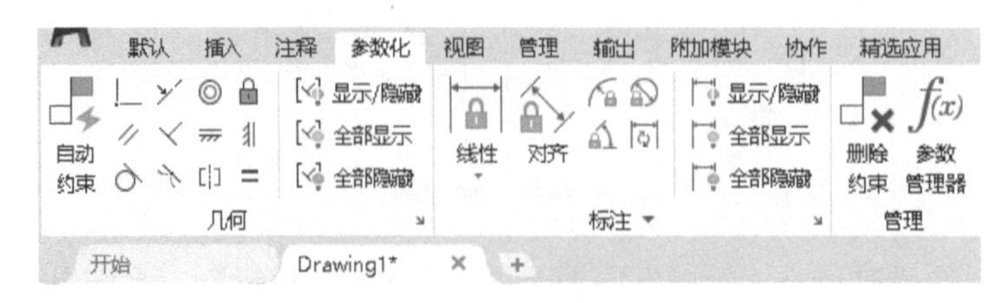

图 3-56　“参数”菜单和“参数化”选项卡

在使用“二维草图与注释”工作空间时，单击“参数化”选项卡的“几何”或“标注”面板下右侧的 ↘ 按钮，如图 3-57 中①②所示；在使用“AutoCAD 经典”工作空间时，选择“参数”→“约束设置”选项，即可弹出“约束设置”对话框，可分别对“几何”“标注”和“自动约束”进行设置，如图 3-57 中③～⑤所示。

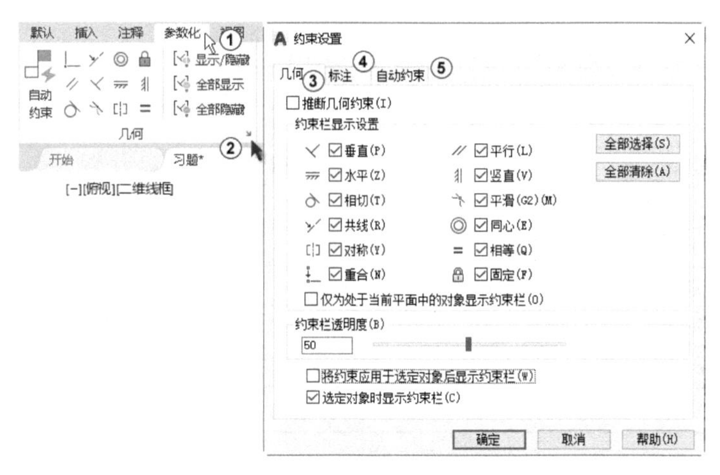

图 3-57 “约束设置”对话框

用约束的方法解图 3-48 所示的图形，目的在于学习添加和编辑几何约束的一般方法。

1）绘制任意尺寸的图形，如图 3-58 中①所示。

自动约束是几何约束的一种操作，能分析图形现有的几何关系，按事先的设置将其几何约束关系添加到图形中。

2）添加“自动约束”约束。单击“参数化”选项卡“几何”面板上的“自动约束”按钮，如图 3-58 中②所示。系统提示如下：

```
命令：_AutoConstrain
选择对象或 [设置(S)]：(选择图形，如图 3-58 中①所示)
选择对象或 [设置(S)]：↙（结果如图 3-58 中③所示）
已将 30 个约束应用于 8 个对象
```

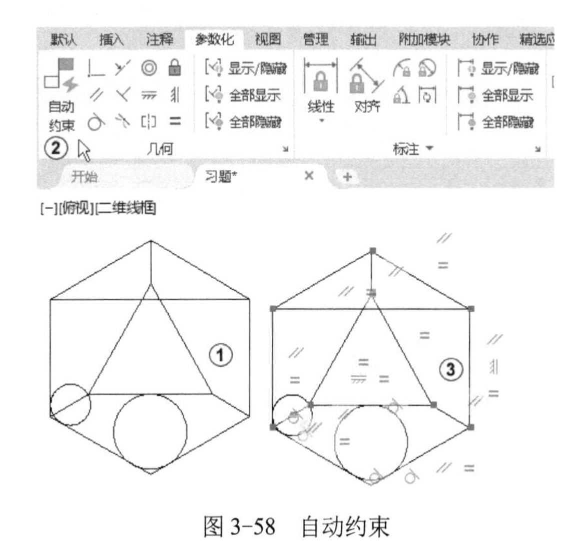

图 3-58　自动约束

几何约束有两种常用的约束类型：几何约束控制对象相对于彼此的关系，标注约束控制对象的距离、长度、角度和半径值。

几何约束确定二维几何对象之间或对象上的每个点之间的几何关系，如相等、平行、垂直等。其功能如表 3-3 所示。

表 3-3　几何约束的功能

约束类型	功　　能
水平	强制使一条直线或一对点与当前 UCS 的 X 轴保持平行
竖直	强制使一条直线或一对点与当前 UCS 的 Y 轴保持平行
垂直	强制使两条直线或多段线线段的夹角保持 90°
平行	强制使两条直线保持相互平行
相切	强制使两条曲线保持相切或与其延长线保持相切
相等	强制使两条直线或多段线线段具有相同长度，或强制使圆弧具有相同半径值
平滑	强制使一条样条曲线与其他样条曲线、直线、圆弧或多段线保持几何连续性
重合	强制使两个点或一个点和一条直线重合
同心	强制使选定的圆、圆弧或椭圆保持同一中心点
共线	强制使两条直线位于同一条无限长的直线上
对称	强制使对象上的两条曲线或两个点关于选定直线保持对称
固定	使一个点或一条曲线固定到相对于世界坐标系（WCS）的指定位置和方向上
自动约束	根据选择对象自动添加几何约束

添加几何约束时，所选的第一个对象基本保持固定，所选的第二个对象会根据第一个对象进行调整。如平行约束时，选择的第二个对象发生位置变化，使之与第一个对象平行。

1）添加“相切”约束。单击“参数化”选项卡“几何”面板上的“相切”按钮，系统提示如下：

```
命令：_GcTangent
选择第一个对象：（单击图 3-59 中①所示的大圆）
选择第二个对象：（单击图 3-59 中②所示的小圆，结果如图 3-59 中③所示）
```

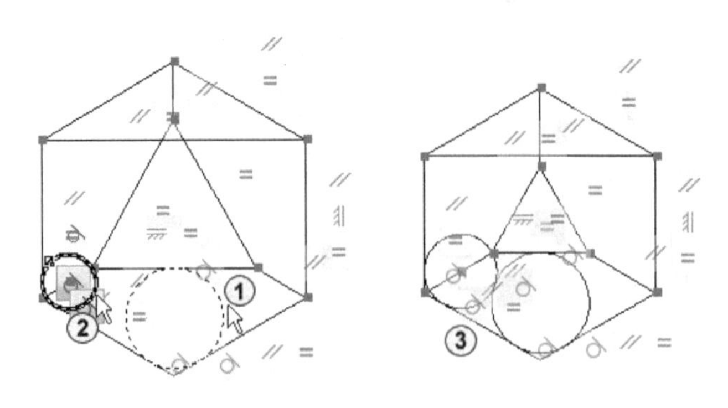

图 3-59　添加“相切”约束

2）单击“参数化”选项卡“几何”面板上的“全部隐藏”按钮；再单击“默认”选项卡→“修改”面板→“阵列”下拉菜单→“环形阵列”按钮，系统提示如下：

```
命令: _arraypolar
选择对象:(选择大圆和小圆，如图 3-60 中①所示的虚线)
选择对象:↙
类型 = 极轴  关联 = 是
指定阵列的中心点或 [基点(B)/旋转轴(A)]:(捕捉正六边形的中心，如图 3-60 中②所示)
选择夹点以编辑阵列或 [关联(AS)/基点(B)/项目(I)/项目间角度(A)/填充角度(F)/行(ROW)/层(L)/旋转项目(ROT)/退出(X)] <退出>:I↙ (选择项目总数选项)
输入阵列中的项目数或 [表达式(E)] <6>:3↙ (项目总数为 3)
选择夹点以编辑阵列或 [关联(AS)/基点(B)/项目(I)/项目间角度(A)/填充角度(F)/行(ROW)/层(L)/旋转项目(ROT)/退出(X)] <退出>:↙ (结果如图 3-60 中③所示)
```

3）单击“默认”选项卡“修改”面板上的“删除”按钮，系统提示如下：

```
命令: _erase
选择对象:(选择 4 条直线)
选择对象:↙ (结果如图 3-60 中④所示)
```

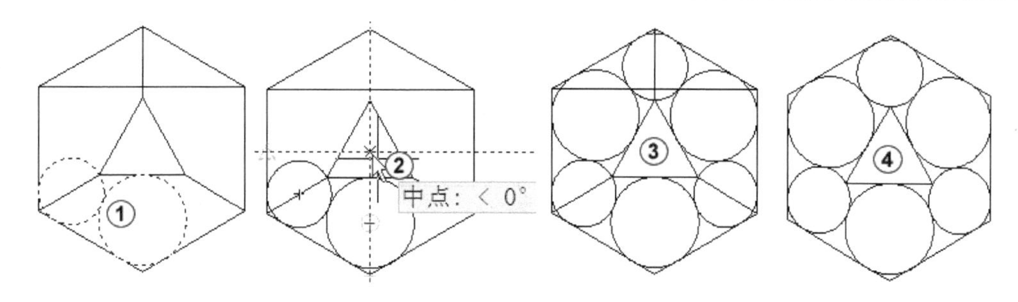

图 3-60　阵列圆

4）单击“默认”选项卡“修改”面板上的“缩放”按钮，系统提示如下：

```
命令: _scale
选择对象:all↙
选择对象:↙
指定基点:(捕捉正六边形上端点)
指定比例因子或 [复制(C)/参照(R)]: r↙
指定参照长度 <1.0000>:(再次捕捉正六边形上端点)
指定第二点:(捕捉正六边形右上端点)
指定新的长度或 [点(P)] <1.0000>:30↙
```

5）编辑几何约束。对已添加到图形中的几何约束，可以选择隐藏、显示和删除等操作。单击“参数化”选项卡“几何”面板上的“全部显示”按钮全部显示，则图形中所有的几何约束将全部显示出来。添加几何约束后，在对象的旁边会出现约束图标。将鼠标指针移到图标或对象上，系统将高亮显示相关的对象和约束图标，右击并在弹出的快捷菜单中选择“删除”选项即可删除约束图标。

3.7　用参数化绘图

3.7　参数化绘图

前面绘制的图形，都是从键盘上输入准确的数字、通过捕捉或者通过极轴追踪等来达到精确绘图的，若想改变图形的形状和大小，通常需要重新绘制。

而参数化绘制的图形，其形状和大小均可以通过几何及尺寸约束来改变，这给绘图带来了方便。

参数化绘图的步骤如下。

1）根据图样的大小确定绘图区域的大小，并将绘图区域充满图形窗口显示，以避免在草图轮廓形状失真太多时进行尺寸约束，导致图形变化太多从而带来的意想不到的麻烦。

2）仔细分析图形，将图形分为外轮廓和多个内轮廓。

3）绘制外轮廓的大致形状，如大小、平行等。

4）添加几何约束，确定固定、重合、平行和垂直等几何关系。

5）绘制内轮廓的大致形状并添加几何约束。

6）先添加定形尺寸约束，再添加定位尺寸约束。先标注大尺寸，再标注小尺寸。

【例 3-7】 画一个圆和一个直角三角形，圆的圆心位于三角形的一角，如图 3-61 中①所示。三角形的底边长度等于圆的周长，如图 3-61 中②所示。三角形另一条直角边的长度等于圆面积除以 50，如图 3-61 中③所示。通过标注约束修改圆的尺寸时，三角形的两条直角边也能同步变化。

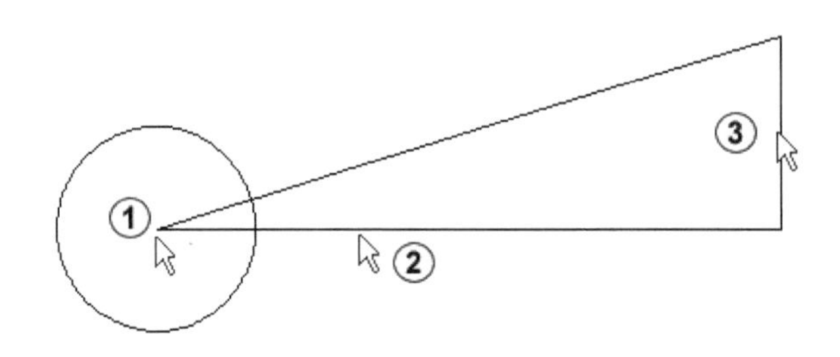

图 3-61　参数化绘图

3.7.1 绘制图形

要完成图 3-61 所示的图形，先绘制图形，步骤如下。

1）绘制大致图形，利用捕捉功能使其中三角形的两条边的一端位于圆心上，如图 3-62 中①所示。

2）添加自动几何约束。单击“参数化”选项卡“几何”面板上的“自动约束”，系统提示如下：

```
命令: _AutoConstrain
选择对象或 [设置(S)]:（选择所绘制的图形，如图 3-62 中②③所示）
选择对象或 [设置(S)]:↙
已将 4 个约束应用于 4 个对象
```

结果如图 3-62 中④～⑥所示的 3 个点都添加了“重合”约束。

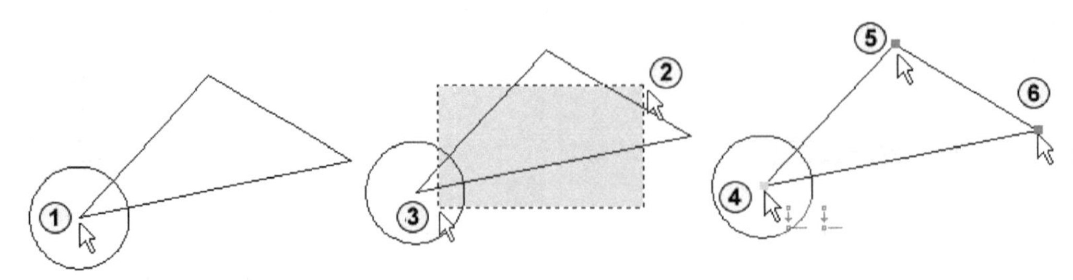

图 3-62　添加自动约束

3.7.2 添加几何约束

在绘制图形基础上，添加几何约束，步骤如下。

1）添加水平约束。单击“参数化”选项卡“几何”面板上的“水平”按钮，系统提示如下：

```
命令：_GcHorizontal
选择对象或 [两点(2P)] <两点>：(选择斜线，如图3-63中①所示)
```

结果如图3-63中②所示。

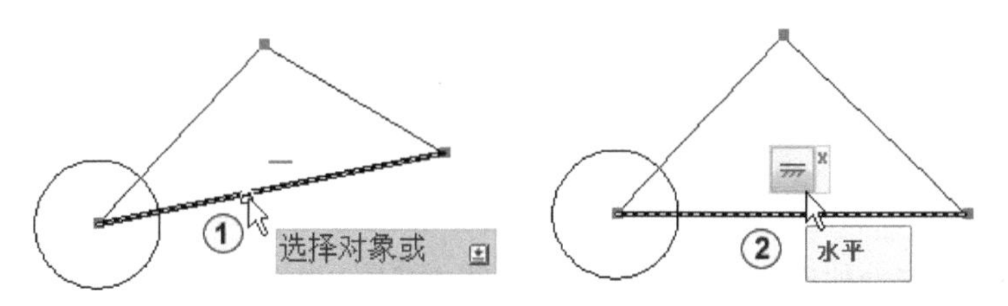

图3-63　添加水平约束

2）添加垂直约束。单击“参数化”选项卡“几何”面板上的“垂直”按钮，系统提示如下：

```
命令：_GcPerpendicular
选择第一个对象：(选择底边，如图3-64中①所示)
选择第二个对象：(选择斜边，如图3-64中②所示)
```

结果如图3-64中③所示。

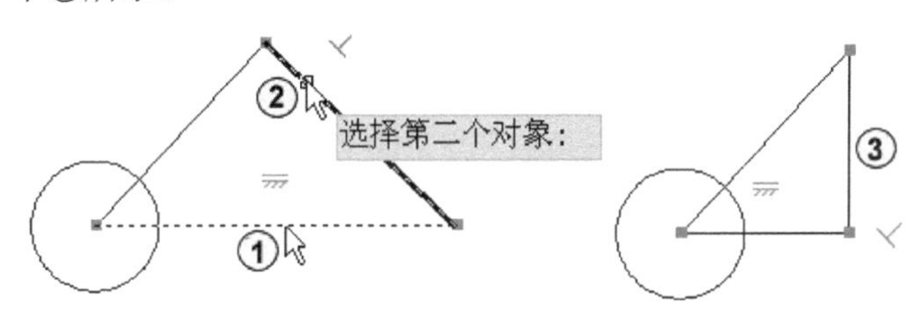

图3-64　添加垂直约束

3）添加固定约束。单击“参数化”选项卡“几何”面板上的“固定”按钮，系统提示如下：

```
命令：_GcFix
选择点或 [对象(O)] <对象>：(选择圆，如图3-65中①所示)
```

结果3-65中③所示。

在添加几何约束时，要注意“选择点”和“选择对象”的不同！

3.7.3 添加标注约束

标注约束和相关的指定值能够控制二维几何对象或对象上的点之间的距离或角度、圆弧和圆的大小，还可以通过变量和方程式约束几何图形。改变尺寸约束，则约束驱动对象发生改变。标注约束的功能见表3-4。

表 3-4　标注约束的功能

约束按钮	约束名称	功　　能
	水平标注约束	控制一个对象上的两点之间或两个对象之间的 X 距离
	竖直标注约束	控制一个对象上的两点之间或两个对象之间的 Y 距离
	线性标注约束	控制一个对象上的两点之间或两个对象之间的 X 距离或 Y 距离
	对齐标注约束	控制一个对象上的两点、一个点与一个对象或两条直线段之间的距离
	角度标注约束	控制两条直线段之间、两条多段线线段之间或圆弧的角度
	半径标注约束	控制圆、圆弧或多段线圆弧段的半径
	直径标注约束	控制圆、圆弧或多段线圆弧段的直径
	显示	显示或隐藏与对象选择集关联的动态约束
	转换	1）将普通尺寸标注（与标注对象关联）转换为标注约束 2）将动态约束与注释性约束相互转换 3）利用“形式（F）”选项指定当前尺寸约束为动态约束或注释性约束

- 动态约束：标注外观由固定的预定义标注样式决定，不能修改和打印。在缩放操作过程中动态约束保持相同大小。
- 注释性约束：标注外观由当前标注样式决定，可以修改和打印。在缩放操作过程中注释性约束的大小发生变化。可以将其放在同一层上，可以修改颜色和可见性。

选择尺寸约束并右击，在弹出的快捷菜单中选择“特性”选项，打开“特性”对话框，并在该对话框的“约束形式”下拉列表中选择“动态”或“注释性”选项，可实现两者的转换。

编辑尺寸约束的方法如下。

1）双击尺寸约束或输入命令 ddedit，编辑尺寸约束的值、变量名或表达式。

2）选择尺寸约束并右击，在弹出的快捷菜单中选择相应的选项来编辑尺寸约束。

3）选择尺寸约束，拖动与其关联的三角形夹点来改变尺寸约束的值，同时驱动图形做出改变。

在图 3-64 所示图形基础上，添加直径标注约束。单击“参数化”选项卡“标注”面板上的“直径”按钮，系统提示如下：

```
命令: _DcDiameter
选择圆弧或圆:（选择圆，如图 3-65 中③所示）
标注文字 = 23↙
指定尺寸线位置:↙
```

结果如图 3-65 中④所示。

双击直径尺寸，输入 60，按两次〈Enter〉键，结果如图 3-65 中⑤所示。

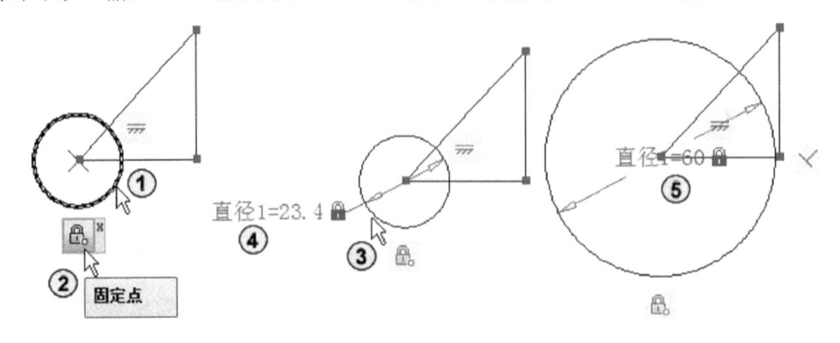

图 3-65　添加直径约束

3.7.4 检查约束状态

在添加完标注约束后，要对约束状态进行检查，操作如下。

1）编辑块定义，相应的命令如下：

```
命令:BE↙
```

执行以上命令后，打开“编辑块定义”对话框，选择“<当前图形>”，单击“确定”按钮，如图 3-66 中①②所示。激活“块编写选项板”，如图 3-66 中③所示。

2）单击“管理”面板上的“约束状态”按钮，如图 3-66 中④所示。可以看到圆的四边呈现出“洋红”色，说明圆已被“完全约束”。

说明：单击“管理”面板右下角的按钮，如图 3-66 中⑤所示。弹出“块编辑器设置”对话框，可以看到“约束状态”选项组中，“未约束”“完全约束”“部分约束”和“错误约束”4 种不同约束状态是用不同的颜色来表示的，如图 3-66 中⑥所示。

3）单击“关闭块编辑器”按钮，如图 3-66 中⑦所示。弹出“块一未保存更改”对话框，选择“放弃更改并关闭块编辑器”选项，如图 3-66 中⑧所示，退出块编辑器。

说明：检查约束状态，必须在块编辑器中进行，本例也可不进行约束检查的操作。

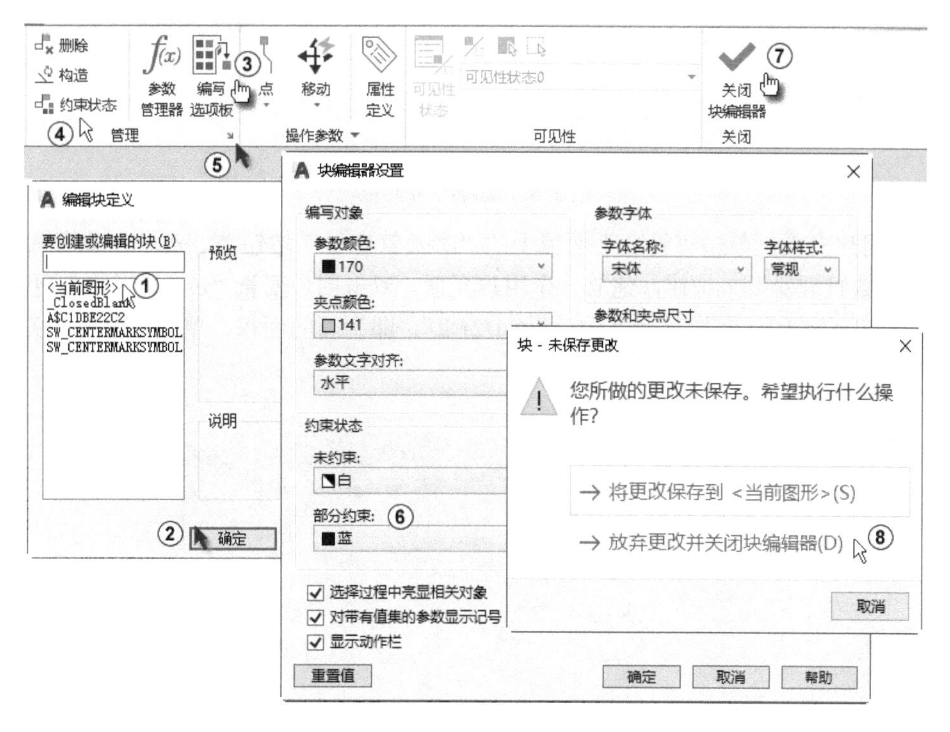

图 3-66　检查约束状态

3.7.5 建立标注约束参数与用户参数的关系

建立标注约束参数与用户参数的关系的步骤如下。

1）添加水平尺寸约束。单击“参数化”选项卡“标注”面板上的“水平”按钮，系统提示如下：

```
命令: _DcHorizontal
指定第一个约束点或 [对象(O)] <对象>:↙（选择“对象”方式来标注）
选择对象:（选择水平线，如图 3-67 中①所示）
指定尺寸线位置:（移动鼠标指针到适当位置，单击 ）
标注文字 = 31↙（如图 3-67 中②所示）
```

2）添加竖直尺寸约束。单击“参数化”选项卡“标注”面板上的“竖直”按钮，系统提示如下：

```
命令: _DcVertical
指定第一个约束点或 [对象(O)] <对象>:（鼠标指针指向一个点，出现约束点的提示时，单击，如图 3-67 中③所示）
指定第二个约束点:（鼠标指针指向一个点，出现约束点的提示时，单击，如图 3-67 中④所示）
指定尺寸线位置: （移动鼠标指针到适当位置，单击）
标注文字 = 33↙（如图 3-67 中⑤所示）
```

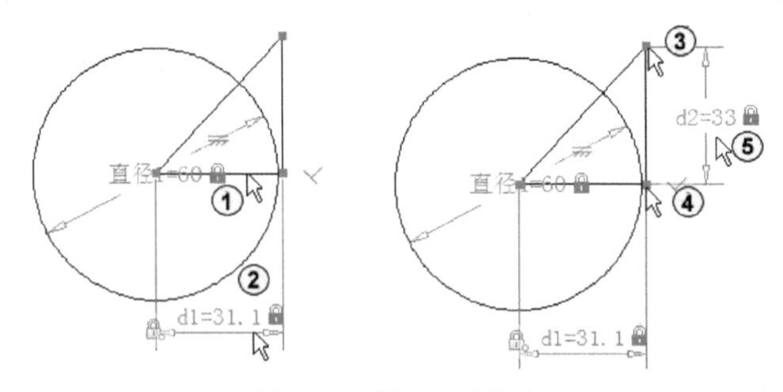

图 3-67　添加尺寸约束

3）添加用户变量。单击“管理”面板上的“参数管理器”按钮 fx，弹出“参数管理器”面板，单击“参数管理器”按钮，建立一个用户变量。双击用户变量“user1”，将其更名为“s”；双击表达式下方的“1”，将其改为“pi*(直径 1/2)^2”，即为圆的面积，单击左侧的“关闭”按钮 ×，如图 3-68 中①～④所示。

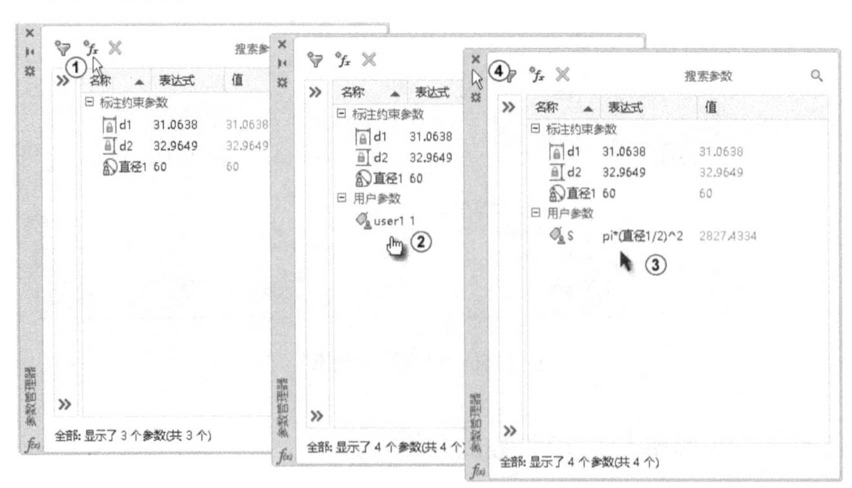

图 3-68　添加用户变量并修改名称和表达式

说明：^2 是二次方，pi 是圆周率。

4）修改标注约束参数。单击“管理”面板上的“参数管理器”按钮 *fx*，弹出“参数管理器”面板，双击标注约束参数 d1 表达式，将其修改为“直径 1*pi”，则水平直线的长度即为圆周长，如图 3-69 中①②所示。

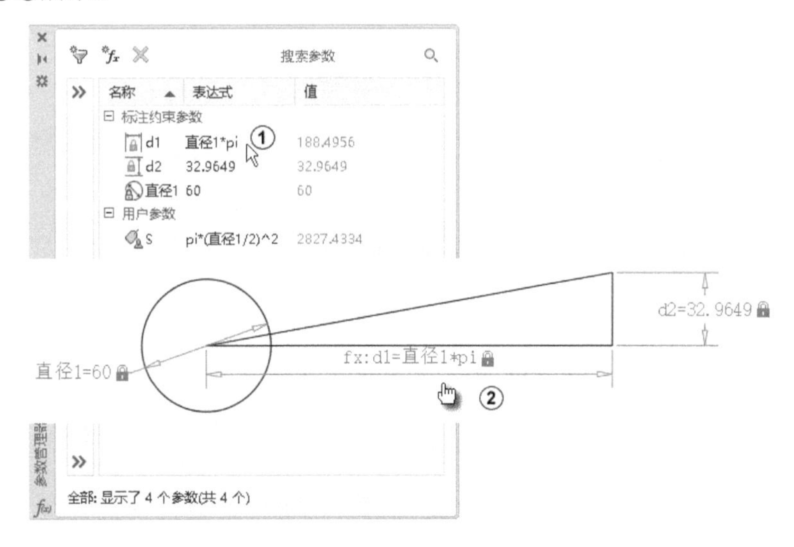

图 3-69 修改表达式 1

5）建立标注约束参数与用户参数的关系。双击“参数管理器”中标注约束参数 d2 表达式，将其修改为“s/50”，如图 3-70 中①所示，则垂直线的长度即为圆面积除以 50 倍，如图 3-70 中②所示。

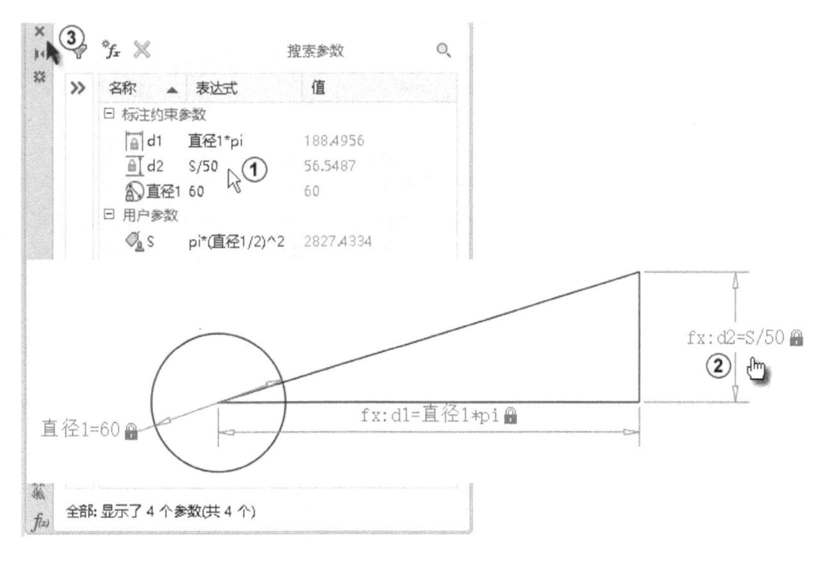

图 3-70 修改表达式 2

6）双击“直径 1=60”，如图 3-71 中①所示。输入“50”后按〈Enter〉键，结果如图 3-71 中②所示。

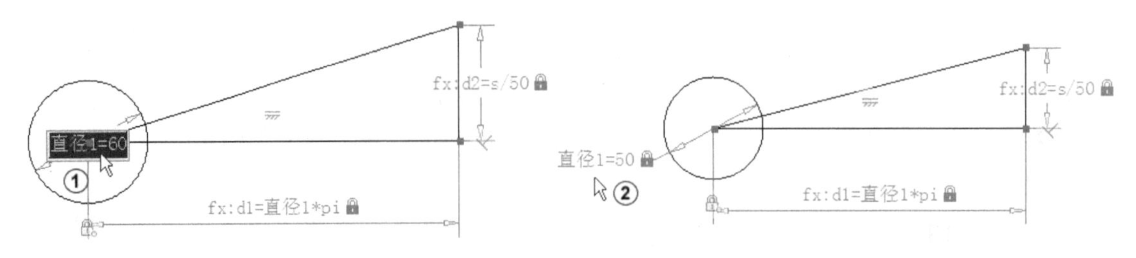

图 3-71 修改直径

3.8 用夹点编辑图形

【例 3-8】 绘制如图 3-72 所示的图形并用夹点编辑。

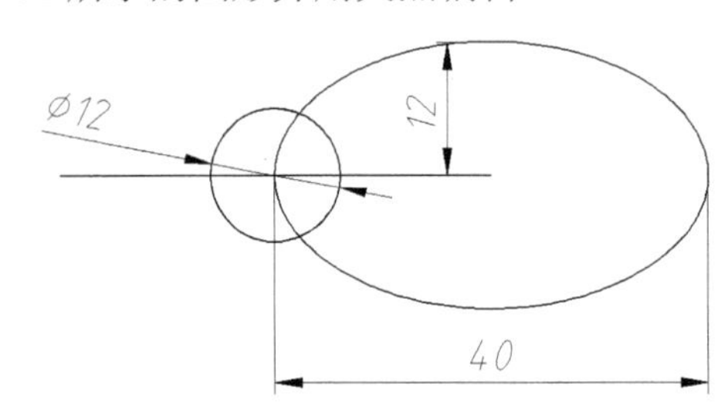

图 3-72 用于夹点编辑的图形

3.8.1 椭圆命令

可采用以下几种方法之一来激活椭圆命令。

功能区：单击“默认”选项卡→“绘图”面板→“椭圆”下拉菜单→“轴，端点”按钮。

菜单栏：选择“绘图(D)”→“椭圆(E)”→“轴，端点”(E)选项。

工具栏：单击“绘图”工具栏上的“椭圆”按钮。

命令行窗口：el。

要完成图 3-72 所示的图形，先按如下步骤操作。

1）单击“默认”选项卡→“绘图”面板→“椭圆”下拉菜单→“轴，端点”按钮，系统提示如下：

```
命令：_ellipse
指定椭圆的轴端点或 [圆弧(A)/中心点(C)]：(在绘图区任意位置单击确定一点，如图 3-73 中①所示)
指定轴的另一个端点:40↙ (鼠标指针向右移动到适当位置后输入长轴长度，如图 3-73 中②所示)
指定另一条半轴长度或 [旋转(R)]:12↙(鼠标指针向上移动到适当位置后输入半轴长度，如图 3-73 中③所示)
```

2）单击“默认”选项卡→“绘图”面板→“直线”按钮，系统提示如下：

```
命令：_line
指定第一个点：(捕捉椭圆圆心，如图 3-73 中④所示)
指定下一点或 [放弃(U)]:@-40,0↙ (绘制出一条水平直线，如图 3-73 中⑤所示)
```

3）单击“默认”选项卡→“绘图”面板→“圆”按钮，系统提示如下：

```
命令：_circle
```

指定圆的圆心或 [三点(3P)/两点(2P)/切点、切点、半径(T)]:(捕捉椭圆的左端点，如图 3-73 中①所示)
指定圆的半径或 [直径(D)]:6↙(绘制出一个圆，如图 3-73 中⑥所示)

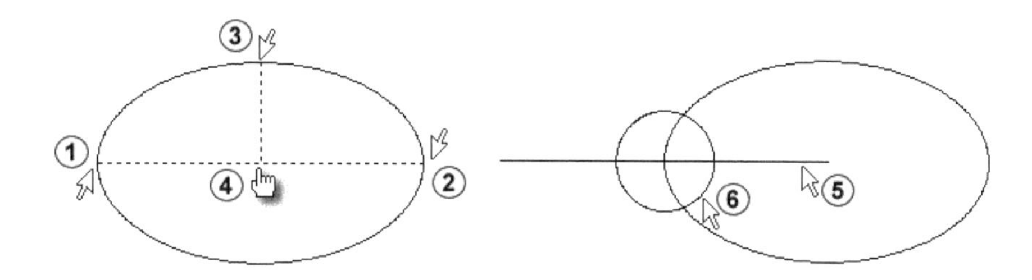

图 3-73　绘制图形

3.8.2 打断命令

在图 3-73 的基础上，采用打断命令和打断于点命令，打断图形，步骤如下。

可采用以下几种方法之一来激活打断命令。

功能区：单击“默认”选项卡→“修改”面板→“打断”按钮。

菜单栏：选择“修改(M)”→“打断(K)”选项。

工具栏：单击“修改”工具栏上的“打断”按钮。

命令行窗口：br。

1）单击“默认”选项卡→“修改”面板→“打断”按钮，系统提示如下：

```
命令: _break
选择对象:(选择椭圆，如图 3-74 中①所示)
指定第二个打断点 或 [第一点(F)]:F↙
指定第一个打断点:(捕捉图 3-74 中②所示的点)
指定第二个打断点: (捕捉图 3-74 中③所示的点，结果圆被打断了，如图 3-74 中④所示，系统按逆时针方向删除第一个点到第二点之间的部分)
```

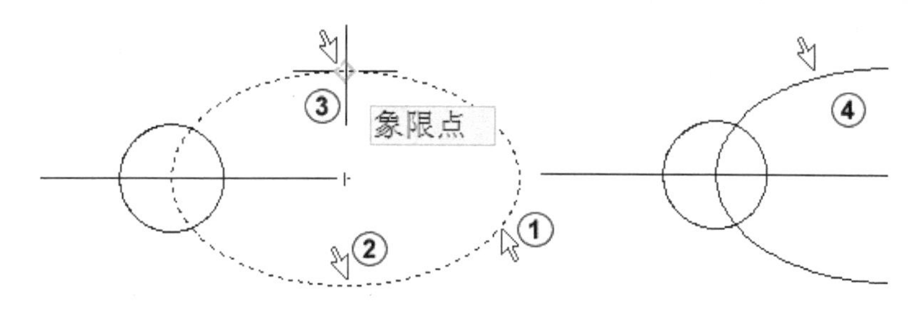

图 3-74　打断椭圆

可采用以下几种方法之一来激活打断于点命令。

功能区：单击“默认”选项卡→“修改”面板→“打断于点”按钮。

工具栏：单击“修改”工具栏上的“打断于点”按钮。

命令行窗口：breaka。

2）单击“默认”选项卡→“修改”面板→“打断于点”按钮，系统提示如下：

```
命令: _breaka
```

```
选择对象：（选择椭圆弧，如图 3-75 中①所示）
指定打断点：（捕捉图 3-75 中②所示的点）
命令：↙
选择对象：（选择椭圆弧，如图 3-75 中③所示）
指定打断点：（捕捉图 3-75 中④所示的点）
```

3）单击“默认”选项卡“修改”面板上的“删除”按钮，系统提示如下：

```
命令：_erase
选择对象：（椭圆弧，如图 3-75 中③所示）
选择对象：↙（结果如图 3-75 中⑤所示）
```

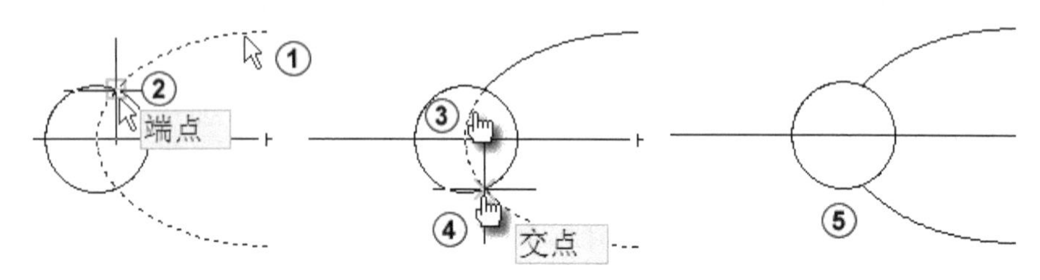

图 3-75　打断图形

3.8.3 合并命令

可采用以下几种方法之一来激活合并命令。

功能区：单击“默认”选项卡→“修改”面板→“合并”按钮。

菜单栏：选择“修改(M)”→“合并(J)”选项。

工具栏：单击“修改”工具栏上的“合并”按钮。

命令行窗口：join。

单击“默认”选项卡→“修改”面板→“合并”按钮，系统提示如下：

```
命令：_join
选择源对象或要一次合并的多个对象：（选择两条椭圆弧，如图 3-76 中①②所示）
选择要合并的对象：↙（结果如图 3-76 中③所示）
2 条椭圆弧已合并为 1 条圆弧
```

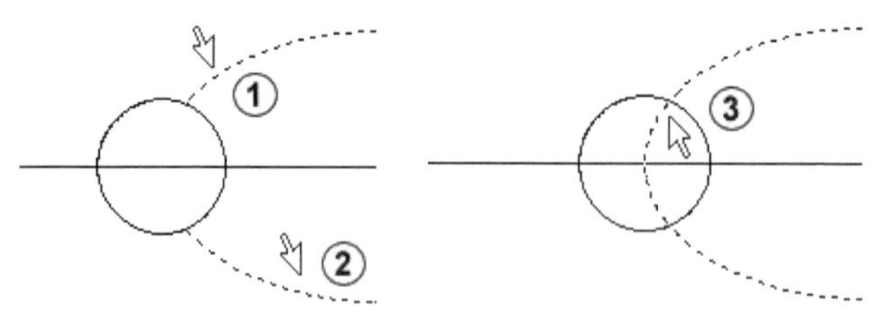

图 3-76　合并图形

3.8.4 夹点编辑

夹点编辑方式是一种集成的编辑模式，包含 6 种方法：拉伸、拉长、移动、旋转、缩放和镜像。夹点编辑提供了一种方便快捷的编辑图形的途径，可直接操作对象，能够加速并简化编辑工作。AutoCAD 夹点编辑方式的默认状态是开启的。

选中直线，在直线上会出现3个蓝色小方框，即夹点，它是对象上的控制点。将鼠标指针移动到一个夹点上但不要单击（如直线上的右端点）并稍等一会，就会在光标边上出现相关的命令和选项，如图3-77中①所示。在直线右端点上单击，它变为红色，即被激活了，被称为热夹点，如图3-77中②所示。激活夹点后系统自动进入“拉伸”编辑状态，且提示如下：

```
命令:
** 拉伸 **
指定拉伸点或 [基点(B)/复制(C)/放弃(U)/退出(X)]:(捕捉图3-77中③所示的点,则如图3-77中④所示的直线就被缩短了，按〈Esc〉结束命令)
```

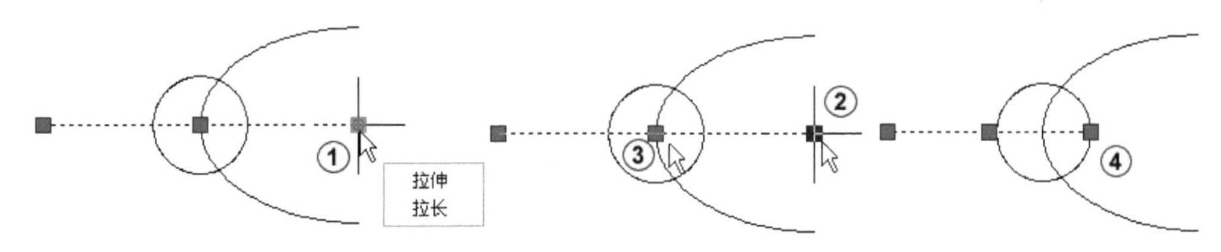

图3-77 拉伸直线

激活夹点后若连续按〈Enter〉键，可在几种编辑方式间切换，也可右击，在弹出的快捷菜单中选择某种编辑方式。

系统为每种方式提供的选项基本相同，如所有编辑方式均有“基点（B）”和“复制（C）”选项。“复制（C）”选项是指在编辑的同时还需要复制对象；“基点（B）”选项是指拾取一个点作为编辑过程中的基点，默认的基点是热夹点，即选中的夹点。

夹点移动模式可以编辑单一对象或一组对象。选择小圆，单击如图3-78中①所示的圆心点，系统提示如下：

```
命令:
** 拉伸 **
指定拉伸点或 [基点(B)/复制(C)/放弃(U)/退出(X)]:↙
** MOVE **
指定移动点 或 [基点(B)/复制(C)/放弃(U)/退出(X)]:c↙（选择“复制”选项）
** MOVE （多个） **
指定移动点 或 [(B)/复制(C)/放弃(U)/退出(X)]:b↙（选择“基点”选项）
指定基点:↙（默认的基点就是激活的圆心点）
** MOVE （多个） **
指定移动点 或 [基点(B)/复制(C)/放弃(U)/退出(X)]:（单击图3-78中②所示的直线左端点）
** MOVE （多个） **
指定移动点 或 [基点(B)/复制(C)/放弃(U)/退出(X)]:（单击图3-78中③所示的右上端点）
** MOVE （多个） **
指定移动点 或 [基点(B)/复制(C)/放弃(U)/退出(X)]:↙（结果如图3-78中④所示）
```

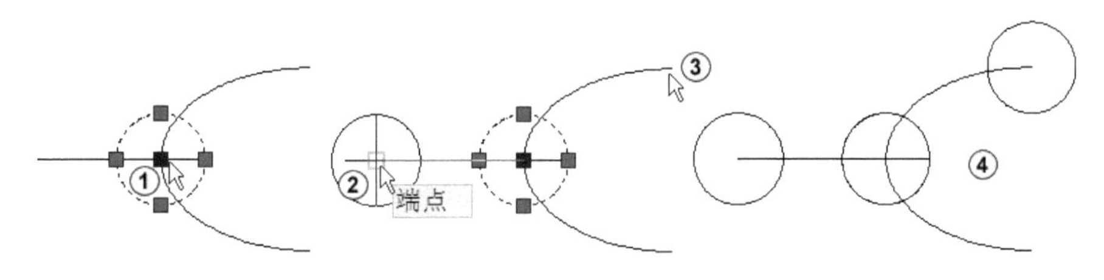

图3-78 夹点移动模式

夹点旋转的优点在于一次可将对象旋转且复制到多个方位。默认的热夹点就是旋转中心，但也可指定其他点作为旋转中心。选择最中间的小圆，单击如图 3-79 中①所示的圆心点，系统提示如下：

```
命令:
** 拉伸 **
指定拉伸点或 [基点(B)/复制(C)/放弃(U)/退出(X)]: _rotate（右击并在弹出的快捷菜单中选择图 3-79 中②所示的“旋转”选项）
** 旋转 **
指定旋转角度或 [基点(B)/复制(C)/放弃(U)/参照(R)/退出(X)]: b↙（选择“基点”选项）
指定基点:（单击图 3-79 中③所示的椭圆圆心）
** 旋转 **
指定旋转角度或 [基点(B)/复制(C)/放弃(U)/参照(R)/退出(X)]: c↙（选择“复制”选项）
** 旋转（多重）**
指定旋转角度或 [基点(B)/复制(C)/放弃(U)/参照(R)/退出(X)]: -30↙（输入旋转角度，结果如图 3-79 中④所示）
** 旋转（多重）**
指定旋转角度或 [基点(B)/复制(C)/放弃(U)/参照(R)/退出(X)]: 90↙（输入旋转角度，结果如图 3-79 中⑤所示）
** 旋转（多重）**
指定旋转角度或 [基点(B)/复制(C)/放弃(U)/参照(R)/退出(X)]:↙
```

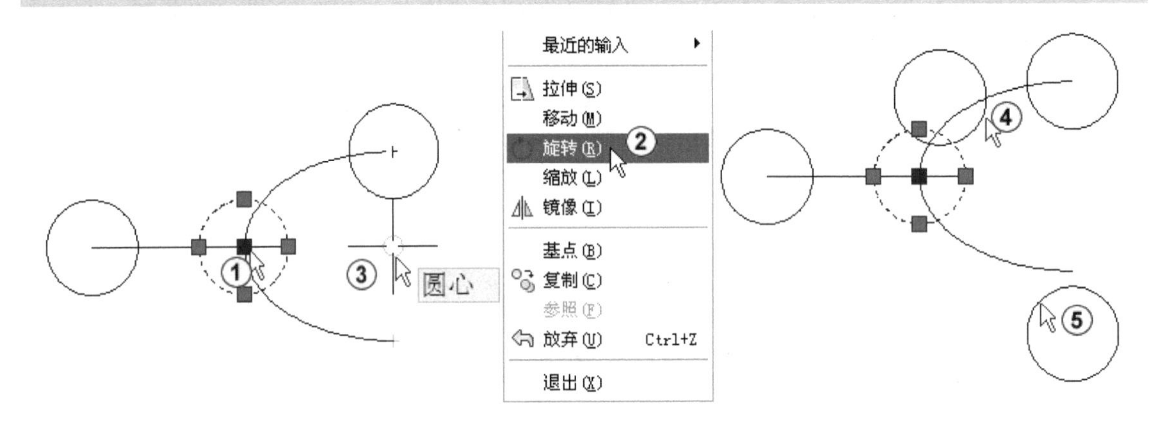

图 3-79　夹点旋转模式

3.9　用多线样式绘制和编辑图形

采用多线样式可创建多条平行线。多线由 1～16 条平行线组成，每条直线都称为多线的一个元素。

3.9.1　多线样式

在使用多线命令前，通常要对其样式进行设置，其步骤如下。

1）选择“格式”→“多线样式”选项，在弹出的“多线样式”对话框中单击“新建”按钮，如图 3-80 中①所示。打开“创建新的多线样式”对话框，在“新样式名”文本框中输入“q”作为新的多线样式，然后单击“继续”按钮，如图 3-80 中②③所示。

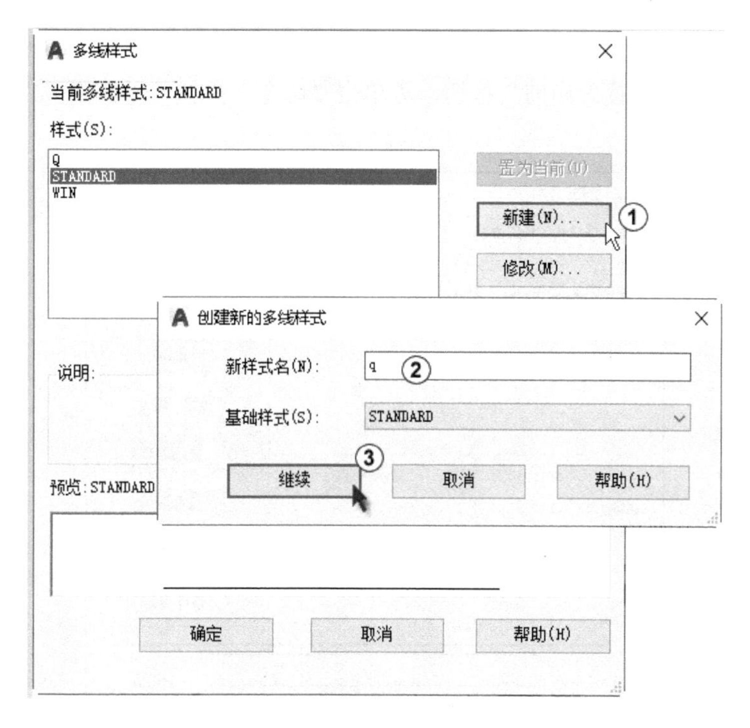

图 3-80　新建多线样式

2）系统弹出“新建多线样式：Q”对话框，在“图元”选项组中，单击“添加”按钮，如图 3-81 中①所示。在两条平行线中间增加一条中线并自动选中，其偏移值为 0，如图 3-81 中②所示。单击“线型”按钮，弹出“选择线型”对话框，并在其中单击“加载”按钮，如图 3-81 中③④所示；在“已加载的线型”列表中选择“CENTER”并加载，单击“确定”按钮关闭“选择线型”对话框，如图 3-81 中⑤⑥所示。单击“新建多线样式”对话框中“颜色”下拉按钮，如图 3-81 中⑦所示，在下拉列表框中选择“红”选项，将中心线设置为红色，单击“确定”按钮。

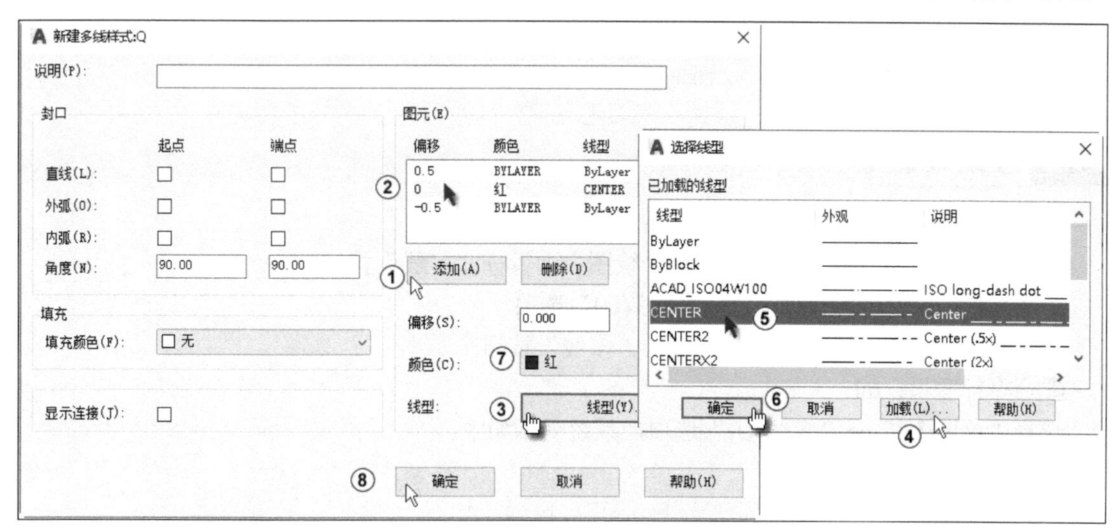

图 3-81　设置多线线形和颜色

3）系统返回“多线样式”对话框并自动在“样式”列表中选择新增加的“Q”多线样式，如图 3-82 中①所示。单击“置为当前”按钮，再单击“确定”按钮，如图 3-82 中②③所示，即可完成多线样式的设置。

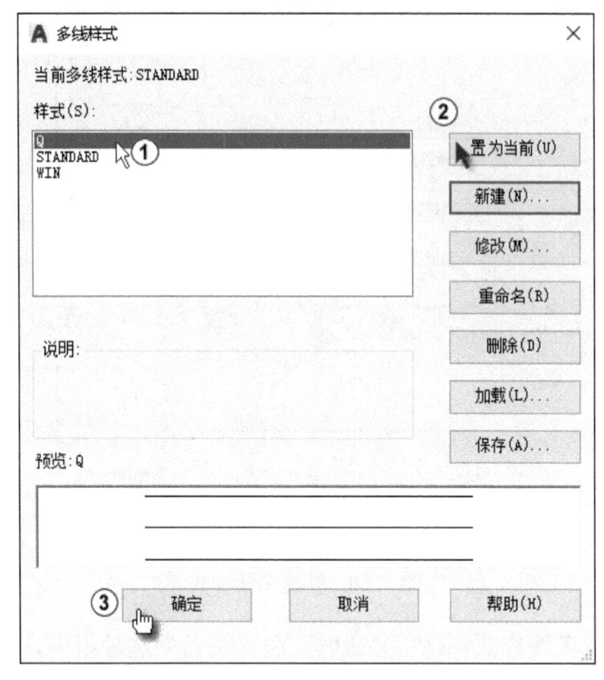

图 3-82　设置多线为当前

多线对正类型的含义如图 3-83 所示。

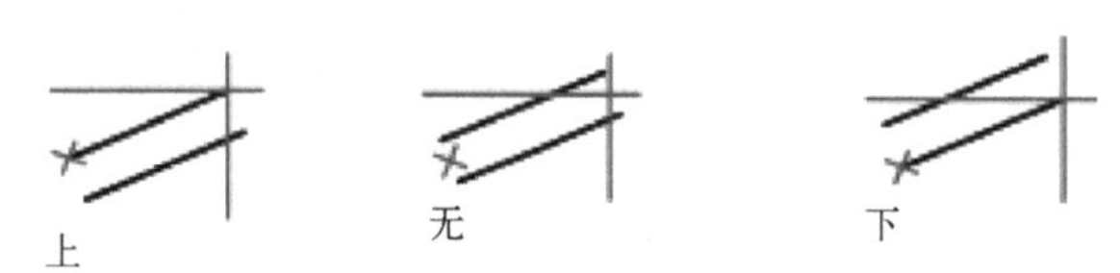

图 3-83　多线对正类型的含义

3.9.2 多线命令

可采用以下几种方法之一来激活多线命令。

功能区：单击“默认”选项卡→“绘图”面板→“多线”按钮。

菜单栏：选择“绘图(D)”→“多线(U)”选项。

工具栏：单击“绘图”工具栏上的“多线”按钮。

命令行窗口：ml。

选择“绘图(D)”→“多线(U)”选项，系统提示如下：

```
命令: _mline
指定起点或 [对正(J)/比例(S)/样式(ST)]:st↙
输入多线样式名或 [?]:q↙
当前设置: 对正 = 上，比例 = 20.00，样式 = Q
指定起点或 [对正(J)/比例(S)/样式(ST)]:s↙
```

```
输入多线比例 <20.00>:4↙
当前设置: 对正 = 上, 比例 = 4.00, 样式 = Q
指定起点或 [对正(J)/比例(S)/样式(ST)]:j↙
输入对正类型 [上(T)/无(Z)/下(B)] <上>:z↙
当前设置: 对正 = 无, 比例 = 4.00, 样式 = Q
指定起点或 [对正(J)/比例(S)/样式(ST)]:(在绘图区任意位置单击，如图3-84 中①所示)
指定下一点:(鼠标指针向右移动到适当距离后单击，绘出一条水平线，如图3-84 中②所示)
指定下一点或 [放弃(U)]:↙
命令:
MLINE
当前设置: 对正 = 无, 比例 = 4.00, 样式 = Q
指定起点或 [对正(J)/比例(S)/样式(ST)]:(在水平线上方适当位置单击，如图3-84 中③所示)
指定下一点:(鼠标指针向下移动到适当距离后单击，绘出一条垂直线，如图3-84 中④所示)
指定下一点或 [放弃(U)]:↙
```

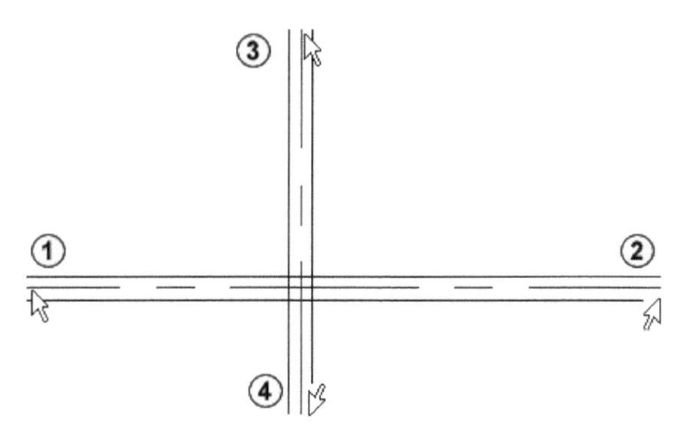

图3-84　绘制十字图形

3.9.3 多线编辑

对T形多线进行编辑时，应该注意多线的选择顺序。┴形应该先选择上方的多线；┬形应该先选择下方的多线；┤形应该先选择左方的多线；├形应该先选择右方的多线。若不慎操作错误，可在命令行窗口中输入u撤销上一步的操作。对“角点结合”╚的修改与此类似。

选择“修改”→“对象”→“多线”选项，如图3-85 中①～③所示或者在命令行窗口输入mledit。系统弹出“多线编辑工具”对话框，单击“T形合并”选项，如图3-85 中④所示。系统返回绘图窗口。

```
命令: _mledit
选择第一条多线:(选择垂直线的上方，如图3-85 中⑤所示)
选择第二条多线:(选择图3-85 中⑥所示的水平线，结果如图3-85 中⑦所示)
选择第一条多线 或 [放弃(U)]:u↙ (图形恢复为十字形)
选择第一条多线:(选择垂直线的下方，如图3-86 中①所示)
选择第二条多线:(选择图3-86 中②所示的水平线，结果如图3-86 中③所示)
选择第一条多线 或 [放弃(U)]:u↙ (图形恢复为十字形)
命令已完全放弃。
选择第一条多线:(选择水平线的左方，如图3-86 中④所示)
选择第二条多线:(选择图3-86 中⑤所示的垂直线，结果如图3-86 中⑥所示)
选择第一条多线 或 [放弃(U)]:u↙ (图形恢复为十字形)
命令已完全放弃。
```

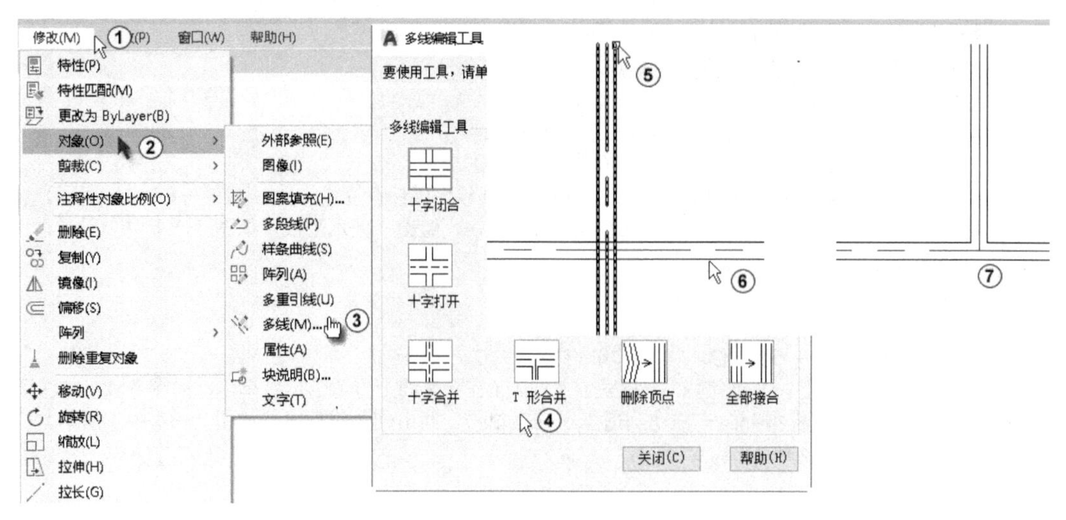

图 3-85　修改多线 1

按〈Esc〉键回到命令状态。

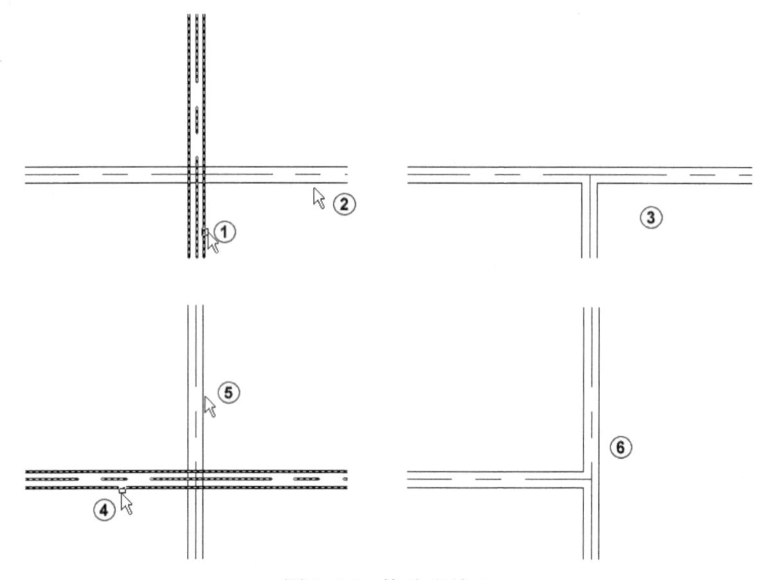

图 3-86　修改多线 2

选择“修改”→“对象”→“多线”选项，系统弹出“多线编辑工具”对话框，单击“十字闭合”选项，如图 3-87 中①所示。系统返回绘图窗口。

```
命令: _mledit
选择第一条多线:(选择垂直线的上方，如图 3-87 中②所示)
选择第二条多线:(选择图 3-87 中③所示的水平线，结果如图 3-87 中④所示)
选择第一条多线 或 [放弃(U)]:u↙ (图形恢复为十字形)
选择第一条多线:(选择水平线，如图 3-87 中⑤所示)
选择第二条多线:(选择图 3-87 中⑥所示的垂直线，结果如图 3-87 中⑦所示)
选择第一条多线 或 [放弃(U)]:u↙ (图形恢复为十字形)
命令已完全放弃。
```

按〈Esc〉键回到命令状态。

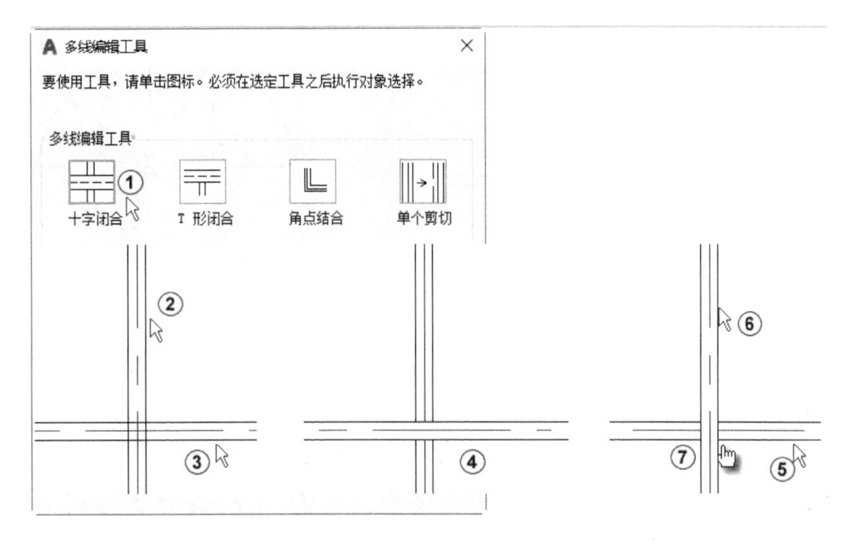

图 3-87 修改多线 3

学习了一些基本命令后，有时会发现绘图效率低，有时甚至不知如何下手。这主要是因为对CAD的基本功能及操作了解得不透彻，没有掌握CAD绘图的一般方法及技巧。可以从下面几方面进行改进。

1）熟悉CAD的操作环境，牢固掌握基本命令。

2）注重上机练习，巩固所学知识，提高绘图水平，在实战中发现问题，解决问题，掌握CAD精髓。

3）结合专业知识，学习CAD的实用技巧，提高解决实际问题的能力。CAD对不同的专业有不同的技巧，只有掌握了，才能发挥CAD的强大能力。

3.10 习题

1．绘制图3-88所示的平面图形。

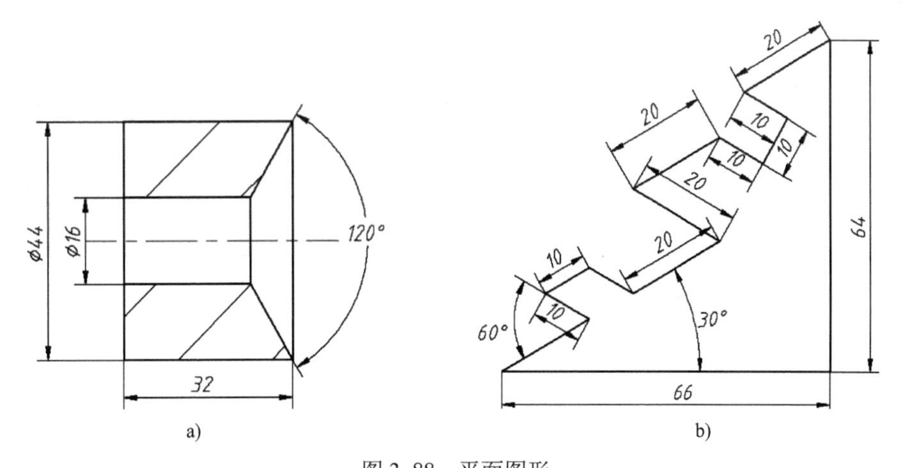

图 3-88 平面图形

a) 平面图形 1 b) 平面图形 2

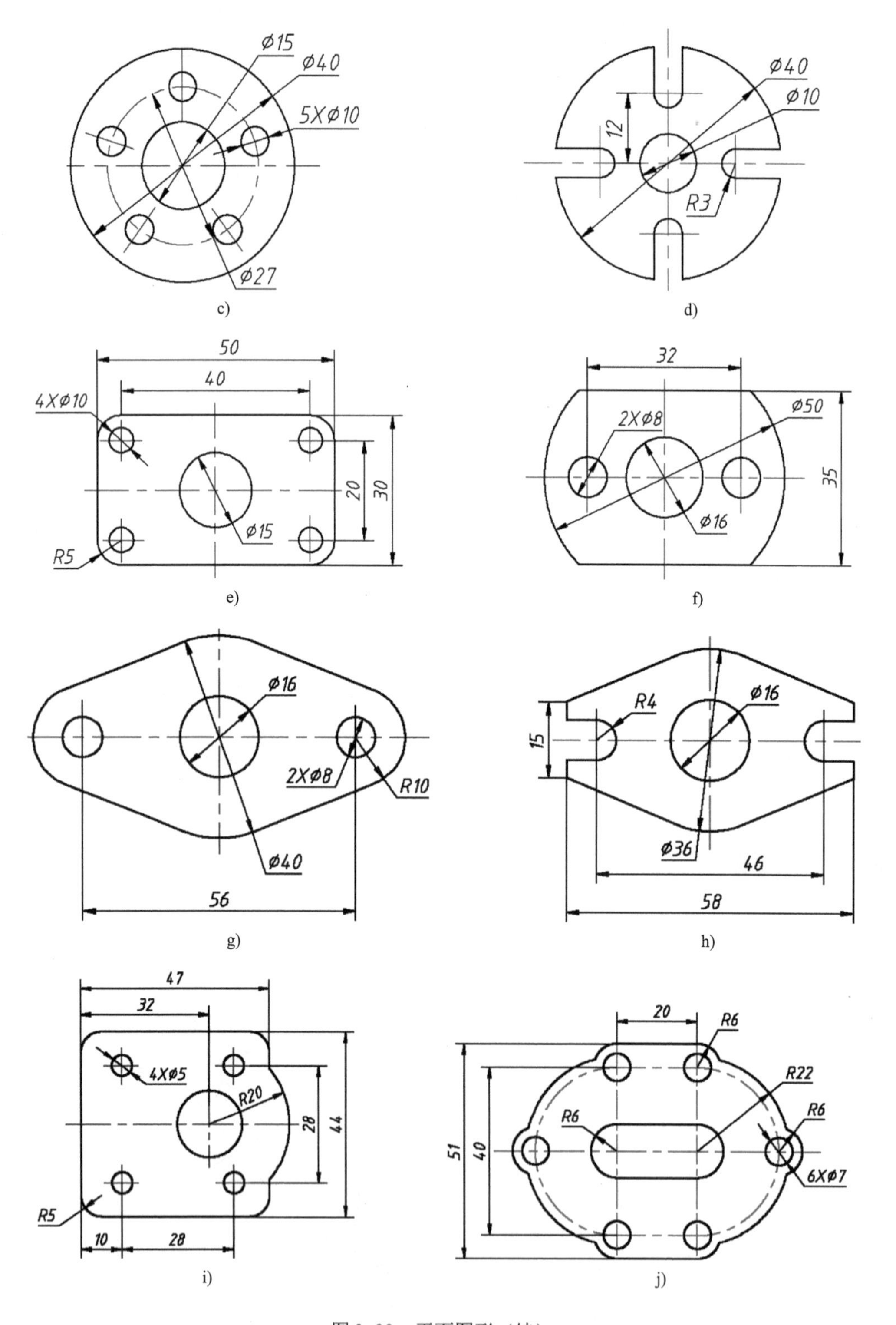

图 3-88　平面图形（续）

c) 平面图形 3　d) 平面图形 4　e) 平面图形 5　f) 平面图形 6　g) 平面图形 7　h) 平面图形 8　i) 平面图形 9　j) 平面图形 10

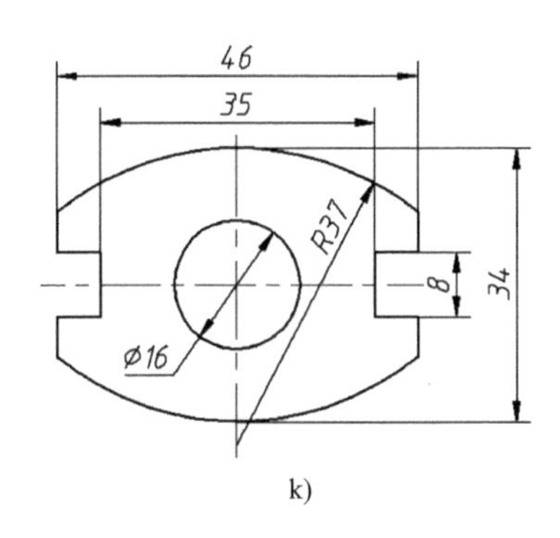

k)

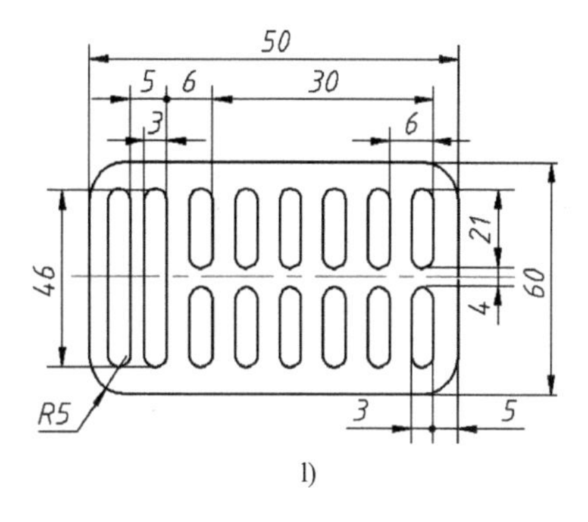

l)

图 3-88　平面图形（续）

k) 平面图形 11　l) 平面图形 12

2．绘制圆柱两边切口的三视图（二维的，三维的不用画），如图 3-89 所示。

3．绘制圆筒两边切口的三视图（二维的，三维的不用画），如图 3-90 所示。

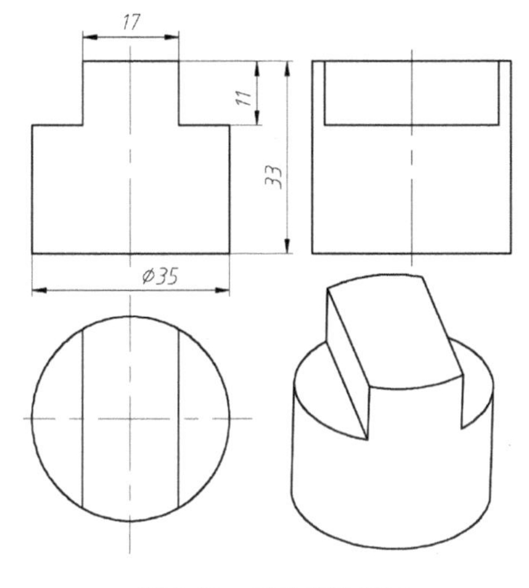

图 3-89　圆柱两边切口

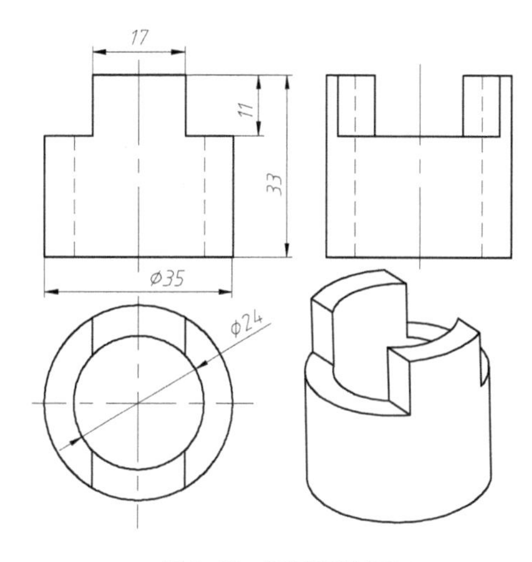

图 3-90　圆筒两边切口

4．绘制图 3-91 所示简单组合体的模型。

5．绘制图 3-92 所示简单组合体的模型。

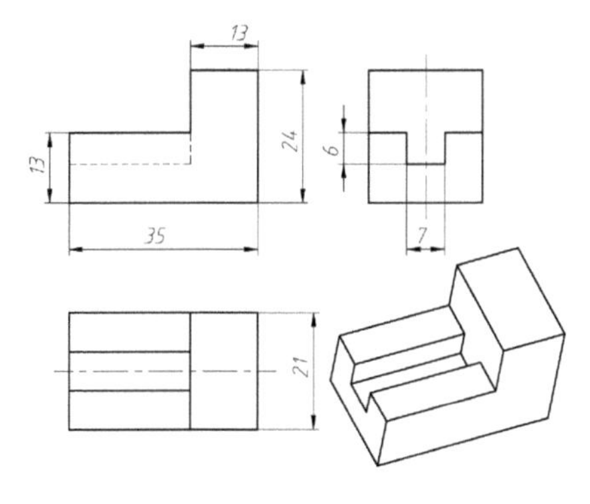

图 3-91　组合体 1

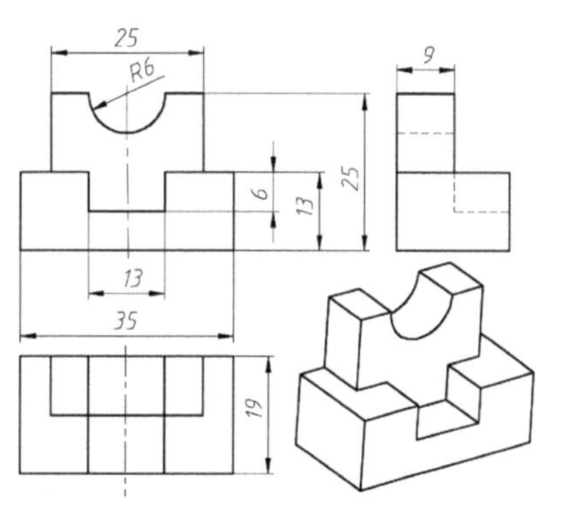

图 3-92　组合体 2

6．绘制如图 3-93 所示组合体的模型。

7．绘制如图 3-94 所示组合体的模型。

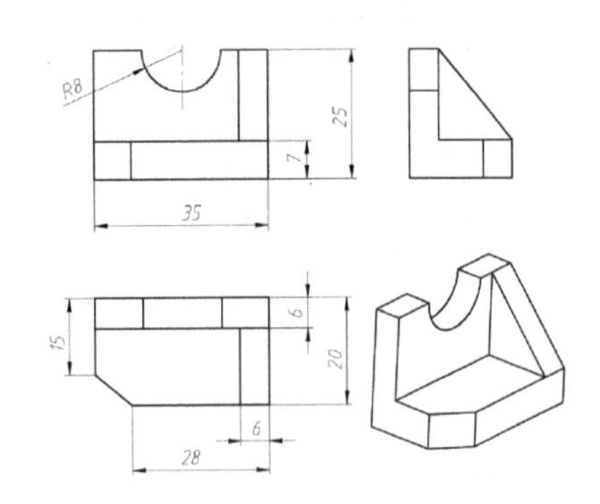

图 3-93　组合体 3

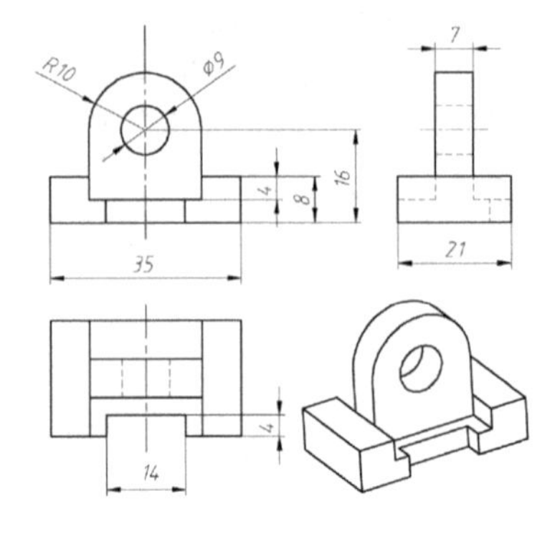

图 3-94　组合体 4

8．绘制图 3-95 所示组合体的模型。

9．绘制图 3-96 所示组合体的模型。

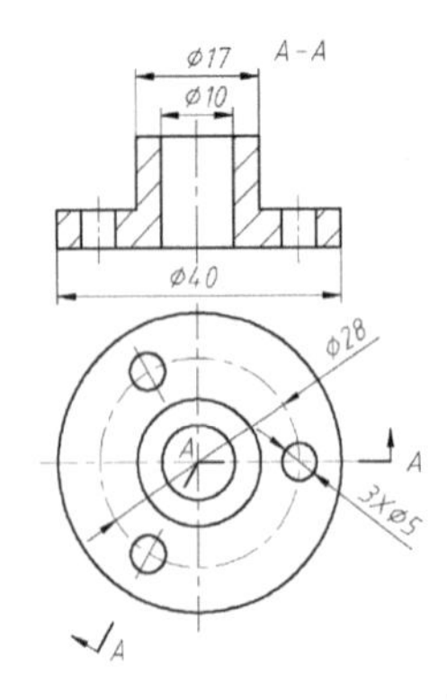

图 3-95　组合体 5

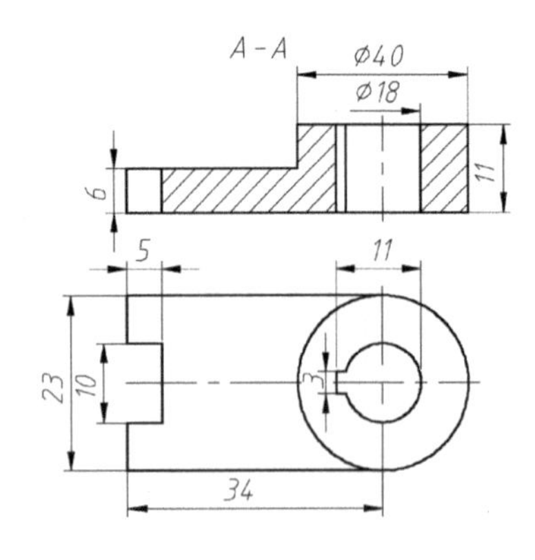

图 3-96　组合体 6

10．绘制图 3-97 所示组合体的模型。

11．绘制图 3-98 所示组合体的模型。

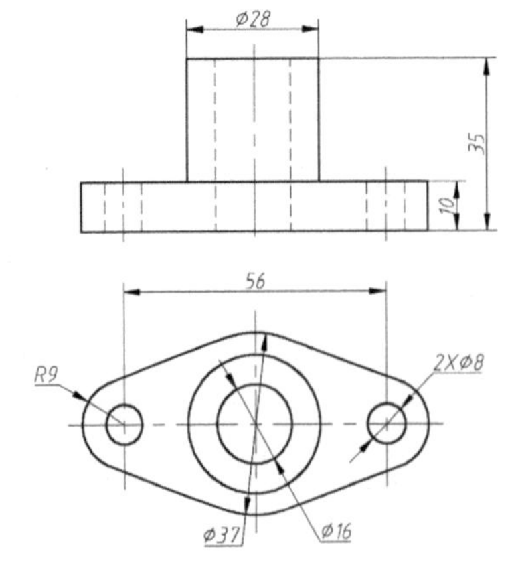

图 3-97　组合体 7

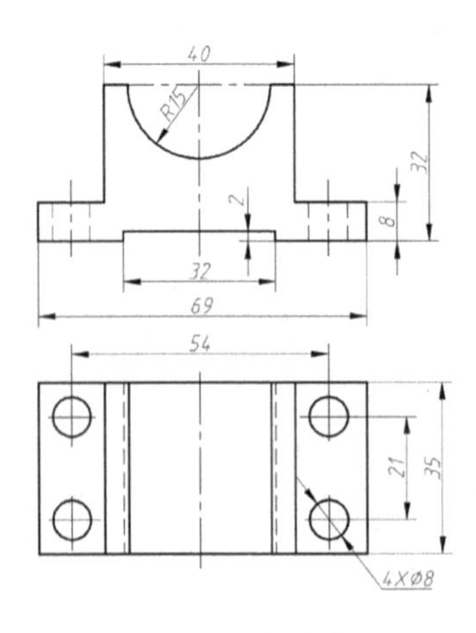

图 3-98　组合体 8

12．绘制图 3-99 所示组合体的模型。

13．绘制图 3-100 所示组合体的模型。

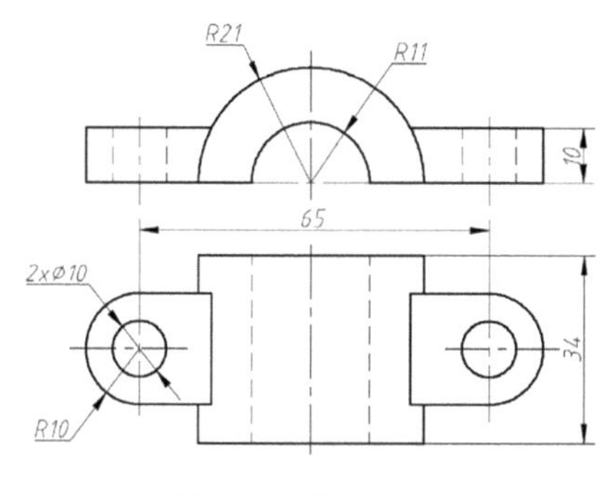

图 3-99　组合体 9

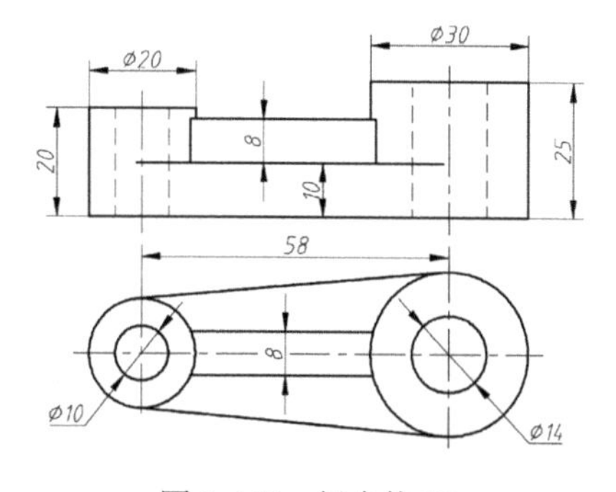

图 3-100　组合体 10

14．绘制图 3-101 所示组合体的模型。

15．绘制图 3-102 所示组合体的模型。

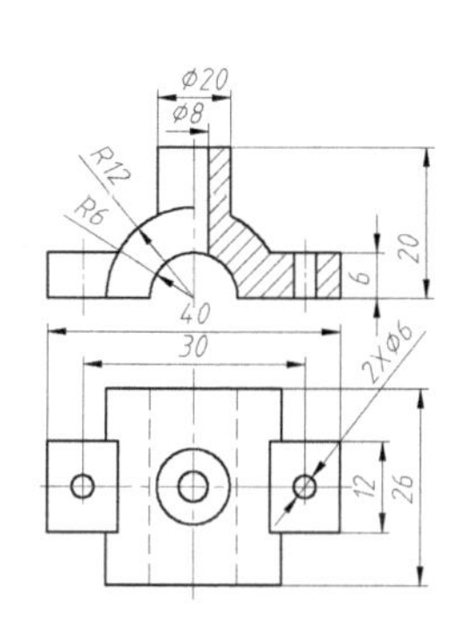

图 3-101　组合体 11

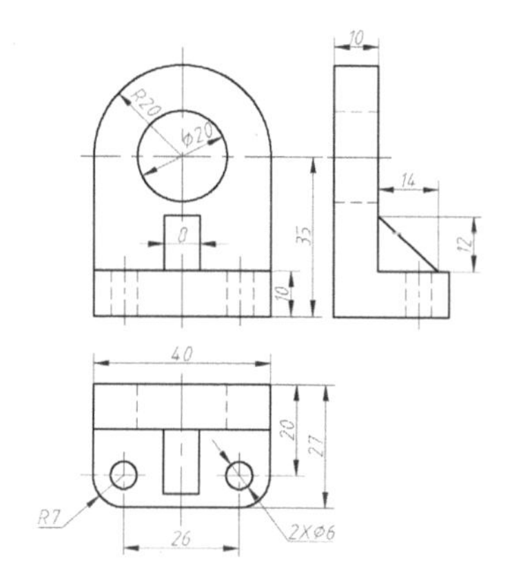

图 3-102　组合体 12

16．绘制图 3-103 所示组合体的模型。

17．绘制图 3-104 所示组合体的模型。

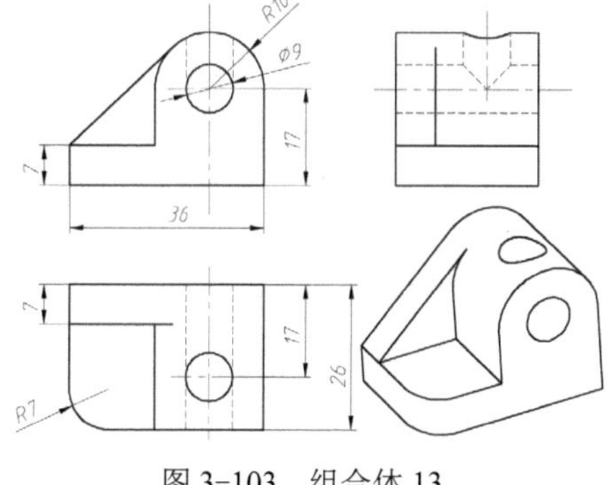

图 3-103　组合体 13

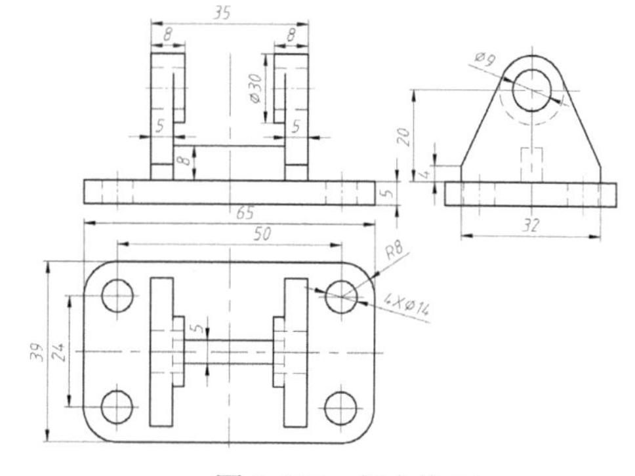

图 3-104　组合体 14

18．绘制图 3-105 所示组合体的模型。

19．绘制如图 3-106 所示组合体的模型。

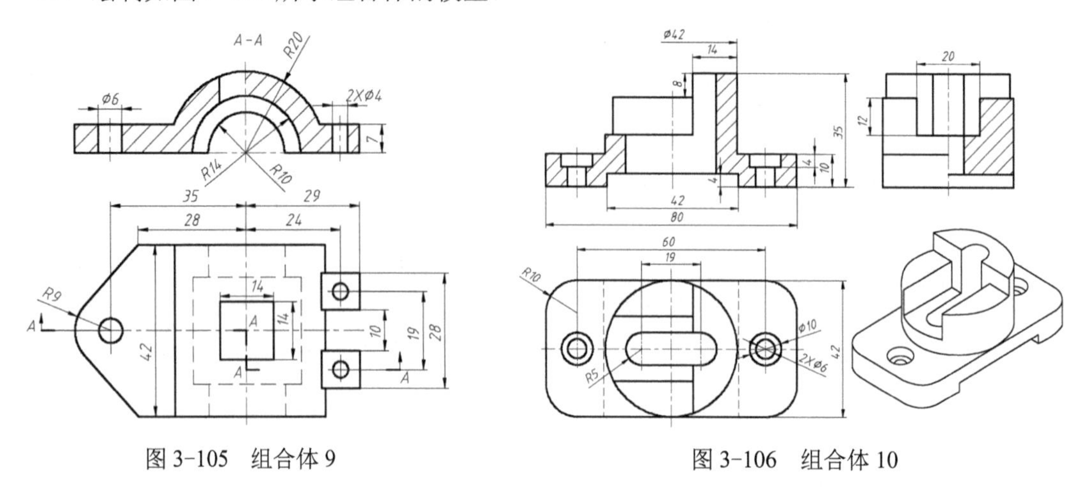

图 3-105　组合体 9　　　　图 3-106　组合体 10

20．绘制图 3-107 所示低速滑轮装置的模型。

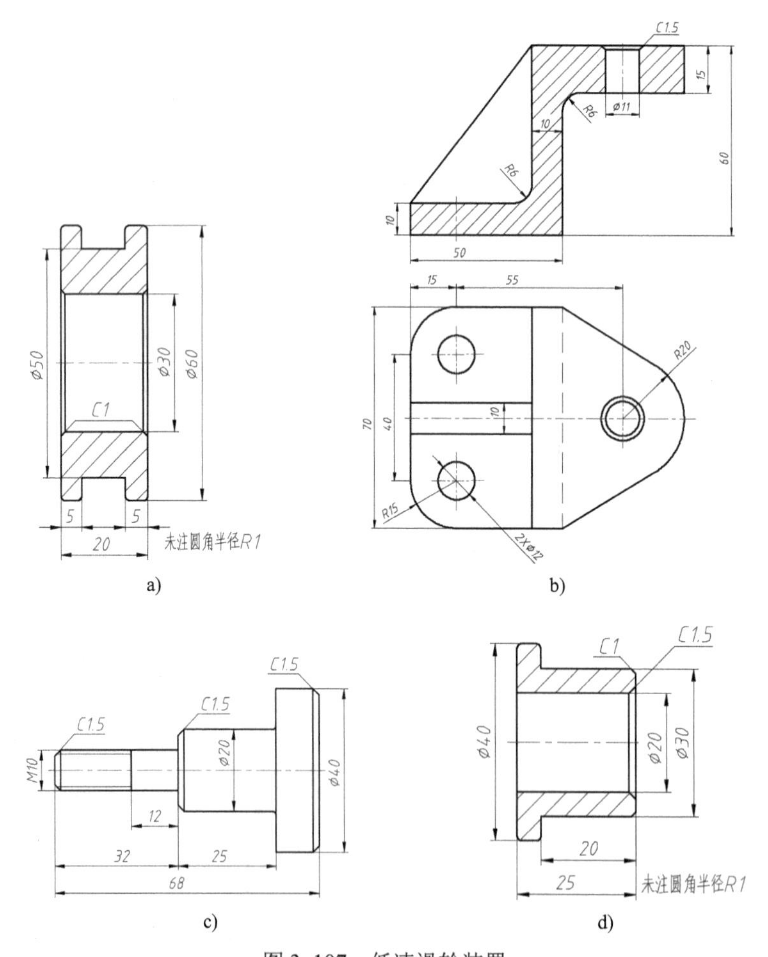

图 3-107　低速滑轮装置

a) 滑轮　b) 托架　c) 心轴　d)衬套

21．绘制图 3-108 所示的圆弧连接的图形。

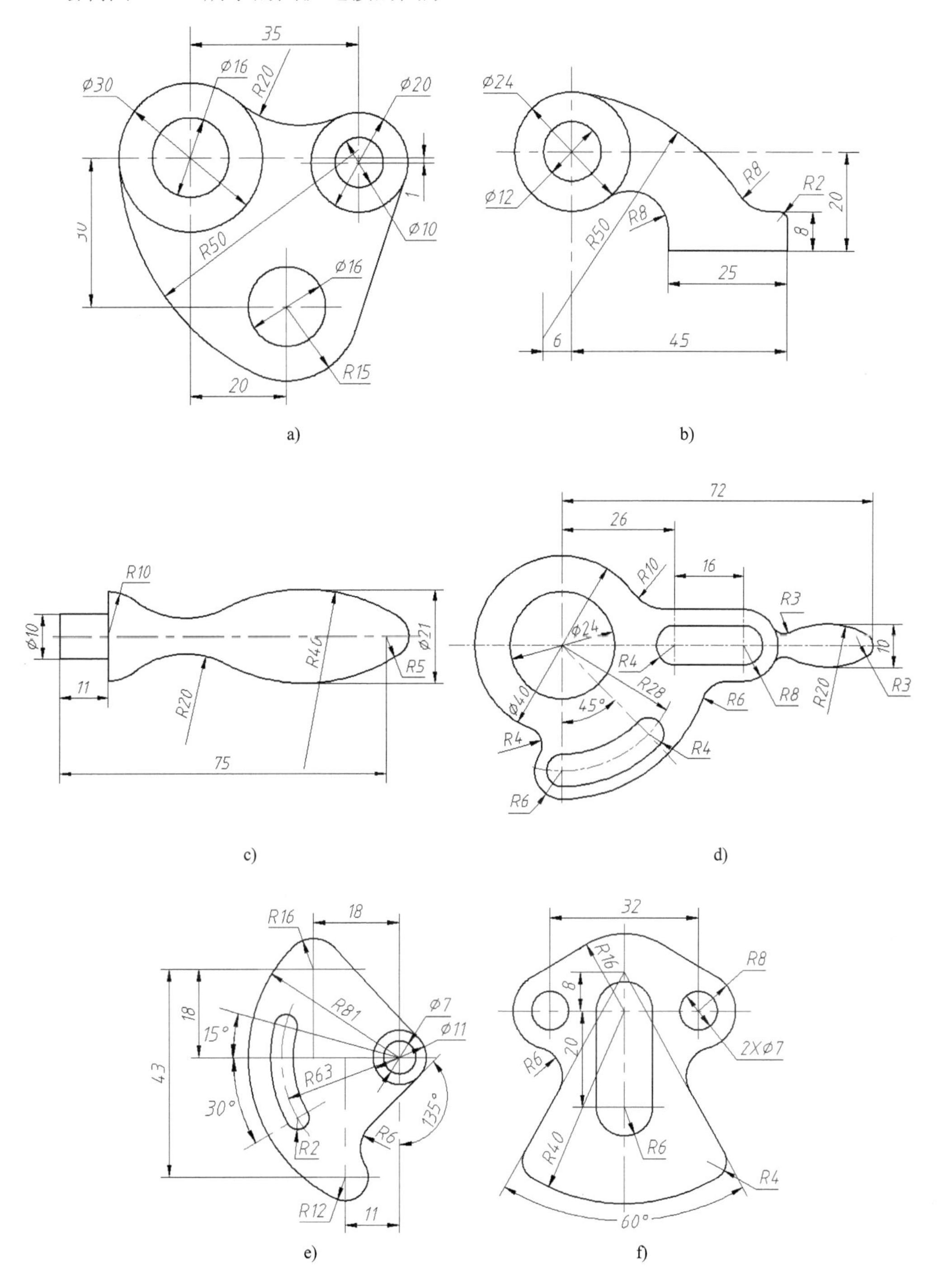

图 3-108 圆弧连接

a) 圆弧连接 1 b) 圆弧连接 2 c) 圆弧连接 3 d) 圆弧连接 4 e) 圆弧连接 5 f) 圆弧连接 6

22．画一个矩形和两个同心圆，圆的圆心位于矩形的中心，其中一个圆的面积等于矩形的面积，另一个圆的周长等于矩形的周长。通过标注约束修改矩形的尺寸时，圆的位置大小能同步变化，如图 3-109 所示。

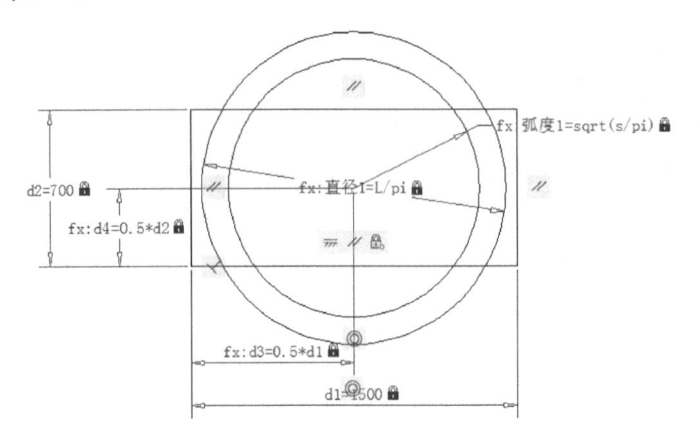

图 3-109　参数化绘图

第 4 章　文字、查询和表格

本章主要介绍文字样式、单行文字、多行文字、编辑文字、查找和替换等内容，符合国家标准的工程图文字的输入和修改方法，以及查询和表格的使用方法。

4.1　文字

4.1　文字

文字在工程图纸中用于说明、列表、标题等项目，是工程图纸必不可少的内容。AutoCAD 中有两类文字：一类是单行文字，它并不是只能创建一行文字，也可以创建多行文字，只是系统将每行文字看作是一单独的对象，常用于较简短的文字项目，如标题栏信息和尺寸说明等；另一类是多行文字，常用于带有段落格式的信息，如工艺流程和技术条件等。与单行文字不同的是，多行文字整体是一个文字对象，每一单行不再是单独的文字对象，也不能单独编辑。

文字外观由与它关联的文字样式决定，默认状态下，Standard 文字样式是当前样式，也可以根据需要创建新的文字样式。输入文字后可以修改，包括修改文字的内容、大小和样式。任何工程图纸中的文字都需要符合国家标准。

带有“T”标志的是 Windows 系统提供的“TrueType”字体，其他字体是 AutoCAD 本身的字体（*.shx）。当字体样式采用 TrueTyPe 字体时，可以通过系统变量 TEXTFILL 和 TEXTQLTY 确定所标注的文字是否填充以及文字的光滑程度。当系统变量 TEXTFILL 为默认值时不填充，为 1 时则进行填充。系统变量 TEXTQLTY 的取值范围是 0～100，默认值为 50。TEXTQLTY 的值越大，文字越光滑，但图形输出时的时间越长。

选择“工具”→“工具栏”→“AutoCAD”→“文字”选项，如图 4-1 中①～④所示，可以调出“文字”工具栏，如图 4-1 中⑤所示。

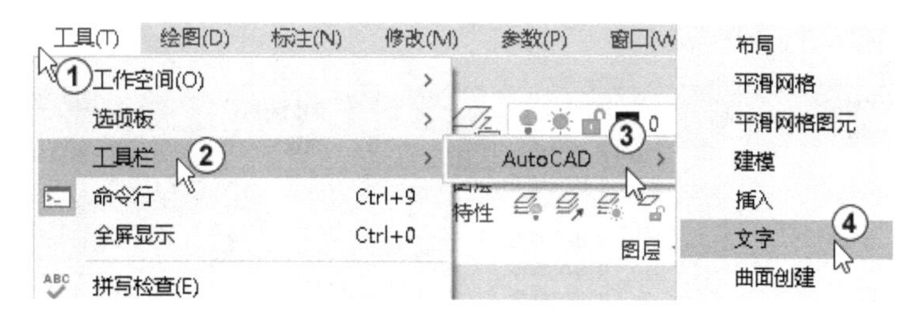

图 4-1　调出文字工具栏

“文字”工具栏包括输入多行文字、单行文字、编辑文字、查找和替换、拼写检查、文字样式、缩放文字、对正文字和在空间之间转换距离命令。

文字的基本要求如下。

1）书写的汉字、数字、字母必须做到：字体端正、笔画清楚、间隔均匀、排列整齐。

2）字体的号数，即字体的高度（用 h 表示），其公称尺寸系列为 1.8，2.5，3.5，5，7，10，

14，20mm。

3）在同一图样上，只能允许选用一种形式的字体。

4）可写成斜体和直体，斜体字字头向右倾斜，与水平基准线成 75°。

5）用作指数、分数、极限偏差、注脚等的数字及字母，一般采用小一号字体。

字的大小是和图幅相关的，相关规定如表 4-1 所示。

表 4-1　字的大小与图幅的关系

	A0	A1	A2	A3	A4
汉字、字母与数字	5		3.5		

4.1.1 文字样式

4.1.1　文字样式

在 AutoCAD 中输入的文字，总具有一定的风格、高度、宽度、倾斜角度，这称为文字样式。可以使用文字样式命令来修改文字的样式或者建立新样式。

可采用以下几种方法之一来激活文字样式。

功能区：单击“默认”选项卡→“注释”面板→“文字样式”按钮。

菜单栏：选择“格式(O)”→“文字样式(S)”选项。

工具栏：单击“文字”工具栏上的“文字样式”按钮。

命令行窗口：style。

单击“默认”选项卡→“注释”面板→“文字样式”按钮，弹出“文字样式”对话框。默认情况下，文字样式名为 Standard，字体为宋体，高度为 0，宽度比例为 1。

下面介绍“文字样式”对话框中的常用选项。

1）“字体”选项组决定了文字最终显示的形式，可通过“字体名”下拉列表框选择字体，如图 4-2 中①所示。

2）通过“字体样式”下拉列表框确定字体的格式（如斜体、粗体等），如图 4-2 中②所示。

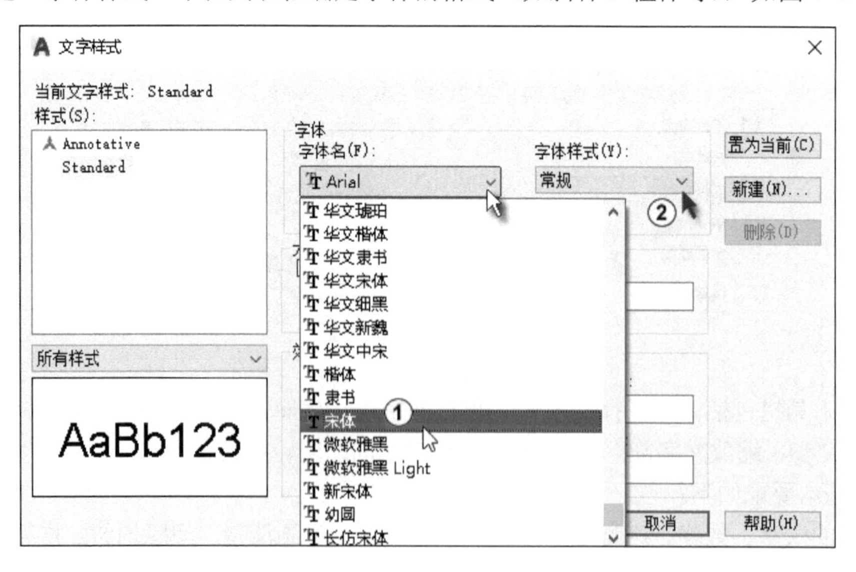

图 4-2　选择字体

3）“高度”文本框确定文字的高度，这里保持为 0，如图 4-3 中①所示。

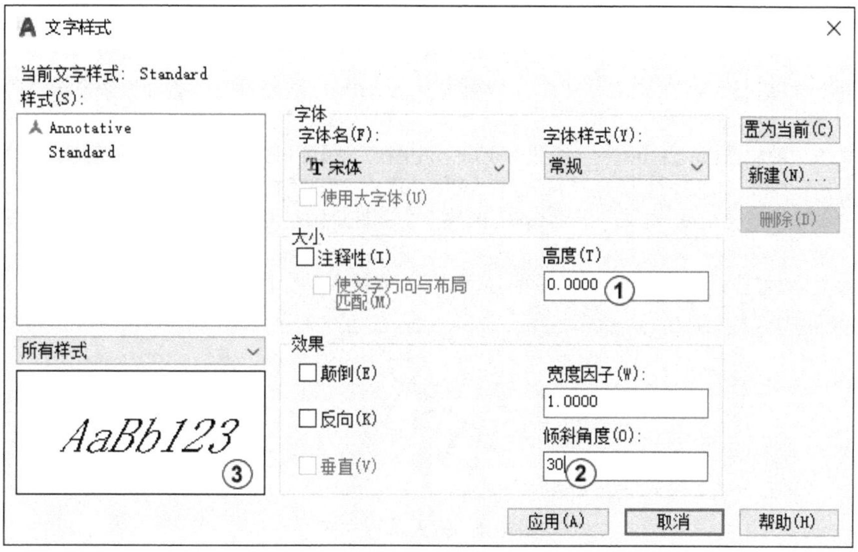

图 4-3　设置字体宽度因子和倾斜角度

注意

若“高度”设置为 0，输入文字时将提示指定文字高度。

4）“效果”选项组中“宽度因子”选项用于设置文字的宽度，默认值为 1，若输入小于 1 的数值，文字将变窄，否则，文字变宽。

5）“倾斜角度”选项用于指定文本的倾斜角度，角度值为负时，向左倾斜，角度值为正时，向右倾斜，如图 4-3 中②③所示。

6）选择“颠倒”选项，文字上下颠倒显示，仅影响单行文字。

7）选择“反向”选项，文字首尾反向显示，仅影响单行文字

8）选择“垂直”选项，文字将沿竖直方向排列。单击“取消”按钮返回绘图界面。

注意

设置颠倒、反向、垂直效果可应用于已输入的文字，而高度、宽度比例和倾斜度效果只能应用于新输入的文字。

4.1.2 单行文字

单行文字命令用于创建一行或者多行文字，每行文字作为一个独立的图形对象参与图形编辑，如移动、旋转、调整格式等。可采用以下几种方法之一来激活单行文字命令。

- 功能区：单击“默认”选项卡→“注释”面板→“单行文字”按钮。
- 菜单栏：选择“绘图(D)”→“文字(X)”→“单行文字(S)”选项。
- 工具栏：单击“文字”工具栏上的“单行文字”按钮。

命令行窗口：text。

单击“默认”选项卡→“注释”面板→“单行文字”按钮A|，系统提示如下：

命令：_text

当前文字样式：“Standard” 文字高度：2.5000 注释性：否（系统显示当前多行文字系统的设置为标准设置，字高为2.5）

指定文字的起点或［对正(J)/样式(S)］：（在图形编辑窗口中单击确定文字起点）

指定高度 <2.5000>:200↙（输入新的文字高度为200后按〈Enter〉键）

指定文字的旋转角度 <0>:30↙（输入的整个文字行将倾斜度30°。而前述的“倾斜角度”是指字符本身的倾斜度）

输入文字:江江↙（输入“江江”，按〈Enter〉键进入下一行，再按〈Enter〉键或〈Esc〉键结束文字操作命令，如图4-4所示）

图4-4 输入单行文字

在上述命令行提示中若选择“对正（J）”选项，可以使输入的文字以某种方式排列对齐。执行该选项，进入下一级选项组：

输入选项［对齐(A)/布满(F)/居中(C)/中间(M)/右对齐(R)/左上(TL)/中上(TC)/右上(TR)/左中(ML)/正中(MC)/右中(MR)/左下(BL)/中下(BC)/右下(BR)］：

各选项的含义如表4-2所示。

表4-2 对正（J）各选项的含义

图例	各选项的含义	图例	各选项的含义
1⌀12.7 FOR ⌀8 2 BUSHING-PRESS FIT-4 REQ.-EQ. SP.	**对齐**：单行文字对齐指定的两个端点，文字高度按比例调整，文字越多，字高越矮	⌀12.7 FOR ⌀8 BUSHING-PRESS FIT-4 REQ.-EQ. SP.	**调整**：单行文字对齐指定的两个端点，文字高度固定，宽度按比例调整，文字越多，字宽越窄
AUTOCAD 1	**中心**：从基线的水平中心对齐文字，此基线是由用户给出的点指定的。旋转角度是指基线以中点为圆心旋转的角度，它决定了文字基线的方向。可通过指定点来决定该角度。文字基线的绘制方向为从起点到指定点。如果指定的点在圆心的左边，将绘制出倒置的文字	AUTOCAD 1	**中间**：文字在基线的水平中点和指定高度的垂直中点上对齐。中间对齐的文字不保持在基线上。“中间”选项与“正中”选项不同，“中间”选项使用的中点是所有文字包括下行文字在内的中点，而“正中”选项使用大写字母高度的中点
AUTOCAD 1	**右**：在由用户给出的点指定的基线上右对正文字	1 AUTOCAD	**左上**：在指定为文字顶点的点上左对正文字。只适用于水平方向的文字
1 AUTOCAD	**中上**：以指定为文字顶点的点居中对正文字。只适用于水平方向的文字	AUTOCAD 1	**右上**：以指定为文字顶点的点右对正文字。只适用于水平方向的文字
1 AUTOCAD	**左中**：在指定为文字中间点的点上靠左对正文字。只适用于水平方向的文字	1 AUTOCAD	**正中**：在文字的中央水平和垂直居中对正文字。只适用于水平方向的文字
AUTOCAD 1	**右中**：以指定为文字的中间点的点右对正文字。只适用于水平方向的文字	AUTOCAD 1	**左下**：以指定为基线的点左对正文字。只适用于水平方向的文字
AUTOCAD 1	**中下**：以指定为基线的点居中对正文字。只适用于水平方向的文字	AUTOCAD 1	**右下**：以指定为基线的点靠右对正文字。只适用于水平方向的文字

单击“默认”选项卡→“注释”面板→“单行文字”按钮A|，系统提示如下：

命令：_text

当前文字样式：“Standard” 文字高度：200.0000 注释性：否

```
指定文字的起点或 [对正(J)/样式(S)]:J↙（执行“对正”选项）
输入选项 [对齐(A)/布满(F)/居中(C)/中间(M)/右对齐(R)/左上(TL)/中上(TC)/右上(TR)/左中(ML)/正中(MC)/右中(MR)/左下(BL)/中下(BC)/右下(BR)]:A↙（执行“对齐”选项）
指定文字基线的第一个端点:（单击确认文字起始点，如图 4-5 中①所示）
指定文字基线的第二个端点:（单击确认文字终点，如图 4-5 中②所示）
输入文字:江江↙（输入“江江”，按〈Enter〉键进入下一行，按〈Esc〉键结束操作，如图 4-5 中③所示）
```

图 4-5　确认文字起点和终点并执行“对齐”选项的效果

单击“默认”选项卡→“注释”面板→“单行文字”按钮A，系统提示如下：

```
命令: _text
当前文字样式: “Standard” 文字高度: 200.0000 注释性: 否
指定文字的起点或 [对正(J)/样式(S)]:J↙（执行“对正”选项）
输入选项 [对齐(A)/布满(F)/居中(C)/中间(M)/右对齐(R)/左上(TL)/中上(TC)/右上(TR)/左中(ML)/正中(MC)/右中(MR)/左下(BL)/中下(BC)/右下(BR)]:F↙（执行“布满”选项）
指定文字基线的第一个端点:（单击确认文字起始点，如图 4-6 中①所示）
指定文字基线的第二个端点:（单击确认文字终点，如图 4-6 中②所示）
指定高度 <200.0000>:↙（按〈Enter〉键确认默认值 200）
输入文字:江苏↙（输入“江”，如图 4-6 中③所示；输入“江苏”，如图 4-4 中④所示，按〈Enter〉键进入下一行，按〈Esc〉键结束操作）
```

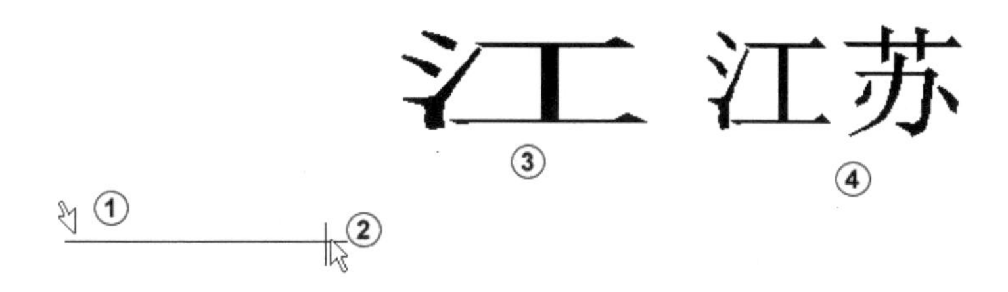

图 4-6　确定新行文字的起点和终点及输入的文字效果

文字输入过程中的相应技巧如下。

1）在一个单行文字命令下，可书写若干行单行文字。每输入一行文字后，按〈Enter〉键，文字输入点自动换行，然后即可输入第二行文字。

2）如果在输入文字的过程中，移动鼠标指针到新位置后单击，原文字行结束，可以在新的位置输入文字。

3）要改正已输入的字符，只要按〈Backspace〉键，就能把该字符删除，然后输入新的字符。

工程图中常会用到许多不能从键盘直接输入的特殊符号，如直径符号Φ、角度符号°（度）等。此时可输入特殊的代码来产生特殊符号，即从键盘上输入相应的代号，如表 4-3 所示。

表 4-3　工程符号的代号

代码	字符	示例
%%O	打开或关闭文字上画线	%%O 江苏=江苏
%%U	打开或关闭文字下画线	%%U 江苏=江苏
%%D	角度符号，°	80%%D =80°
%%P	正负符号，即±	%%P80=±80
%%C	直径符号，即Φ	%%C 80=Ø80

%%O 和%%U 分别是上画线与下画线的开关，即当第一次出现这个符号时，表明打开上画线或下画线，而当第二次出现该符号时，则会关掉上画线或下画线。

在“输入文字”提示下输入控制符时，这些控制符也临时显示在屏幕上，当结束文字输入命令后，控制符从屏幕上消失，换成相应的特殊字符。

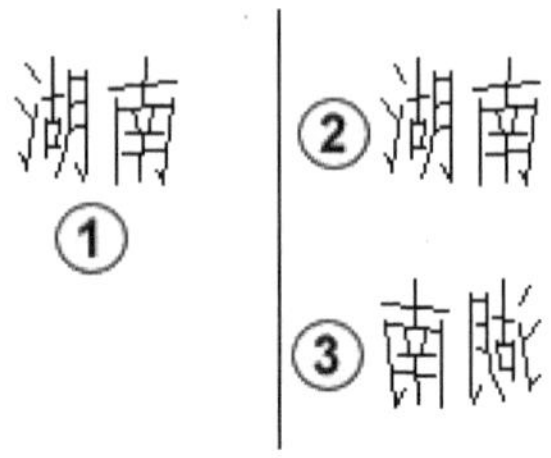

图 4-7　镜像文字

镜像文字、属性和属性定义时，默认情况是它们在镜像图中不反转或倒置，而是与镜像前一样，如图 4-7 中②所示。若确实需要反转文字，应将 mirrtext 系统变量设为 1，如图 4-7 中③所示，系统提示如下：

```
命令:mirrtext↙
输入 MIRRTEXT 的新值 <0>:1↙
```

4.1.3 多行文字

使用多行文字可以创建较为复杂的文字说明，如图样的技术要求等。在 AutoCAD 中，多行文字是通过多行文字编辑器来完成的。多行文字编辑器包括一个“文字格式”工具栏和一个快捷菜单。

多行文字是指文字行或文字段落，它们布满指定的宽度，还可以沿垂直方向无限延伸。可采用以下几种方法之一来激活多行文字命令。

功能区：单击“默认”选项卡→“注释”面板→“多行文字”按钮A。

菜单栏：选择“绘图(D)”→“文字(X)”→“多行文字(M)”选项。

工具栏：单击“文字”工具栏上的“多行文字”按钮A。

命令行窗口：mtext。

单击“默认”选项卡→“注释”面板→“多行文字”按钮A，系统提示如下：

```
命令: _mtext
当前文字样式: "Standard"  文字高度: 200  注释性: 否
指定第一角点:(绘图区域出现带“abc”的文字位置提示，在文字开始点单击，如图 4-8 中①所示)
指定对角点或 [高度(H)/对正(J)/行距(L)/旋转(R)/样式(S)/宽度(W)/栏(C)]:L↙ (执行确定标注文字的行间距)
输入行距类型 [至少(A)/精确(E)] <至少(A)>:↙(确认最小文字的行间距)
输入行距比例或行距 <1x>:↙(确认行间距为 1 倍字宽)
指定对角点或 [高度(H)/对正(J)/行距(L)/旋转(R)/样式(S)/宽度(W)/栏(C)]:H↙ (执行修改文字字高选项)
指定高度 <200>:↙(确认默认值)
```

指定对角点或 [高度(H)/对正(J)/行距(L)/旋转(R)/样式(S)/宽度(W)/栏(C)]:R↙（执行确定旋转文字的角度）

指定旋转角度 <0>:↙（确认不旋转）

指定对角点或 [高度(H)/对正(J)/行距(L)/旋转(R)/样式(S)/宽度(W)/栏(C)]:(拖动鼠标到适当位置后单击以确定文字框位置，如图 4-8 中②所示）

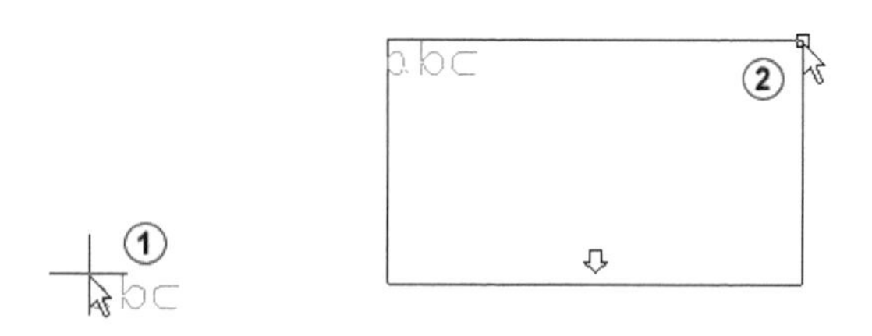

图 4-8 确定文字框

这时 AutoCAD 将以两个点作为对角点所形成的矩形区域作为文字行的宽度并打开“文字格式”对话框，光标在输入框左侧闪动，文字输入框是透明的，可以观察到文字与其他对象是否重叠，输入文字，当文本达到定义边框的右边界时，系统会自动换行，如图 4-9 中①所示。可按〈Shift+Enter〉键换行（若按〈Enter〉键换行，则表示已输入的文字构成一个段落)，最后按〈Esc〉键结束操作。将鼠标指针移动到边界上后按着鼠标左键不放向右方拖拉，自动换行后的文字上移，如图 4-9 中②所示。

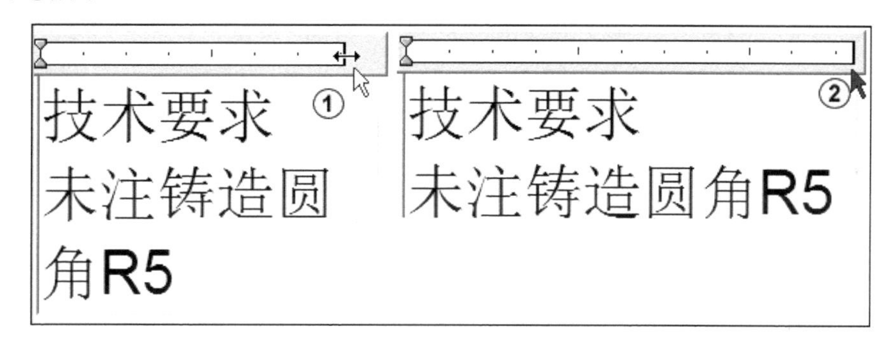

图 4-9 多行文字编辑器

其中“对正（J)”决定所标注段落文字的排列形式。各选项表示的排列形式与单行文字命令中的同名排列形式相类似，只不过是相对于整个标注段落而言的。

输入文字时，若未出现“在位文字编辑器”，可在绘图区域中右击，从弹出的快捷菜单中选择“编辑器设置”→“显示工具栏”选项，如图 4-10 中①②所示。

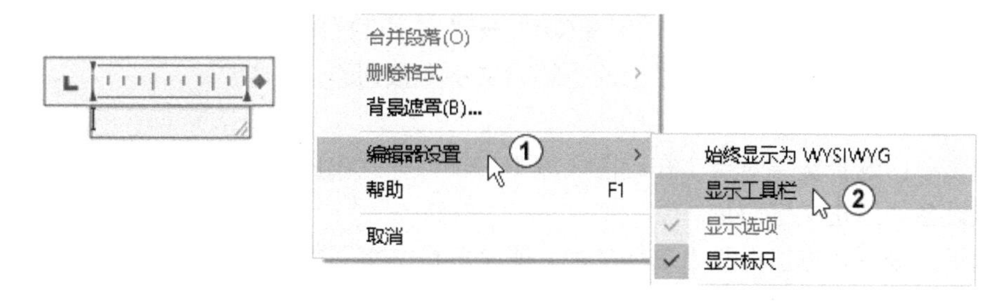

图 4-10 显示工具栏

“在位文字编辑器”包含“文字格式”工具栏和选项菜单，显示为一个顶部带标尺的边框和“文字格式”工具栏，如图 4-11 所示。该编辑器是透明的，因此用户在创建文字时可看到文字是否与其他对象重叠。操作过程中要关闭透明度，需选中“选项”菜单中的“不透明背景”选项。也可以将已完成的多行文字对象的背景设置为不透明，并设置其颜色。

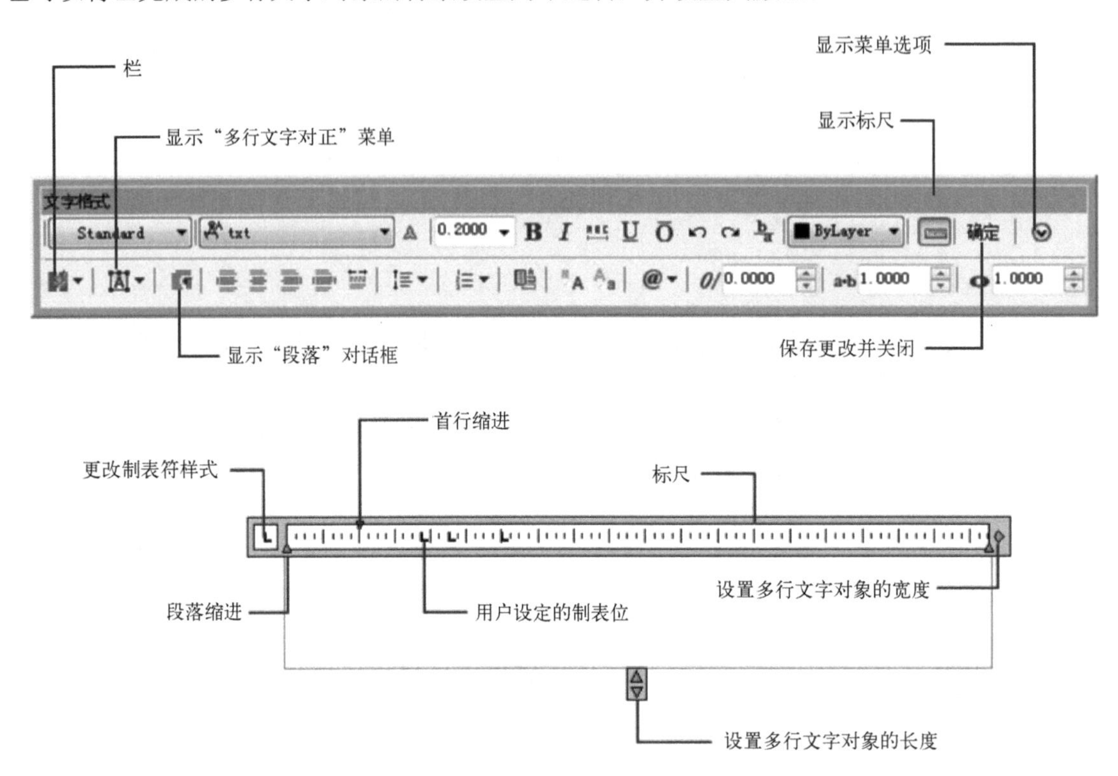

图 4-11　在位文字编辑器

注意

如果段落文字的位置不太合适，可以使用“默认”选项卡→“修改”→“移动”命令进行适当的调整。

4.1.4 编辑文字

可采用以下几种方法之一来激活编辑文字命令。

菜单栏：选择“修改(M)”→“对象(O)”→“文字(T)”→“编辑(E)”选项。

工具栏：单击“文字”工具栏上的“编辑文字”按钮。

命令行窗口：ddedit。

快捷菜单：选择文字对象，在绘图区域中右击，在弹出的快捷菜单中选择“编辑”选项。

定点设备：双击文字对象。

启动编辑命令后，将出现和“单行文字”或“多行文字”创建时一样的情景，可以修改并编辑文字。

注意

如果修改文字样式的垂直、宽度比例与倾斜角度设置，这些修改将影响到图形中已有的用同一种文字样式注写的多行文字，这与单行文字是不同的。因此，对用同一种文字样式注写的多行文字中的某些文字进行修改，可以重建一个新的文字样式来实现。

在工程图样中有时需要查找到所需的文字并进行更改，例如，在明细栏中某个零件的名字要更改，如果用手工方式，必须浏览全部的明细栏查找到该零件，然后进行编辑修改；有时在图样中有多段相同的文字进行更改，对每段文字逐一编辑修改非常麻烦。使用查找和替换命令可以在作为图形处理的文字中方便地找到指定的字符并加以替换。

可采用以下几种方法之一来激活查找文字命令。

功能区：单击“注释”选项卡→“文字”面板→“查找文字”按钮。

菜单栏：选择“编辑(E)”→“查找(F)”选项。

工具栏：单击“文字”工具栏上的“查找文字”按钮。

命令行窗口：find。

快捷菜单：终止所有活动命令，在绘图区域右击，在弹出的快捷菜单中选择“查找”选项。

拼写检查可以对文字中的英文单词进行拼写错误检查，可采用以下几种方法之一来激活拼写检查命令。

功能区：单击“注释”选项卡→“文字”面板→“拼写检查”按钮。

菜单栏：选择“工具(T)”→“拼写检查(E)”选项。

工具栏：单击“文字”工具栏上的“拼写检查”按钮。

命令行窗口：spell。

激活拼写检查后系统要求选择要检查的文本对象，然后打开“拼写检查”对话框，系统会将它认为的错误单词列出来，并给出与其相近的单词供用户修改时参考和选用。

可以使用“缩放文字”命令根据需要修改文字的字高，以及使用非标准的字高。单击“文字”工具栏上的“缩放文字”按钮，系统提示如下：

```
命令: _scaletext
选择对象:(选择要修改的文字)
选择对象:↙
输入缩放的基点选项
[现有(E)/左对齐(L)/居中(C)/中间(M)/右对齐(R)/左上(TL)/中上(TC)/右上(TR)/左中(ML)/正中(MC)/右中(MR)/左下(BL)/中下(BC)/右下(BR)] <现有>:↙(执行现有选项)
指定新模型高度或 [图纸高度(P)/匹配对象(M)/比例因子(S)] <200>:s↙(执行缩放比例选项)
指定缩放比例或 [参照(R)] <2>:1.5↙(输入比例值)
1 个对象已更改
```

结果所选的文字放大了 1.5 倍。

4.2 查询

本节介绍查询图形信息的一些命令。先绘制一个图形，在命令行窗口输入 rec，系统提示如下：

```
命令: rec
RECTANG
指定第一个角点或 [倒角(C)/标高(E)/圆角(F)/厚度(T)/宽度(W)]:100,100↙
指定另一个角点或 [面积(A)/尺寸(D)/旋转(R)]:@30,20↙
命令:z↙（增大或减小当前视口中视图的比例）
ZOOM
指定窗口的角点，输入比例因子 (nX 或 nXP)，或者
[全部(A)/中心(C)/动态(D)/范围(E)/上一个(P)/比例(S)/窗口(W)/对象(O)] <实时>:a↙
命令:↙
命令:_rectang
指定第一个角点或 [倒角(C)/标高(E)/圆角(F)/厚度(T)/宽度(W)]:（捕捉图 4-12 中①所示的中点）
指定另一个角点或 [面积(A)/尺寸(D)/旋转(R)]:@30,20↙
```

4.2.1 查询点坐标和距离

查询点坐标的 ID 命令可以测量图形上某点的绝对坐标，对于二维图形，Z 坐标为 0。

注意

ID 命令显示的坐标值与当前坐标系的位置有关，如果读者创建新坐标系，则同一点的坐标值将会发生变化。

选择“工具”→“查询”→“点坐标”选项，系统提示如下：

```
命令: '_id
指定点:（捕捉图 4-12 中②所示的点）
捕捉  X = 145.0     Y = 130.0     Z = 0.0
```

查询距离的 dist 命令可以测量图形上两点之间的距离，计算出与两点连线相关的一些角度。

注意

选择两点的顺序不同，查询的距离不变，但与此相关的一些角度等会变化。

在命令行窗口输入 dist，系统提示如下：

```
命令:di↙
指定第一点:（捕捉图 4-12 中③所示的点）
指定第二个点或 [多个点(M)]:（捕捉图 4-12 中④所示的点）
距离 = 30.0, XY 平面中的倾角 = 180,   与 XY 平面的夹角 = 0
X 增量 = -30.0,   Y 增量 = 0.0,    Z 增量 = 0.0
```

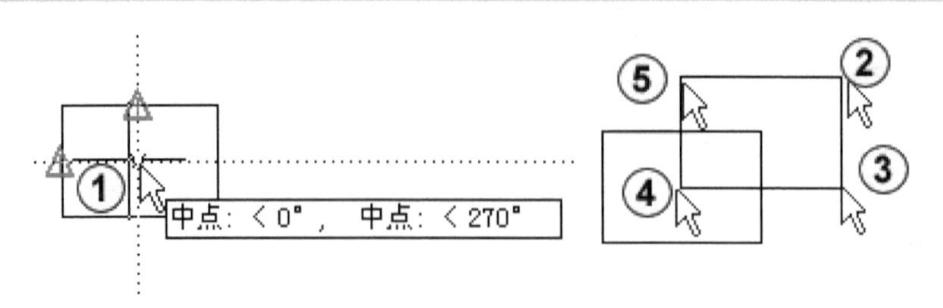

图 4-12 绘制图形及查询

4.2.2 查询面积和周长

查询距离的 area 命令可以测量图形中指定区域的面积和周长，也可以进行面积的回头运算等。如果指定的区域是非封闭的，系统将假定有一条连线使其封闭，然后计算出封闭区域的面积，但所计算出的周长却是非封闭的实际长度。“增加面积(A)”选项，可将新测量的面积加入到总面积中。

注意

可以将复杂的图形建成面域后用“对象(O)”选项查询面积和周长。

在命令行窗口输入 area，系统提示如下：

```
AREA
指定第一个角点或 [对象(O)/增加面积(A)/减少面积(S)] <对象(O)>:(捕捉图 4-12 中⑤所示的点)
指定下一个点或 [圆弧(A)/长度(L)/放弃(U)]:(捕捉图 4-12 中④所示的点)
指定下一个点或 [圆弧(A)/长度(L)/放弃(U)]:(捕捉图 4-12 中③所示的点)
指定下一个点或 [圆弧(A)/长度(L)/放弃(U)]:
指定下一个点或 [圆弧(A)/长度(L)/放弃(U)/总计(T)] <总计>:↙
面积 = 300.0, 周长 = 86.1
```

无论查询多少次，每次只给出刚选的一个面积。但若采用“增加面积”选项，那么第二次查询的三角形面积会自动叠加起来，给出总面积。

```
命令:area↙
AREA
指定第一个角点或 [对象(O)/增加面积(A)/减少面积(S)] <对象(O)>:a↙
指定第一个角点或 [对象(O)/减少面积(S)]:(捕捉图 4-12 中②所示的点)
 (“加”模式)指定下一个点或 [圆弧(A)/长度(L)/放弃(U)]:(捕捉图 4-12 中③所示的点)
 (“加”模式)指定下一个点或 [圆弧(A)/长度(L)/放弃(U)]:(捕捉图 4-12 中④所示的点)
 (“加”模式)指定下一个点或 [圆弧(A)/长度(L)/放弃(U)/总计(T)] <总计>:↙
面积 = 300.0, 周长 = 86.1
总面积 = 300.0
指定第一个角点或 [对象(O)/减少面积(S)]:(捕捉图 4-12 中④所示的点)
 (“加”模式)指定下一个点或 [圆弧(A)/长度(L)/放弃(U)]:(捕捉图 4-12 中⑤所示的点)
 (“加”模式)指定下一个点或 [圆弧(A)/长度(L)/放弃(U)]:(捕捉图 4-12 中②所示的点)
 (“加”模式)指定下一个点或 [圆弧(A)/长度(L)/放弃(U)/总计(T)] <总计>:↙
面积 = 300.0, 周长 = 86.1
总面积 = 600.0
指定第一个角点或 [对象(O)/减少面积(S)]:↙
总面积 = 600.0
```

4.2.3 列出图形对象的信息

LIST 命令可以列出图形对象的信息。列出图形对象信息的步骤如下。

1）生成面域。单击“默认”面板上的“面域”命令，系统提示如下：

```
命令: _region
选择对象:(选择图 4-13 中①所示的区域)
选择对象:↙
```

```
已提取 1 个环。
已创建 1 个面域。
命令:↙
REGION
选择对象:(选择图 4-13 中②所示的区域)
选择对象:↙
已提取 1 个环。
已创建 1 个面域。
lkl
```

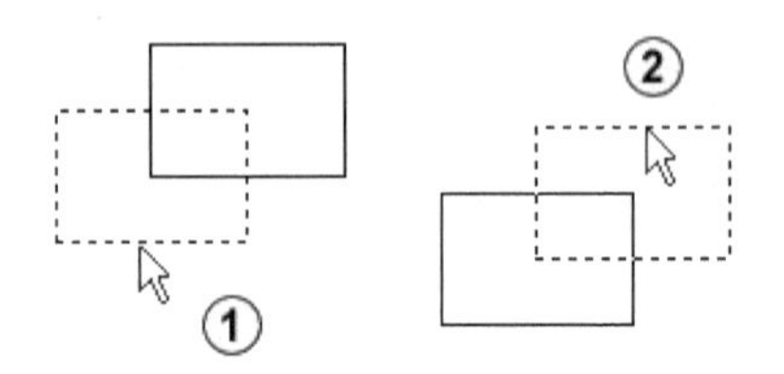

图 4-13 生成面域

2）生成并集。选择"修改"→"实体编辑"→"并集"选项，系统提示如下：

```
命令: _union
选择对象:(选择图 4-14 中①所示的面域)
选择对象:(选择图 4-14 中②所示的面域)
选择对象:↙
```

结果如图 4-14 中③所示。

3）查询面积。

```
命令:area↙
AREA
指定第一个角点或 [对象(O)/增加面积(A)/减少面积(S)] <对象(O)>:↙
选择对象:(选择图 4-14 中④所示的面域)
面积 = 1050.0, 周长 = 150.0
```

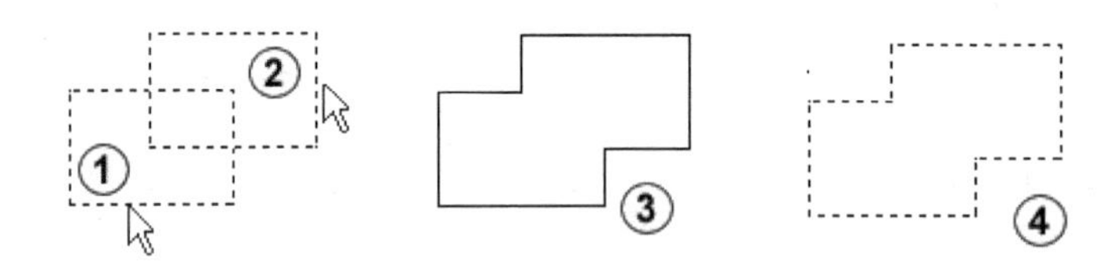

图 4-14 生成并集

4）列出图形信息。

在命令行输入 li，系统提示如下：

```
命令:li↙
LIST
选择对象:(选择图 4-14 中③所示的面域)
                        REGION     图层: 0
                                   空间: 模型空间
                       句柄 = b8
```

```
                    面积: 1050.0
                    周长: 150.0
      边界框: 边界下限 X = 177.0    , Y = 100.0    , Z = 0.0
          边界上限 X = 145.0    , Y = 130.0    , Z = 0.0
```

4.3 表格

4.3 表格

表格常用来展示与图形相关的标准、数据信息、材料和装配信息等内容。下面用表格建立一个标题栏。

可采用以下几种方法之一来激活表格样式。

功能区：单击“默认”选项卡→“注释”面板→“表格”旁的按钮。

菜单栏：选择“格式(O)”→“表格样式(B)”选项。

命令行窗口：tables。

1）选择“格式”→“表格样式”选项，打开“表格样式”对话框。单击“新建”按钮，如图 4-15 中①所示。在“创建新的表格样式”对话框的“新样式名”文本框中输入“标题栏”，如图 4-15 中②所示。单击“继续”按钮，如图 4-15 中③所示，弹出“新建表格样式：标题栏”对话框。

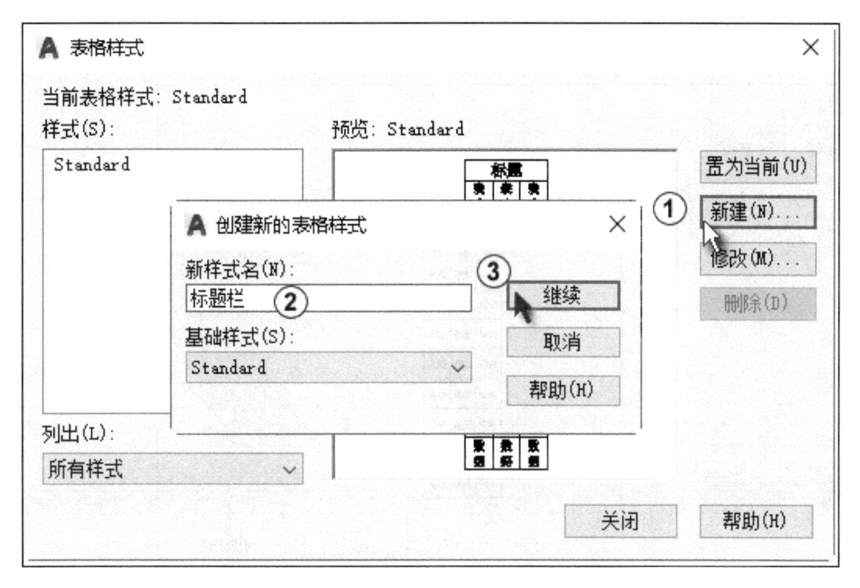

4.3 表格样式

图 4-15 “创建新的表格样式”对话框

2）在“单元样式”下拉列表中选择“数据”选项，如图 4-16 中①所示。在“常规”选项卡的“对齐”下拉列表框选择“正中”选项，如图 4-16 中②所示。在“文字”选项卡的“文字样式”下拉列表框中选择“Standard”选项，如图 4-16 中③所示。在“边框”选项卡的“特性”选项组中单击“外边框”按钮，如图 4-16 中④⑤所示。

3）单击“确定”按钮返回“表格样式”对话框，在“样式”列表框中选中创建的新样式，单击“置为当前”按钮，如图 4-17 所示。设置完毕后，单击“关闭”按钮，关闭“表格样式”对话框。

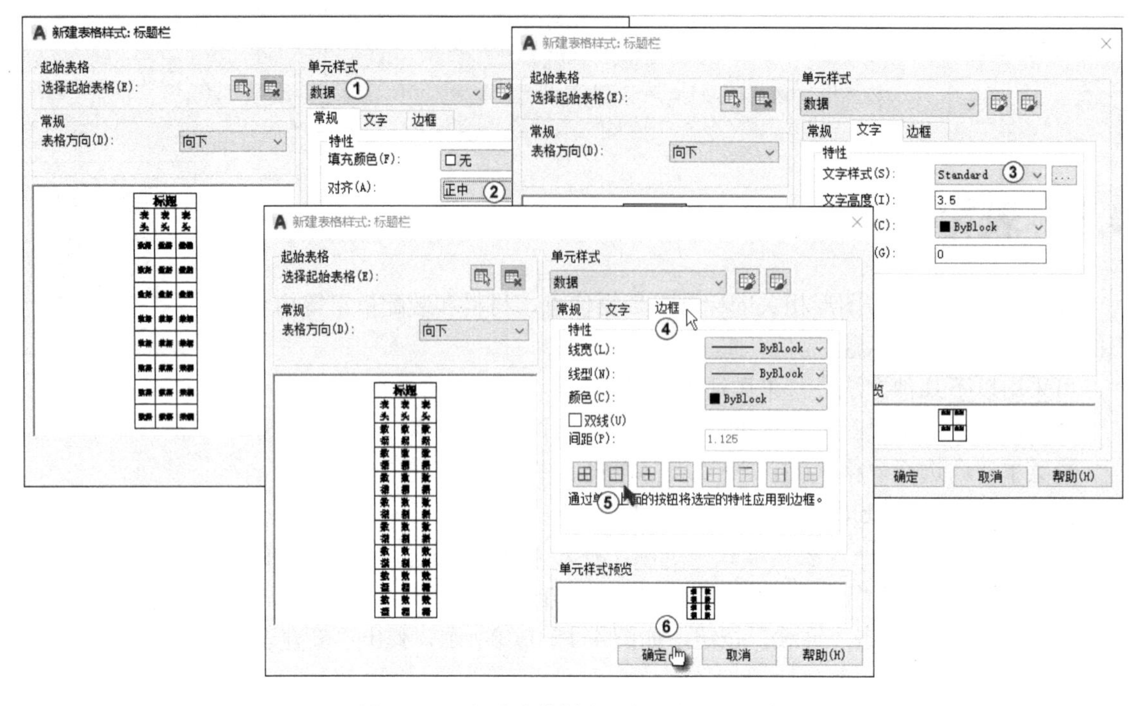

图 4-16 “新建表格样式：标题栏”对话框

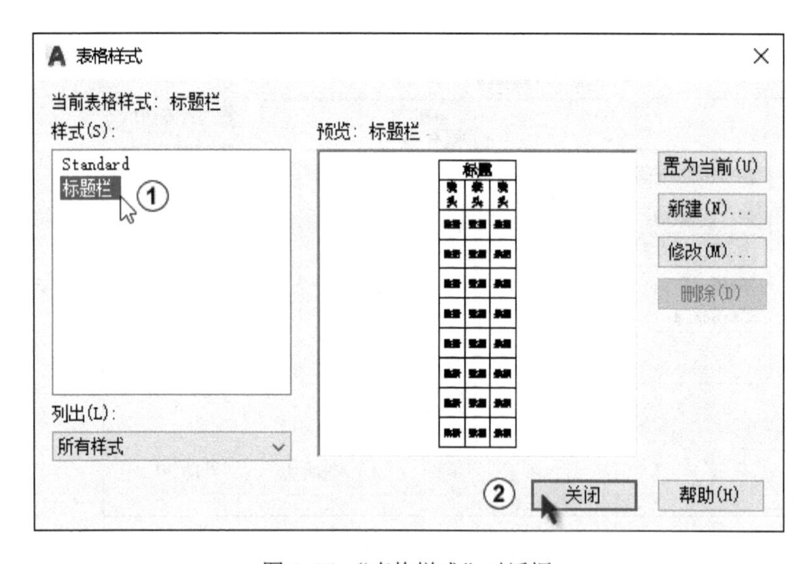

图 4-17 “表格样式”对话框

4）选择“绘图”→“表格”选项，弹出“插入表格”对话框，在“插入方式”选项组中选择“指定插入点”单选按钮，如图 4-18 中②所示。在“设置单元样式”选项组中选择“第一行单元样式”为“数据”；“第二行单元样式”为“数据”，如图 4-18 中③④所示。在“列和行设置”选项组中分别设置“列”“列宽”“数据行”和“行高”，如图 4-18 中⑤～⑧所示。单击“确定”按钮。

4.3 插入表格

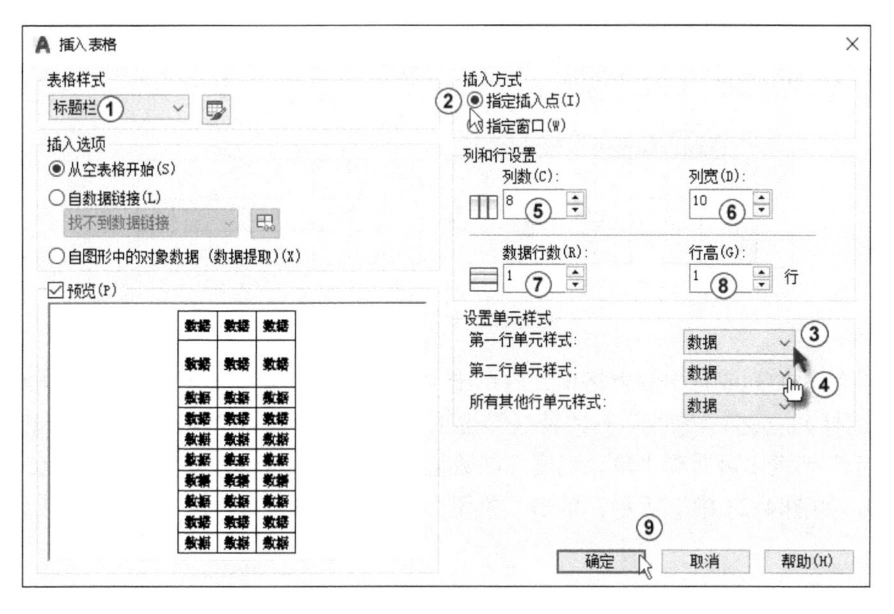

图 4-18 “插入表格”对话框

5）在绘图区中单击任意点，插入 3 行 8 列的表，如图 4-19 所示。

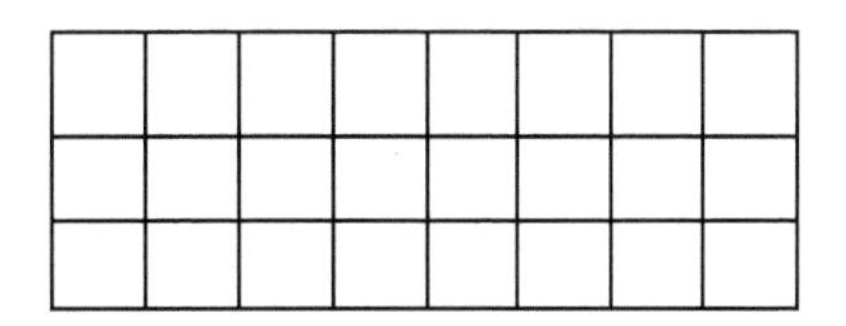

图 4-19　插入表格

6）选择表单元（选择一个单元，然后按住〈Shift〉键并在另一个单元内单击，可以同时选中这两个单元以及它们之间的所有单元），如图 4-20 中①所示。

7）右击并在弹出的快捷菜单中选择“合并”→“按行”选项，按〈Esc〉键后，结果如图 4-20 中②所示。

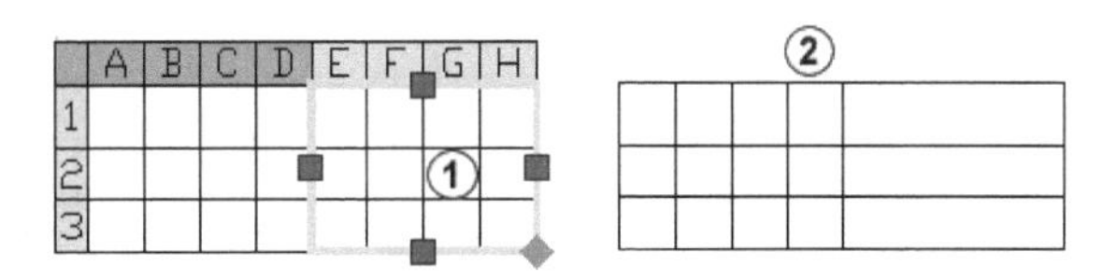

图 4-20　按行合并单元

8）选择表单元，如图 4-21 中①所示。右击并在弹出的快捷菜单中选择“合并”→“按列”选项，按〈Esc〉键后，结果如图 4-21 中②所示。

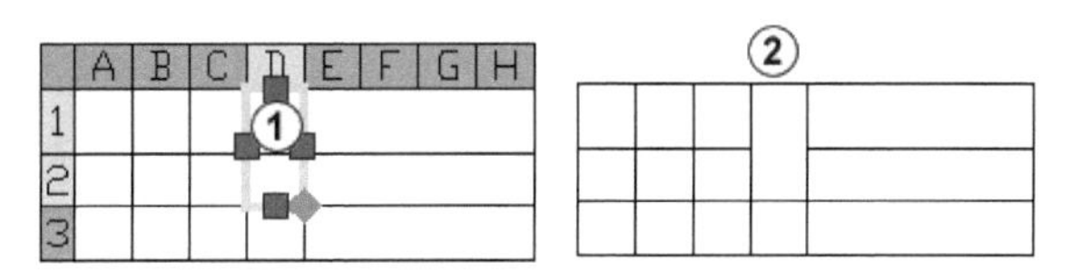

图 4-21　按列合并单元

9）选择单元格，如图 4-22 中①所示，右击并在弹出的快捷菜单中选择“取消合并”选项，按〈Esc〉键后，结果如图 4-22 中②所示。

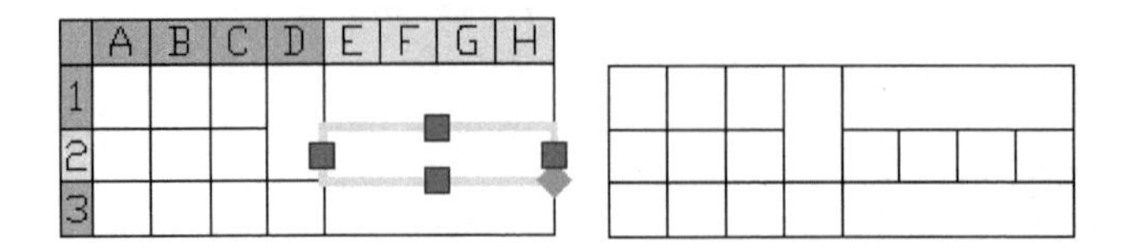

图 4-22　取消合并单元

10）在要修改的列或行中的表格单元内单击（此处选择如图 4-23 中①所示的单元，按〈Esc〉键可以删除选择）。选择“修改”→“特性”选项或者按快捷键〈Ctrl+1〉，在打开的“特性”对话框的“单元”列表中可看到“单元宽度”的数值为 10，如图 4-23 中②所示。修改“单元宽度”的数值为 40，如图 4-23 中③所示。单击“关闭”按钮，如图 4-23 中④所示。结果如图 4-23 中⑤所示。

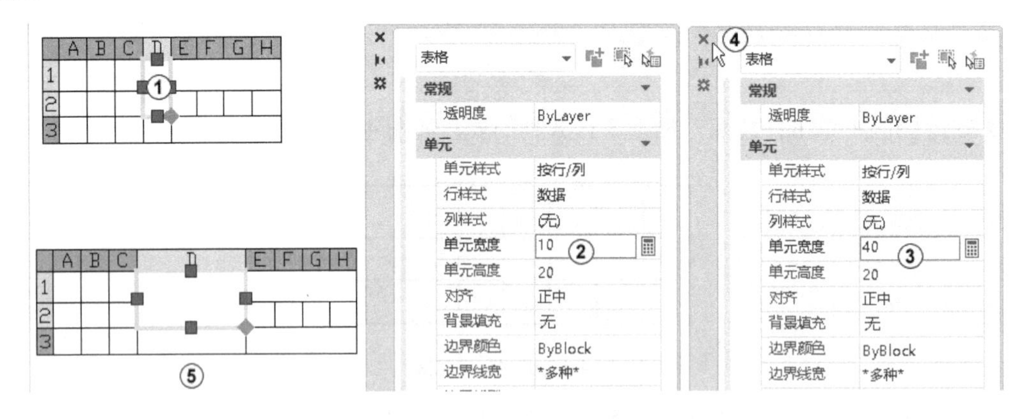

图 4-23　修改单元宽度

11）用类似的方法修改其他单元的数值，修改完毕后的结果如图 4-24 所示。

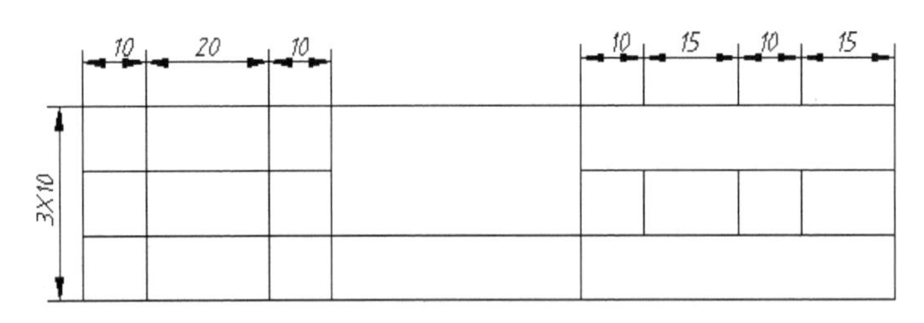

图 4-24　修改单元宽度和高度

4.4　习题

1. AutoCAD 默认了一种文字样式，其中字高为________，旋转角度为_____。
2. 控制符%%C 表示符号_______。
3. 写入单行文字的英文命令是______。

4．多行文字输入命令是________。

A．text　　B．dtext　　C．mtext　　D．dim

5．正负公差符号的控制码是________。

A．%%D　　B．%%C　　C．%%O　　D．%%P

6．检查文字拼写的命令是______。

A．spell　　B．check　　C．text　　D．都不是

7．绘制半径为 25 的两个圆，如图 4-25 中①②所示。将两个圆分别生成面域，并作“并集”（如图 4-25 中③所示）和“交集”（如图 4-25 中④所示），并分别查询其面积。

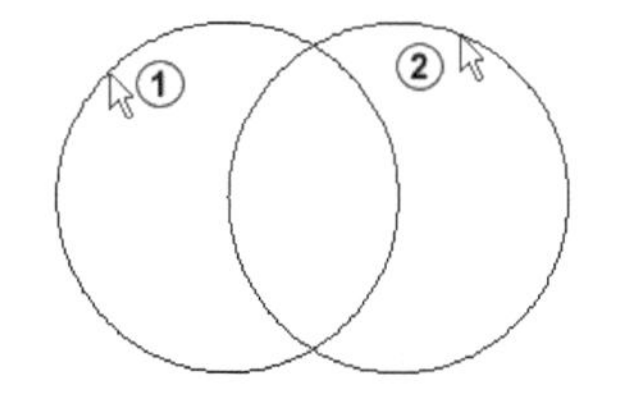

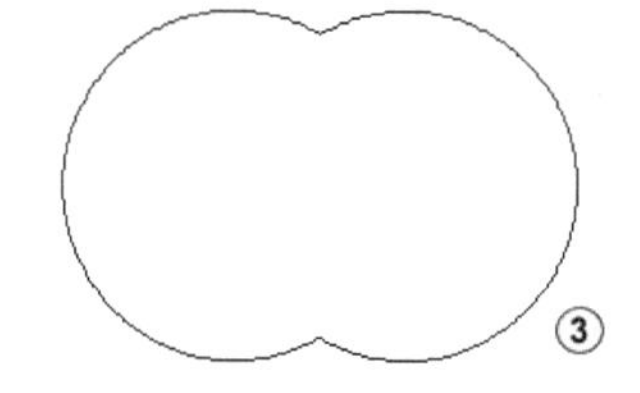

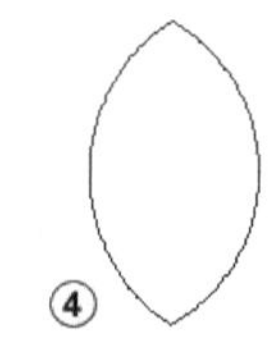

图 4-25　查询面积

8．创建 A4 图幅的标题栏样板文件，如图 4-26 中所示。

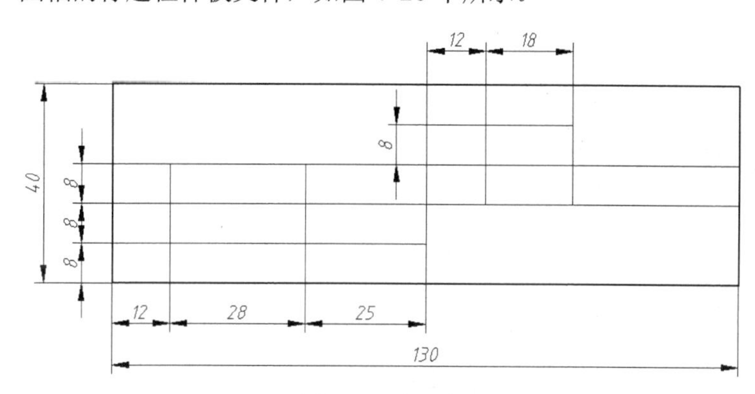

图 4-26　标题栏

第5章　设置绘图样板和图层

本章介绍绘图前的各种准备工作，为减少将来绘图时的重复劳动，提高绘图效率打下良好的基础。

机械制图国家标准对图纸的幅面与格式、标题栏格式等均有具体的要求。为使绘图方便，各设计单位和工厂一般会根据这些标准将图纸裁成相应的幅面，并在图纸上印上图框线和标题栏等内容。同样，使用 AutoCAD 绘制机械图时，用户也可以事先设置好绘图幅面、绘制好图幅框和标题栏。此外还可以进行更为广泛的绘图设置，如设置绘图单位的格式、标注文字与标注尺寸时的标注样式、图层和打印等。设置完毕后可以存为样板文件，以后创建新图形时，直接调出使用。

样板文件可以避免绘新图形时重复绘制相同图形对象以及设置绘图环境等重复操作，提高绘图效率，还能保证图形的一致性。基于某一样板文件绘新图形并以 dwg 格式保存后，所绘图形对原样板文件没有任何影响。AutoCAD 样板文件是扩展名为 dwt 的文件。

下面将以 A3 图幅为例，介绍如何定义对应的样板文件。

5.1　设置显示精度

绘图区背景影响视觉效果，显示精度影响小数点后的倍数。

1. 打开样板文件

启动 AutoCAD 后，单击工作界面最上方的快速访问工具栏中的“新建”按钮或者按快捷键〈Ctrl+N〉，系统弹出“选择样板”对话框，从中选择一种样板文件作为新文件的基文件，如 acadiso.dwt，因为此文件是一米制样板，其有关设置符合我国的制图标准。

单击“打开”按钮，AutoCAD 创建对应的新图形。此时就可以进行样板文件的相关设置或绘制相关图形了。单击绘图区域下方的“模型”和“布局 1”“布局 2”按钮，可在模型空间和图纸空间来回切换。

2. 设置显示精度

1）选择“工具”→“选项”选项，弹出“选项”对话框，选择“显示”选项卡，如图 5-1 中①所示。

2）在“显示精度”选项组中，将“圆弧和圆的平滑度”由 1000 改为 9999，如图 5-1 中②所示，这样将使圆的显示更光滑美观。

3）在“十字光标大小”选项组中可设置数字或者拖动滑块来设置屏幕上光标的显示大小，如图 5-1 中③所示。

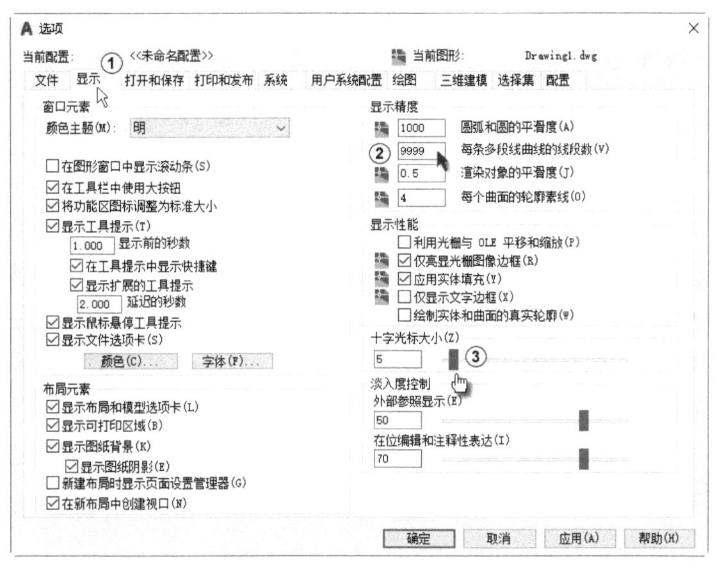

图 5-1 “显示”选项卡

5.2 设置尺寸关联和显示线宽

在尺寸和标注对象之间建立了几何驱动的尺寸标注叫尺寸关联。用修改命令对标注对象进行修改后，与之关联的尺寸会发生更新，图形尺寸也会发生相应变化。利用这个特点，在修改标注对象后不必重新标注尺寸，非常方便。

5.2.1 设置尺寸关联

在“选项”对话框中，选择“用户系统设置”选项卡，如图 5-2 中①所示，在“关联标注”选项组中选中“使新标注可关联”复选框，如图 5-2 中②所示，然后单击“确定”按钮。

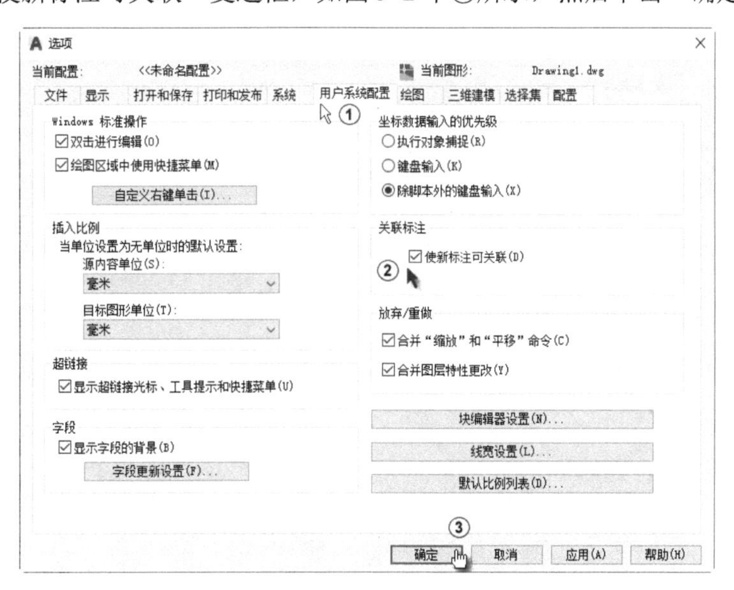

图 5-2 “用户系统配置”选项卡

5.2.2 设置显示线宽

为了使屏幕显示效果接近真实，需要对 AutoCAD 中显示线宽的参数进行修改，操作步骤如下：

选择“格式”→“线宽”选项或者在命令行窗口输入 lw 后按〈Enter〉键，弹出“线宽设置”对话框，选择“显示线宽”复选框，如图 5-3 中①所示。拖动“调整显示比例”滑块到适当的位置，如图 5-3 中②所示。单击“确定”按钮返回“选项”对话框，如图 5-3 中③所示。

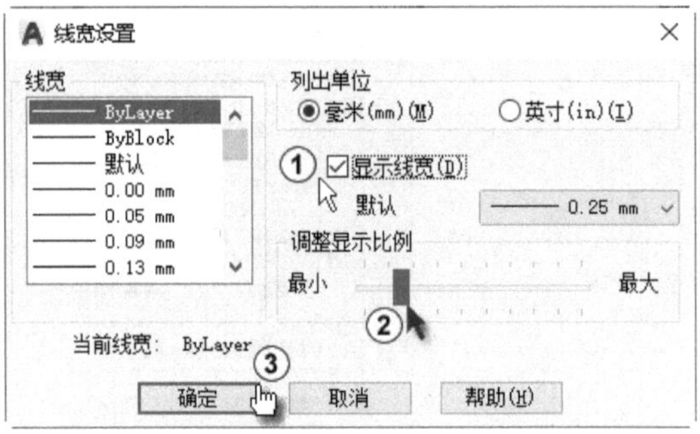

图 5-3 “线宽设置”对话框

5.3 设置绘图单位

绘图单位和图纸的大小均可按需预先设定好，以提高绘图效率。

用于设置绘图单位格式的命令是 units。要设置图形单位和精确度，可选择“格式”→“单位”选项，弹出“图形单位”对话框，该对话框用于确定长度尺寸和角度尺寸的单位格式以及对应的精度。

在“图形单位”对话框“长度”选项组的“类型”下拉列表框中选择“小数”，并设置“精度”为 0，如图 5-4 中①②所示。在“角度”选项组的“类型”下拉列表框中选择“十进制度数”，并设置“精度”为 0，系统默认逆时针方向为正，如图 5-4 中③④所示。

单击“方向”按钮，弹出“方向控制”对话框，该对话框用于确定基准角度，即零度角的方向。如果选择“其他”选项，可在“角度”文本框中通过输入与 X 轴夹角的角度数值确定零角度的方向。这里通过对话框将该方向设置为“东”方向（即默认方向），单击“确定”按钮，系统返回“图形单位”对话框。再单击对话框中的“确定”按钮，如图 5-4 中⑤～⑧所示，完成绘图单位格式及其精度的设置。

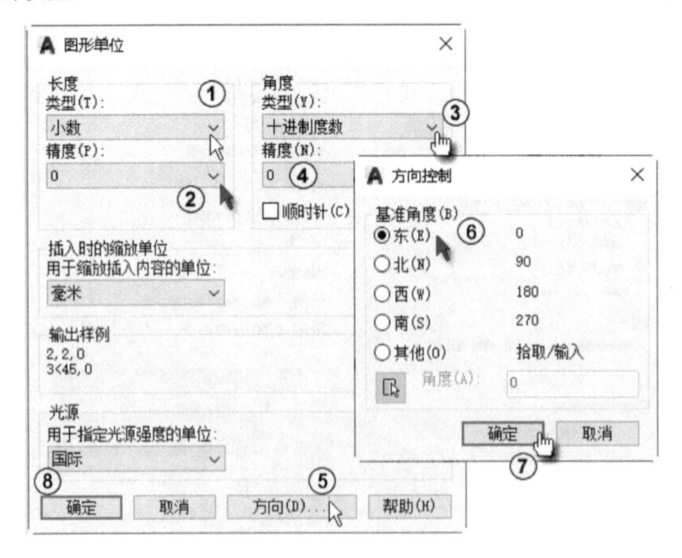

图 5-4 “图形单位”对话框

5.4　设置尺寸标注样式

5.4　设置尺寸标注样式

机械制图标准对尺寸标注的格式也有具体的要求，如尺寸文字的大小、尺寸箭头的大小等。本节将定义符合机械制图标准的尺寸标注样式。

5.4.1 设置基本尺寸标注样式

下面定义用文字样式“3.5”作为尺寸文字的尺寸标注样式。

1）选择“格式”→“标注样式”选项，系统弹出“标注样式管理器”对话框，单击“新建”按钮，如图 5-5 中①所示。

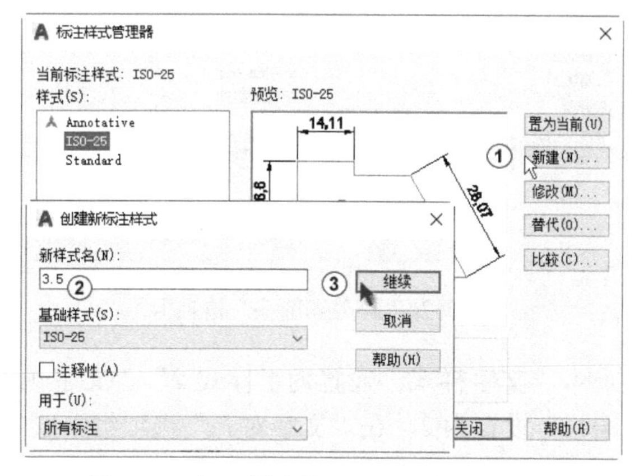

图 5-5 “标注样式管理器”对话框（一）

2）在“新样式名”文本框中输入“3.5”，其他采用默认设置，单击“继续”按钮，如图 5-5 中②③所示（“基础样式”文本框表示将以已有样式 ISO-25 为基础定义新样式）。

3）系统弹出“新建标注样式：3.5”对话框，在该对话框中单击“线”选项卡，将“尺寸线”和“尺寸界线”的颜色设置为“蓝”，“线型”为 Continuous，“线宽”为“默认”，“基线间距”设置为 7，“超出尺寸线”设置为 2，“起点偏移量”设置为 0，如图 5-6 中①～⑥所示。

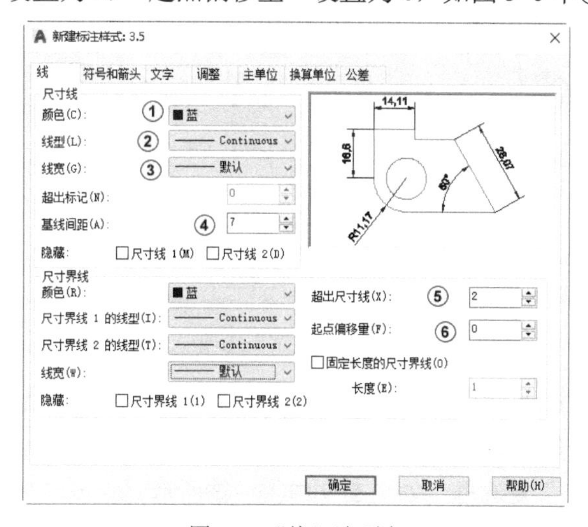

图 5-6 “线”选项卡

4）单击“符号和箭头”选项卡，将“箭头大小”设置为 2.5（通常比字高小一号），在“圆心标记”选项组中选中“无”单选按钮，在“弧长符号”选项组中选中“标注文字的前缀”单选按钮，如图 5-7 中①～③所示。其余均采用默认设置。

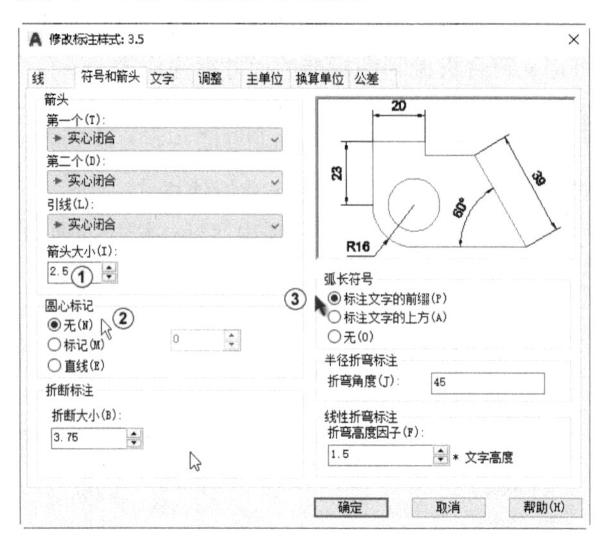

图 5-7 “符号和箭头”选项卡

5）选择“文字”选项卡，“文字样式”设置为“样式 2”，“文字颜色”设置为“蓝”，“文字高度”为 3.5，“从尺寸线偏移”设置为 2，在“文字对齐”选项组中选中“ISO 标准”单选按钮，其余均采用默认设置，如图 5-8 中①～⑤所示。

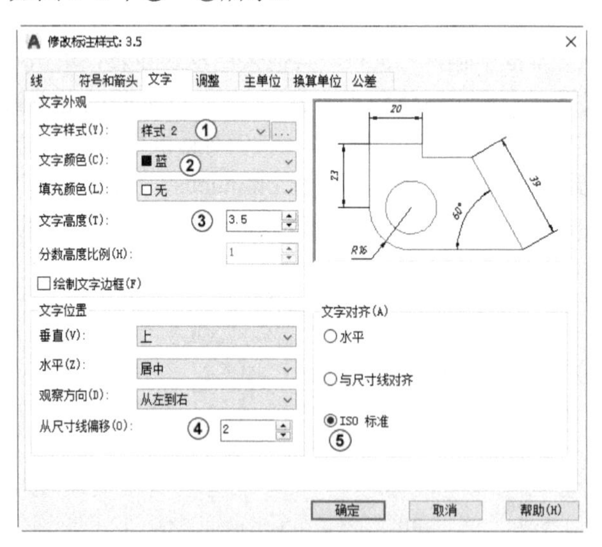

图 5-8 “文字”选项卡

6）选择“调整”选项卡，在“调整选项”选项组中选中“文字或箭头（最佳效果）”单选按钮，在“文字位置”选项组中选中“尺寸线旁边”单选按钮，在“优化”选项组中选中“在尺寸界线之间绘制尺寸线（D）”复选框，如图 5-9 中①～③所示。

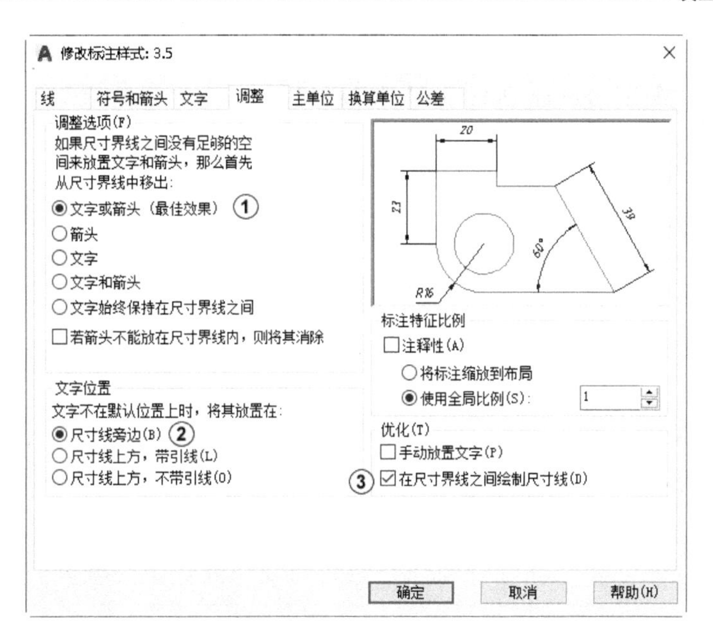

图 5-9 “调整”选项卡

7）选择“主单位”选项卡，将“精度”设置为0，“小数分隔符”设置为“.”（句点），其余采用默认设置，如图5-10中①②所示。单击“确定”按钮，完成尺寸标注样式“3.5”的设置。

注意

在机械设计中，零件的尺寸误差是靠公差来保证的，而不是精度的位数，与绘图精度有着本质的区别。

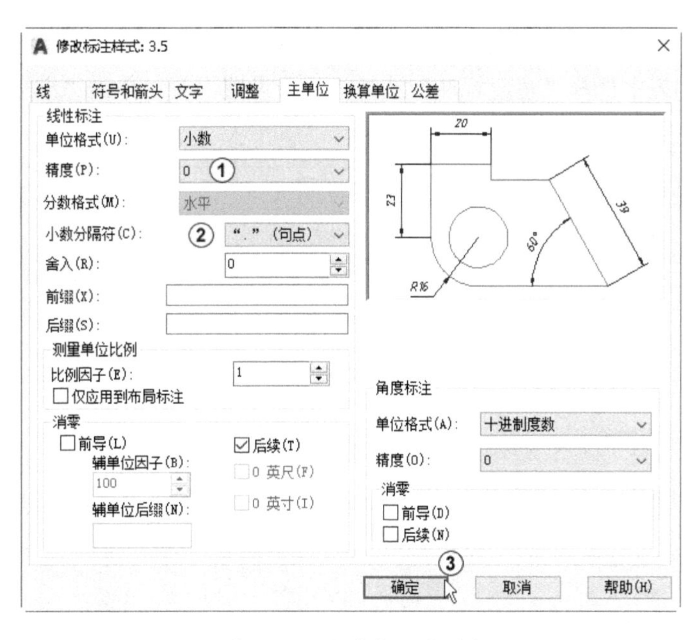

图 5-10 “主单位”选项卡

8）系统返回“标注样式管理器”对话框。在“样式”列表中选择“3.5”选项，单击“置为当前”按钮，单击“关闭”按钮，如图 5-11 中①～③所示。

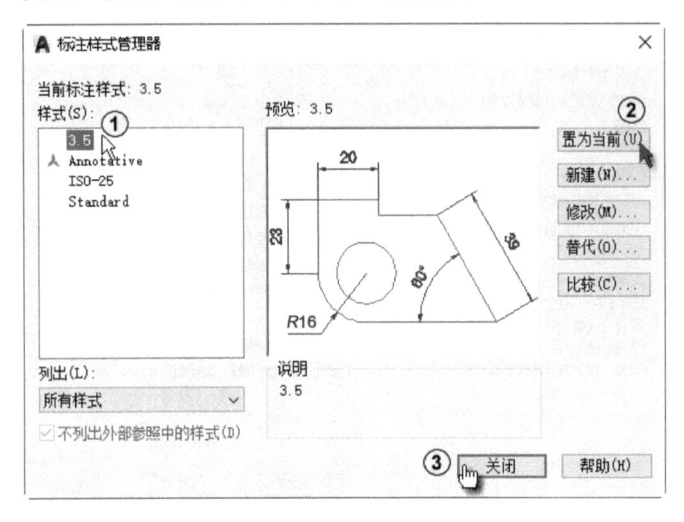

图 5-11 “标注样式管理器”对话框（二）

5.4.2 设置角度标注的子样式

用标注样式“3.5”标注尺寸时，虽然可以标注出符合国家标准的大多数尺寸，但标注出的角度尺寸不符合国家标准。国家标准规定：标注角度尺寸时，角度的数字一律写成水平方向，一般应标注在尺寸线的中断处。为标注出符合国家标准的角度尺寸，还应在标注样式“3.5”的基础上定义适用于角度标注的子样式，定义过程如下。

1）选择“格式”→“标注样式”选项，系统弹出“标注样式管理器”对话框，选中“3.5”选项，单击“新建”按钮，如图 5-12 中①②所示。弹出“创建新标注样式”对话框，在该对话框的“用于”下拉列表中选择“角度标注”选项，其余设置不变，单击“继续”按钮，如图 5-12 中③～⑤所示。

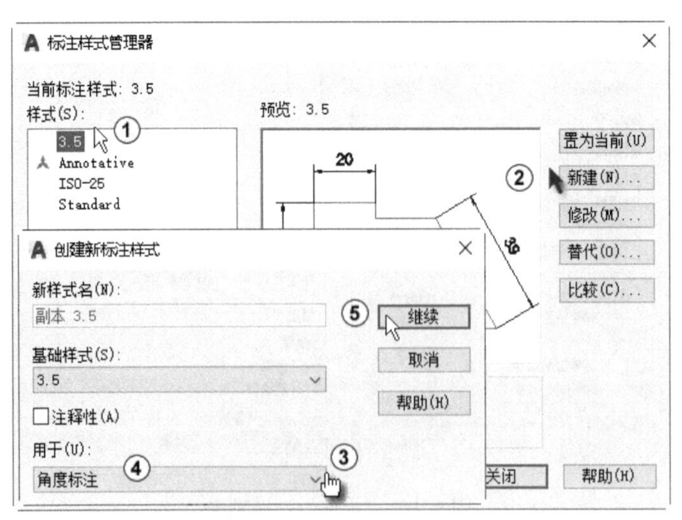

图 5-12 选择“角度标注”

2）弹出“新建标注样式：3.5：角度”对话框，在该对话框的“文字”选项卡中，选择“文字对齐”选项组的“水平”单选按钮，在预览窗口中显示出对应的角度标注效果。其余设置保持不变，单击对话框中的“确定”按钮，完成角度样式的设置，系统返回“标注样式管理器”对话框，系统在已有标注样式“3.5”的下面引出了一个标记为“角度”的子样式，单击“关闭”按钮关闭对话框，如图 5-13 中①～⑥所示。

至此完成了尺寸标注样式的设置，对直径也可做类似的设置。

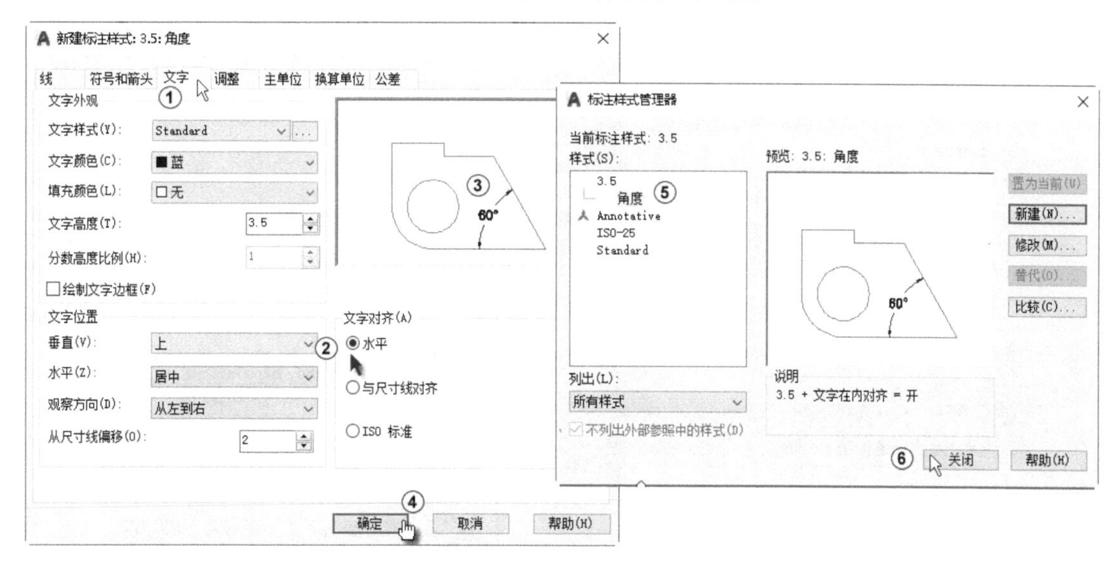

图 5-13 “标注样式管理器”对话框

5.5 设置图层

5.5 图层基础知识

图层可以看成一张张透明的玻璃纸，在不同的图层上可以放置实体的不同部分，最后将这些图层叠加起来，构成最终的图形。

绘制图样时，通常要用多种线型，如粗实线、细实线、细点画线、细虚线等。用系统绘图时，实现线型要求的习惯做法是：建立一系列具有不同绘图线型和不同绘图颜色的图层，绘图时，将具有同一线型的图形对象放在同一图层。也就是说，具有同一线型的图形对象会以相同的颜色显示。

5.5.1 定义图层

5.5.1 定义图层

定义“中心线”图层的步骤如下。

1）依次单击“默认”选项卡→“图层”面板→“图层特性”按钮；选择“格式”→“图层”选项；单击“图层”工具栏上的“图层特性管理器”按钮，在命令行窗口输入命令 layer，执行这些操作都会弹出“图层特性管理器”对话框。

2）在对话框中单击“新建图层”按钮，如图 5-14 中①所示。系统将自动创建名为“图层 1”、颜色为“白色”、线型为“Continuous”的新图层，如图 5-14 中②所示。

3）单击图层名称“图层 1”，将输入法切换为中文状态，输入“中心线”，如图 5-14 中③所示，按〈Enter〉键结束修改。

注意

图层名最多可以包括 255 个字符（双字节或字母数字）：字母、数字、空格和几个特殊字符。图层名不能包含的字符有：<>/\ “ :;?*|=‘。

4）设置“中心线”图层的绘图颜色为红色。单击“中心线”图层的“白色”选项，如图 5-14 中④所示。弹出“选择颜色”对话框，从中选择红色，如图 5-14 中⑤所示，单击“确定”按钮完成颜色的设置。

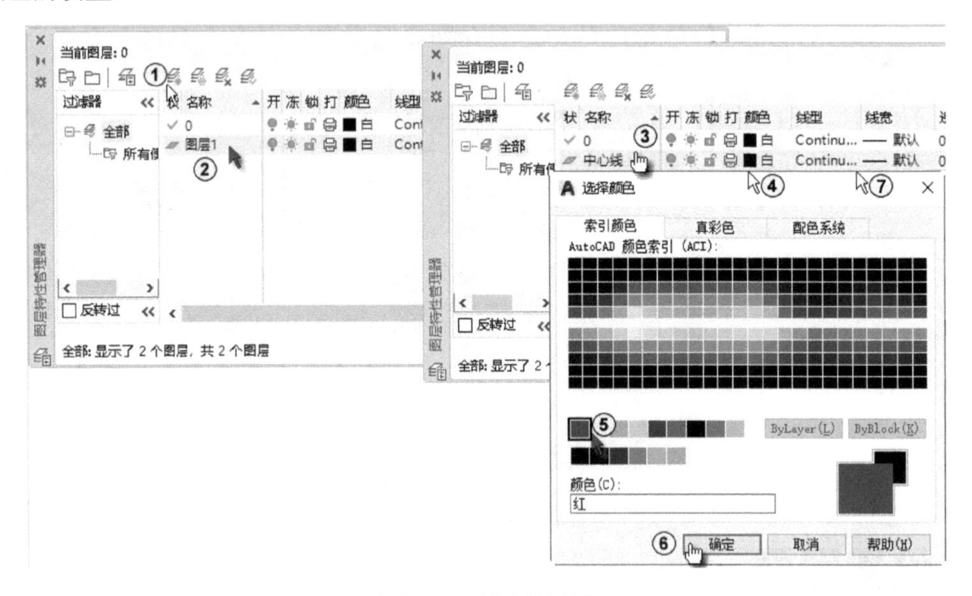

图 5-14 创建新图层

5）设置“中心线”图层的绘图线型为 CENTER 线型。单击“中心线”图层的 Continuous 选项，如图 5-14 中⑦所示。

6）系统弹出“选择线型”对话框，由于“已加载的线型”列表框中没有需要的线型，则需要先加载对应的线型。单击“加载”按钮，如图 5-15 中①所示。

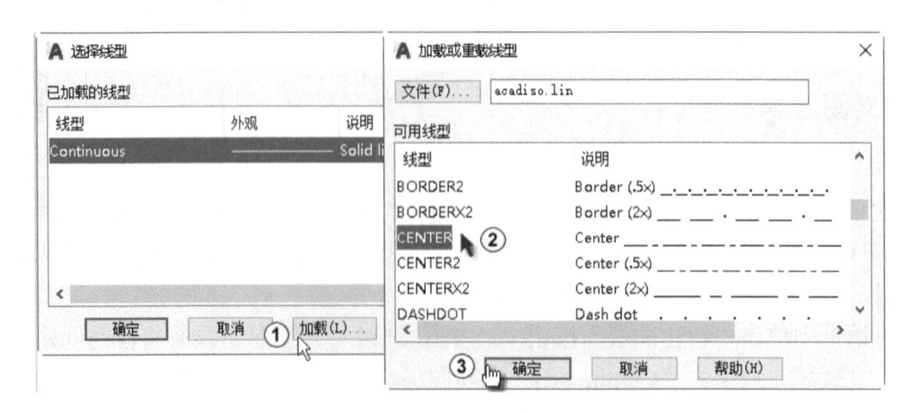

图 5-15 “加载或重载线型”对话框

7）在系统弹出的“加载或重载线型”对话框中选中 CENTER 线型后，单击“确定”按钮，如图 5-15 中②③所示。

8）系统返回到“选择线型”对话框，“已加载的线型”列表框中已显示出 CENTER 线型。选中该线型即可，如图 5-16 中①所示，单击“确定”按钮。完成线型设置，结果如图 5-16 中③所示。

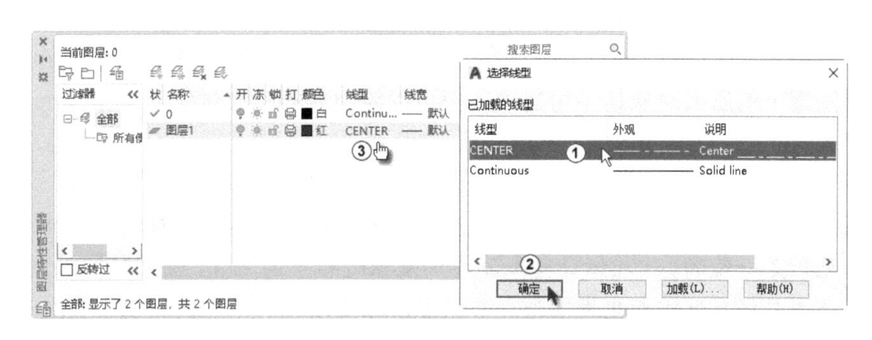

图 5-16　设置好的中心线图层

定义“粗实线”图层的步骤如下。

1）在“图层特性管理器”对话框中再次单击“新建图层”按钮，单击图层名称“图层 1”，将其改为“粗实线”，如图 5-17 中①所示，按〈Enter〉键结束修改。将输入法恢复到原来的非中文状态。

2）单击“粗实线”图层“线宽”下的“—— 默认”，如图 5-17 中②所示。弹出“线宽”对话框，从“线宽”列表中选择“0.60mm”，单击“确定”按钮，如图 5-17 中③④所示，完成线宽的设置，如图 5-17 中⑤所示。

可以根据实际需要再来定义图层的颜色和线型，最后单击右上角的“关闭”按钮关闭对话框。

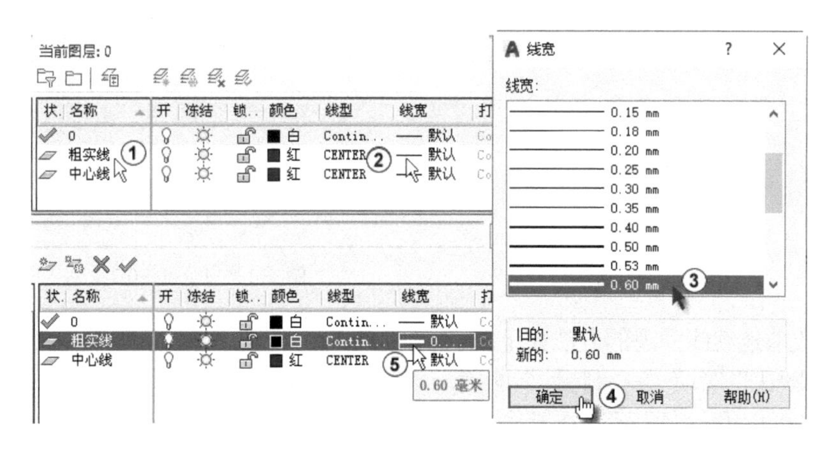

图 5-17　设置线宽

5.5.2 图层的状态

1）开/关状态。图层在开状态下，灯泡的颜色为黄色，对应图层上的图形可以显示，也可以在输出设备上打印；在关状态下，灯泡的颜色为灰色，对应图层上的图形不能显示，也不能在输出设备上打印。单击“开”对应的小灯泡图标，可以来回关闭或打开图层。

2）冻结/解冻。未冻结图层显示为太阳图标，此时图层上的图形对象能够被显示，能打印输出和编辑修改。已解冻图层显示为雪花图标，此时图层上的图形对象不可见，不能打印输出和编辑修改。

3）锁定/解锁。锁定图层可以减小对象被意外修改的可能性。仍然可以将对象捕捉应用于锁定图层上的对象，并且可以执行不会修改对象的其他操作。锁定某个图层时并不影响图形对象的显示，只是该图层上的所有对象均不可修改，但可以绘制新的图形对象。

注意

不能冻结当前层，也不能将冻结层设置为当前层，否则会显示警告对话框。冻结的图层与关闭的图层的可见性是一致的，但冻结的对象不参加处理过程中的运算，关闭的图层则要参加运算。解冻一个或多个图层将导致重新生成图形。冻结和解冻图层比打开和关闭图层需要更多的时间，所以在复杂图形中冻结不需要的图层可以加快系统重新生成图形时的速度。

5.5.3 设置线型比例因子

5.5.3 设置线型比例因子

非连续线是由短横线、空格等构成的重复图案，图案中的短线长度、空格大小由线形比例控制。本来想绘制点画线，但给出的线看上去却不是点画线，这是因为线型比例设置得太大或太小。绘制 1 个半径为 8mm 的圆，如图 5-18 所示。

ltscale 是控制线型外观的全局比例因子，它将影响所有的非连续线型的外观，其值增加，将使非连续线中的短横线和空格加长，否则会缩短。在命令行窗口输入命令 ltscale，系统提示如下：

```
命令:ltscale↙
输入新线型比例因子 <1.0000>:0.2↙（结果如图 5-19 所示）
```

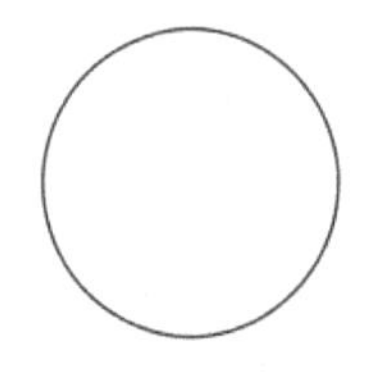
图 5-18　ltscale=1

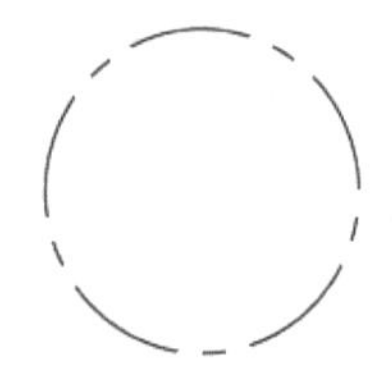
图 5-19　ltscale=0.2

另一种修改非连续线外观的方法如下。

1）单击“默认”选项卡→“特性”面板→“线型”下拉列表，在此下拉列表中选择“其他”选项，如图 5-20 中①～③所示；或者选择“格式”→“线型”选项，均可弹出“线型管理器”对话框。

2）在“线型管理器”对话框中，单击“显示细节”按钮，如图 5-21 中①所示，则该对话框底部出现“详细信息”选项组，在“详细信息”选项组的“全局比例因子”文本框中输入新的比例值 0.2，如图 5-21 中②所示。单击“确定”按钮，则显示使用 0.2 比例因子时的虚线和点画线的外观，如图 5-21 中④所示。“全局比例因子”控制线段的长短、线段间间隙的大小。

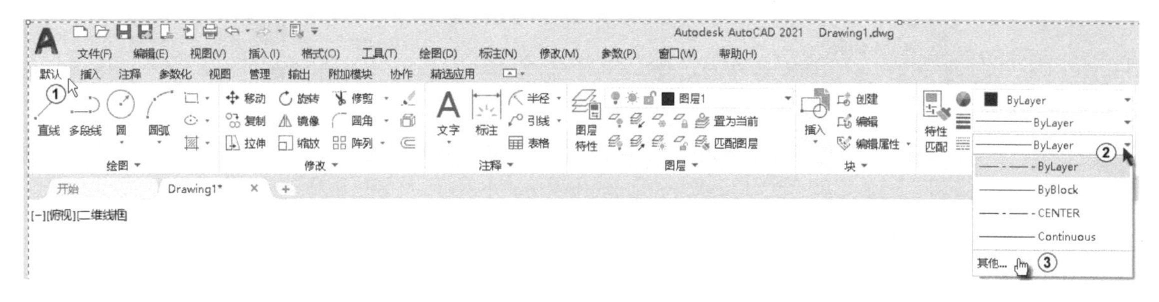

图 5-20　调用“线型管理器”

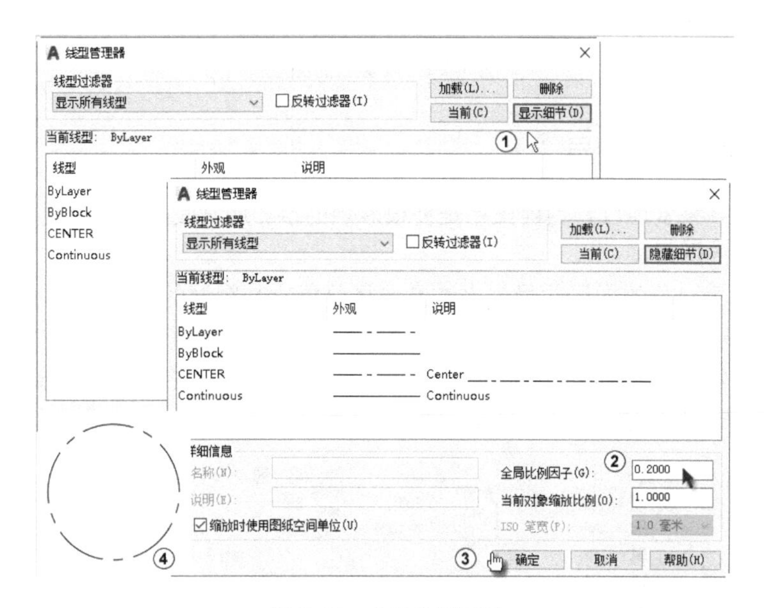

图 5-21　全局比例因子

5.5.4 删除和设置当前层

1. 删除图层

在“图层特性管理器”对话框中选择想删除的图层，单击“删除图层”按钮即可。

注意

已指定对象的图层不能删除，除非那些对象被重新指定给其他图层或者被删除。不能删除图层 0、图层 Defpoints 和当前图层。

2. 设置当前图层

系统是在当前图层上绘制图样的，因此，在绘图过程中经常要设置当前层。设置当前图层的步骤如下。

1）在“图层特性管理器”对话框中选择想设为当前图层的图层，例如“0”，如图 5-22 中①所示。

2）单击“置为当前”按钮，如图 5-22 中②所示。这时所选的图层前就会出现✓，如图 5-22 中③所示。单击“关闭”按钮退出对话框，如图 5-22 中④所示。

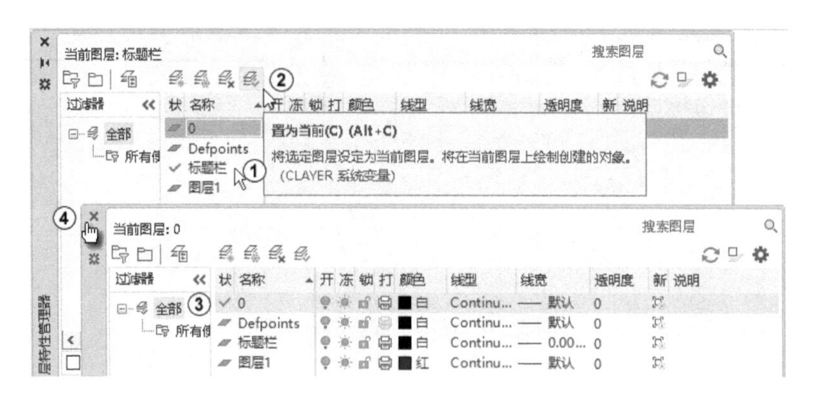

图 5-22　设置当前图层

5.5.5 修改对象所属的图层

在实际绘图时，频繁地设置当前图层是件很麻烦的事。通常是全部在 0 层中绘制完图形后再更改各线段等所在的图层。

修改一个或多个对象的图层的最好方法是选择要更改其图层的对象，例如，选择“圆”，如图 5-23 中①②所示。单击“默认”选项卡→“图层”面板→按钮，或者在“图层”工具栏上单击“应用的过滤器”按钮，如图 5-23 中③所示。在下拉列表中选择要指定给对象的图层，如图 5-23 中④所示。按〈Esc〉键，结果如图 5-23 中⑤所示。

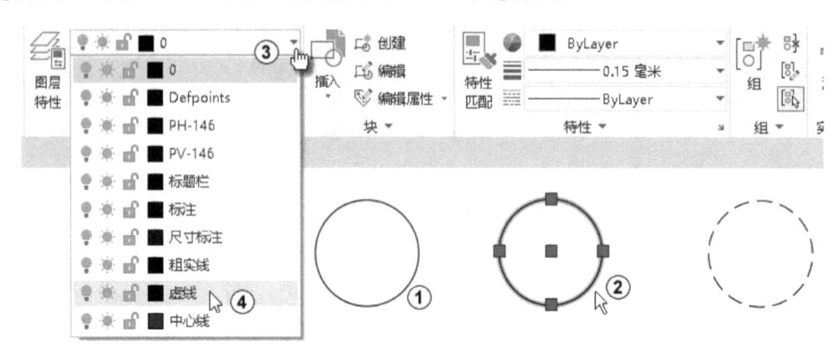

图 5-23　修改对象所属的图层

5.6 圆心标记

圆心标记用于在圆弧或圆上创建圆心标记或中心线，可采用以下几种方法之一来激活圆心标记命令。

功能区：单击“注释”标签→“标注”面板→“圆心标记”按钮。

菜单栏：选择“标注(N)”→“圆心标记(Q)”选项。

工具栏：单击“标注”工具栏上的“圆心标记”按钮。

命令行窗口：dimcenter。

绘制 1 个半径为 50mm 的圆，单击“注释”标签→“标注”面板→“圆心标记”按钮，系统提示如下：

```
命令: _dimcenter
选择圆弧或圆:(选择圆，结果如图 5-24 所示。)
```

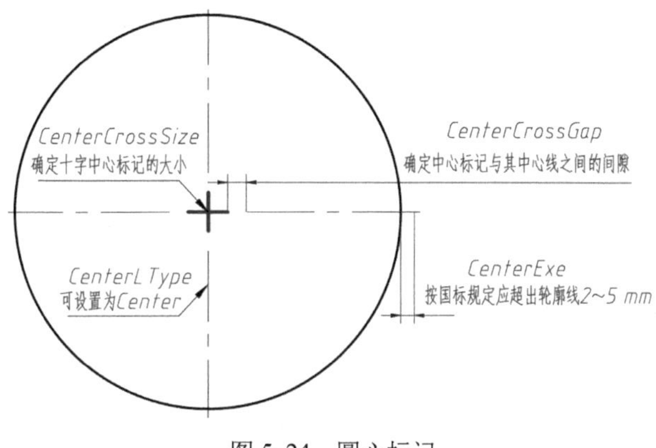

图 5-24　圆心标记

系统变量 CenterCrossSize 确定十字中心标记的大小，默认为圆直径的 1/10；CenterCrossGap 确定中心标记与其中心线之间的间隙，默认为圆直径的 1/20；CenterLType 确定线型，默认 Center2，可设置为 Center；CenterExe 中心线超出轮廓线的距离，国家标准规定应为 2～5 mm。

5.7　保存样板文件

现在将设置了绘图单位格式、绘图范围、图层，定义了对应的文字样式、尺寸样式，绘制了图框与标题栏的图样保存为样板文件（如有必要，还可以进行其他绘图环境方面的设置），保存方法如下。

1）选择“文件”→“另存为”选项，弹出“图形另存为”对话框，在“文件类型”下拉列表框中选择“AutoCAD 图形样板（*.dwt）”选项，在“文件名”文本框中输入文件名称“A3”，如图 5-25 中①、②所示。

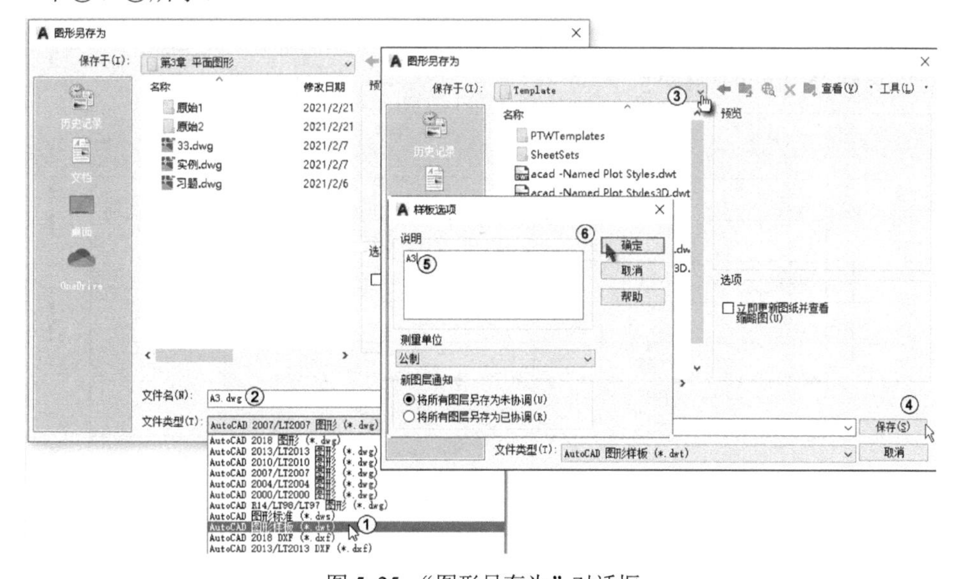

图 5-25　“图形另存为”对话框

2）在“保存于”下拉列表中选择存放模板的路径，如图 5-25 中③所示。单击“保存 ”按钮后，如图 5-25 中④所示。弹出“样板选项”对话框，在“说明”文本框中输入对样板图形的描述和说明，如图 5-25 中⑤所示。单击“确定”按钮，至此，A3 图幅的样板文件设置完毕，以后的绘图均可以在此样板的基础上绘制。

创建样板图的过程是一个不断尝试修改的过程。例如，如果设置某个尺寸样式后，进行标注时觉得不合适，可以单击“标注样式管理器”中的“修改”按钮对尺寸设置进行修改，反复修改、试验，直到满意为止。

5.8 习题

1．AutoCAD 的图形样板文件名为________。

A．dwg　　B．dwt　　C．dxf　　D．dws

2．按照国家标准图幅，表示 A4 图幅的是________。

A．841×594　　B．594×420　　C．420×297　　D．297×210

3．如果一张图纸的左下角为（20,15），右上角为（200,105），那么该绘图纸的图限范围是________。

A．180×90　　B．20×15　　C．90×180　　D．200×105

4．尺寸标注时常用的字高度为 3.5mm 和 5mm，用标注样式“3.5”为基础样式定义标注尺寸文字字高为 5mm 的样式“5”。

该样式的主要设置参数为：在“直线”选项卡中，将“基线间距”设置为 5.5，“超出尺寸线”设置为 5.5，“起点偏移量”设置为 0；在“符号和箭头”选项卡中，将“箭头大小”设置为 5，“圆心标记”选项组中的“大小”设置为 5，其余均与“3.5”样式相同。在“文字”选项卡中，将“文字样式”设为对应的文字样式，将“文字高度”设为 5，将“从尺寸线偏移”设为 0，其余的设置与“3.5”样式相同。同样，创建“5”样式后，也应该创建它的“角度”子样式，以标注符合国家标准的角度尺寸。

5．设置粗实线、中心线、虚线、文字标注 4 种图层（包括线型、颜色）。

6．绘制图 5-26 所示的标题栏。

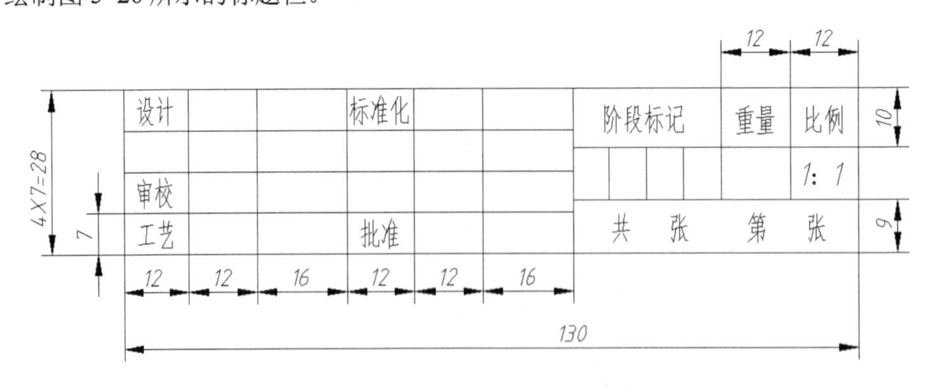

图 5-26　标题栏

第6章　块和外部参照

本章介绍块和外部参照的应用，为零件图和装配图等后续内容做必要的准备。

6.1　块的定义和组成

块是定义好的并被赋予名称的一组实体，即图块由一组对象组成；这组对象被合并在一起，并有一个名称；系统将定义后的块作为单个的实体来处理，并可按所需的比例和转角插入到图中的任意位置。块由图形、文字、填充图案、面域、尺寸和属性（可以是变化的数值等）组成。

各种各样的图形可以由块结合成一个整体，以便快速绘制一些复杂图形，如机械零件图和装配图等；还可以删除、替换这些块。这对修改设计而言非常方便。

利用块，可以建立图形库，供其他图形使用；还便于修改图形，节省磁盘空间；同时可以在块中携带信息，而且这些信息可以在插入块后由用户重新定义，这些信息就称为块的属性。

6.2　块的属性

块的属性是附加在块上的文本。在创建一个块定义时，属性是预先被定义在块中的特殊文本对象。在执行“块”命令时，属性是该命令选择的对象之一。在插入块时，属性也将附着到块中，并将通过定义的属性成为图形中的一部分。

块可以包含属性也可以不包含属性，如果包含属性，属性定义在块定义之前。如果一个块有多个属性，要为每个属性定义提示，否则分不清楚要输入哪个属性的值。

可采用以下几种方法之一来激活块属性命令。

功能区：单击“插入”标签→“块定义”面板→“定义属性”按钮选项。

菜单栏：选择“绘图(D)”→“块(K)”→“定义属性(D)”选项。

命令行窗口：attdef。

激活块属性命令后，系统弹出“属性定义”对话框，如图6-1所示，其中有模式、属性、插入点和文字设置4个选项组，详细内容如下。

1．模式

模式用于设置与块关联的属性值选项。

1）“不可见”是指插入块后属性值不可见，不能打印。

2）“固定”是指插入块时属性值固定，不能改变。

3）“验证”是指插入块时提示验证属性值是否正确。

4）“预设”是指插入块时将属性值设为默认值且不显示提示。

图 6-1 “属性定义”对话框

5）“锁定位置”是指插入块时锁定属性在块中的位置；若不选中该复选框，则可使用夹点来修改属性的位置。

6）“多行”是指属性值可有多行文字，且允许指定属性的边界宽度。

2. 属性

属性用于设置属性数值。

1）“标记”用于标识属性的名称，插入块后，该标记会被属性值替换。

2）“提示”用于插入块时，给定该属性值时的提示。

3）“默认”指定属性的默认值。

3. 插入点

用于指定属性相对于其他对象的位置，一般在屏幕上指定。

4. 文字设置

用于设定属性文字的对正、样式、高度和旋转。

6.3 创建块

6.3 创建块

先绘制好图形和文字等，定义好属性，再用以下几种方法之一来激活创建块命令。

功能区：单击“插入”标签→“块定义”面板→“创建块”按钮选项。

菜单栏：选择“绘图(D)”→“块(K)”→“创建(M)”选项。

命令行窗口：block。

用 block 命令创建的块只能用于本文件中（即内部块），用 wblock 命令创建的块既能用于本文件中，也能用于其他文件中（即外部块）。用 wblock 命令定义的外部块实际是一个 DWG 图形文件，它不会保留图形中未用的层定义、块定义、线型定义等，因此可以将图形文件中的整个图形定义成外部块，并写入一个新文件。

激活创建块命令后，系统弹出“块定义”对话框，如图 6-2 所示，其中有名称、基点、对象、方式、设置等内容。下面介绍几个主要选项。

图 6-2 “块定义”对话框

1）“名称”用于指定块的名称。

2）“基点”用于指定块的插入点，单击“拾取点”按钮，可以捕捉对象上的点作为块的基点。

3）“对象”用于指定块中要包含的对象，单击“选择对象”按钮，可以选择要成为块的图形、文字等，并设置如何处理这些对象（保留、转换成块、删除）。

4）“在块编辑器中打开”复选框如果被选中，则系统随后会进入块编辑器界面；若不创建动态块，则不选中该复选框。

其他选项取默认值。

下面通过实例来介绍如何创建表面结构要求代号的块；具体步骤如下。

国家标准规定表面结构要求代号的画法为等边三角形，其高为 H，H=1.4h，h 为文字的高，如图 6-3 所示。如果文字高为 3.5mm，那么 H=1.4×3.5mm=4.9mm。因此将尺寸定为 1.4mm 和 2.8mm，因为根据国家机械制图标准中的要求，表面结构要求代号在图样上所绘的高应是字高的 2.8 倍，三角形部分的高是字高的 1.4 倍。现在按字高为 1 来定义块，将来在使用时可以方便地根据图样中所采取的字高，插入相应的比例。

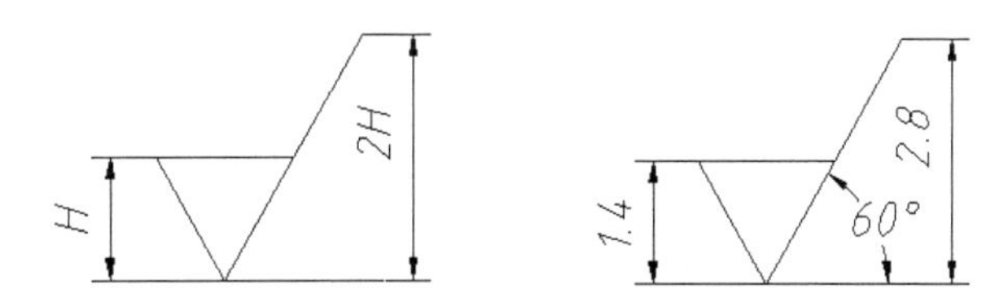

图 6-3 表面结构要求代号的定义

1）打开 A3.dwt 文件，将图层换为细实线层，并设为当前层。输入 dimstyle 命令，打开“标注样式管理器”对话框，单击“修改”按钮，在打开的“修改标注样式：3.5”对话框中选择“主单位”选项卡，将“精度”设为 0.0000，如图 6-4 所示，单击“确定”按钮。

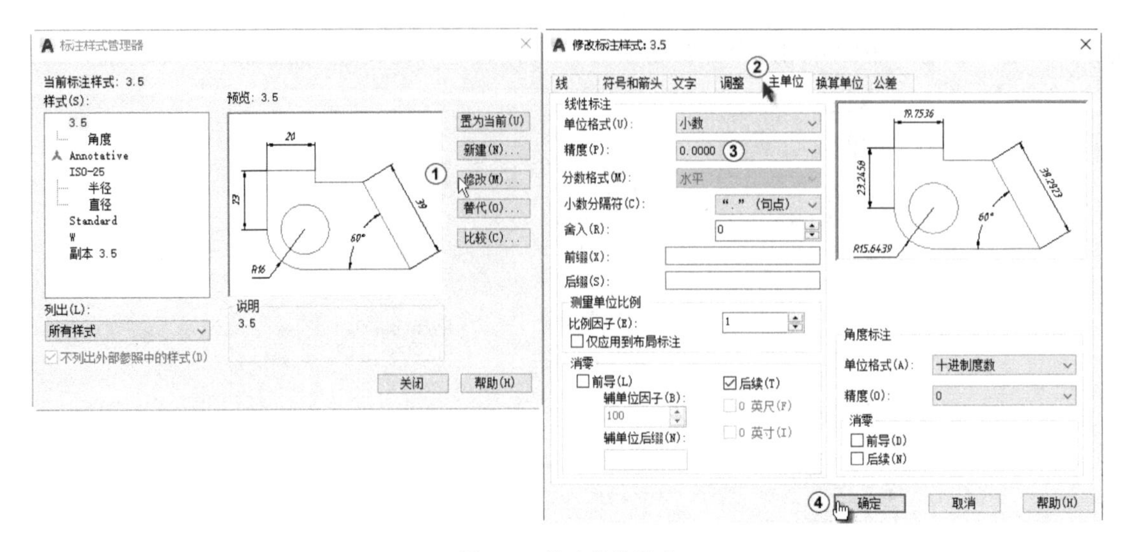

图 6-4　修改单位精度

2）输入 polygon 命令，系统提示如下：

```
命令：_polygon
输入边的数目 <4>:3↙（输入数字 3 后按〈Enter〉键）
指定正多边形的中心点或 [边(E)]：e↙（输入字母 e 后按〈Enter〉键）
指定边的第一个端点：（在绘图区适当地方单击确定一点）
指定边的第二个端点：1.6166↙（输入数字 1.6166 后按〈Enter〉键，如图 6-5 中①所示）
```

3）单击状态栏上的“缩放”按钮后，框选图形，将刚绘制的图形放大到适当位置后按〈Esc〉键退出命令。

4）输入 explode 命令，选择刚绘制的图形，将图形线分解。

5）输入 lengthen 命令，系统提示如下：

```
命令：_lengthen
选择对象或 [增量(DE)/百分数(P)/全部(T)/动态(DY)]：p↙（输入字母 p 后按〈Enter〉键）
输入长度百分数 <100.0>：200↙（输入数字 200 后按〈Enter〉键）
选择要修改的对象或 [放弃(U)]：（选择右斜边）
选择要修改的对象或 [放弃(U)]：↙（如图 6-5 中②所示）
```

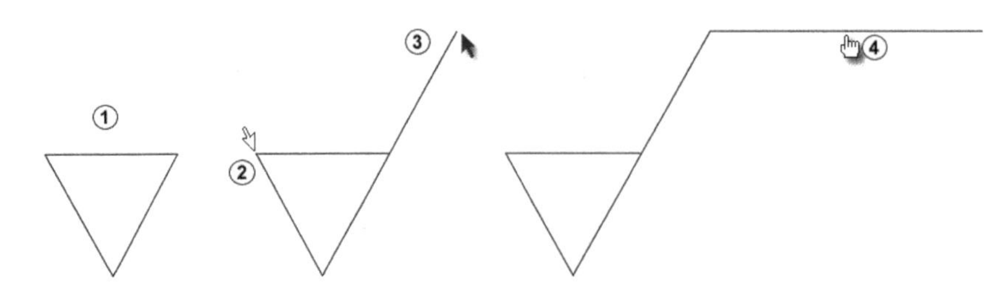

图 6-5　绘制表面结构要求代号

6）输入 copy 命令，系统提示如下：

```
命令：_copy
选择对象：（选择水平线）
```

```
选择对象:↙
当前设置:  复制模式 = 多个
指定基点或 [位移(D)/模式(O)] <位移>:(捕捉水平线左端点)
指定第二个点或 [阵列(A)] <使用第一个点作为位移>:(捕捉斜线右上方点)
指定第二个点或 [阵列(A)/退出(E)/放弃(U)] <退出>:(捕捉水平线右端点)
指定第二个点或 [阵列(A)/退出(E)/放弃(U)] <退出>:↙ (如图 6-5 中③所示)
```

7）输入 text 命令，系统提示如下：

```
命令:_text
当前文字样式: "3.5"  文字高度: 3  注释性: 否  对正: 左
指定文字的起点 或 [对正(J)/样式(S)]:(移动鼠标指针到长水平线下方指定起点)
指定高度 <3>:1↙ (输入数字 1 后按〈Enter〉键)
指定文字的旋转角度 <0>:↙
输入 Ra↙↙ (两次按〈Enter〉键，结束单行文字命令)
```

8）输入 attdef 命令，系统弹出“属性定义”对话框，在“模式”选项组中不选中任何选项，在“属性”选项组的“标记”文本框中输入“ATT”，“提示”文本框中输入“请输入表面结构要求代号的参考值:”，“默认”文本框中输入“6.3”，如图 6-6 中①②所示。在“文字设置”选项组的“文字样式”下拉列表框中选择“样式 2”，其他为默认，单击“确定”按钮。在绘图区域中单击，确定“ATT”字样的位置，完成属性定义，如图 6-6 中③～⑤所示。

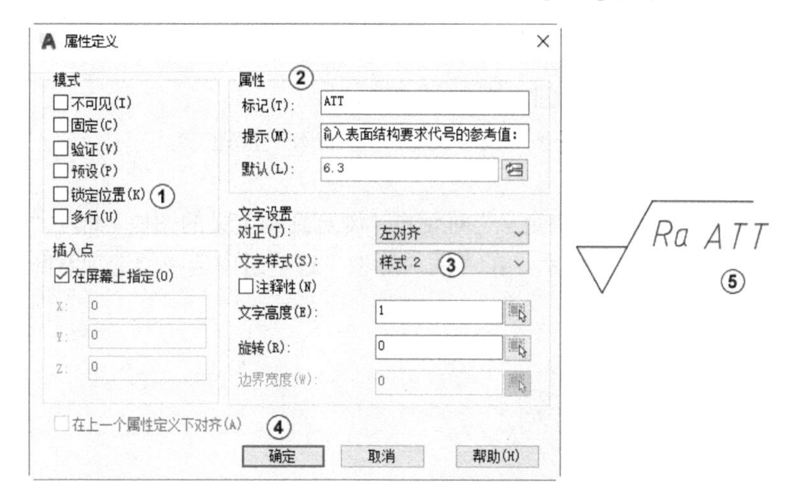

图 6-6 “属性定义”对话框

9）输入 block 命令，系统弹出“块定义”对话框，在“名称”文本框中输入“Ra”，在“基点”选项组中选中“在屏幕上指定”复选框，单击“对象”选项组中的“选择对象”按钮，在绘图区选择上述的表面结构要求代号，按〈Enter〉键，其他为默认值，单击“确定”按钮。单击所绘的表面结构要求代号的最下端，单击“确定”按钮，如图 6-7 中①～⑥所示。

注意

写块（wblock）是将对象以文件的形式存储在磁盘中，以达到共享块的目的。写块时一定要注意块的名称、保存的路径和插入单位。

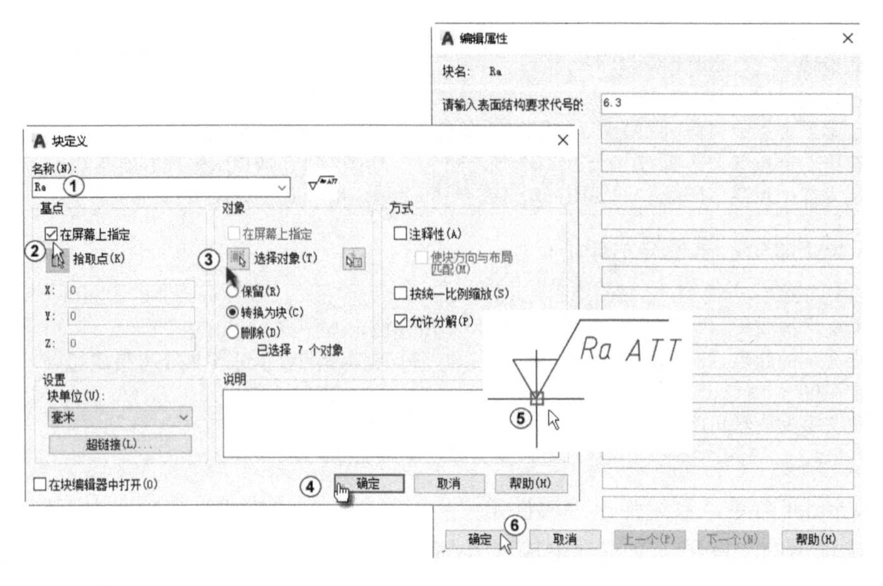

图 6-7　定义块

6.4　插入块

6.4　插入块

可用以下几种方法之一来激活创建块命令：

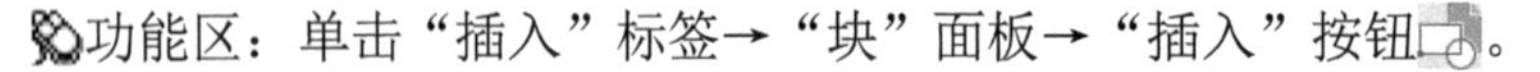
功能区：单击“插入”标签→“块”面板→“插入”按钮。

命令行窗口：insert。

输入 insert 命令，系统弹出“块定义”对话框，浏览到刚定义的图块，选中“插入点”“比例”和“旋转”，如图 6-8 中①～④所示。在“插入选项”选项组中选中的选项意味着在屏幕上指定其数值。

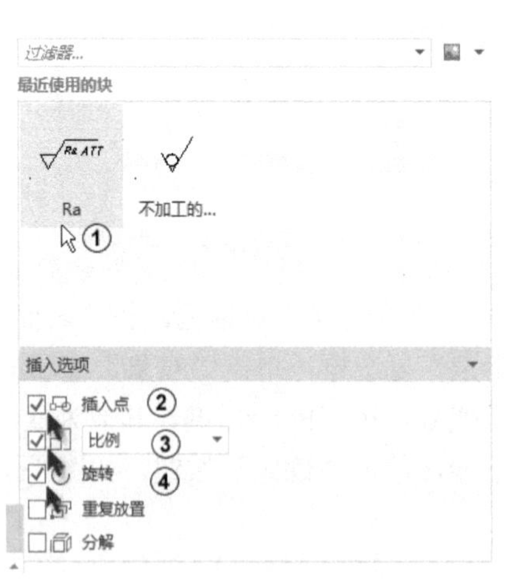

图 6-8　插入块

如果图样中字体的高度是 3.5mm，按国家标准要求，表面结构要求代号应该用大一号的字体，即为 5mm。输入 rectang，系统提示如下：

```
命令: _rectang
指定第一个角点或 [倒角(C)/标高(E)/圆角(F)/厚度(T)/宽度(W)]:(在绘图区适当地方单击确定一点)
指定另一个角点或 [面积(A)/尺寸(D)/旋转(R)]:@60,40↙
命令:insert↙
命令: _-INSERT 输入块名或 [?] <Ra>:Ra↙
单位: 毫米   转换:      1
指定插入点或 [基点(B)/比例(S)/X/Y/Z/旋转(R)/分解(E)/重复(RE)]:R↙
指定旋转角度 <0>:90↙
指定插入点或 [基点(B)/比例(S)/X/Y/Z/旋转(R)/分解(E)/重复(RE)]:S↙
指定 XYZ 轴的比例因子 <1>:5↙
指定插入点或 [基点(B)/比例(S)/X/Y/Z/旋转(R)/分解(E)/重复(RE)]:(捕捉矩形左方垂直线的中点)
```

取系统自动弹出的“编辑属性”对话框中的默认值 6.3，单击“确定”按钮，如图 6-9 中①所示。

```
命令:ql↙
命令: QLEADER
指定第一个引线点或 [设置(S)] <设置>:S↙
```

系统弹出“引线设置”对话框，选中“无”选项，单击“确定”按钮，如图 6-9 中②③所示。

```
指定第一个引线点或 [设置(S)] <设置>:(捕捉矩形下方水平线的中点)
指定下一点:(在绘图区适当地方单击确定一点)
指定下一点:(在绘图区适当地方单击确定一点)
指定插入点或 [基点(B)/比例(S)/X/Y/Z/旋转(R)/分解(E)/重复(RE)]:(捕捉水平线引线的中点)
```

输入 12.5，单击“确定”按钮。如图 6-9 中④所示。

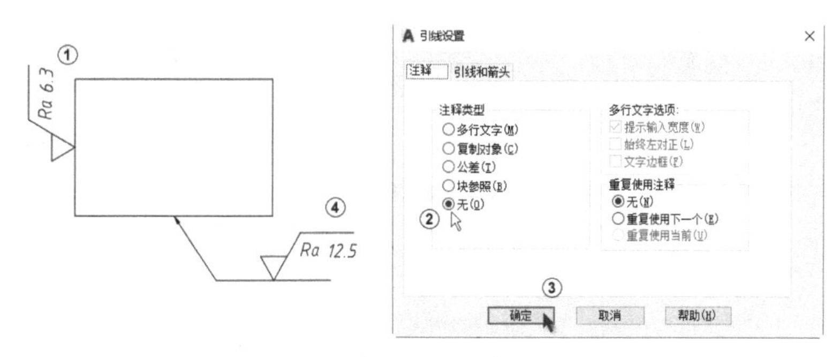

图 6-9 插入块

6.5 修改块

块修改有两个内容：块定义的修改；块参照的修改。

（1）块定义的修改

块定义包括块编辑器和块属性管理器，其中“块编辑器”是对块重新编辑定义；“块属性管理器”是对块属性重新定义。

功能区的“编辑属性”按钮可以对属性进行单个或多个修改，单个是对其属性值的修改，多个是对其属性的全局修改，如位置、高度、角度、样式等。

（2）块参照的修改

块参照是指用 insert 命令插入的块，块定义只有一个，而块参照可以有很多个。

系统将块参照作为一个对象来处理，可以对块参照进行整体的移动、旋转、比例缩放和分解等。

选择“修改”→“对象”→“属性”选项，出现 3 个选项，如图 6-10 中①～④所示。

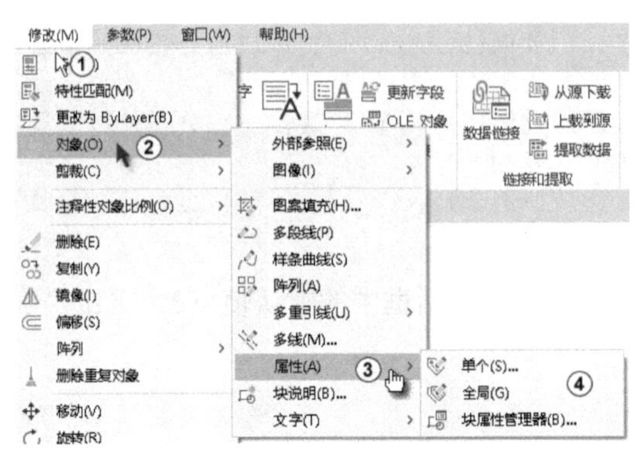

图 6-10　块菜单

若选择“全局”选项，系统提示如下：

```
命令:_attedit
是否一次编辑一个属性? [是(Y)/否(N)] <Y>:↙
输入块名定义 <*>:↙
输入属性标记定义 <*>:↙
输入属性值定义 <*>:↙
选择属性:(选择刚定义的块参照属性并右击)
已选择 1 个属性.
输入选项 [值(V)/位置(P)/高度(H)/角度(A)/样式(S)/图层(L)/颜色(C)/下一个(N)] <下一个>:
↙(可对值、位置、高度、角度、样式、图层、颜色进行修改)
```

单击功能区“插入”选项卡中的“块编辑器”按钮，在系统弹出的“编辑块定义”对话框中找到刚定义的块，单击“确定”按钮，如图 6-11 中①～③所示。系统进入块编辑器界面，可以对组成块的对象即图形文字属性等进行修改，修改完成后单击“保存块”按钮，单击“关闭”按钮，如图 6-11 中④～⑥所示。

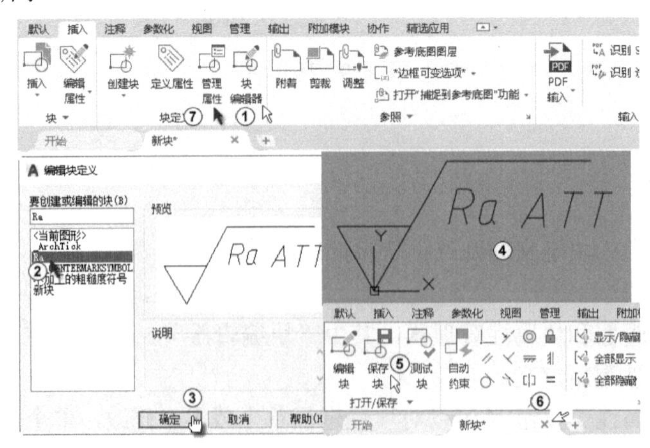

图 6-11　编辑块定义

对于已经被创建为块的属性，可以用 eattedit 命令来编辑单个属性值及其他特性。

单击功能区“插入”选项卡中的“管理属性”按钮，如图 6-11 中⑦所示。系统要求选择块，选择块后单击“编辑”按钮，系统弹出“编辑属性”对话框，它有 3 个选项卡：选择“属性”选项卡，可以对属性值进行修改；选择“文字选项”选项卡，可以对文字的一些特性，如字高等进行修改；选择“特性”选项卡，可以对文字的图层、颜色等进行修改，如图 6-12 中①～③所示，单击“确定”按钮结束修改。

图 6-12　编辑块属性

也可直接在块参照上双击，系统弹出“增强属性编辑器”对话框，从而对属性、文字选项和特性进行修改。

6.6　外部参照

用图块将其他图形插入当前图样中时，被插入的图形就成了当前图样的一部分。如果不想这样，而只想将图块作为当前图样的一个样例或者想观察一下正在绘制的图形与其他图形是否匹配，可用外部参照将其他图形放置到当前图形中。

外部参照可以方便地在自己的图形中以引用的方式看到其他图样，被参照的图并不能成为当前图样的一部分，当前图样中仅记录了外部参照的位置和名称。使用外部参照可以生成图形而不会显著增加图形文件的大小。

通过外部参照，参照图形所做的修改将反映在当前图形中。

1．引入外部参照

可用下列方式之一访问外部参照。

功能区：单击“插入”选项卡→“参照”面板，如图 6-13 所示。

菜单：选择“插入”→“DWG 参照”选项。

命令行窗口：xattach 或者 XA。

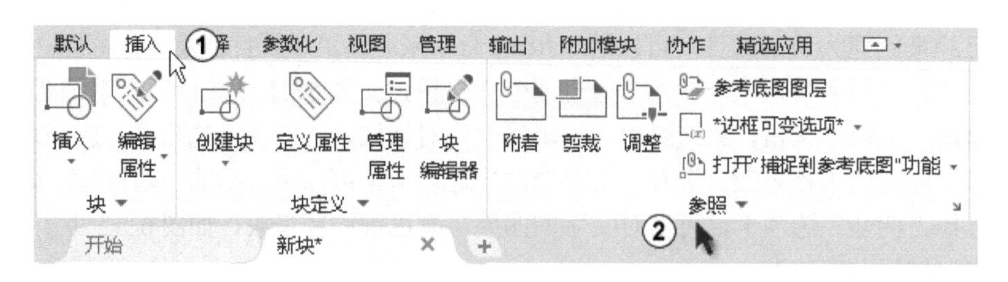

图 6-13　访问外部参照

（1）绘制两个被引入外部参照的图形

1）打开“A3.dwt”文件，执行如下命令：

```
命令:line↙
指定第一点:(在绘图区任意位置单击)
指定下一点或 [放弃(U)]:30↙（按〈F8〉键，鼠标指针向左移，输入线段的长度 30，按〈Enter〉键）
指定下一点或 [放弃(U)]:90↙（鼠标指针向下移，输入线段的长度 90，按〈Enter〉键）
指定下一点或 [闭合(C)/放弃(U)]:30↙（鼠标指针向右移，输入线段的长度 30，按〈Enter〉键）
指定下一点或 [闭合(C)/放弃(U)]:30↙（鼠标指针向上移，输入线段的长度 30，按〈Enter〉键）
指定下一点或 [闭合(C)/放弃(U)]:20↙（鼠标指针向左移，输入线段的长度 20，按〈Enter〉键）
指定下一点或 [闭合(C)/放弃(U)]:30↙（鼠标指针向上移，输入线段的长度 30，按〈Enter〉键）
指定下一点或 [闭合(C)/放弃(U)]:20↙（鼠标指针向右移，输入线段的长度 20，按〈Enter〉键）
指定下一点或 [闭合(C)/放弃(U)]:c↙（封闭图形，如图 6-14 中①所示）
```

2）选择“文件”→“另存为”选项，选择保存路径，将图形保存为“1.dwg”，再选择“文件”→“关闭”选项。

3）再次打开“A3.dwt”文件，执行如下命令：

```
命令:line↙
指定第一点:(在绘图区任意位置单击)
指定下一点或 [放弃(U)]:15↙（按〈F8〉键，鼠标指针向右移，输入线段的长度 15，按〈Enter〉键）
指定下一点或 [放弃(U)]:45↙（鼠标指针向上移，输入线段的长度 45，按〈Enter〉键）
指定下一点或 [闭合(C)/放弃(U)]:15↙（鼠标指针向左移，输入线段的长度 15，按〈Enter〉键）
指定下一点或 [闭合(C)/放弃(U)]:15↙（鼠标指针向下移，输入线段的长度 15，按〈Enter〉键）
指定下一点或 [闭合(C)/放弃(U)]:10↙（鼠标指针向左移，输入线段的长度 10，按〈Enter〉键）
指定下一点或 [闭合(C)/放弃(U)]:15↙（鼠标指针向下移，输入线段的长度 15，按〈Enter〉键）
指定下一点或 [闭合(C)/放弃(U)]:10↙（鼠标指针向右移，输入线段的长度 10，按〈Enter〉键）
指定下一点或 [闭合(C)/放弃(U)]:c↙（封闭图形，如图 6-14 中②所示）
```

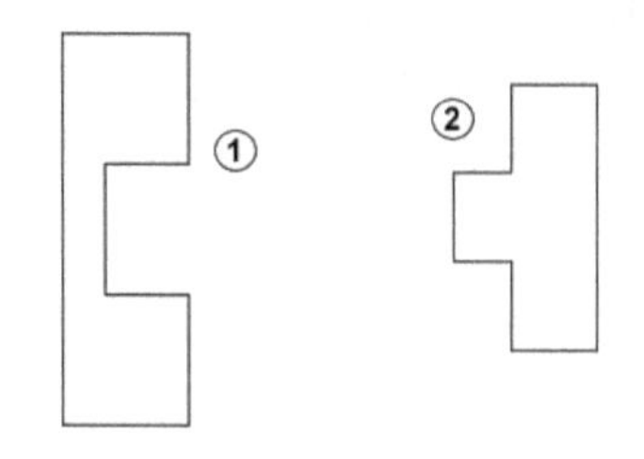

图 6-14　绘制“凹凸”图形

4）选择“文件”→“另存为”选项，选择保存路径，将图形保存为“2.dwg”，再选择“文件”→“关闭”选项。

（2）引入外部参照操作步骤

1）打开“A3.dwt”文件，在命令行窗口输入命令 xa 后按〈Enter〉键，系统弹出“选择参照文件”对话框，找到“1.dwg”，单击“打开”按钮，如图 6-15 所示。

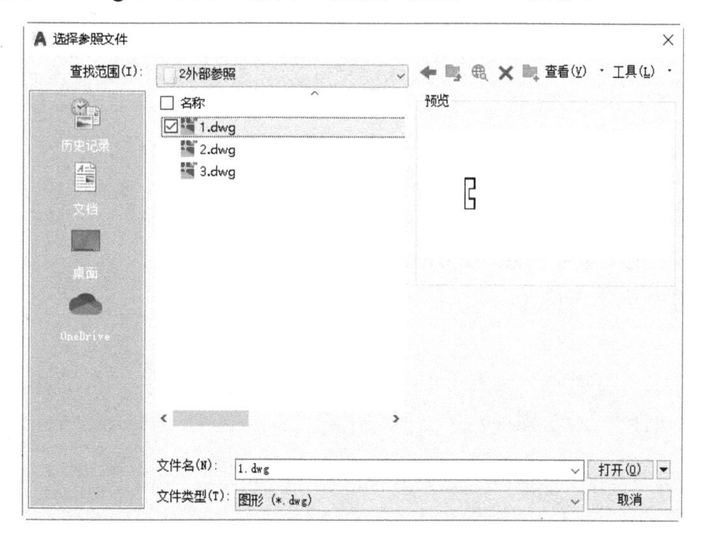

图 6-15 “选择参照文件”对话框

2）系统弹出“附着外部参照”对话框，选中所有的选项，单击“确定”按钮，如图 6-16 中①～⑤所示。

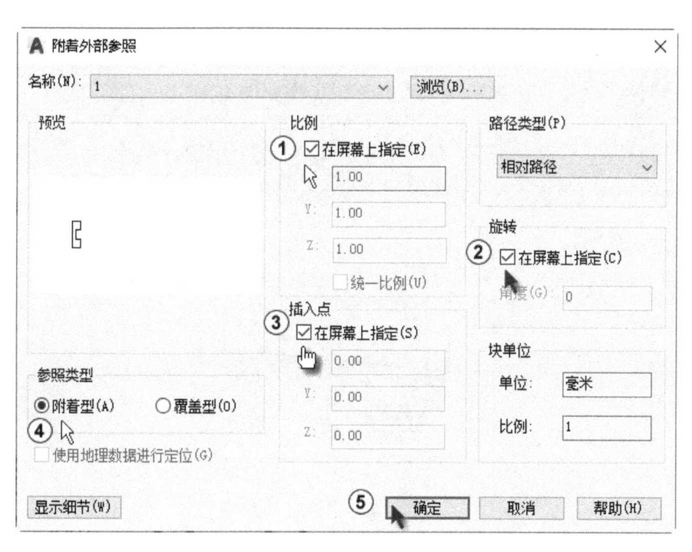

图 6-16 “附着外部参照”对话框

说明：假如图形文件 A 嵌套了其他的外部参照，如果在引用图形文件 A 时选择“附着型”选项，则不仅能看到 A，还能看到 A 中嵌套的外部参照。但不能循环嵌套，即如果 A 引用了 B，而 B 又引用 C，则 C 不能引用 A；如果在引用图形文件 A 时选择“覆盖型”选项，与附着型的外部参照不同的是这时可以循环嵌套，无须为图形之间的嵌套而担忧，但只能看到图形 A 本身，不能看到 A 中嵌套的外部参照。

3）系统提示如下：

```
命令:xa
XATTACH
附着 外部参照 "1": C:\AUTOCAD2021 工程制图\第 6 章 块和外部参照\实例\2 外部参照\1.dwg
"1" 已加载: AUTOCAD2021 工程制图\第 6 章 块和外部参照\实例\2 外部参照\1.dwg
指定插入点或 [比例(S)/X/Y/Z/旋转(R)/预览比例(PS)/PX/PY/PZ/预览旋转(PR)]:(在绘图区指定插入点)
输入 X 比例因子，指定对角点或 [角点(C)/XYZ(XYZ)] <1>:↙
输入 Y 比例因子 <使用 X 比例因子>:↙
指定旋转角度 <0.0>:↙
```

4）用同样的方法引入外部参照“2.dwg”。

（3）放大引入的“凸字”图形

执行以下命令：

```
命令:scale↙
选择对象:(选择“凸字”图形)
选择对象:↙
指定基点:(在“凸字”图形上任意指定一点)
指定比例因子或 [复制(C)/参照(R)] <1.0>:2↙
```

结果如图 6-17 所示。

（4）移动引入的“凸字”图形

执行以下命令：

```
命令:m↙
MOVE
选择对象:(选择“凸字”图形，如图 6-18 中①虚线所示)
选择对象:↙
指定基点或 [位移(D)] <位移>:(单击图 6-18 中①所示的点)
指定第二个点或<使用第一个点作为位移>:(单击图 6-18 中②所示的点)
```

结果如图 6-18 中③所示。

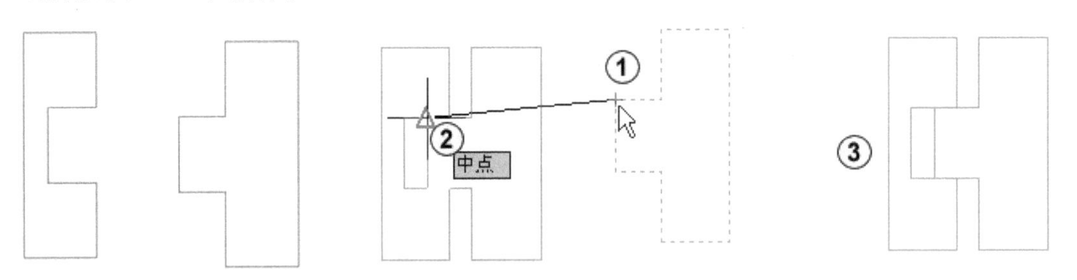

图 6-17　缩放图形　　图 6-18　移动图形

2. 更新外部参照

当被引用的图形做了修改后，系统不会自动更新，必须通过重新加载才能更新。

1）打开“1.dwg”文件，在命令行窗口输入“拉伸”命令（stretch），选择如图 6-19 中虚线所示的线段，指定图 6-19 中②所示的点，向右拉伸，结果如图 6-19 中③所示。保存修改后的“1.dwg”文件并关闭。

2）在命令行窗口输入命令 xr 后按〈Enter〉键，系统弹出“外部参照”对话框，在该对话框中选择“1”，如图 6-20 中①所示。右击并在弹出的快捷菜单中选择“重载”选项，如图 6-20 中②所示，结果如图 6-20 中③所示。

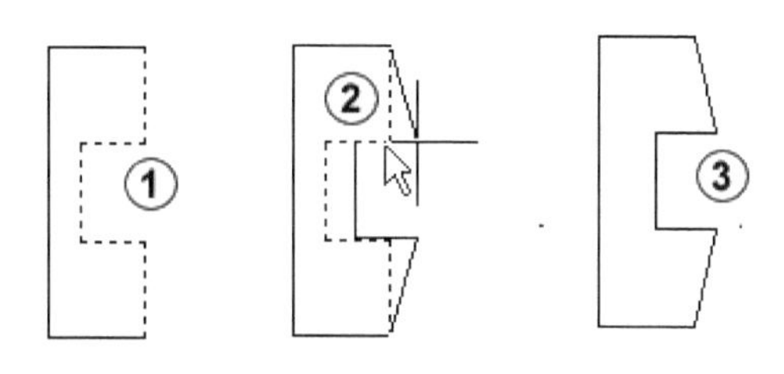

图 6-19　拉伸图形

3．绑定外部参照

外部参照定义中除了包含图像对象外，还包括图形的命名对象，如块、标注样式、图层、线型和文字样式等。为了区别外部参照与当前图形中的命令对象，系统将外部参照的名称作为其命名对象的前缀，并用符号“|”来分隔。例如，把“1.dwg”作为一个外部参照插入到当前图形中，在源文件“1.dwg”中的“标注”图层，在当前图形显示为“1 | 标注”图层。

在当前图形中不能直接引用外部参照中的命名对象，但可以控制外部参照图层的可见性、颜色和线型。

由于被引用的外部参照本身并不是当前图形的内容，因此要通过绑定才能将其转化为当前图形，此外，也能把引用的图层和文字样式等转化为当前图形的一部分。通过这种方法，可以使所有图纸的图层和文字样式等命名项目一致。

在“外部参照”对话框中选择“2”，如图 6-21 中①所示。右击并在弹出的快捷菜单中选择“绑定”选项，如图 6-21 中②所示。

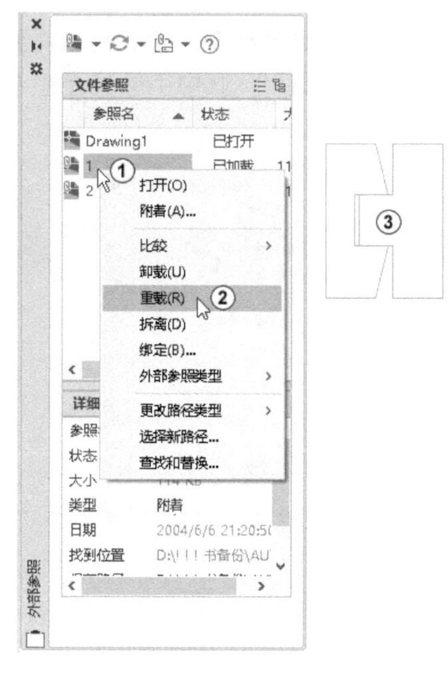

图 6-20　重载外部参照

图 6-21　选择要绑定的文件

系统弹出“绑定外部参照/DGN 参考底图”对话框，选择“绑定”选项，单击“确定”按钮，如图 6-22 中①②所示。

结果“2”从“外部参照”对话框中消失了，被“绑定”的图形从灰色变成了黑色，如图 6-23 所示。

图 6-22　绑定外部参照

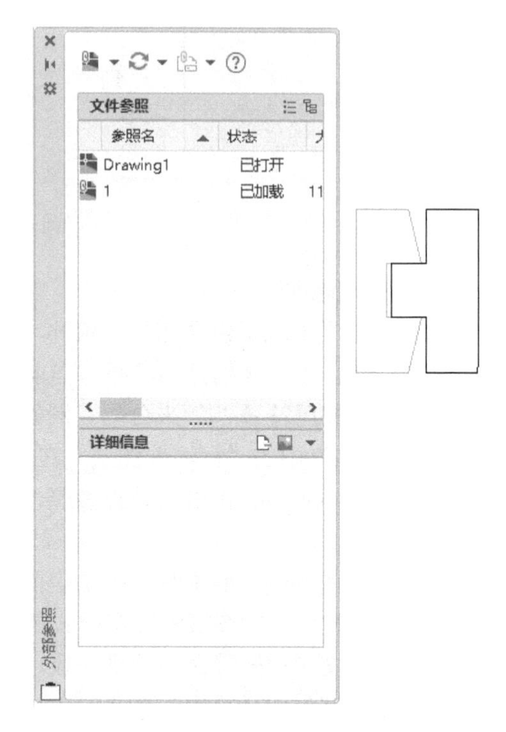

图 6-23　绑定外部参照后的效果

在命令行窗口输入命令 layer 后按〈Enter〉键打开图层，如图 6-24 所示，可以看到，引用图形的所有命名项目的名称由“2|命名项目”变为“2N命名项目”。其中字母 N 是系统自动增加的整数，以避免与当前图形中的项目名称重复。

图 6-24　选择“绑定”后的图层

说明： 如果在“绑定外部参照/DGN 参考底图”对话框中，选择“插入”选项，相当于先删除引用文件，然后以块的形式插入外部文件。当合并外部图形后，命名项目的名称前不加任何前缀，如“2”中有“标注”图层，用“插入”选项转化为外部图形时，若当前层中无“标注”图层，那么就创建“标注”图层，否则继续使用原来的“标注”图层，如图 6-25 所示。

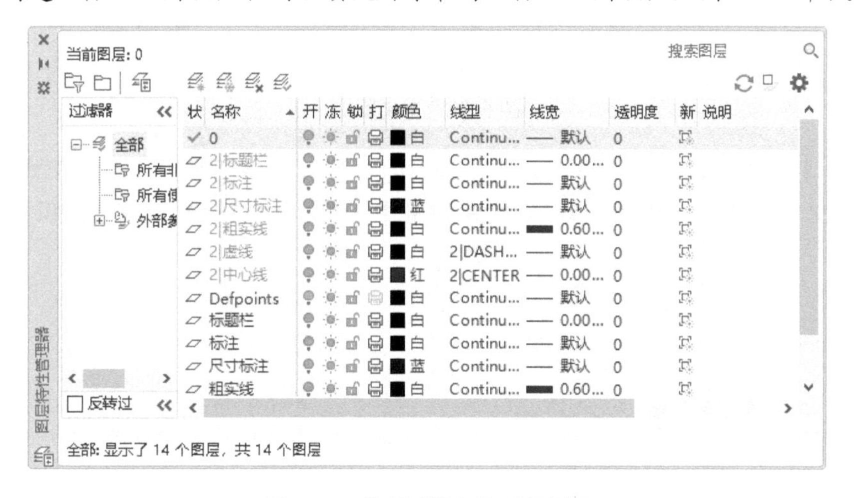

图 6-25　选择“插入”后的图层

可以通过外部参照连接一系列的库文件，如果想要使用库文件中的内容，可用 xbind 命令将库文件中的有关项目，如标题栏和图块等转化为当前图形的一部分。

在命令行窗口输入命令 xbind 后按〈Enter〉键，系统弹出“外部参照绑定”对话框，在对话框左侧的“外部参照”列表框中选择要添加到当前图形中的项目，如图 6-26 中①所示。单击“添加”按钮，如图 6-26 中②所示。把项目加入“绑定定义”列表框中，如图 6-26 中③所示。最后单击“确定”按钮。

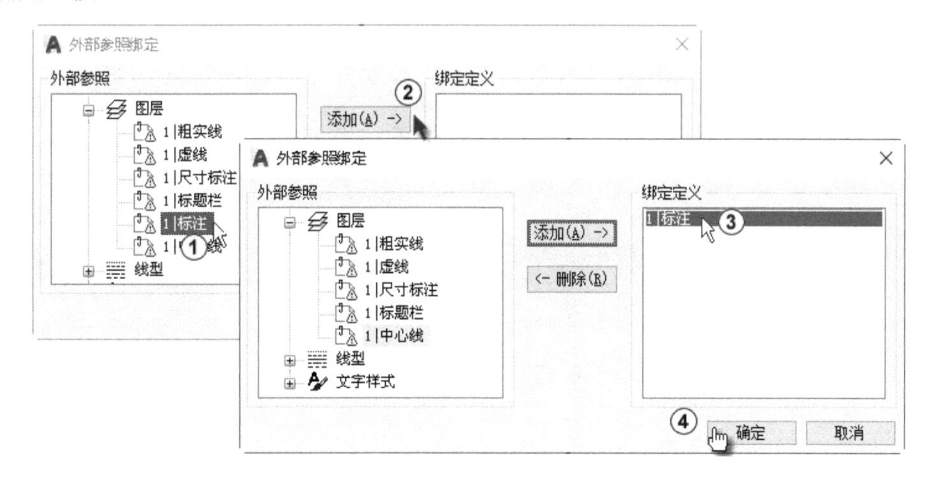

图 6-26　“外部参照绑定”对话框

6.7　习题

1．将图 6-27 所示的图形分别定义为图块并插入任意图形中。

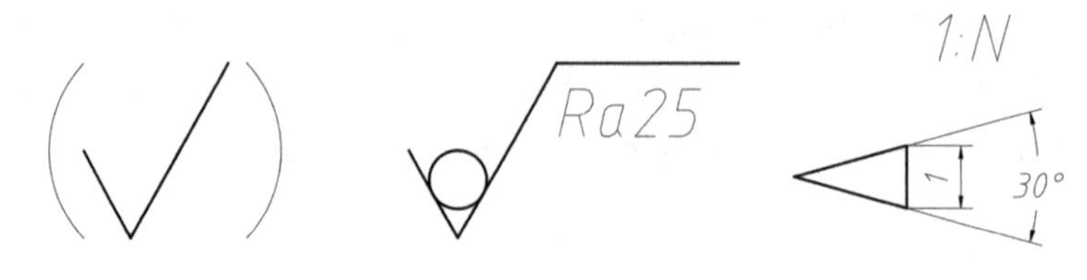

图 6-27 定义图块

2．绘制半径为 25mm 的两个圆，如图 6-28 中①②所示。将两个圆分别生成面域，并作“并集”（如图 6-28 中③所示）和“交集”（如图 6-28 中④所示），并分别查询其面积。

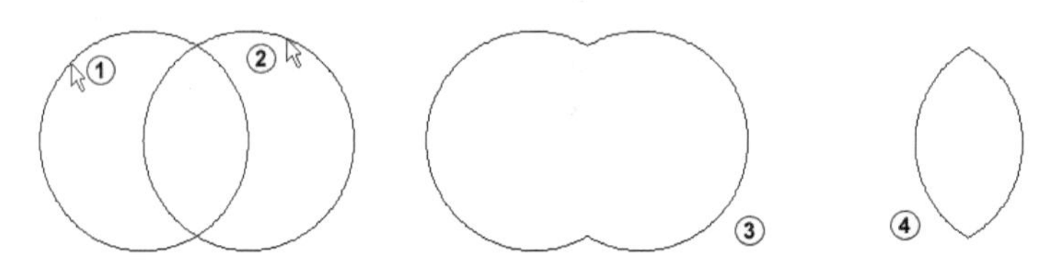

图 6-28 查询面积

第 7 章　尺寸标注和编辑

图样中的标注包括尺寸标注、公差标注、几何公差标注、表面粗糙度标注、填写技术要求等。

图样中的视图只能表示出零件的结构形状。有关各部分的确切大小与相对位置是由所标注的尺寸确定的，因此尺寸不仅是图样中的重要内容之一，也是制造、装配、检验和维修的直接数据。

对于机械零件的尺寸标注必须认真、细致，并要求做到完全、清晰、合理。所谓完全，就是对所表达的零件，要求将其各部分形状的大小及相对位置都唯一确定下来，不允许有遗漏尺寸、多余尺寸和重复尺寸。所谓清晰，就是指图上标注的尺寸，必须安排得清楚得当，尺寸数字必须标注得清晰易认，不允许有模糊不清的现象。所谓合理，是指尺寸标注得符合设计与工艺要求。

从几何角度上来看，零件图上标注的尺寸，可以分为两类性质不同的尺寸，即表示几何元素或几何图形形状的尺寸（定形尺寸）和表示几何元素之间或几何图形之间的相对位置的尺寸（定位尺寸）。组合体视图的尺寸，必须按形体分析来标注，否则就不符合要求。

7　知识扩展：形体分析

7　知识扩展：形体相对位置

7　知识扩展：尺寸基准

7　知识扩展：基准选择原则

7　知识扩展：省略定形尺寸

7　知识扩展：省略定位尺寸

7　知识扩展：总体尺寸

7　知识扩展：尺寸清晰

7.1　标注尺寸公差

图形只是表达了物体的形状，物体各部分的真实大小及相对位置要靠尺寸来表示，没有尺寸的图样是没有应用价值的。

可采用以下几种方法之一来激活线性标注命令。

功能区：单击“注释”标签→“标注”面板→“线性”按钮。

菜单栏：选择“标注(N)”→“线性(L)”选项。

工具栏：单击“标注”工具栏上的“线性”按钮。

命令行窗口：dimlinear。

7.1.1　用特性来标注尺寸公差

1）绘制一个矩形。选择“常用”→“绘图”→“矩形”选项，系统提示如下：

```
命令: _rectang
指定第一个角点或 [倒角(C)/标高(E)/圆角(F)/厚度(T)/宽度(W)]:（在绘图区任意位置单击确定一点）
指定另一个角点或 [面积(A)/尺寸(D)/旋转(R)]:@22.8,10↙
```

2）标注线性尺寸。选择“注释”→“标注”→“线性”选项，如图 7-1 中①②所示，系统提示如下：

```
命令：_dimlinear
指定第一条延伸线原点或 <选择对象>：（捕捉图 7-1 中③所示的点）
指定第二条延伸线原点：（捕捉图 7-1 中④所示的点）
指定尺寸线位置或[多行文字(M)/文字(T)/角度(A)/水平(H)/垂直(V)/旋转(R)]：（向下移动鼠标指针到适当的距离后单击，如图 7-1 中⑤所示的点）
标注文字 = 22.8
```

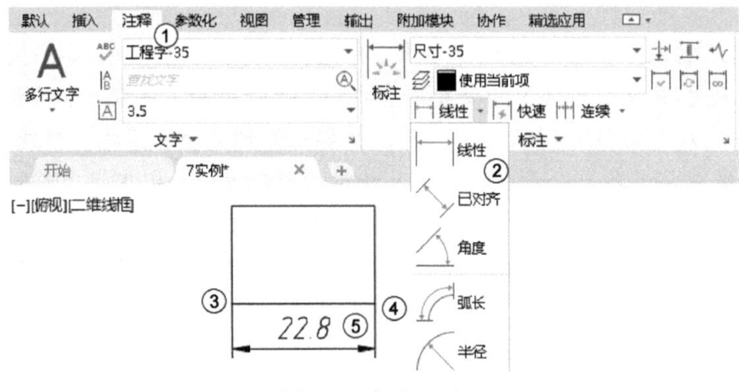

图 7-1　标注尺寸

3）选择尺寸 22.8 后，右击并从弹出的快捷菜单中选择“特性”选项，系统弹出“特性”对话框，如图 7-2 中①～⑤所示设置各参数，单击“关闭”按钮关闭“特性”对话框。按〈Esc〉键退出命令，结果如图 7-2 中⑦所示。

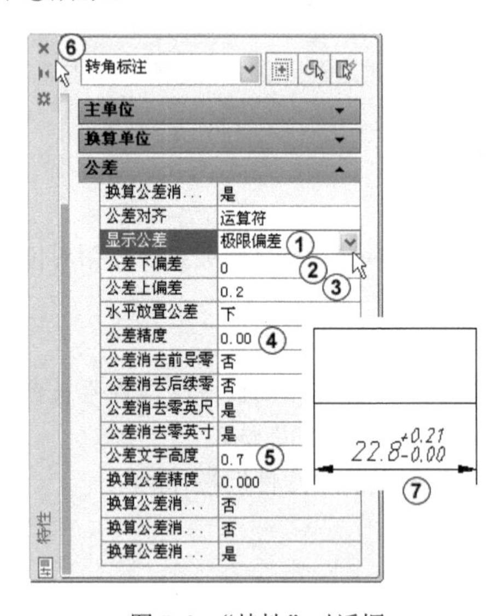

图 7-2　“特性”对话框

注意

标注公差时，一定要将“公差精度”设置为 0.00，如图 7-2 中④所示。否则即使已经设置了上下偏差，但显示的却是 ± 0。

4）按快捷键〈Ctrl+Z〉或工作界面最上方的“放弃”按钮，撤销刚刚执行的操作。

5）选择“注释”→“标注”→“线性”选项，系统提示如下：

```
命令: _dimlinear
指定第一条延伸线原点或 <选择对象>:(捕捉图7-3中①所示的点)
指定第二条延伸线原点:(捕捉图7-3中②所示的点)
指定尺寸线位置或
[多行文字(M)/文字(T)/角度(A)/水平(H)/垂直(V)/旋转(R)]:t↙(选择文字选项)
输入标注文字 <22.8>:%%C22.8↙(输入字符)
[多行文字(M)/文字(T)/角度(A)/水平(H)/垂直(V)/旋转(R)]:(向下移动鼠标指针到适当的距离后单击，如图7-3中③所示的点)
标注文字 = 22.8
```

图7-3　标注直径符号

7.1.2 用堆叠字符来标注尺寸公差

在命令行窗口输入命令erase后按〈Enter〉键，选择刚完成的标注并删除。

选择“注释”→“标注”→“线性”选项，系统提示如下：

```
命令: _dimlinear
指定第一条尺寸界线原点或 <选择对象>:(捕捉图7-4中①所示的点)
指定第二条尺寸界线原点:(捕捉图7-4中②所示的点)
指定尺寸线位置或
[多行文字(M)/文字(T)/角度(A)/水平(H)/垂直(V)/旋转(R)]:m↙(输入字母m，弹出多行文字编辑框，可输入文字更改系统测定尺寸数值)
```

输入“22.80.21^0.00”，选中“0.210^0.000”，如图7-4中③所示。右击并从弹出的快捷菜单中选择“堆叠”选项，如图7-4中④所示。

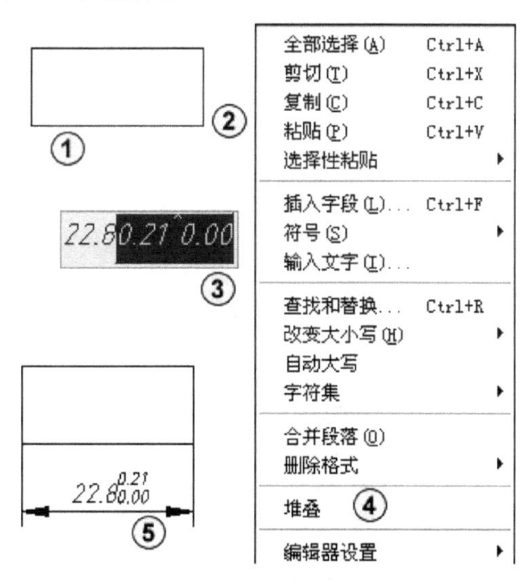

图7-4　用“插入符”堆叠尺寸

```
指定尺寸线位置或
[多行文字(M)/文字(T)/角度(A)/水平(H)/垂直(V)/旋转(R)]:(向下移动鼠标指针到适当的距离
```

```
后单击，如图 7-4 中⑤所示的点）
        标注文字 = 22.8
```

如果输入“22.80.21/0.00”，选中“0.21/0.00”，右击并从弹出的快捷菜单中选择“堆叠”选项，则结果如图 7-5 所示。

如果输入“22.80.21#0.00”，选中“0.21#0.00”，右击并从弹出的快捷菜单中选择“堆叠”选项，则结果如图 7-6 所示。

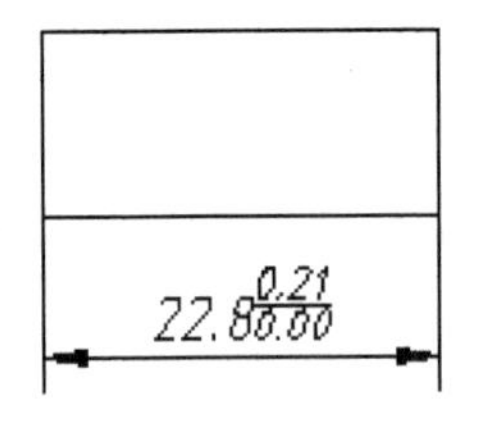

图 7-5 用“斜杠”堆叠尺寸

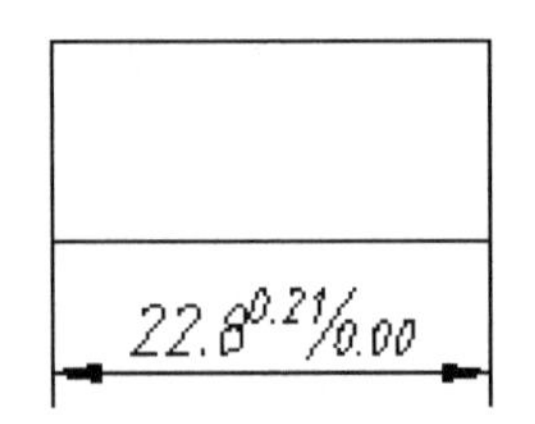

图 7-6 用“#”堆叠尺寸

7.1.3 用替代样式标注尺寸公差

1）选择“格式”→“标注样式”选项或者单击“标注”工具栏中的“标注样式”按钮，打开“标注样式管理器”对话框，选中“尺寸 3.5”，单击“新建”按钮，如图 7-7 中①②所示。弹出“创建新标注样式”对话框，在该对话框的“新样式名（N）”文本框中输入“TD”，其余设置不变，单击“继续”按钮，如图 7-7 中③④所示。

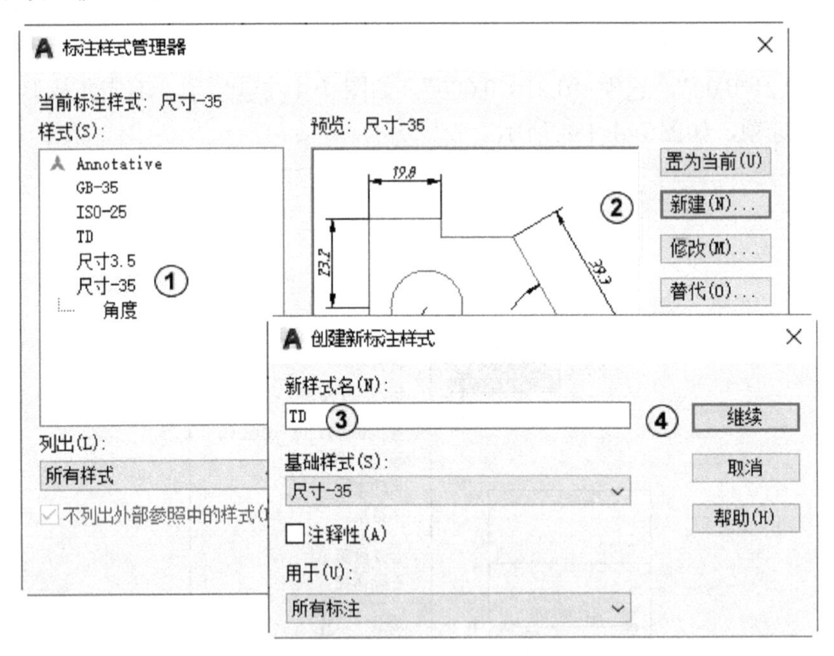

图 7-7 “创建新标注样式”对话框

2）系统弹出“新建标注样式：TD”对话框，在该对话框的“主单位”选项卡中，设置参数如图 7-8 所示。

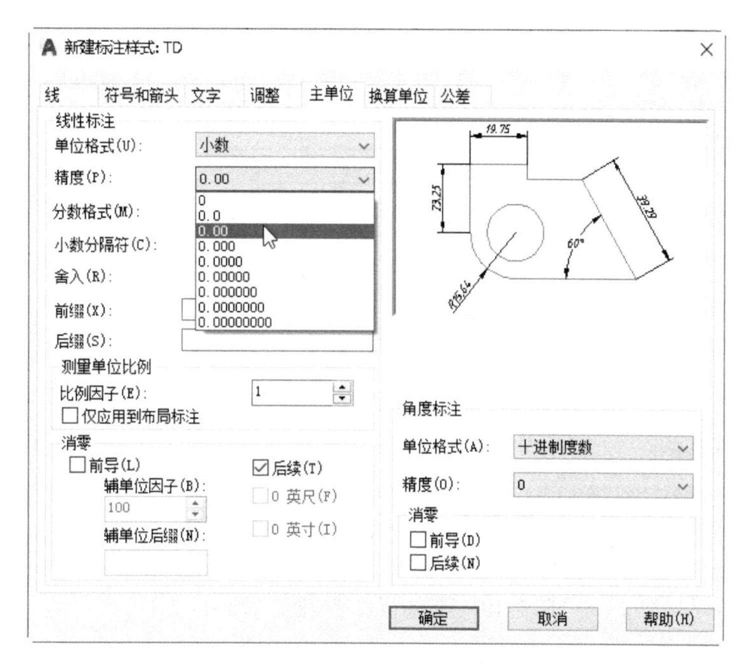

图 7-8 “主单位”选项卡

3）单击“公差”选项卡，按图 7-9 中①～⑥所示设置参数。单击对话框中的“确定”按钮，完成公差样式的设置。

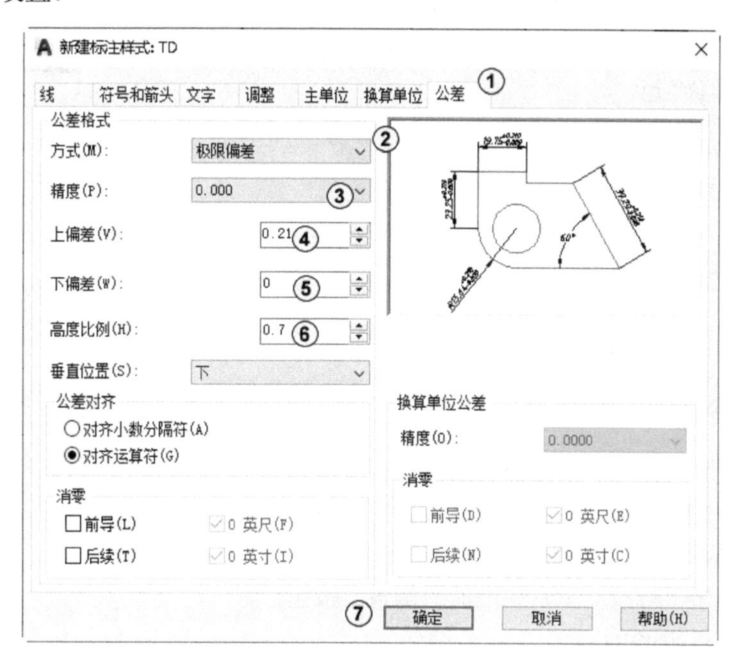

图 7-9 “公差”选项卡

4）系统返回“标注样式管理器”对话框，选择“TD”选项，单击“置为当前”按钮，再单击“关闭”按钮，如图 7-10 中①～③所示。

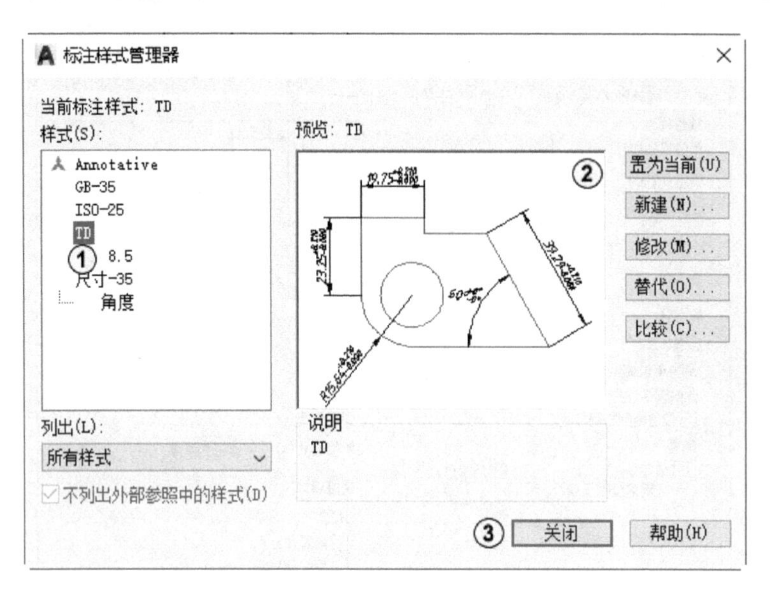

图 7-10 “标注样式管理器”对话框

5）单击“注释”标签→“标注”面板→“线性”按钮，系统提示如下：

```
命令: _dimlinear
指定第一条尺寸界线原点或 <选择对象>:（捕捉图 7-11 中①所示的点）
指定第二条尺寸界线原点:（捕捉图 7-11 中②所示的点）
指定尺寸线位置或
[多行文字(M)/文字(T)/角度(A)/水平(H)/垂直(V)/旋转(R)]:（向下移动鼠标指针到适当的距离后单击，如图 7-11 中③所示的点）
标注文字 = 22.8
```

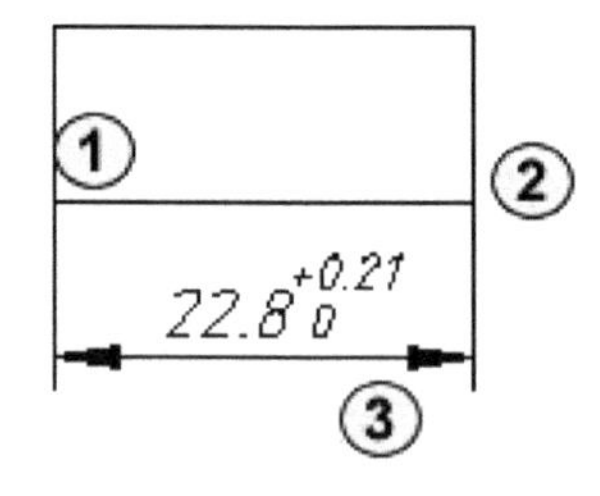

图 7-11 标注尺寸

7.2 标注引线

本节将讲述如何使引线的标注符合国家标准。

7.2.1 倒角命令

可采用以下几种方法之一来激活倒角命令。

功能区：单击“常用”标签→“修改”面板→“倒角”按钮。

菜单栏：选择“修改(M)”→“倒角(C)”选项。

工具栏：单击“修改”工具栏上的“倒角”按钮。

命令行窗口：chamfer。

单击“常用”标签→“修改”面板→“分解”按钮，选择矩形，如图 7-12 中①所示。单击“修改”工具栏上的“倒角”按钮，系统提示如下：

```
命令: _chamfer
(“修剪”模式) 当前倒角距离 1 = 6.0, 距离 2 = 3.0
选择第一条直线或 [放弃(U)/多段线(P)/距离(D)/角度(A)/修剪(T)/方式(E)/多个(M)]:d↙
```

```
    指定第一个倒角距离 <6.0>:3↙
    指定第二个倒角距离 <3.0>:↙
    选择第一条直线或 [放弃(U)/多段线(P)/距离(D)/角度(A)/修剪(T)/方式(E)/多个(M)]:(选择直线，如图 7-12 中②所示)
    选择第二条直线，或按住〈Shift〉键选择要应用角点的直线：(选择直线，如图 7-12 中③所示)
```

结果如图 7-12 中④所示。

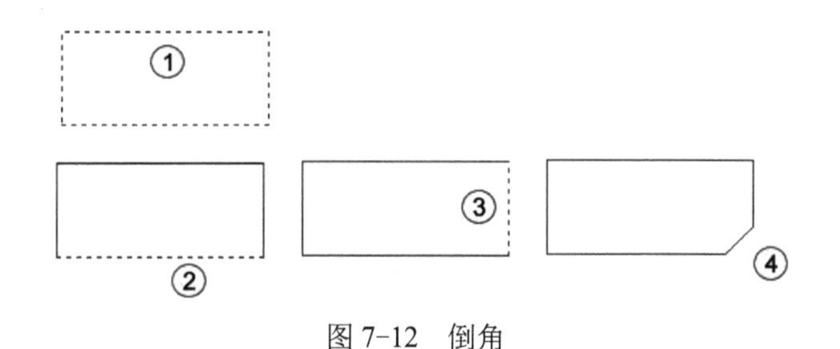

图 7-12 倒角

7.2.2 引线命令

选择“标注”→“引线”选项或者在命令行窗口输入 qleader 命令，即：

```
    命令:qleader↙
    指定第一个引线点或 [设置(S)] <设置>:↙(系统弹出“引线设置”对话框)
```

按图 7-13 中①～⑧所示设置“引线设置”对话框中的各参数。

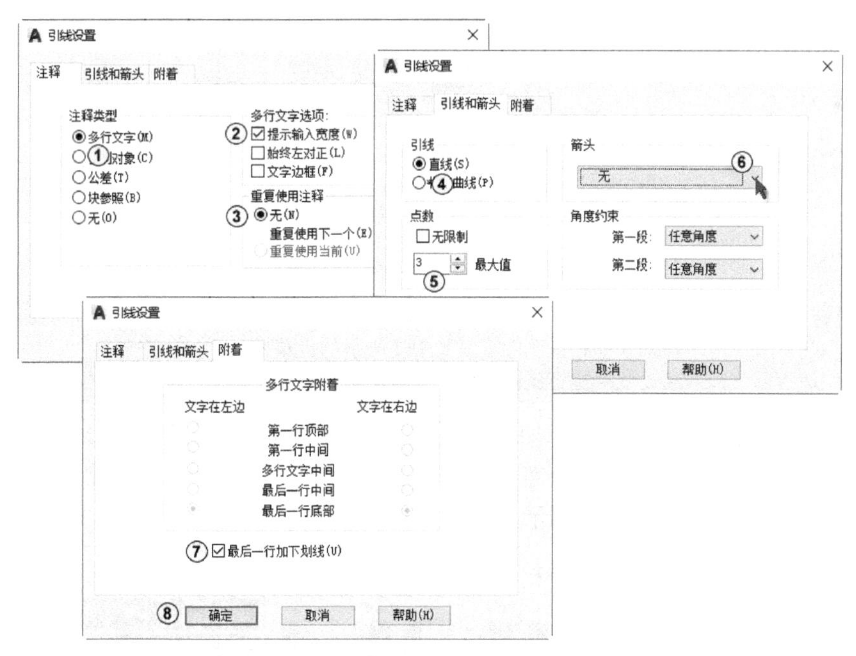

图 7-13 “引线设置”对话框

```
    指定第一个引线点或 [设置(S)] <设置>:(捕捉图 7-14 中①所示的点)
    指定下一点:(向下移动鼠标指针到图 7-14 中②所示的点单击)
    指定下一点:(向右移动鼠标指针到图 7-14 中③所示的点单击)
    指定文字宽度 <3.5>:5↙
```

```
输入注释文字的第一行 <多行文字(M)>:C3↙
输入注释文字的下一行:(按〈Esc〉键退出命令)
*取消*
```

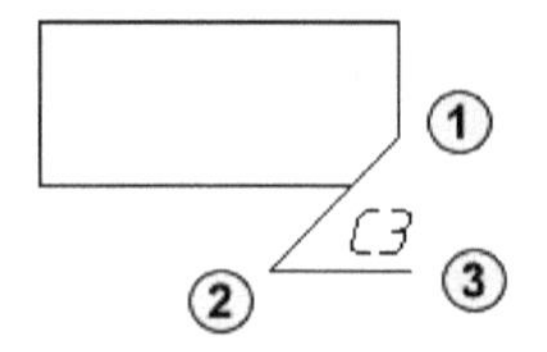

图 7-14　标注引线

7.3　标注几何公差

在命令行窗口输入 qleader 命令，即：

```
命令:qleader↙
指定第一个引线点或 [设置(S)] <设置>:↙(系统弹出“引线设置”对话框)
```

按图 7-15 中①～⑥所示设置“引线设置”对话框中的各参数。

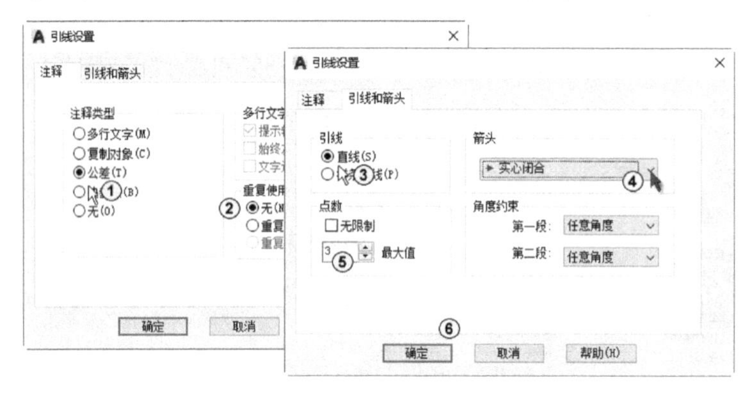

图 7-15　“引线设置”对话框

```
指定第一个引线点或 [设置(S)] <设置>:(捕捉图 7-16 中①所示的点)
指定下一点:(向下移动鼠标指针到图 7-16 中②所示的点单击)
指定下一点:(向右移动鼠标指针到图 7-16 中③所示的点单击)
```

系统弹出“形位公差”对话框，单击“符号”选项组下方的黑方块，打开“特征符号”对话框。选择所需的形位公差符号，在“公差 1”文本框中输入公差值，单击“确定”按钮，如图 7-16 中④～⑦所示。结果如图 7-16 中⑧所示。

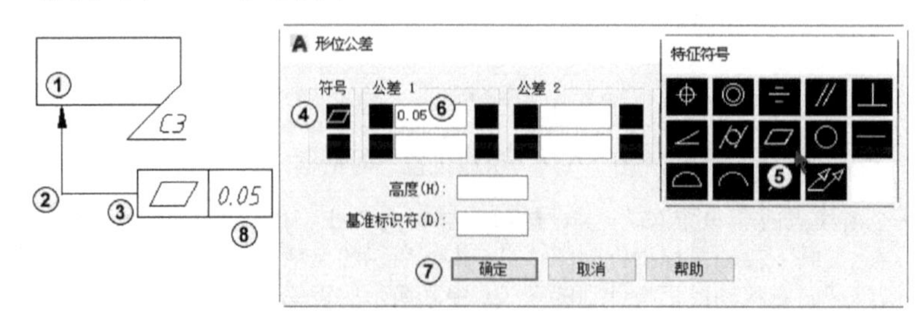

图 7-16　形位公差

引线标注的应用如图 7-17 所示。

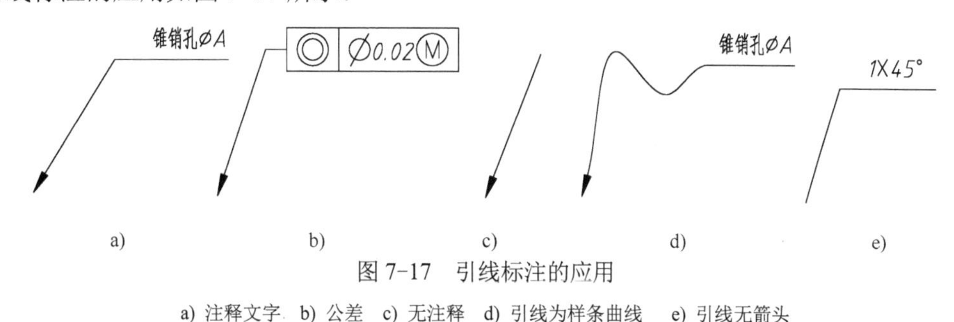

图 7-17　引线标注的应用

a) 注释文字　b) 公差　c) 无注释　d) 引线为样条曲线　e) 引线无箭头

7.4　斜线和角度标注

本节将讲述斜线和角度的标注方法。

7.4.1　对齐标注命令

可采用以下几种方法之一来激活对齐标注命令。

功能区：单击“注释”标签→“标注”面板→“对齐”按钮。

菜单栏：选择“标注(N)”→“对齐(G)”选项。

工具栏：单击“标注”工具栏上的“对齐”按钮。

命令行窗口：dimaligned。

单击“常用”标签→“修改”面板→“删除”按钮，选择倒角和形位公差并删除。单击“注释”标签→“标注”面板→“对齐”按钮，系统提示如下：

```
命令: _dimaligned
指定第一个尺寸界线原点或 <选择对象>:（捕捉图 7-18 中①所示的点）
指定第二条尺寸界线原点:（捕捉图 7-18 中②所示的点）
指定尺寸线位置或
[多行文字(M)/文字(T)/角度(A)]:（向右下方移动鼠标指针到图 7-18 中③所示的点后单击）
标注文字 = 4.2
```

7.4.2　角度标注命令

可采用以下几种方法之一来激活角度标注命令。

功能区：单击“注释”标签→“标注”面板→“角度”按钮。

菜单栏：单击菜单“标注(N)”→“角度(A)”。

工具栏：单击“标注”工具栏上的“角度”按钮。

命令行窗口：dimangular。

单击“注释”标签→“标注”面板→“角度”按钮，系统提示如下：

```
命令: _dimangular
选择圆弧、圆、直线或 <指定顶点>:（选择斜线，如图 7-18 中④所示）
选择第二条直线:（选择水平线，如图 7-18 中⑤所示）
指定标注弧线位置或 [多行文字(M)/文字(T)/角度(A)/象限点(Q)]:（向左上方移动鼠标指
```

```
针到图 7-18 中⑥所示的点后单击）
        标注文字 = 135
```

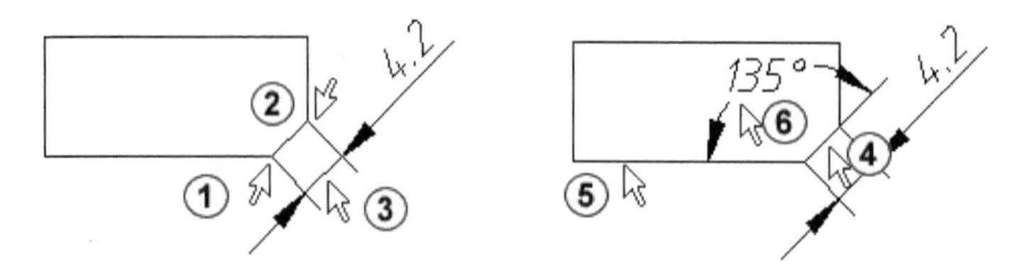

图 7-18　标注斜线和角度

单击“常用”标签→“修改”面板→“删除”按钮，选择斜线和角度尺寸并删除。再选择图形，如图 7-19 中虚线所示，激活左下角点，如图 7-19 中①所示。系统提示如下：

```
命令:
** 拉伸 **
指定拉伸点或 [基点(B)/复制(C)/放弃(U)/退出(X)]:↙
** MOVE **
指定移动点 或 [基点(B)/复制(C)/放弃(U)/退出(X)]:↙
** 旋转 **
指定旋转角度或 [基点(B)/复制(C)/放弃(U)/参照(R)/退出(X)]:↙
** 比例缩放 **
指定比例因子或 [基点(B)/复制(C)/放弃(U)/参照(R)/退出(X)]:c↙
** 比例缩放 (多重) **
指定比例因子或 [基点(B)/复制(C)/放弃(U)/参照(R)/退出(X)]:1.5↙（如图 7-19 中②所示）
** 比例缩放 (多重) **
指定比例因子或 [基点(B)/复制(C)/放弃(U)/参照(R)/退出(X)]:c↙
** 比例缩放 (多重) **
指定比例因子或 [基点(B)/复制(C)/放弃(U)/参照(R)/退出(X)]:2.5↙（如图 7-19 中③所示）
** 比例缩放 (多重) **
指定比例因子或 [基点(B)/复制(C)/放弃(U)/参照(R)/退出(X)]:↙
```

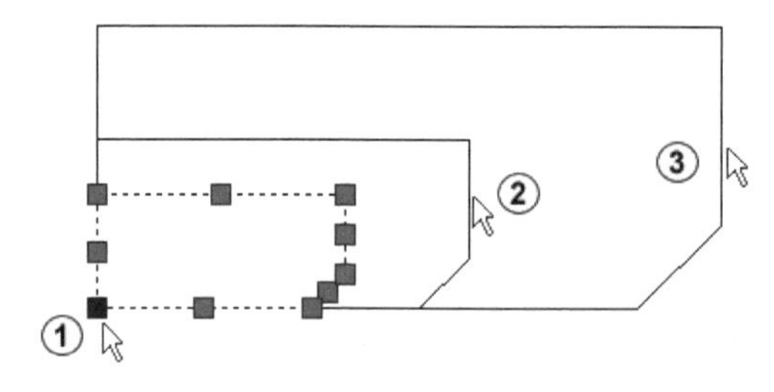

图 7-19　缩放图形

7.5　基线和连续标注

本节将讲述基线和连续标注的方法。

7.5.1　基线标注命令

在标注尺寸时，有时需要标注系列尺寸。基线标注是自同一基线处开始的多个尺寸标注。连续标注是首尾相连的多个标注。可采用以下几种方法之一来激活基线标注命令。

功能区：单击“注释”标签→“标注”面板→“基线”按钮。

菜单栏：选择“标注(N)”→“基线(B)”选项。

工具栏：单击“标注”工具栏上的“基线”按钮。

命令行窗口：dimbaseline。

单击“注释”标签→“标注”面板→“对齐”按钮，系统提示如下：

```
命令: _dimaligned
指定第一个尺寸界线原点或 <选择对象>:(捕捉图 7-20 中①所示的点)
指定第二条尺寸界线原点:(捕捉图 7-20 中②所示的点)
指定尺寸线位置或
[多行文字(M)/文字(T)/角度(A)]:(向右下方移动鼠标指针到图 7-20 中③所示的点后单击)
标注文字 = 19.8
```

单击“注释”标签→“标注”面板→“基线”按钮，系统提示如下：

```
命令: _dimbaseline
指定第二条尺寸界线原点或 [放弃(U)/选择(S)] <选择>:(捕捉图 7-20 中④所示的点，系统自动找到尺寸的基线，可以直接确定下一个要标注的第二条尺寸界线位置)
标注文字 = 29.7
指定第二条尺寸界线原点或 [放弃(U)/选择(S)] <选择>:(捕捉图 7-20 中⑤所示的点)
标注文字 = 49.5
指定第二条尺寸界线原点或 [放弃(U)/选择(S)] <选择>:(捕捉图 7-20 中⑥所示的点)
标注文字 = 57
指定第二条尺寸界线原点或 [放弃(U)/选择(S)] <选择>:↙
```

系统自动设置了“基线间距”。可以在“标注样式管理器”中“直线”选项卡的“基线间距”选项组设定“基线标注”中的相邻两尺寸线之间的距离，也可直接在命令行窗口中输入 dimspace 来设置，系统提示如下：

```
命令: _dimspace
选择基准标注:(选择图 7-20 中⑦所示的标注)
选择要产生间距的标注:(选择图 7-20 中⑧所示的标注)
选择要产生间距的标注:↙
输入值或 [自动(A)] <自动>:9↙ (结果如图 7-20 中⑨所示)
```

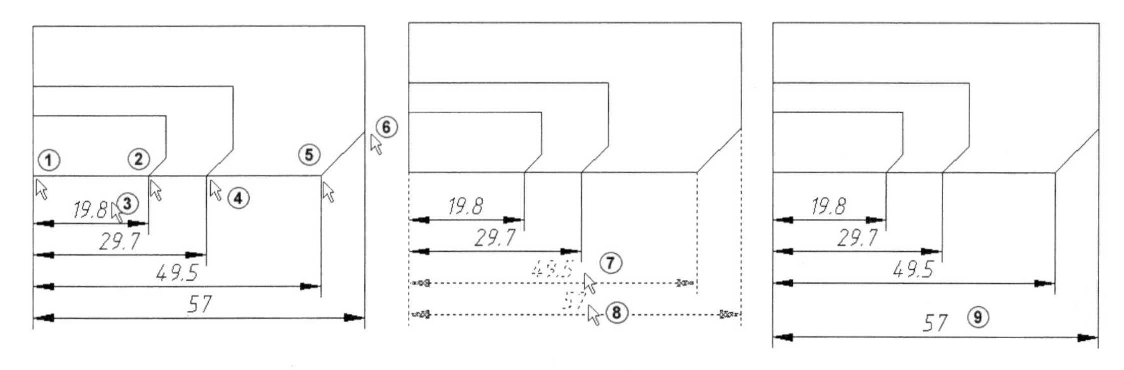

图 7-20　标注基线尺寸

7.5.2 连续标注命令

可采用以下几种方法之一来激活连续标注命令。

功能区：单击“注释”标签→“标注”面板→“连续”按钮。

菜单栏：选择“标注(N)”→“连续(C)”选项。

工具栏：单击“标注”工具栏上的“连续”按钮。

命令行窗口：dimcontinue。

单击“常用”标签→“修改”面板→“删除”按钮，选择基线尺寸并删除。单击“注释”标签→“标注”面板→“对齐”按钮，系统提示如下：

```
命令: _dimaligned
指定第一个尺寸界线原点或 <选择对象>:（捕捉图 7-21 中①所示的点）
指定第二条尺寸界线原点:（捕捉图 7-21 中②所示的点）
指定尺寸线位置或
[多行文字(M)/文字(T)/角度(A)]:（向左方移动鼠标指针到图 7-21 中③所示的点后单击）
标注文字 = 10
```

单击“注释”标签→“标注”面板→“连续”按钮，系统提示如下：

```
命令: _dimcontinue
指定第二条尺寸界线原点或 [放弃(U)/选择(S)] <选择>:（捕捉图 7-21 中④所示的点）
标注文字 = 5
指定第二条尺寸界线原点或 [放弃(U)/选择(S)] <选择>:（捕捉图 7-21 中⑤所示的点）
标注文字 = 10
指定第二条尺寸界线原点或 [放弃(U)/选择(S)] <选择>:↙
```

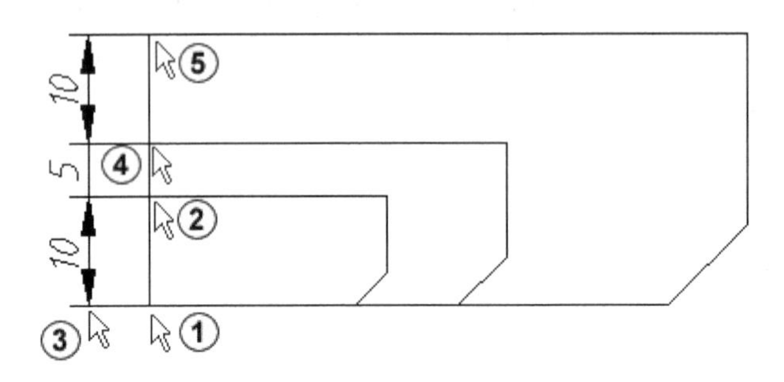

图 7-21　标注连续尺寸

7.6 快速标注

本节将讲述圆心标注和快速标注的方法。

7.6.1 圆心标注命令

圆心标注用于在圆弧或圆上创建圆心标记或中心线。可采用以下几种方法之一来激活圆心标记命令。

功能区：单击“注释”标签→“标注”面板→“圆心标记”按钮。

菜单栏：选择“标注(N)”→“圆心标记(Q)”选项。

工具栏：单击“标注”工具栏上的“圆心标记”按钮。

命令行窗口：dimcenter。

单击“常用”标签→“绘图”面板→“圆”按钮，系统提示如下：

```
命令：_circle
指定圆的圆心或 [三点(3P)/两点(2P)/切点、切点、半径(T)]：(在绘图区任意位置单击，确定圆心)
指定圆的半径或 [直径(D)] <18.0>:10↙
```

单击“注释”标签→“标注”面板→“圆心标记”按钮，系统提示如下：

```
命令：_dimcenter
选择圆弧或圆：(选择图 7-22 中①所示的圆，结果如图 7-22 中②所示)
```

7.6.2 快速标注命令

快速标注是智能型的标注，它包含了线性标注、直径半径标注、角度标注、连续标注、基线标注等。它能快速创建系列基线或连续标注，或者为一系列圆或圆弧创建标注。使用快速标注时，系统会自动识别出用户选择的元素段，以确定采用何种标注。创建系列基线或连续标注，或者为一系列圆或圆弧创建标注时，此命令特别有用。

可采用以下几种方法之一来激活快速标注命令。

功能区：单击“注释”标签→“标注”面板→“快速标注”按钮。

菜单栏：选择“标注(N)”→“快速标注(Q)”选项。

工具栏：单击“标注”工具栏上的“快速标注”按钮。

命令行窗口：qdim。

单击“注释”标签→“标注”面板→“快速标注”按钮，系统提示如下：

```
命令：_qdim
关联标注优先级 = 端点
选择要标注的几何图形：(选择图 7-22 中①所示的圆)
指定尺寸线位置或 [连续(C)/并列(S)/基线(B)/坐标(O)/半径(R)/直径(D)/基准点(P)/编辑(E)/设置(T)] <半径>：(向右上方移动鼠标指针到图 7-22 中③所示的点后单击)
```

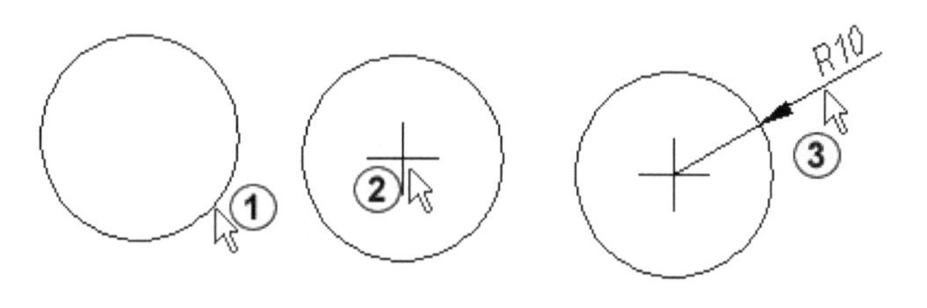

图 7-22　标注尺寸

7.7 使用夹点编辑尺寸

对于已经存在的尺寸标注，系统提供了许多种编辑方法，各种方法的便捷程度不同，适用的范围也不相同，应根据实际需要选择适当的编辑方法。

夹点编辑是系统所提供的一种高效的编辑工具，可以对大多数图形对象进行编辑。当一个标注被选择的时候，都会显示出夹点，如图 7-23 所示的蓝色小正方形就是夹点。单击任何一个夹点，就可以移动夹点，一个线型尺寸通常有 5 个夹点，分别对应文字的位置、关联点的位置和尺寸线的位置。拖动尺寸标注对象上任一个夹点的位置可以修改尺寸界线的引出点位置、文字位置以及尺寸线的位置。

夹点编辑用于编辑尺寸标注并对尺寸标注进行拉伸操作，包括两种情况：拖动标注对象和移动标注文字，如图 7-23 和图 7-24 所示。

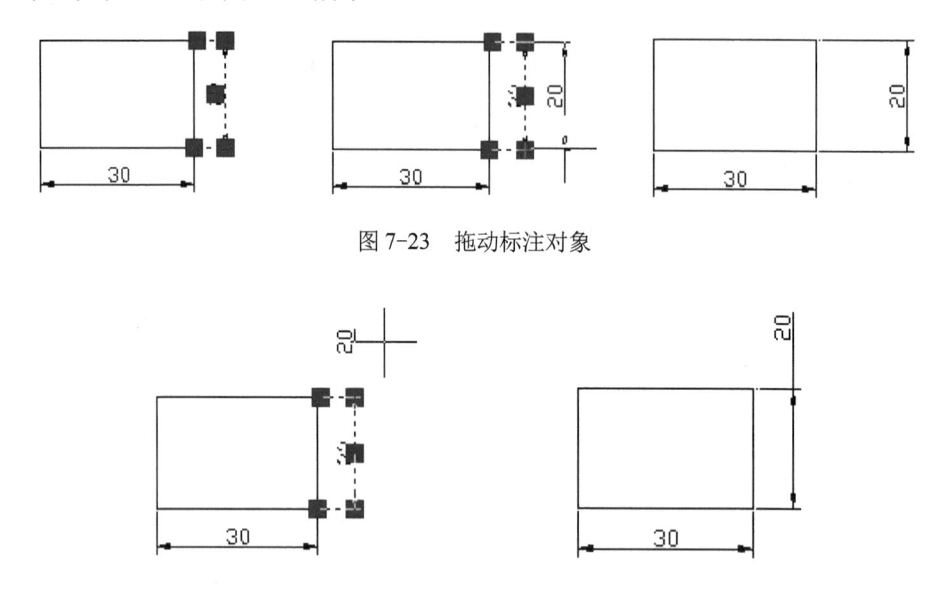

图 7-23　拖动标注对象

图 7-24　移动标注文字

对于拖动标注对象的情况，主要是指关联性的尺寸标注在改变标注对象后能够自动地更新标注尺寸。

7.8　普通编辑尺寸的方法

尺寸标注可以认为是一般的图形对象，可以使用编辑命令对其进行编辑。

对于尺寸标注的一般编辑，可以使用“特性”对话框来进行，在其中可以方便地设置标注的特性。

在图形中选择一个尺寸标注，选择“工具(T)”→“选项板”→“特性(P)”选项按〈Ctrl+1〉键、在命令行窗口输入 properties 或者右击并在弹出的快捷菜单中选择“特性”选项，这些操作均能启动系统的“特性”对话框。

在“特性”对话框中，可以对尺寸标注的基本特性，如图层、颜色、线型等进行修改，还能够改变尺寸标注所使用的标注样式。对应标注样式的 6 类特性，该对话框中包括了常规、其他直线和箭头、文字、调整、主单位、换算单位和公差 8 个选项区，可以展开这 6 个选项区，如图 7-25 所示。

图 7-25 “特性”对话框

可以将修改后的标注特性保存到新样式中，其操作步骤如下。

1）选择已经修改完毕的尺寸标注，在其上右击，在弹出的快捷菜单中选择“标注样式”→“另存为新样式”选项，如图 7-26 所示。

2）弹出“另存为新标注样式”对话框，如图 7-27 所示，在“样式名”文本框中输入新样式名称，单击“确定”按钮即可。

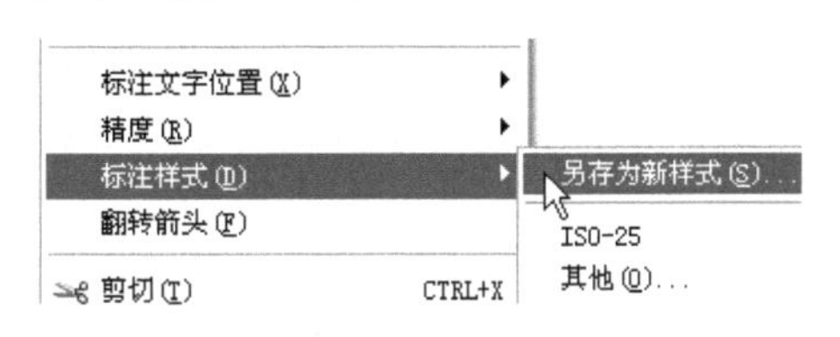

图 7-26 快捷菜单

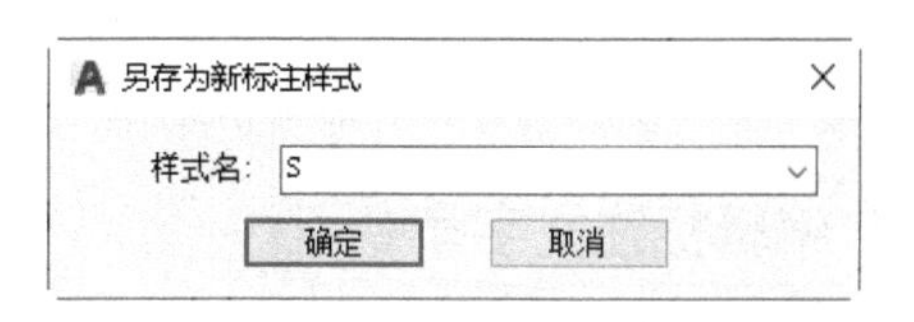

图 7-27 “另存为新标注样式”对话框

利用这种功能，就能够将已经调整适当的尺寸标注作为标注样式进行保存，其他的尺寸标注就都可以使用这种标注样式，省去了设置样式的繁杂步骤。

7.9 用标注编辑工具编辑尺寸

AutoCAD 系统提供了一些直接编辑尺寸标注的工具，可以对尺寸标注的不同部分进行修改，使用这些命令可以更快速地进行编辑。

7.9.1 编辑标注命令

编辑标注命令用于编辑尺寸标注，可以编辑尺寸标注的文字内容或旋转尺寸标注文本的方向，还可以指定尺寸界线倾斜的角度。

可采用以下几种方法之一来激活编辑标注命令。

工具栏：单击“标注”工具栏上的“编辑标注”按钮。

命令行窗口：dimedit。

单击“标注”工具栏上的“编辑标注”按钮，系统提示如下：

```
命令: _dimedit
输入标注编辑类型 [默认(H)/新建(N)/旋转(R)/倾斜(O)] <默认>:o↙
选择对象:(选择水平尺寸，如图 7-28 中①所示)
选择对象:↙
输入倾斜角度 (按 ENTER 表示无):45↙ (结果如图 7-28 中②所示)
```

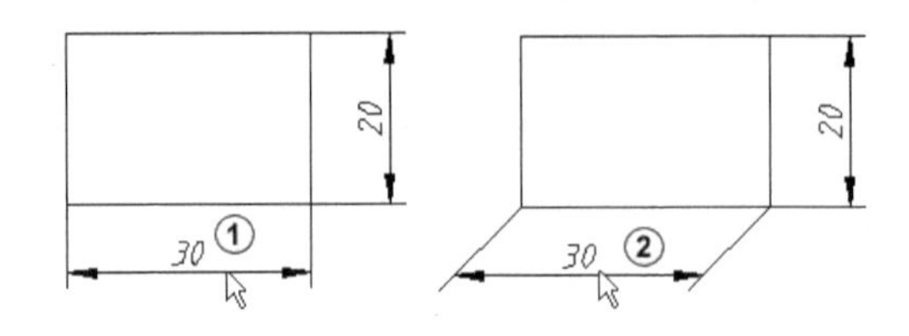

图 7-28　尺寸界线倾斜的前后对比

其中各选项的含义如下。

- 默认：将尺寸标注文本按照标注样式的定义转换为默认设置。选择此项后，系统会提示“选择对象：”，用鼠标选择要编辑的尺寸标注即可。
- 新建：使用多行文字编辑器对标注文本的内容进行修改。
- 旋转：旋转所选择的标注文本。选择该选项后，根据系统提示，选择对象并指定标注文字的角度。
- 倾斜：调整线性标注尺寸界线的倾斜角度。系统在默认状态下创建尺寸界线与尺寸线垂直的线性标注，当尺寸界线与图形中的其他特性冲突时，“倾斜”选项是有用的。选择该选项后，系统提示输入倾斜角度，尺寸界线倾斜后，标注文字并不改变，还是原来的方向。

7.9.2 编辑标注文字命令

可采用以下几种方法之一来激活编辑标注文字命令。

工具栏：单击“标注”工具栏上的“编辑标注文字”按钮。

命令行窗口：dimtedit。

单击“标注”工具栏上的“编辑标注文字”按钮，系统提示如下：

```
命令: _dimtedit
选择标注:(选择水平尺寸)
为标注文字指定新位置或 [左对齐(L)/右对齐(R)/居中(C)/默认(H)/角度(A)]:a↙
指定标注文字的角度:45↙ (结果如图 7-29 中①所示)
命令:↙
DIMTEDIT
选择标注:(选择水平尺寸)
为标注文字指定新位置或 [左对齐(L)/右对齐(R)/居中(C)/默认(H)/角度(A)]:h↙ (结果如图 7-29 中②所示)
命令:↙
DIMTEDIT
选择标注:(选择水平尺寸)
为标注文字指定新位置或 [左对齐(L)/右对齐(R)/居中(C)/默认(H)/角度(A)]:r↙ (结果如图 7-29 中③所示)
命令:↙
DIMTEDIT
```

选择标注：(选择水平尺寸)
为标注文字指定新位置或 [左对齐(L)/右对齐(R)/居中(C)/默认(H)/角度(A)]:l↙（结果如图 7-29 中④所示）

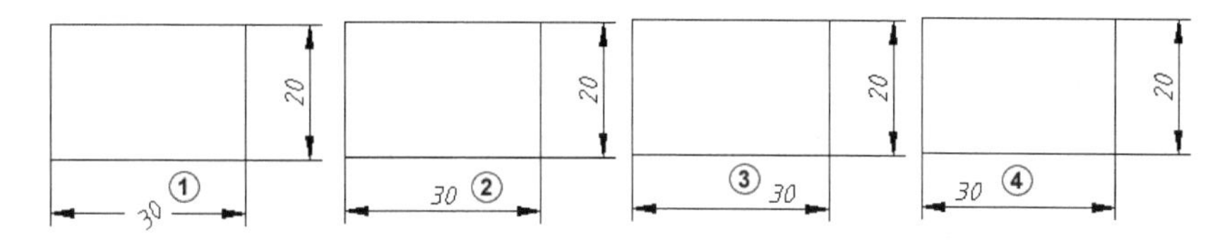

图 7-29 编辑尺寸

其中各选项的含义如下。

- 为标注文字指定新位置：如果是通过鼠标来定位标注文字并且 DIMSHO 系统变量是打开的，那么标注在拖动时会动态更新。垂直放置设置则可以控制标注文字是在尺寸线之上、之下还是中间。
- 角度：修改标注文字的角度，当命令行窗口显示“指定标注文字的角度:”，时，输入所要倾斜的文字角度，如图 7-29 中①所示。
- 默认：将标注文字按照默认位置放置，如图 7-29 中②所示。
- 右对齐：沿尺寸线右移标注文字，只适用于线性、直径和半径的标注，如图 7-29 中③所示。
- 左对齐：沿尺寸线左移标注文字，只适用于线性、直径和半径的标注，如图 7-29 中④所示。
- 居中：把标注文字放在尺寸线的中心。

对于标注中的文字，也可以使用一般文字的编辑方法进行编辑，例如，对于标注的文字运行 DDEDIT，选择对象后可以弹出如图 7-30 所示的对话框，由此对文字进行编辑。

图 7-30 “文字格式”对话框

7.9.3 编辑形位公差

形位公差是一类特殊的标注，对于形位公差的编辑可以采用如下的一些方法。

1）双击一个形位公差标注，将会弹出“形位公差”对话框，在其中使用与创建形位公差一样的方法对其进行编辑。

2）选择一个形位公差标注并且打开“特性”对话框，在“特性”对话框中可对形位公差的各种特性进行编辑和修改。

3）使用文字编辑命令对形位公差中的文字进行编辑。

7 实例：基本体的尺寸标注

7 实例：三棱柱尺寸标注

7 实例：圆柱尺寸标注

7 实例：拱形体尺寸标注

7 实例：复合体尺寸标注

7　实例：复合柱体尺寸标注

7　实例：切割体尺寸标注

7　实例：圆柱切割后尺寸标注

7 实例：相贯体尺寸标注

7 实例：圆柱相贯后尺寸标注

7.10　习题

绘制并标注如图 7-31 所示的轴，其三维立体图如图 7-32 所示，参考答案如图 7-33 所示。

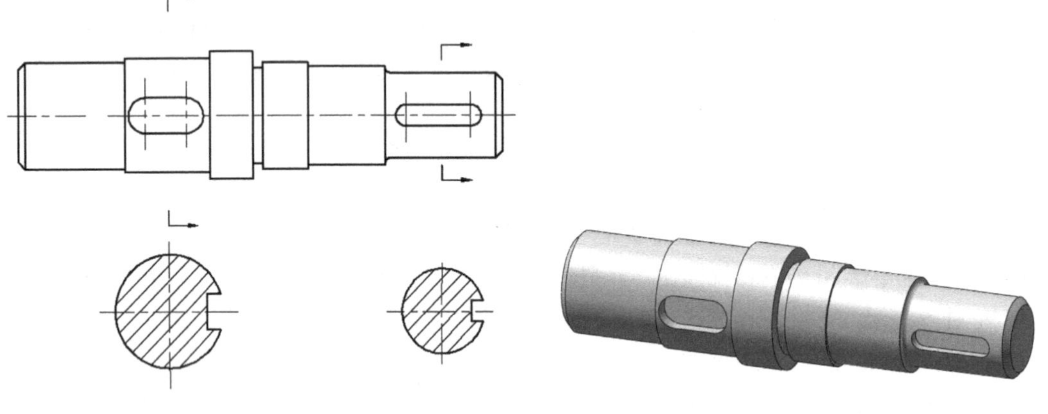

图 7-31　标注尺寸　　　　图 7-32　三维立体图

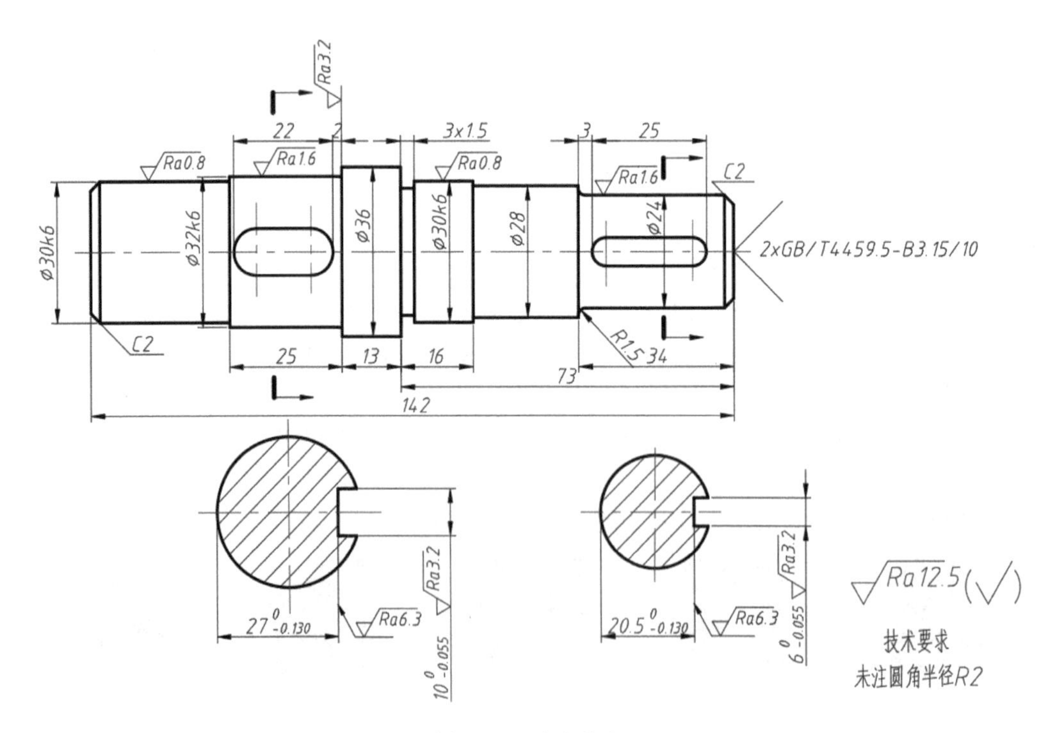

图 7-33　参考答案

第8章 轴 测 图

本章介绍了三维图形显示、建模的有关知识，用实例分析了二维和三维轴测图的绘制，立体图的装配以及用三维实体图生成平面视图的方法。

三维图形有利于看到真实、直观的效果，也可以方便地通过投影转化为二维图形。AutoCAD 系统有两种三维造型技术，一种是三维曲面造型，另一种是三维实体造型。

三维曲面没有厚度，只有面积，可以用来描述零件的复杂表面形状。基本三维曲面有 8 种：长方体面、棱锥面、楔体面、半球面、球面、圆锥面、圆环面、网格面。此外还有三维面、二维网格、旋转曲面、平移曲面、直纹曲面、边界曲面等。

与三维曲面不同，三维实体是具有质量、体积、重心、惯性矩、回转半径等体特征的三维对象。在各类三维建模中，三维实体的信息最完整，歧义最少。AutoCAD 有两种创建实体的方法：一是根据基本实体（长方体、楔体、球体、圆锥体、圆柱体和圆环体）创建实体；二是通过二维对象沿路径拉伸或者绕轴旋转来创建实体。第二种方法常用来创建复杂的没有规律的实体，对含有圆角、倒角和其他细部的三维对象尤为实用。拉伸实体是指通过拉伸选定的二维曲线对象来创建三维实体。旋转实体是指通过绕轴旋转二维对象来创建三维实体。可以拉伸和旋转闭合的对象，如多线段、多边形、矩形、圆、椭圆、闭合的样条曲线、圆环和面域，但是不能拉伸和旋转三维对象、包含在块中的对象、有交叉或横断部分的多段线或非闭合多段线。既可以沿指定路径拉伸对象，又可以按高度值和倾斜度拉伸对象。一次只能旋转一个对象，旋转正方向按照右手法则确定。旋转过程将忽略多段线的宽度，并从多段线路径的中心处开始旋转。如果用直线或圆弧来创建轮廓，在使用拉伸前需要用“多段线编辑（PEDIT）”命令的“合并”选项将它们转换成单一的多段线或使它们成为一个面域。

由于篇幅所限，本章主要讲述三维实体造型。

8.1 切换视图和工作空间

8.1 切换视图和工作空间

三维实体造型必须要切换视图和工作空间，本节通过 1 个实例来讲解。

【例 8-1】 绘制如图 8-1 所示的三维轴测图。

分析：此形体如果从前视方向看，可以分成 2 部分，如图 8-2 中①②所示；如果从俯视方向看，可以分成 3 部分，如图 8-2 中③～⑤所示。显然第一种简单，所以需在前视绘制出其封闭的轮廓，然后拉伸出来。

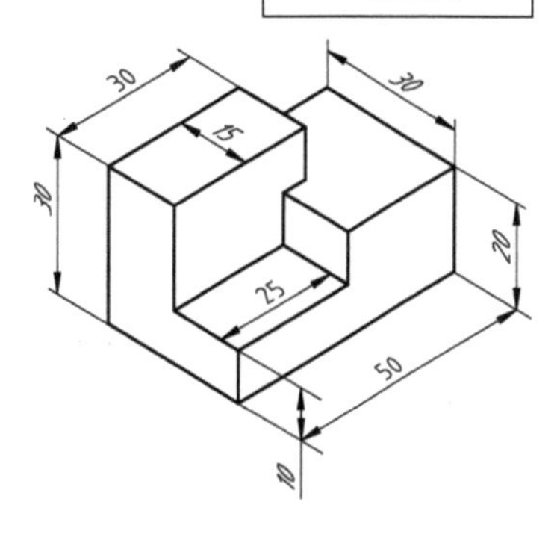

图 8-1 三维轴测图

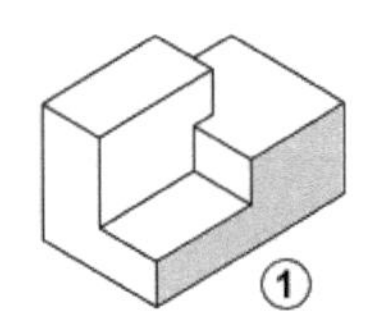

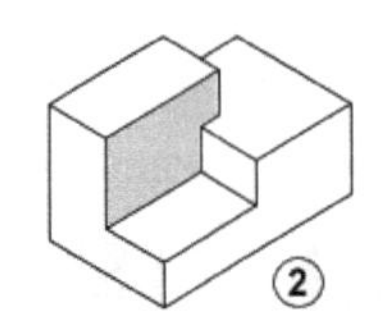

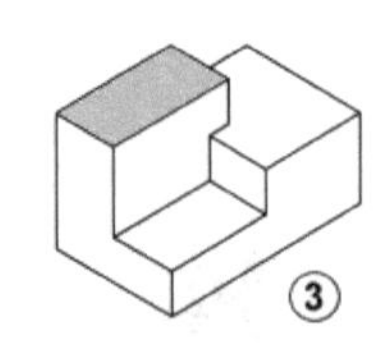

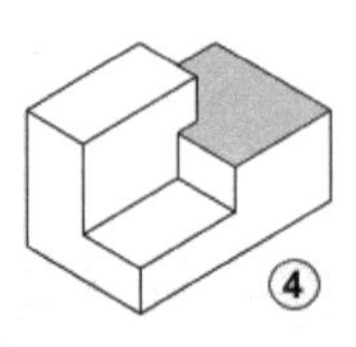

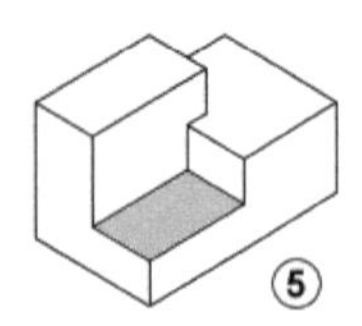

图 8-2　三维轴测图分析

将视图切换到前视，需要单击绘图区最左上角的“俯视”按钮，选中“前视”选项，如图 8-3 中①②所示。

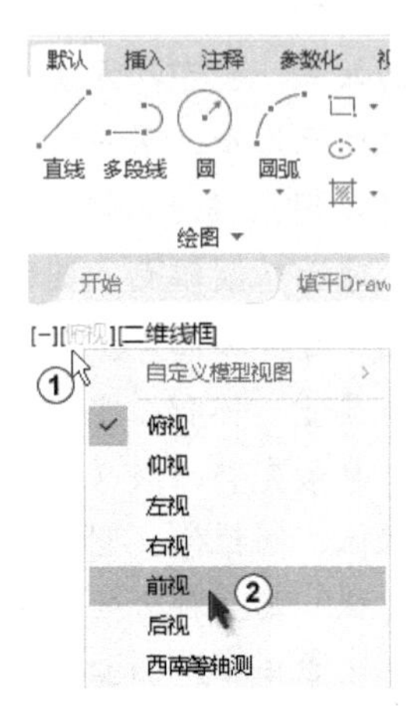

图 8-3　将视图切换到前视

1）绘制封闭轮廓。单击“默认”标签→“绘图”面板→“矩形”按钮，系统提示如下：

```
命令: _rectang
指定第一个角点或 [倒角(C)/标高(E)/圆角(F)/厚度(T)/宽度(W)]:(在绘图区任意位置单击确定一点)
指定另一个角点或 [面积(A)/尺寸(D)/旋转(R)]:@50,20↙
命令:↙
命令: _rectang
指定第一个角点或 [倒角(C)/标高(E)/圆角(F)/厚度(T)/宽度(W)]:(捕捉矩形左上角点，如图 8-4 中①所示)
指定另一个角点或 [面积(A)/尺寸(D)/旋转(R)]:@25,-10↙
命令:↙
命令: _rectang
指定第一个角点或 [倒角(C)/标高(E)/圆角(F)/厚度(T)/宽度(W)]:(捕捉矩形左下角点，如图 8-4 中②所示)
指定另一个角点或 [面积(A)/尺寸(D)/旋转(R)]: @30,30↙ (结果如图 8-4 中③所示)
```

单击“默认”标签“修改”面板上的“修剪”按钮，系统提示如下：

```
命令: _trim
当前设置:投影=UCS, 边=无
选择剪切边...
选择对象或 <全部选择>:↙
选择要修剪的对象，或按住〈Shift〉键选择要延伸的对象，或
[栏选(F)/窗交(C)/投影(P)/边(E)/删除(R)/放弃(U)]:(在绘图区不需要的线上单击)
```

选择要修剪的对象，或按住〈Shift〉键选择要延伸的对象，或
[栏选(F)/窗交(C)/投影(P)/边(E)/删除(R)/放弃(U)]:↙（结果如图 8-4 中④所示）

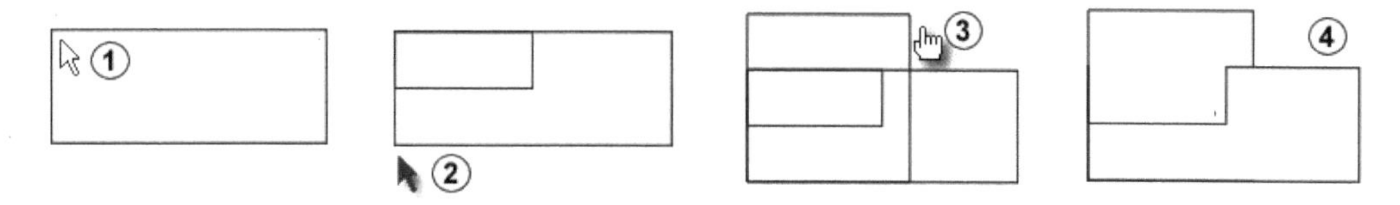

图 8-4　绘制封闭轮廓

2）将视图切换到前视。单击绘图区最左上角的“前视”按钮，选中“西南等轴测”选项，如图 8-5 中①②所示。

3）将视觉样式切换到真实。单击绘图区最左上角的“二维线框”按钮，选中“真实”选项，如图 8-6 中①②所示。

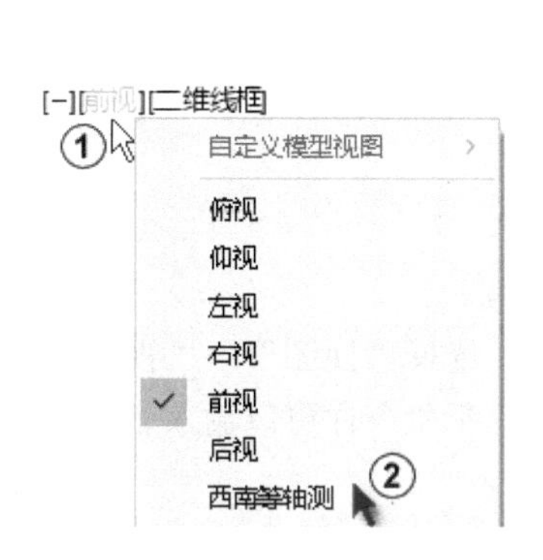

图 8-5　将视图切换到西南等轴测

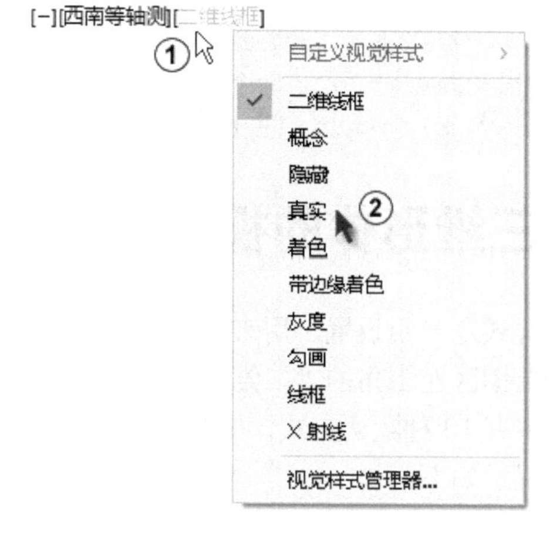

图 8-6　将视觉样式切换到真实

4）将工作空间切换到三维建模。单击绘图区最右下上角齿轮样图标旁的下拉按钮▾，选中“三维建模”选项，如图 8-7 中①②所示。

5）拉伸封闭线框。单击功能区“常用”选项卡“建模”面板上的“按住并拖动”按钮，如图 8-8 中①所示。系统提示如下：

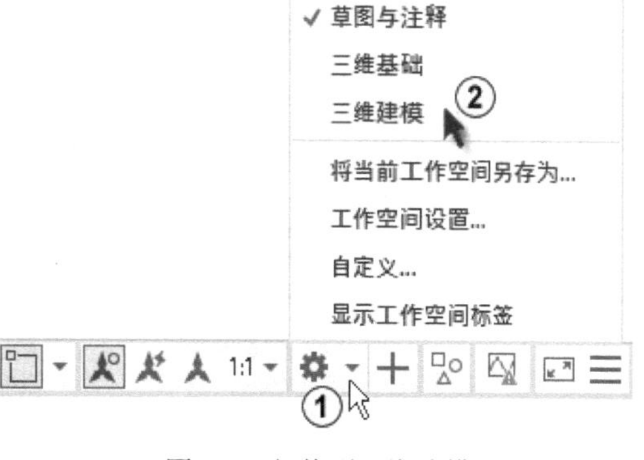

图 8-7　切换到三维建模

命令：_presspull
选择对象或边界区域：（指针在绘图区右下方的封闭线框中单击并向前移动鼠标）
指定拉伸高度或 [多个(M)]:30↙（如图 8-8 中②所示）
已创建 1 个拉伸
选择对象或边界区域：（在绘图区选择左上方的封闭线框后向前移动鼠标指针，如图 8-8 中③所示）
指定拉伸高度或 [多个(M)]:15↙（如图 8-8 中④所示）
已创建 1 个拉伸
选择对象或边界区域：↙

单击功能区“常用”选项卡“实体编辑”面板上的“并集”选项，如图 8-8 中⑤所示。系统提示如下：

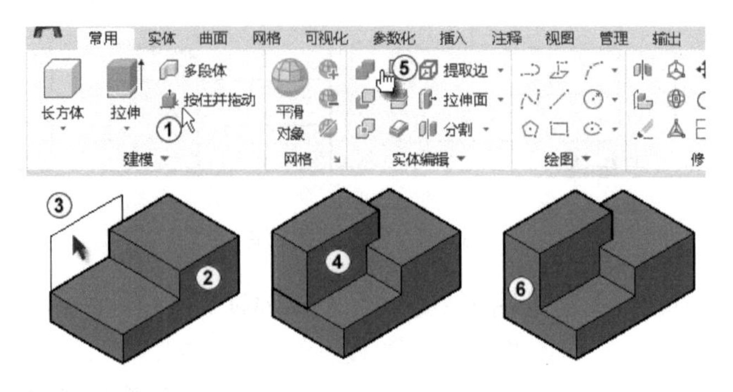

图 8-8　三维建模建模

```
命令: _union
选择对象:(框选全部实体)
指定对角点: (找到 5 个)
选择对象:↙(如图 8-8 中⑥所示)
```

8.2　三维形体的视觉样式

视觉样式是一组设置，用来控制视口中边和着色的显示。

单击绘图区左上角的“二维线框”，如图 8-9 中①所示；选择“视图”→“视觉样式”选项，其子菜单中有 10 种默认方式，如图 8-9 中②～④所示；或者在命令行窗口输入 sha 后按〈Enter〉键，系统提示如下：

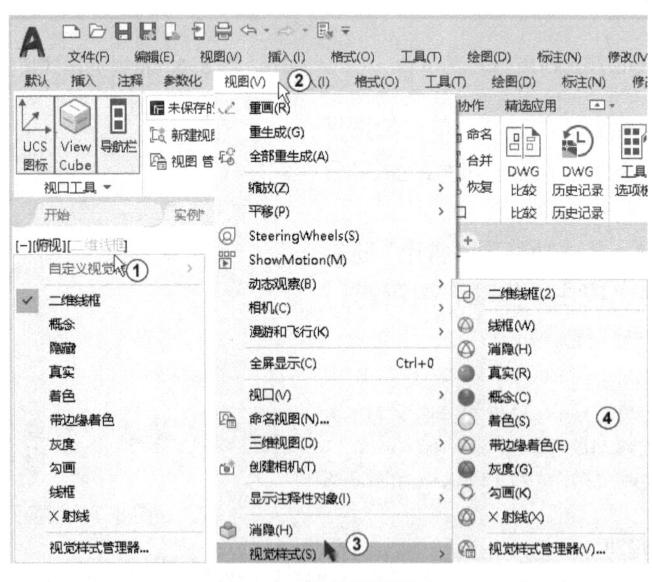

图 8-9　调出视觉样式

```
命令: sha
SHADEMODE VSCURRENT
```

```
输入选项 [二维线框(2)/三维线框(3)/三维隐藏(H)/真实(R)/概念(C)/其他(O)/当前(U)] <当前>:
```

常用的视觉样式及其含义如表 8-1 所示。

表 8-1 常用的视觉样式

视觉样式	含义	实例
二维线框	显示用直线和曲线表示边界的对象。光栅和 OLE 对象、线型和线宽均可见	
三维线框	显示用直线和曲线表示边界的对象	
三维隐藏	显示用三维线框表示的对象并隐藏表示后向面的直线	
真实	着色多边形平面间的对象，并使对象的边平滑化。将显示已附着到对象的材质	
概念	着色多边形平面间的对象，并使对象的边平滑化。着色使用古氏面样式，一种冷色和暖色之间的转场而不是从深色到浅色的转场。效果缺乏真实感，但是可以更方便地查看模型的细节	

8.3 三维导航工具

三维导航工具允许用户从不同的角度、高度和距离查看图形中的对象。启动三维动态观察视图的方式如下。

1）快捷键。单击并拖动鼠标可以旋转视图。

2）在命令行窗口中输入 3dorbit 命令后，按〈Enter〉键执行。

3）导航栏，如图 8-10 中①所示。

4）单击 ViewCube，如图 8-10 中②所示；ViewCube 是可单击、可拖动的常驻界面，可以用它在模型的标准视图和等轴测视图之间切换。ViewCube 工具显示后，将在窗口一角以不活动状态显示在模型上方。ViewCube 工具在视图发生更改时可提供有关模型当前视点的直观反映。将鼠标指针放置在 ViewCube 工具上后，ViewCube 将变为活动状态。可以拖动或单击 ViewCube 来切换到可用预设视图之一、滚动当前视图或更改为模型的主视图。指南针显示在 ViewCube 工具的下方并指示为模型定义的北向。可以单击指南针上的基本方向字母以旋转模型，也可以单击并拖动其中一个基本方向字母或指南针圆环以绕轴心点以交互方式旋转模型。

5）单击工具栏上相应的按钮，如图 8-10 中③所示。

6）选择“视图”→“动态观察（B）”→“受约束的动态观察（C）”选项，如图 8-10 中④所示。

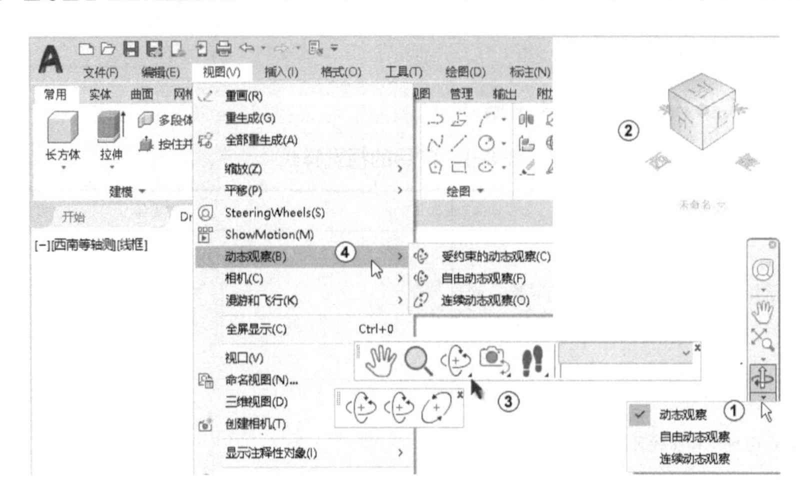

图 8-10 启动三维导航的方式

注意

不能在 3dorbit 命令激活时编辑对象。退出 3dorbit 命令，请按〈Enter〉键或〈Esc〉键，或者单击快捷菜单上的“退出”按钮。

8.4 三维形体的视图

模型只有一个，但模型的投影可以有很多个。

将物体按正投影法向投影面投射时所得到的投影称为“视图”。基本视图共有 6 个视图。为完整地表示一个物体的形状，常需要采用两个或两个以上的视图。

“前视图”是光线自物体的前面向后投射所得到的投影；“后视图”是光线自物体的后面向前投射所得到的投影；“左视图”是光线自物体的左面向右投射所得到的投影；“右视图”是光线自物体的右面向左投射所得到的投影；“俯视图”是光线自物体的上面向下投射所得到的投影；“仰视图”是光线自物体的下面向上投射所得到的投影。6 个基本视图的排列符合“长对正，高平齐，宽相等”的投影规律，如图 8-11 所示。

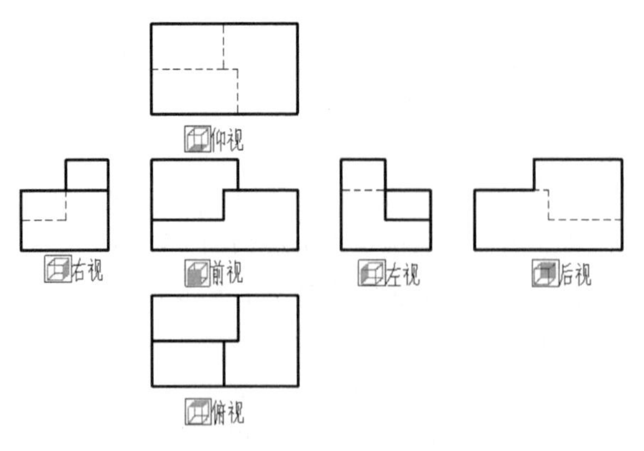

图 8-11 6 个基本视图

西南等轴测、东南等轴测、东北等轴测、西北等轴测 4 个等轴测观察方向如图 8-12 所示。

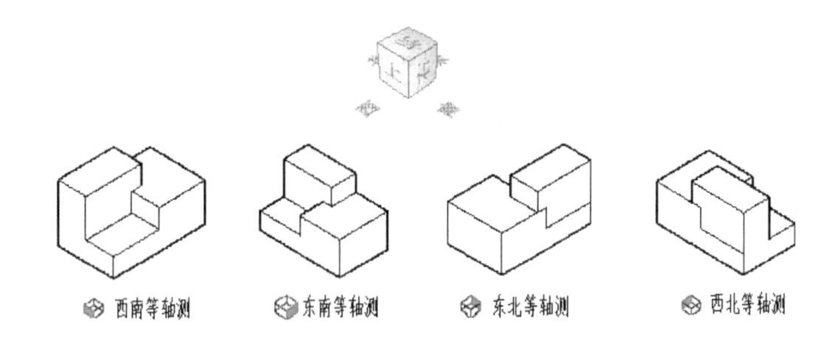

图 8-12　4 个轴测视图

8.5　组合体建模

以一个组合体建模的实例，来说明三维建模的基本过程。

选择前视，绘制图形，如图 8-13 中①所示。切换到西南等轴测，如图 8-13 中②③所示。

8.5.1　按住并拖动命令

单击功能区“常用”选项卡“建模”面板上的“按住并拖动”按钮，如图 8-13 中④所示，系统提示如下：

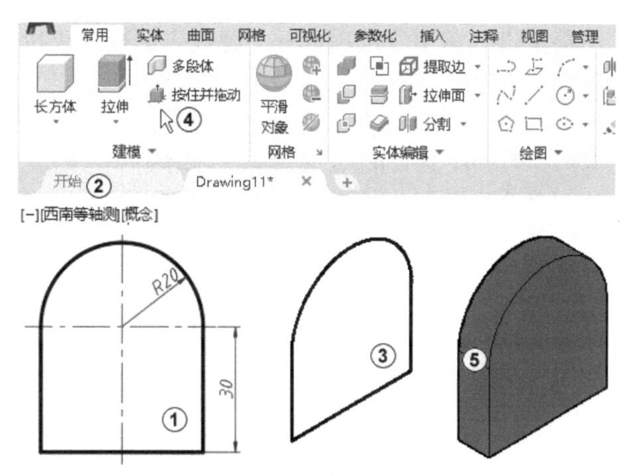

图 8-13　建立拱形体

```
命令: _presspull
选择对象或边界区域:(在绘图区在封闭线框中单击并向前移动鼠标指针)
指定拉伸高度或 [多个(M)]:10↙ (如图 8-13 中②所示)
已创建 1 个拉伸
选择对象或边界区域:(在绘图区选择左上方的封闭线框后向前移动鼠标指针，如图 8-8 中③所示)
指定拉伸高度或 [多个(M)]:15↙ (如图 8-8 中⑤所示)
已创建 1 个拉伸
选择对象或边界区域:↙
```

选择拱形体表面，绘制 1 个直径为 20 的圆，如图 8-14 中①所示。

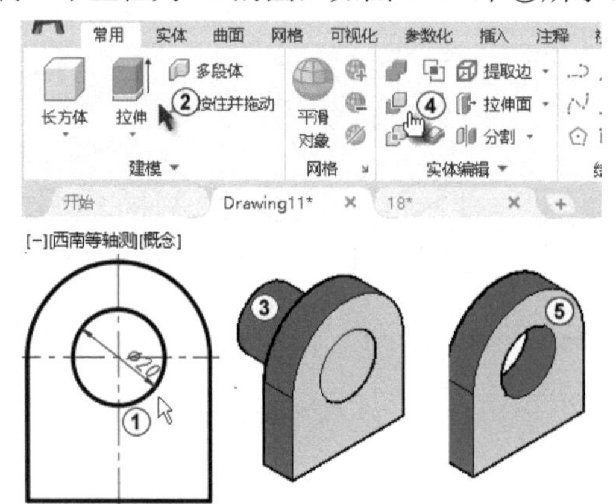

图 8-14　建立拱形体

8.5.2 拉伸命令

可采用以下几种方法之一来激活拉伸命令。

功能区：单击“常用”选项卡→“建模”面板→“拉伸”按钮。

菜单栏：选择“绘图(D)”→“建模(M)”→“拉伸(X)”选项。

工具栏：单击“建模”工具栏上的“拉伸”按钮。

命令行窗口：extrude。

选择“西南等轴测”，再单击“常用”选项卡→“建模”面板→“拉伸”按钮，如图 8-14 中②所示，系统提示如下：

```
命令: _extrude
当前线框密度: ISOLINES=4，闭合轮廓创建模式 = 实体
选择要拉伸的对象或 [模式(MO)]:（选择图 8-14 中①所示的圆）
选择要拉伸的对象或 [模式(MO)]:↙
指定拉伸的高度或 [方向(D)/路径(P)/倾斜角(T)/表达式(E)] <80.0000>:20↙（结果如图 8-14 中③所示）
```

8.5.3 差集命令

从一个大的三维实体中去除一个小的三维实体的命令是差集。

单击“三维工具”标签→“实体编辑”面板→“差集”按钮，系统提示如下：

```
命令: _subtract 选择要从中减去的实体、曲面和面域...
选择对象:（选择拱形体）
选择对象:（选择小圆柱）
选择对象:↙（结果如图 8-14 中⑤所示）
```

8.5.4 长方体命令

可采用以下几种方法之一来激活长方体命令。

功能区：单击“常用”选项卡→“建模”面板→“长方体”按钮。

菜单栏：选择“绘图(D)”→“建模(M)”→“长方体(B)”选项。

工具栏：单击“建模”工具栏上的“长方体”按钮。

命令行窗口：box。

单击“实体”选项卡→“图元”面板→“长方体”按钮，系统提示如下：

```
命令: _box
指定第一个角点或 [中心(C)]:(在绘图区任意位置单击确定一点)
指定其他角点或 [立方体(C)/长度(L)]:l↙
指定长度 <15.0000>:40↙
指定宽度 <30.0000>:27↙
指定高度或 [两点(2P)] <30.0000>:10↙ (结果如图 8-15 中②所示)
```

8.5.5 圆角边命令

功能区：单击“实体”选项卡→“实体编辑”面板→“圆角边”按钮。

菜单栏：选择“修改(M)”→“实体编辑(N)”→“圆角边(F)”选项。

工具栏：单击“实体编辑”工具栏上的“圆角边”按钮。

命令行窗口：filletedge。

单击“实体”选项卡→“实体编辑”面板→“圆角边”按钮，系统提示如下：

```
命令:_filletedge
半径 = 9.0000
选择边或 [链(C)/环(L)/半径(R)]:(选择 1 条垂直边，如图 8-15 中②所示)
选择边或 [链(C)/环(L)/半径(R)]:(选择 1 条垂直边，如图 8-15 中④所示)
选择边或 [链(C)/环(L)/半径(R)]: R↙
输入圆角半径或 [表达式(E)] <9.0000>:7↙
选择边或 [链(C)/环(L)/半径(R)]:↙
已选定 2 个边用于圆角。
按〈Enter〉 键接受圆角或 [半径(R)]:命令: ↙
```

结果如图 8-15 中⑤所示。

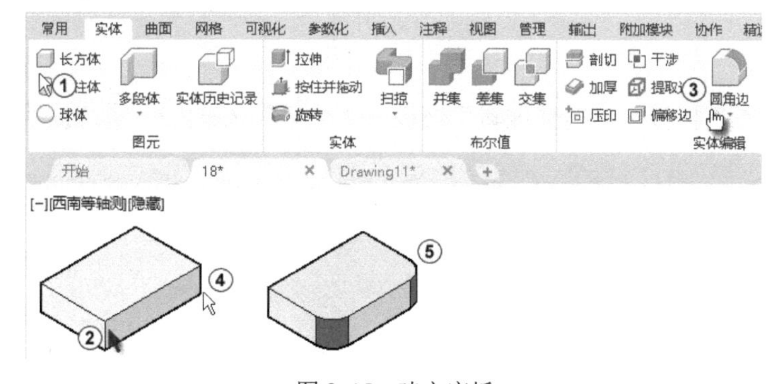

图 8-15 建立底板

8.5.6 圆柱体命令

可采用以下几种方法之一来激活圆柱体命令。

功能区：单击“常用”选项卡→“建模”面板→“圆柱体”按钮。

菜单栏：选择“绘图(D)”→“建模(M)”→“圆柱体(C)”选项。

工具栏：单击“建模”工具栏上的“圆柱体”按钮。

命令行窗口：cylinder。

单击“常用”选项卡→“建模”面板→“圆柱体”按钮，如图 8-16 中①所示，系统提示如下：

```
命令：_cylinder
指定底面的中心点或［三点(3P)/两点(2P)/切点、切点、半径(T)/椭圆(E)］:(在绘图区捕捉圆心，如图 8-16 中②所示)
指定底面半径或［直径(D)］:3↙
指定高度或［两点(2P)/轴端点(A)］:10↙
命令:↙
CYLINDER
指定底面的中心点或［三点(3P)/两点(2P)/切点、切点、半径(T)/椭圆(E)］:(在绘图区捕捉圆心，如图 8-16 中③所示)
指定底面半径或［直径(D)］:3↙
指定高度或［两点(2P)/轴端点(A)］:10↙
```

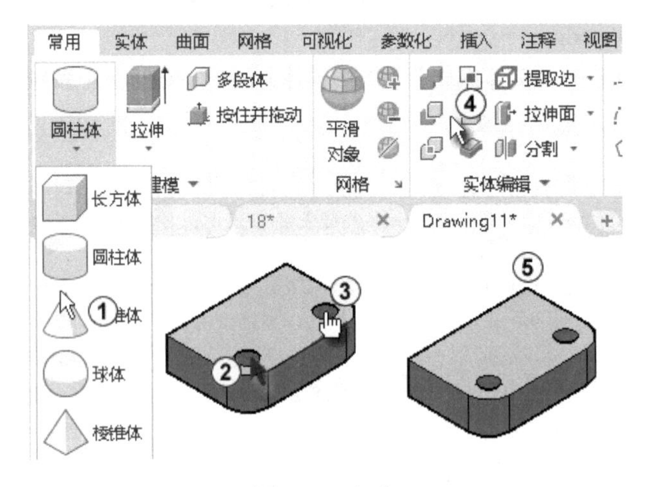

图 8-16　打孔

单击“三维工具”标签→“实体编辑”面板→“差集”按钮，系统提示如下：

```
命令：_subtract
选择要从中减去的实体、曲面和面域...
选择对象：(选择拱形体)
选择对象：(选择 2 个圆柱)
选择对象：(结果如图 8-16 中⑤所示)
```

8.5.7 楔体命令

可采用以下几种方法之一来激活楔体命令。

功能区：单击“常用”选项卡→“建模”面板→“楔体”按钮。

菜单栏：选择“绘图(D)”→“建模(M)”→“楔体(W)”选项。

工具栏：单击“建模”工具栏上的“楔体”按钮。

命令行窗口：wedge。

单击“常用”选项卡→“建模”面板→“楔体”按钮，如图 8-17 中①②所示，系统提示如下：

```
命令: _wedge
指定第一个角点或 [中心(C)]:(在绘图区恰当位置单击)
指定其他角点或 [立方体(C)/长度(L)]:L↙
指定长度 <40.0000>:14↙
指定宽度 <27.0000>:8↙
指定高度或 [两点(2P)] <-10.0000>:12↙
```

结果如图 8-17 中③所示

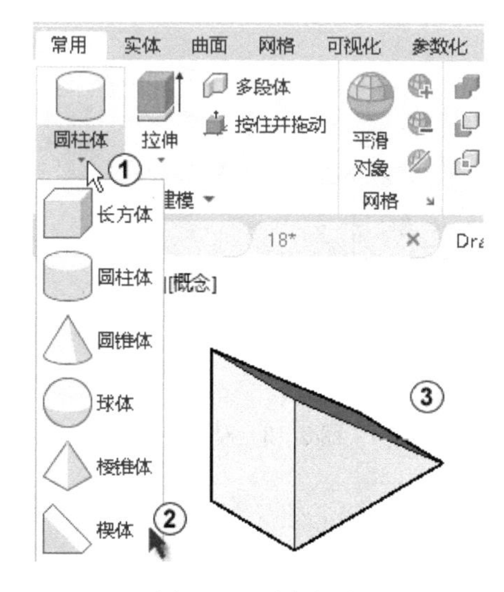

图 8-17　建立楔体

8.6　三维编辑命令

可采用以下几种方法之一来激活三维对齐命令。

功能区：单击“常用”选项卡→“修改”面板→“三维对齐”按钮。

菜单栏：选择“修改(M)”→“三维操作(3)”→“三维对齐(A)”选项。

工具栏：单击“建模”工具栏上的“三维对齐”按钮。

命令行窗口：3dalign。

单击“常用”选项卡→“修改”面板→“三维对齐”按钮，如图 8-18 中①所示，系统提示如下：

```
命令: _3dalign
选择对象:(选择底板)
选择对象: 找到 1 个
选择对象:↙
 指定源平面和方向 ...
指定基点或 [复制(C)]:(捕捉点，如图 8-18 中②所示)
指定第二个点或 [继续(C)] <C>:(捕捉点，如图 8-18 中③所示)
指定第三个点或 [继续(C)] <C>:(捕捉点，如图 8-18 中④所示)
```

```
 指定目标平面和方向 ...
指定第一个目标点:(捕捉点,如图 8-18 中⑤所示)
指定第二个目标点或 [退出(X)] <X>:(捕捉点,如图 8-18 中⑥所示)
指定第三个目标点或 [退出(X)] <X>:(捕捉点,如图 8-18 中⑦所示)
```

结果如图 8-18 中⑧所示。

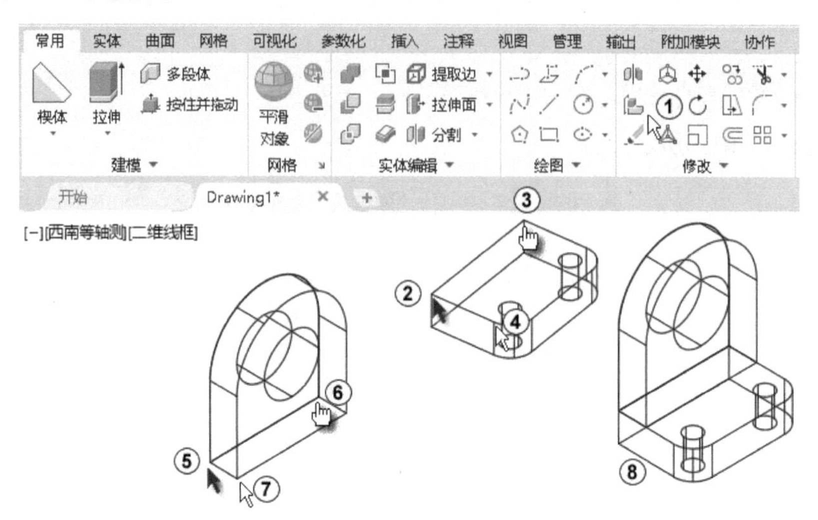

图 8-18　对齐 1

```
命令:↙
命令: _3dalign
选择对象:(选择三棱柱)
选择对象: 找到 1 个
选择对象:↙
 指定源平面和方向 ...
指定基点或 [复制(C)]:(捕捉中点,如图 8-19 中①所示)
指定第二个点或 [继续(C)] <C>:(捕捉点,如图 8-19 中②所示)
指定第三个点或 [继续(C)] <C>:(捕捉中点,如图 8-19 中③所示)
 指定目标平面和方向 ...
指定第一个目标点:(捕捉中点,如图 8-19 中④所示)
指定第二个目标点或 [退出(X)] <X>:(捕捉点,如图 8-19 中⑤所示)
指定第三个目标点或 [退出(X)] <X>:(捕捉圆心,如图 8-19 中⑥所示)
```

结果如图 8-19 中⑦所示。

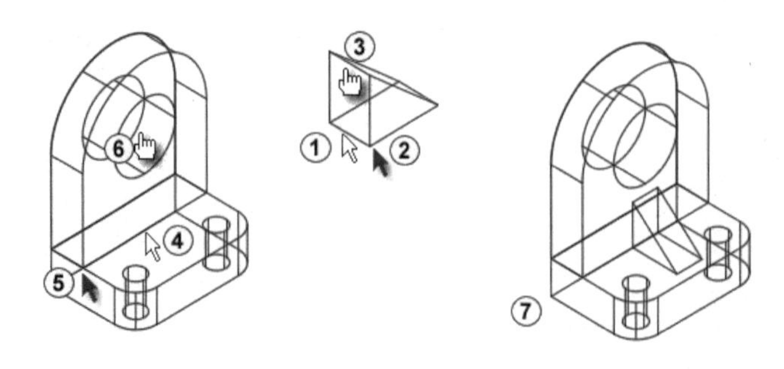

图 8-19　对齐 2

8.7 等轴测图的画法

8.7 等轴测图的画法

等轴测图在 CAD 界被称为“二维半”或“假”三维图，通过沿 3 个主轴对齐，用二维线条来表现三维效果。这类三维图就立体效果而言，虽然不能与真正的三维图相比，但是具有操作简单、易于绘制、线条清晰等优点。等轴测图不是透视图，看不到物体的另外三面，所有被物体阻挡的线条都应该删除，所以选择适当的视点很重要。选择恰当视点的标准是，既能看清物体的所有部分，又可以方便地绘制。

等轴测图看似是三维图形，但实际是二维表示。因此，不能期望提取三维距离和面积、从不同视口显示对象或自动删除隐藏线。而且因为三维图打印时不能自动隐藏看不见的线，打印效果会显得很乱。

单击工作窗口下方的“按指定角度限制光标”旁的下拉按钮▾，选中“30, 60, 90, 120”选项，如图 8-20 中①②所示。单击“等轴测草图”按钮，如图 8-20 中③所示，可以创建表现三维对象的二维等轴测图像。

图 8-20 设置等轴测草图

等轴测视图中，捕捉角度假定为 0 度，那么等轴测平面的轴是 30°、90°、150°。将捕捉样式设置为“等轴测”，就可以在 3 个平面中的任一个上工作，每个平面都有一对关联轴：左视图（y 轴和 z 轴）；顶视图（x 轴和 y 轴）；右视图（z 轴和 x 轴）。选择 3 个等轴测平面之一，左下角的十字光标就会沿相应的等轴测轴对齐。

按〈F5〉键或〈Ctrl+E〉组合键，将按顺序遍历左视图、顶视图、右视图。屏幕上的自动捕捉标记，就是代表鼠标的十字光标，将由十字变为左、上、右，如图 8-21 中①～④所示。

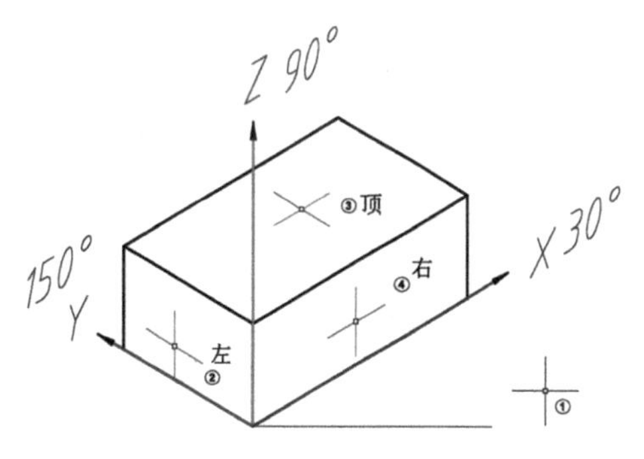

图 8-21 等轴测图形平面

当选用“正交”状态时，划出的线条被限制为平行 y 轴和 z 轴、平行 x 轴和 y 轴、平行 z 轴和 x 轴，能够很容易地创建等轴测图形。与平面绘制相同，“正交”状态也是通过按〈F8〉键或状态栏的“正交”按钮来选择的。

在命令行窗口输入 PL 后按〈Enter〉键，系统提示如下：

```
PLINE
指定起点:(在任意点单击)
当前线宽为 0.6000
指定下一个点或 [圆弧(A)/半宽(H)/长度(L)/放弃(U)/宽度(W)]:50↙
指定下一点或 [圆弧(A)/闭合(C)/半宽(H)/长度(L)/放弃(U)/宽度(W)]:30↙
指定下一点或 [圆弧(A)/闭合(C)/半宽(H)/长度(L)/放弃(U)/宽度(W)]:50↙
指定下一点或 [圆弧(A)/闭合(C)/半宽(H)/长度(L)/放弃(U)/宽度(W)]:C↙ (如图 8-22 中①所示)
```

在命令行窗口输入 co 后按〈Enter〉键，系统提示如下：

```
COPY
选择对象:(框选四边形)
选择对象:↙
当前设置:  复制模式 = 多个
指定基点或 [位移(D)/模式(O)] <位移>:(捕捉角点)
指定第二个点或 [阵列(A)] <使用第一个点作为位移>:20↙ (鼠标垂直下移后输入 20)
指定第二个点或 [阵列(A)/退出(E)/放弃(U)] <退出>:↙ (如图 8-22 中②所示)
```

在命令行窗口输入 l 按〈Enter〉键，系统提示如下：

```
LINE
指定第一个点:(捕捉角点)
指定下一点或 [放弃(U)]:(捕捉角点)
指定下一点或 [放弃(U)]:↙
命令:↙
LINE
指定第一个点:捕捉角点
指定下一点或 [放弃(U)]:(捕捉角点)
指定下一点或 [放弃(U)]:↙
命令:↙
LINE
指定第一个点:(捕捉角点)
指定下一点或 [放弃(U)]:(捕捉角点)
指定下一点或 [放弃(U)]:↙ (如图 8-22 中③所示)
```

在命令行窗口输入 tr 按〈Enter〉键，系统提示如下：

```
命令: _tr
TRIM
当前设置: 投影=UCS,边=无,模式=快速
选择要修剪的对象，或按住〈Shift〉键选择要延伸的对象或
 [剪切边(T)/窗交(C)/模式(O)/投影(P)/删除(R)]:↙
选择要修剪的对象，或按住〈Shift〉键选择要延伸的对象或
 [剪切边(T)/窗交(C)/模式(O)/投影(P)/删除(R)/放弃(U)]:(在不需要的线上单击)
选择要修剪的对象，或按住〈Shift〉键选择要延伸的对象或
 [剪切边(T)/窗交(C)/模式(O)/投影(P)/删除(R)/放弃(U)]:↙ (如图 8-22 中④所示)
```

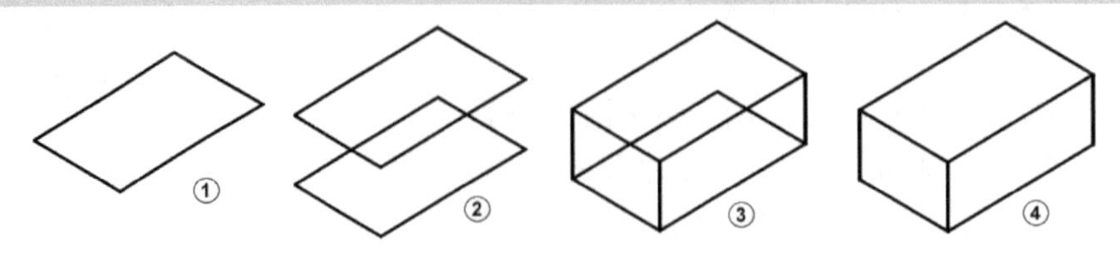

图 8-22　绘制长方体

与上面的步骤类似，先用直线命令绘制出平行四边形（长25，宽15），如图8-23中①所示。用复制命令向下复制平行四边形，如图8-23中②所示。用直线命令绘制3条垂直线，如图8-23中③所示。用修剪命令整理图形，如图8-23中④所示。

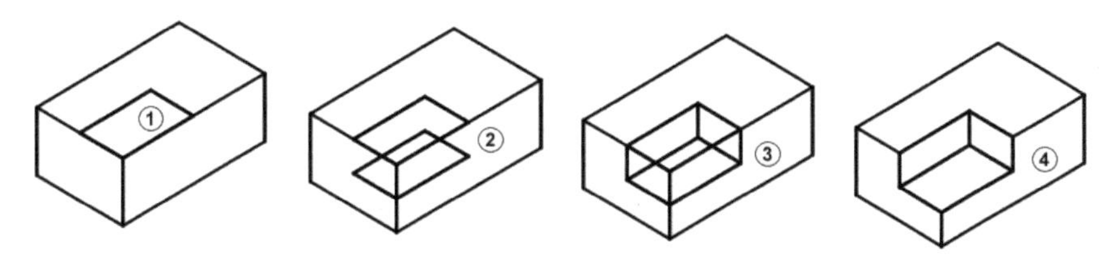

图8-23　绘制小长方体

需要注意的是，等轴测图中的圆的画法不同于平面图，是用椭圆命令。

8.8 等轴测图的尺寸标注-分析

8.8 等轴测图的尺寸标注-操作

8.8　等轴测图的尺寸标注

为了整齐和清晰，等轴测图中的尺寸标注遵循尺寸线和所在平面的轴平行的原则，即左视图中应该和y轴或z轴平行；俯视图中应该和x轴或y轴平行；右视图中应该和z轴或x轴平行。尺寸标注步骤如下。

1）单击“标注”面板中的“已对齐”选项，选择需要标注的两点，并拖放到合适的位置，如图8-24中①所示。

2）从“标注”面板中选择“倾斜”（Oblique）选项；或在命令行窗口输入dimedit，再输入O。设置合适的倾斜角度。如果尺寸线要与x轴平行，倾斜角度为330°；如果要与y轴平行，倾斜角度30°；如果要与z轴平行，倾斜角度90°。但通常不这么做，因为有更方便的做法，即选择一条与轴平行的直线，在上面选择任意两点即可（使用自动捕捉来帮助确认选到了直线上的点），如图8-24中②所示。

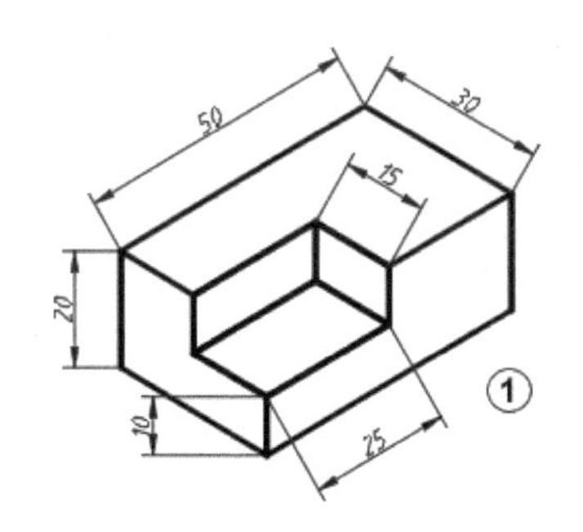

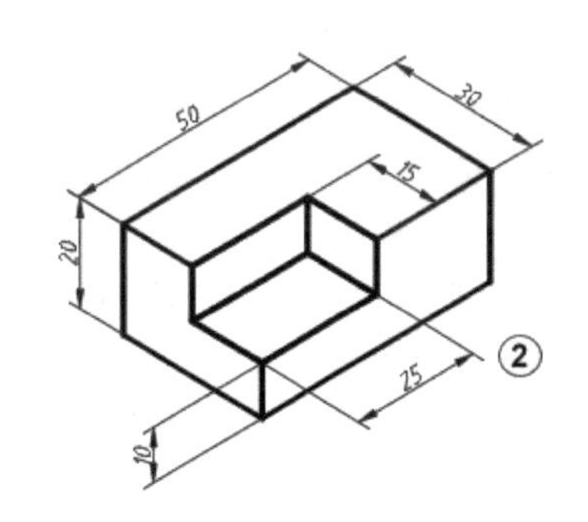

图8-24　尺寸标注

标注尺寸时，不一定要按〈F5〉键或〈Ctrl+E〉键选择相应的等轴侧面。因为使用Alignd命令，尺寸线会自动和需要标注的两点平行，尺寸文字会自动和尺寸线垂直。

等轴测视图中，文字标注应该看起来和所标注的物体在同一个等轴测面上。可以通过设置文字的旋转角度Rotation（R）和倾斜角度Obliquing（O）来使文字在所需要的面。因为等轴测平面的轴是 30°、90°和 150°，旋转和倾斜角度需要设置为 30 或 330（即−30），所以只有 4 种 R/O 组合：30/30、330/330、330/30、30/330。俯视图的文字倾斜有两种选择，可以依据需要选择其中一种，只要保证一幅图中俯视图的文字倾斜是一致的即可。

在命令行窗口输入 style 后按〈Enter〉键，系统弹出“文字样式”对话框，设置“+30”和“−30”两种样式，如图 8-25 中①～⑥所示。

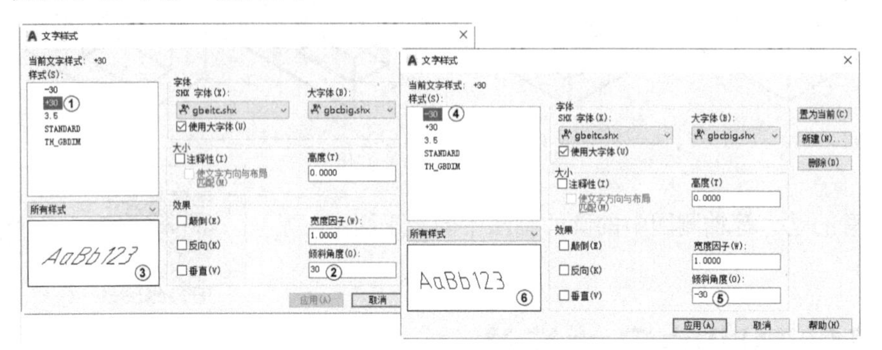

图 8-25　文字样式

选择已标注的尺寸，切换到“注释”选项卡，单击“文字样式”旁的下拉按钮，视情况修改为“+30”或“−30”样式，如图 8-26 所示。

平面画法中的直径、半径和角度的标注不再适用于等轴测图。因为等轴测图其实是二维表示，其中的 90°，在二维图形中不是 60°就是 120°。所以，如果标直径，可以直线画出圆的直径，然后标注直径的两端；如果标注角度，可以使用文字代替。

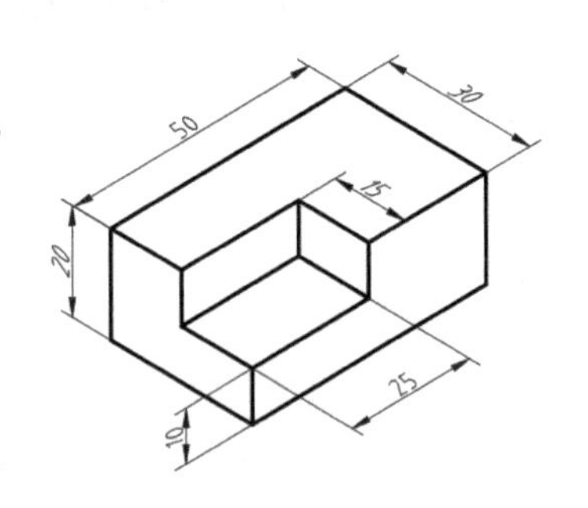

图 8-26　文字样式

8.9　用户自定义坐标标注尺寸

8.9　用户自定义坐标标注尺寸

尺寸标注都是二维的（X 和 Y 方向），三维轴测图尺寸标注的关键在于正确选择所要标注的形状特征面，这通常使用用户坐标来实现。

尺寸标注也是按形体来标注的。标注形体的先后次序与建立模型时虽有不同，但最终的效果是一样的。

完成如图 8-27 所示的三维轴测图的尺寸标注。

（1）标注长 L 形体的尺寸

选择“视图”面板→“西南等轴测”选项。再单击“UCS”工具栏上的“UCS”按钮，或者执行以下命令。

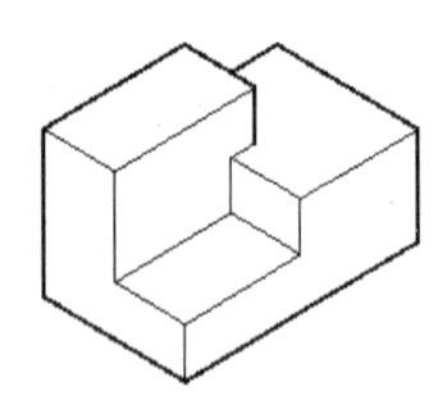

图 8-27　三维轴测图的尺寸

```
命令:ucs↙
当前 UCS 名称: *没有名称*
指定 UCS 的原点或 [面(F)/命名(NA)/对象(OB)/上一个(P)/视图(V)/世界(W)/X/Y/Z/Z 轴(ZA)] <世界>:(捕捉图 8-28 中①所示的角点)
在正 X 轴范围上指定点 <1432.07,10.94,30.00>:(捕捉图 8-28 中②所示的角点)
在 UCS XY 平面的正 Y 轴范围上指定点 <1431.07,11.94,30.00>:(捕捉图 8-28 中③所示的角点)
```

单击“注释”选项卡→“标注”面板→“已经对齐”按钮，标注出如图 8-28 中④所示的尺寸。

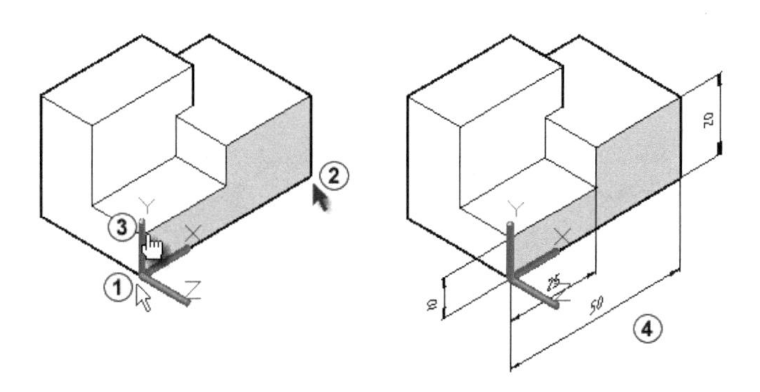

图 8-28　标注长 L 形体的尺寸

（2）标注左 L 形体的尺寸

执行以下命令：

```
命令:ucs↙
当前 UCS 名称: *没有名称*
指定 UCS 的原点或 [面(F)/命名(NA)/对象(OB)/上一个(P)/视图(V)/世界(W)/X/Y/Z/Z 轴(ZA)] <世界>:(捕捉图 8-29 中①所示的角点)
指定 X 轴上的点或 <接受>:(捕捉图 8-29 中②所示的角点)
指定 XY 平面上的点或 <接受>:(捕捉图 8-29 中③所示的角点)
```

单击“注释”选项卡→“标注”面板→“已经对齐”按钮，标注出如图 8-29 中④所示的尺寸。

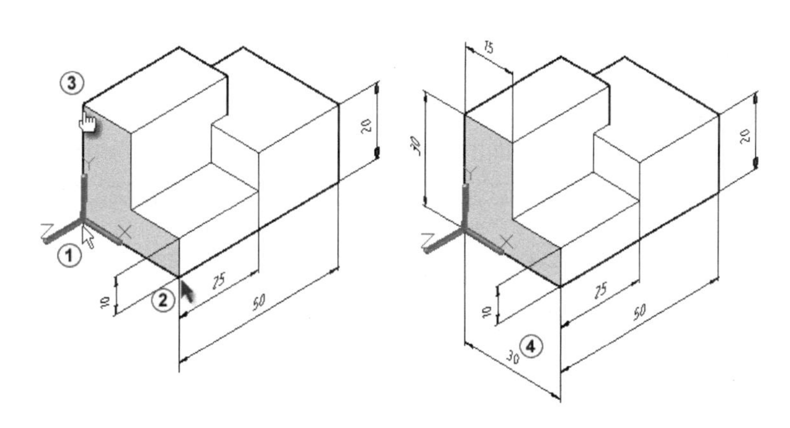

图 8-29　标注左 L 形体的尺寸

（3）标注方形体的尺寸

执行以下命令：

```
命令:ucs↙
当前 UCS 名称: *没有名称*
指定 UCS 的原点或 [面(F)/命名(NA)/对象(OB)/上一个(P)/视图(V)/世界(W)/X/Y/Z/Z 轴(ZA)] <世界>:(捕捉图 8-30 中①所示的角点)
```

```
指定 X 轴上的点或 <接受>:（捕捉图 8-30 中②所示的角点）
指定 XY 平面上的点或 <接受>:（捕捉图 8-30 中③所示的切点）
```

单击“注释”选项卡→“标注”面板→“已经对齐”按钮，标注出如图 8-30 中④所示的尺寸。

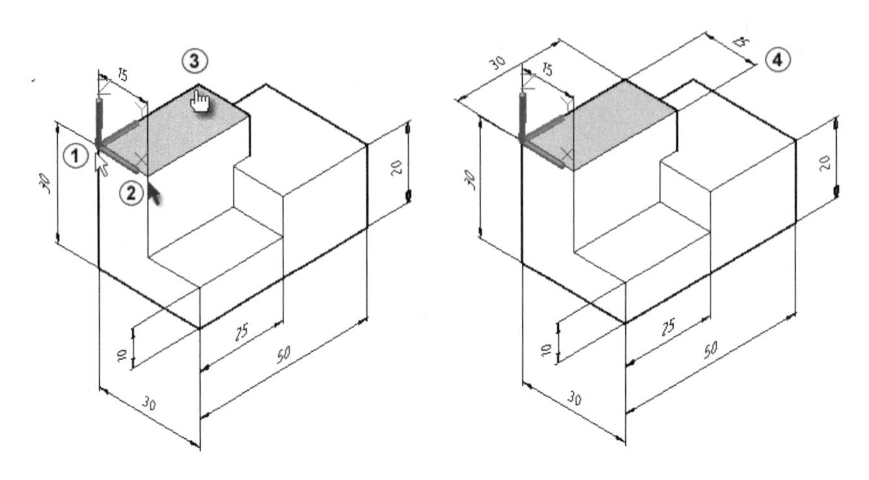

图 8-30 标注方形体的尺寸

8.10 三维到二维的转换

在模型空间和图纸空间之间切换来执行某些任务具有多种优点。使用模型空间可以创建和编辑模型。使用图纸空间可以构造图纸和定义视图，创建最终的打印布局，设计图纸空间的视口。

8.10.1 提取三维实体的轮廓命令

通常在模型空间下绘制图形，并采用多个视图来表示实体，同时还可以进行尺寸标注和文字注释。在图纸空间可完成类似于模型空间的全部工作，只是，在图纸空间中视口的数目和位置不受限制，并且视口可以作为操作对象，可像其他的图形对象一样进行移动、复制、改变比例等编辑操作。这样各个视口的大小可以不同，位置关系也可以任意调整。

三维到二维的转换主要是应用了 solprof 命令。

用 solprof 命令可以提取三维实体的轮廓。轮廓只显示当前视图下实体的曲面轮廓和边。系统会自动判断轮廓线的可见性，自动生成 2 个层，其中，PH-XX 是可见层，PV-XX 是不可见层，即虚线层。

用 solprof 命令，选择对象后会提示“是否将轮廓线投影到平面？[是(Y)/否(N)] <是>:”，选择“是”则系统将用二维对象创建轮廓线，三维轮廓被投射到一个与视图方向垂直并且通过用户坐标系原点的平面上。通过消除平行于视图方向的线，以及由转换圆弧和圆观察到的轮廓素线，系统可以清理二维投影。选择“否”则系统将用三维对象创建轮廓线。

使用 solprof 命令，最后一步系统会提示“是否删除相切的边? [是(Y)/否(N)] <是>:”。其中，相切的边是指两个相切面之间的分界边，它只是一个假想的两面相交并且相切的边。例如，如果要将方框的边做成圆角，将在圆柱面与方块平面结合的地方创建相切边。大多数图形应用程序都不显示相切边，如图 8-31 所示。

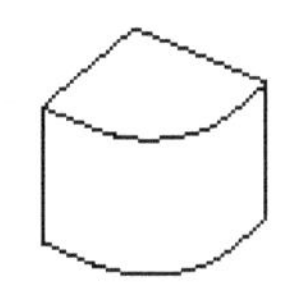

配置：删除相切边

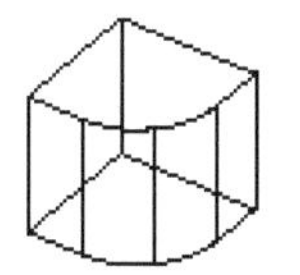

配置：保留相切边

图 8-31 相切边的选项效果

注意

只有在“布局”选项卡，并且在浮动模型空间下才能使用 solprof 命令。

使用正交投影法创建布局视口以生成三维实体及体对象的多面视图与剖视图。

根据在模型空间建立的唯一立体图，可以生成不同视图的二维图，因此要用到图纸空间，用来专门处理不同视图中的视口分割及图形参考。

8.10.2 三维到二维的转换过程

8.10.2 三维到二维的转换过程

1）单击工作窗口左下方的“layout1”，进入图纸空间。选择视口边线并右击，从弹出的快捷菜单中选择“删除”选项，如图 8-32 中①～③所示。

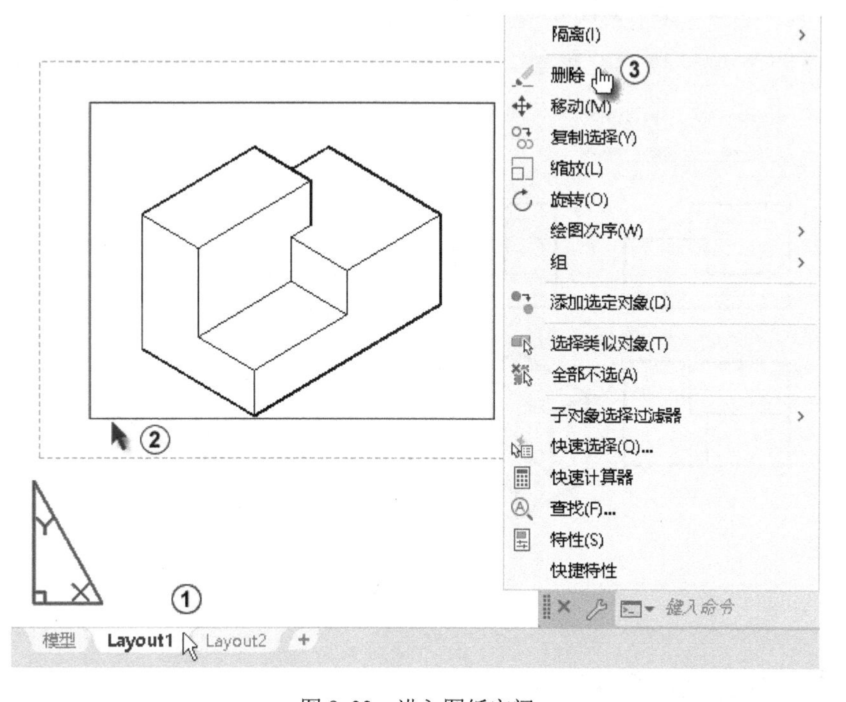

图 8-32 进入图纸空间

2）单击功能区左方的“基点”→“从模型空间”选项，如图 8-33 中①②所示。在工作区适当位置单击确定前视的位置，在功能区确保是前视，比例为 1:1 后按〈Enter〉键，如图 8-33 中③～⑤所示。向左移动鼠标指针到适当位置单击确定左视的位置，向下移动鼠标指针到适当位置单击确定俯视的位置，向右斜下方移动鼠标指针到适当位置单击确定西南轴测视图的位置，如图 8-33 中⑥～⑧所示。

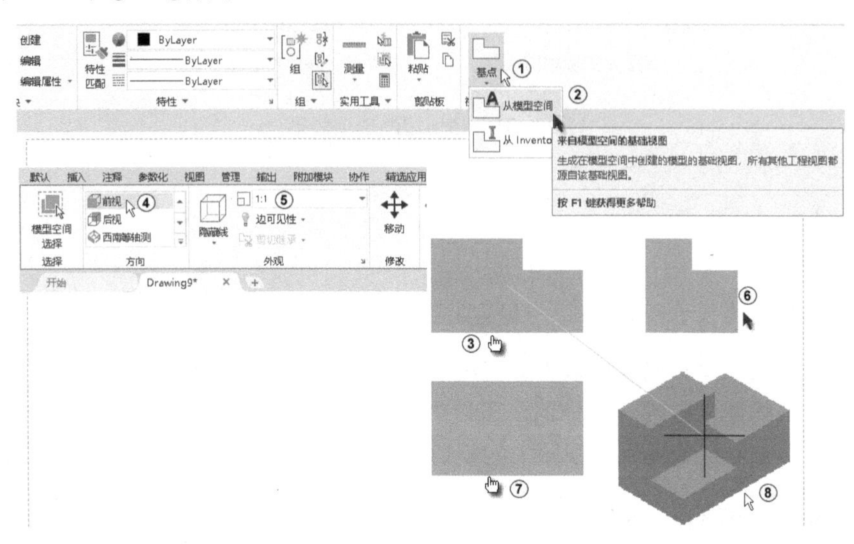

图 8-33　投影实体

选择西南轴测视图，单击“编辑视图”选项，如图 8-34 中①②所示。选择“隐藏线”→“可见线”选项后按〈Enter〉键，如图 8-34 中③～⑤所示。

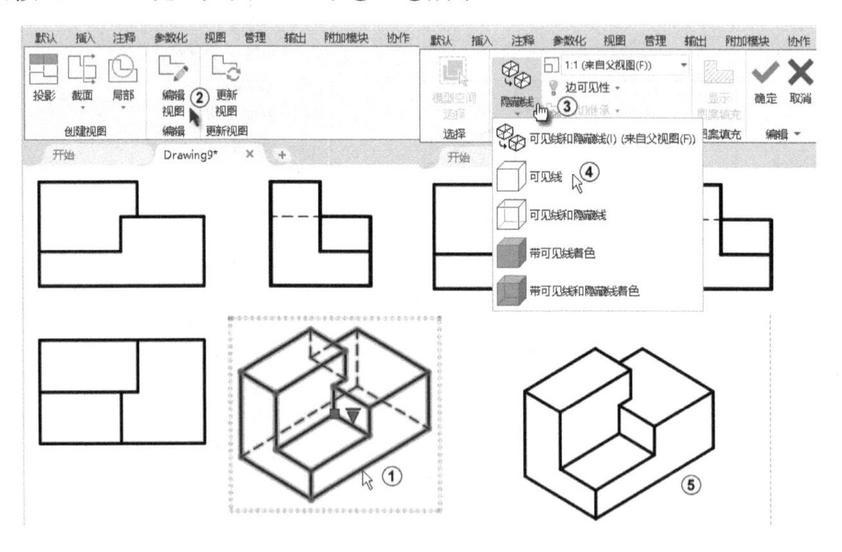

图 8-34　无隐藏线

8.11　剖切和切割实体

建立好的轴测图，可以进行剖切、切割以及提取剖切面。

8.11.1 剖切

使用“剖切”命令可以切开现有实体并移去指定部分，从而创建新的实体。可以保留剖切实体的一半或全部。剖切实体保留原实体的图层和颜色特性。剖切实体的默认方法是：先指定 3 点定义剪切平面，然后选择要保留的部分。也可以通过其他对象、当前视图、Z 轴或 XY、YZ 或 ZX 平面来定义剪切平面。

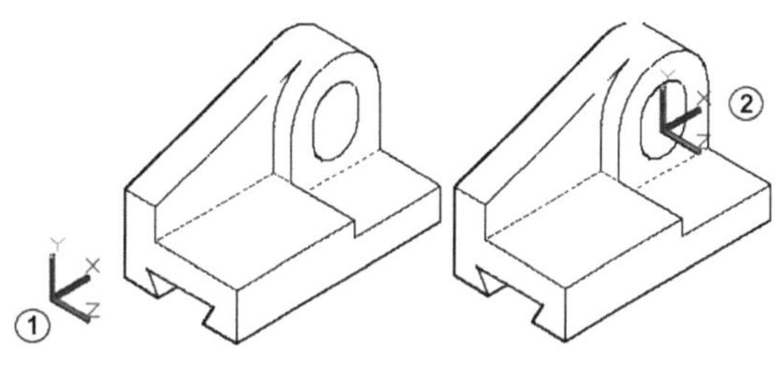

图 8-35　移动用户后的结果

1）打开“三维轴测图.dwg”文件，选择“视图”→“西南等轴测”选项，可见用户坐标的原点并不在所需剖切的位置，如图 8-35 中①所示。

2）移动用户自定义。

```
命令:ucs↙
当前 UCS 名称: *世界*
输入选项
[新建(N)/移动(M)/正交(G)/上一个(P)/恢复(R)/保存(S)/删除(D)/应用(A)/?/世界(W)] <世界>:m↙
指定新原点或 [Z 向深度(Z)] <0,0,0>:(捕捉圆心，坐标的位置如图 8-35 中②所示)
```

3）在命令行窗口输入 sl 后按〈Enter〉键，系统提示如下：

```
命令:sl↙
选择对象:(单击三维实体)
选择对象:↙
指定切面上的第一个点，依照 [对象(O)/Z 轴(Z)/视图(V)/XY 平面(XY)/YZ 平面(YZ)/ZX 平面(ZX)/三点(3)] <三点>:yz↙
指定 YZ 平面上的点 <0,0,0>:↙
在要保留的一侧指定点或 [保留两侧(B)]:(指定要保留的一侧，结果如图 8-36 中①所示)
```

至此，立体被剖切成了两个，且有一个已经被删除了。

8.11.2 切割

8.11.2　切割实例

使用“切割”命令可以创建穿过三维实体的相交截面，结果可能是表示截面形状的二维对象或是在中间切断的三维实体。

1）按组合键〈Ctrl+Z〉，使实体恢复到没有剖切前的完整状态。

2）在命令行窗口输入 sec 后按〈Enter〉键，系统提示如下：

```
命令:sec↙
选择对象:(单击三维实体)
选择对象:↙
指定截面上的第一个点，依照 [对象(O)/Z 轴(Z)/视图(V)/XY 平面(XY)/YZ 平面(YZ)/ZX 平面(ZX)/三点(3)] <三点>:yz↙
指定 YZ 平面上的点 <0,0,0>:↙
```

3）在命令行窗口输入 move 后按〈Enter〉键，系统提示如下：

```
命令:move↙
```

选择对象：(单击三维实体)
选择对象：↙
指定基点或 [位移(D)] <位移>：(捕捉圆点)
指定第二个点或 <使用第一个点作为位移>：(沿任意方向移动任意一段距离，结果移出如图 8-36 中②所示的实体，获得如图 8-36 中③所示的截面)

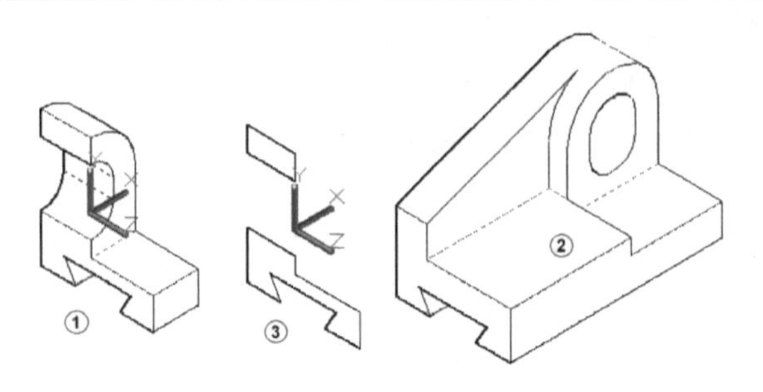

图 8-36　提取三维实体的剖面

8.12　习题

1．按尺寸绘制如图 8-37 所示的三维轴测图。

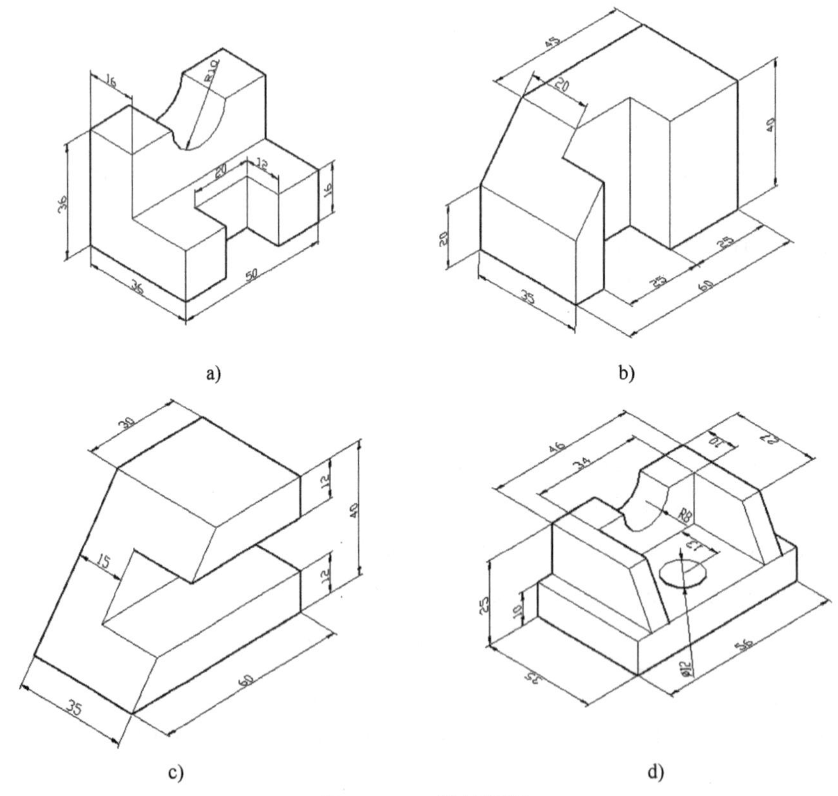

图 8-37　三维轴测图

a) 三维轴测图 1　b) 三维轴测图 2　c) 三维轴测图 3　d) 三维轴测图 4

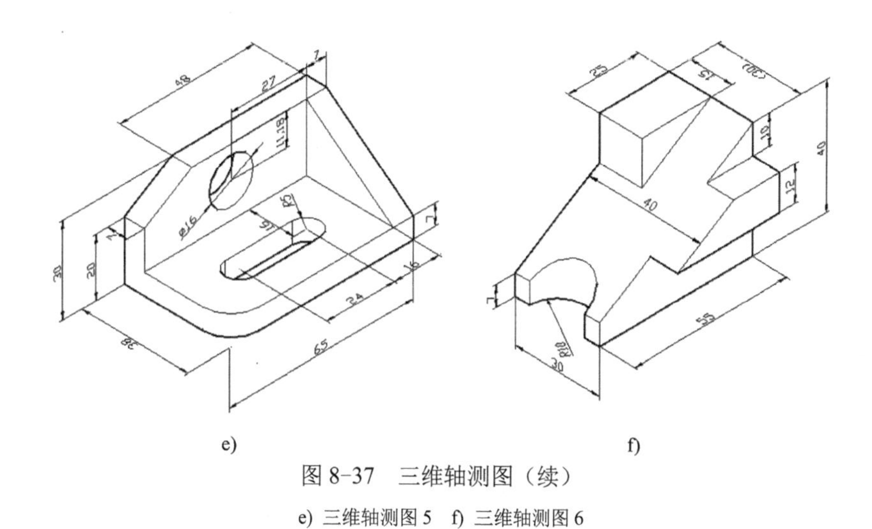

e)　　　　f)

图 8-37　三维轴测图（续）

e) 三维轴测图 5　f) 三维轴测图 6

2．用图 8-37f 所示的三维轴测图，投影出如图 8-38 所示的三视图。

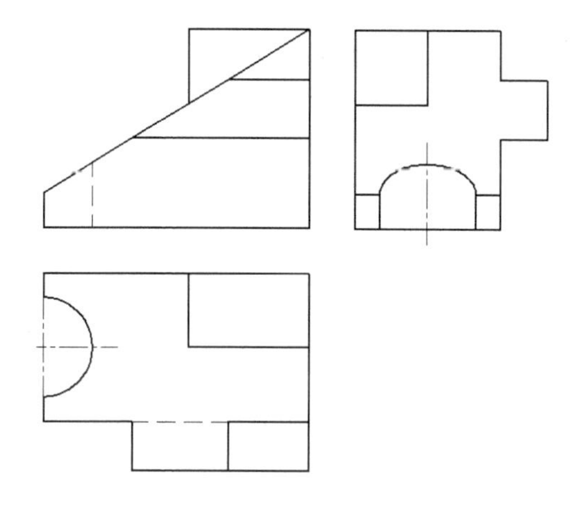

图 8-38　三维轴测图并投影出三视图

3．用图 8-37a 所示的三维轴测图进行剖切和切割，结果如图 8-39 所示。

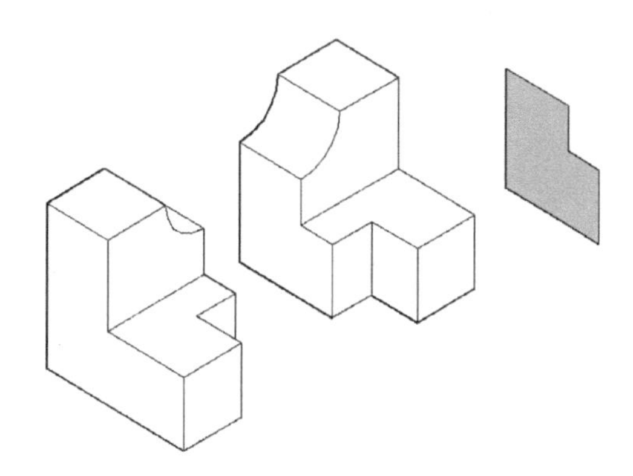

图 8-39　剖切后的三维实体及剖面

4．根据如图 8-40 所示的三视图，绘制三维轴测图并在其中标注尺寸。

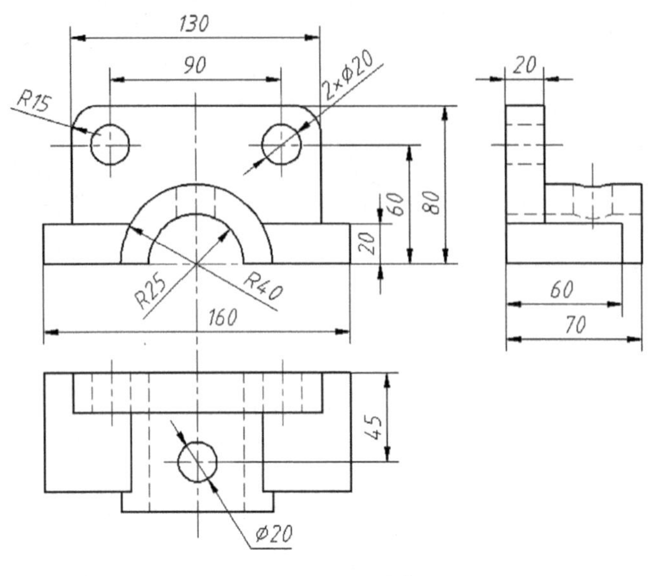

图 8-40　三视图

第9章　零　件　图

本章介绍了绘图过程中的技巧及绘制零件图的一般流程和方法。

绘制机械零件图是绘制平面图形的一个综合性的应用。由于 AutoCAD 软件并不是一个专门针对机械图形的 CAD 软件，因此为了提高绘制机械类图纸的速度，应该在进行绘图前做一些必要的设置及准备一些常用的块。

9.1　绘图过程中的技巧

绘图过程中的技巧可提高制图的效率和质量。

9.1.1　对象特性匹配

在绘图过程中来回切换图层是件很烦琐的事情。可以先在 0 层中绘制所有图线，然后选择相应图线，将其拖动到相应图层中。此外还可以用对象特性匹配将源对象的属性（如颜色、线型、图层和线型比例等）传递给目标对象，操作时要选择两个对象，一个是源对象，另一个是目标对象。

选择如图 9-1 中①②所示的选项，可调出“特性匹配”按钮，如图 9-1 中③所示。单击“特性匹配”按钮，系统提示如下：

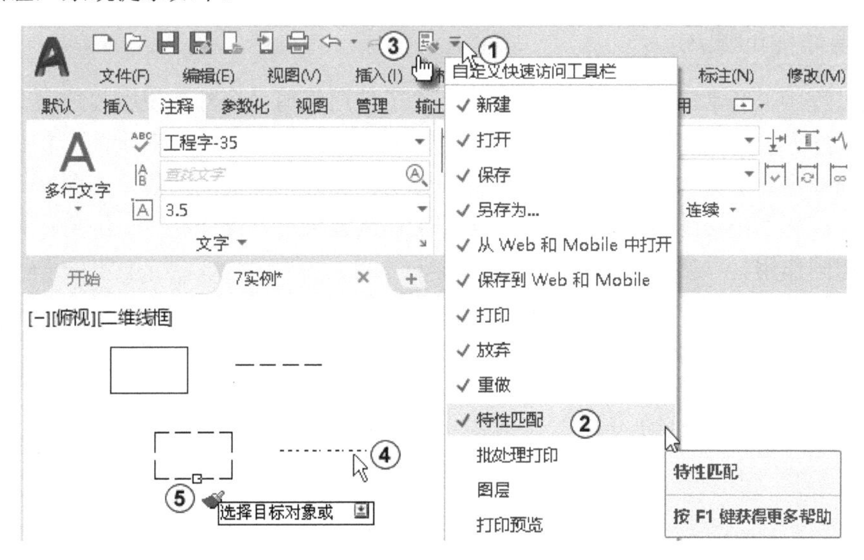

图 9-1　对象特性匹配

```
命令：'_matchprop
选择源对象：（选择对象，如图 9-1 中④所示。选择后鼠标指针变成“刷子”形状）
当前活动设置:颜色 图层 线型 线型比例 线宽 厚度 打印样式 标注 文字 填充图案 多段线 视口
```

```
表格材质 阴影显示 多重引线
        选择目标对象或 [设置(S)]：(选择要改变的对象，如图 9-1 中⑤所示)
        选择目标对象或 [设置(S)]：↙
```

选择源对象后，在命令行窗口输入“S”选项，系统会弹出“特性设置”对话框，如图 9-2 所示。默认情况下，系统选中了对话框中的所有对象特性进行复制，但也可以指定其中的部分特性传递给目标对象。

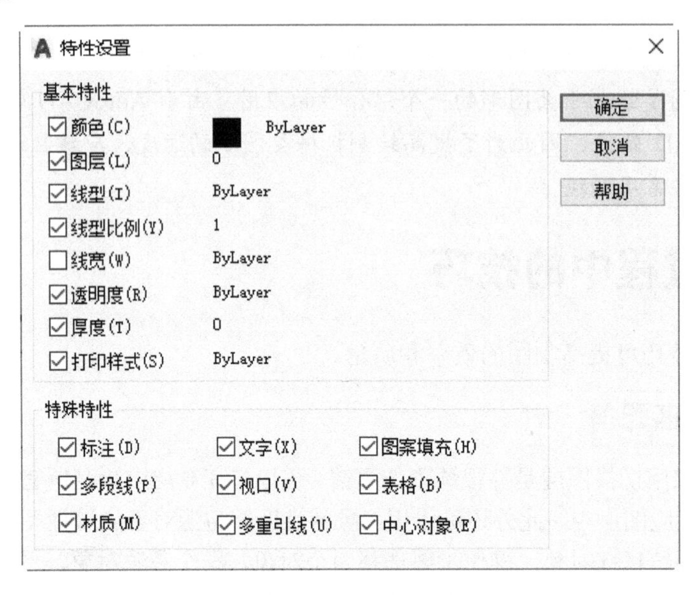

图 9-2 “特性设置”对话框

9.1.2 圆角命令的使用

在绘图过程中，经常需要对图形进行修剪。除了使用修剪命令外，使用圆角命令也是对图形进行修剪的很好方法。AutoCAD 将圆角命令的默认半径设置为 0。这样对于两个相交的直线，使用圆角命令选择需要保留的两段，即可很方便地修剪到另外不需要的两段，如图 9-3 所示。使用圆角命令还可以将不相交的两条直线，延伸至相交，读者可自行操作演练。倒角距离为 0 的全角命令也具有相同作用。

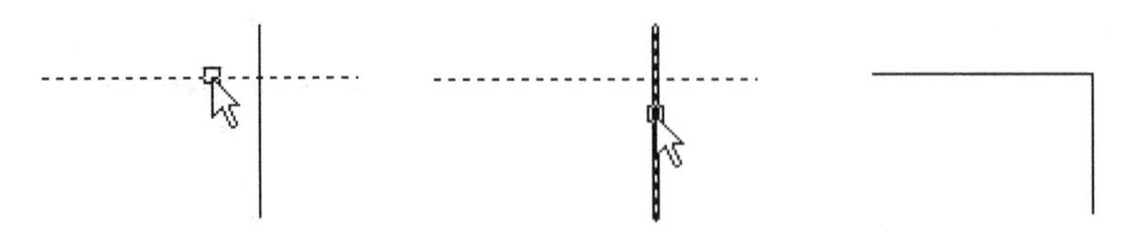

图 9-3 圆角命令

9.1.3 尺寸标注

在绘制完图形后，还需要对其进行标注。标注方式有以下 3 种。

1）在模型空间标注以便在模型空间打印。这是与单视图图形一起使用的传统方式。使用这种标注方式要为打印创建缩放正确的标注，需要将 DIMSCALE 系统变量设置为反比于所需打印比例。例如，如果打印比例为 1/2，则设置 DIMSCALE 为 2。

2）在模型空间标注以便在图纸空间打印。对于这种标注方式，如果布局中的视口不使用同一种缩放比例，还需要进行额外的设置。图 9-4 中有一个局部放大图，其他视口的比例为 1∶2，而该局部放大图的视口比例为 1∶1。可以看到，除了视图放大之外，标注也被放大。

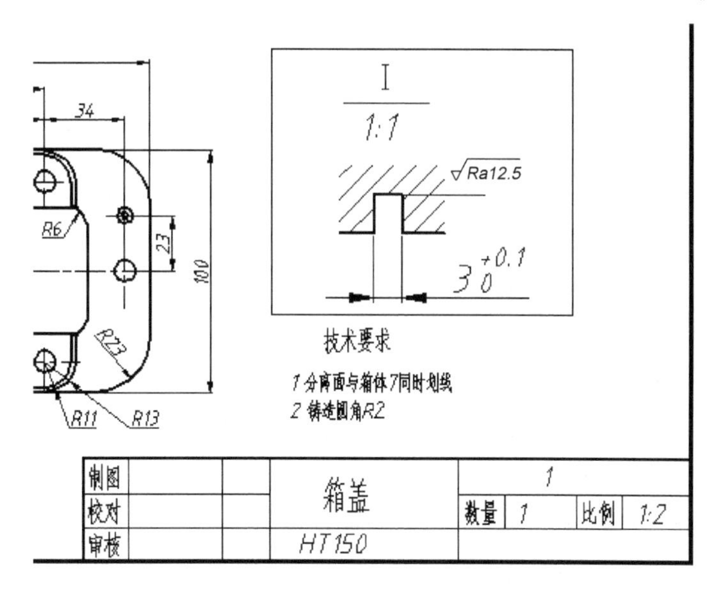

图 9-4　视口使用不同的缩放比例

3）在布局中标注。这是最简单的标注方法。通过选择模型空间对象，或通过在模型空间对象上指定对象捕捉位置在图纸空间创建标注。默认情况下，图纸空间标注和模型空间对象之间保持关联性。对于在布局中创建的标注，无须进行额外的缩放。如果视口比例发生变化，可使用 dimregen 命令更新所有关联标注的位置，使关联标注的尺寸与所标注的对象重新对齐。这种标注方式也可以避免模型空间中的图形过于复杂。

这 3 种标注方法各有优缺点。在布局中放置尺寸虽然减少了操作的复杂程度，但并不是所有标注都能实现关联，例如，表面粗糙度符号有时需要标注在尺寸界线上，如果使用 dimregen 命令更新所有关联标注，表面粗糙度符号并不跟着一起变动位置。因此，在布局中标注更适合已经完成的，不需要做设计变动的情况。

建议打印最好在布局中进行。因为在页面设置中定义好所使用的图纸后（如 A4 图纸），可以在布局中实时查看相应效果。由于在布局中打印使用了两个比例，视口比例和打印比例，为减少操作的复杂程度，最好将打印比例设置为 1∶1，只根据需要改变视口比例。如果整个布局只使用一个视口，可以在模型空间标注。此时注意将系统变量 DIMSCALE 设置为反比于视口比例。如果使用多个视口，且各视口比例不同，最好在布局中进行标注。在本章所给的零件图例子中，都在布局中进行标注。

9.1.4 布局

布局用于布置视口，视口用于显示模型空间中的内容。布局的主要设置包括布局所使用的页面设置、图框和标题栏。使用 acad.dwt 模板创建的文件包括两个布局，“布局 1” 和 “布局 2”。

如果希望将最终创建的图纸加入图纸集中，最好在图形文件中只包含一个布局。右击“布局 2”按钮，在弹出的快捷菜单中选择“删除”选项，如图 9-5 中①②所示。弹出图 9-6 所示的对话框，单击“确定”按钮则可删除“布局 2”。

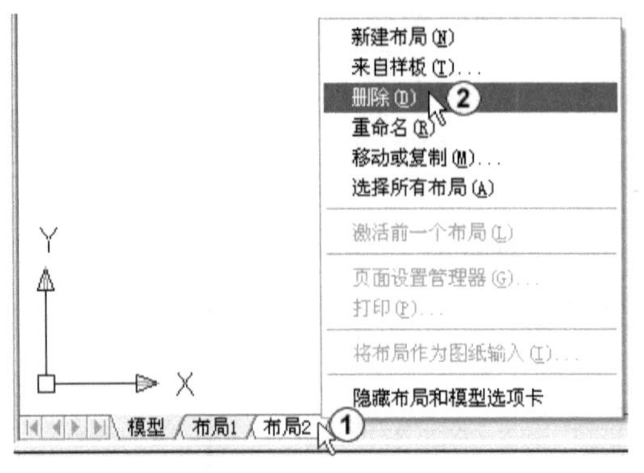

图 9-5　删除“布局 2”

图 9-6　确认对话框

在图纸空间中，右击“布局 1”按钮，在弹出的快捷菜单中选择“页面设置管理器”选项，打开图 9-7 所示的“页面设置管理器”对话框。在该对话框中，单击“新建”按钮，可以建立多个命名页面设置，这样该布局就可以使用多种页面设置了。

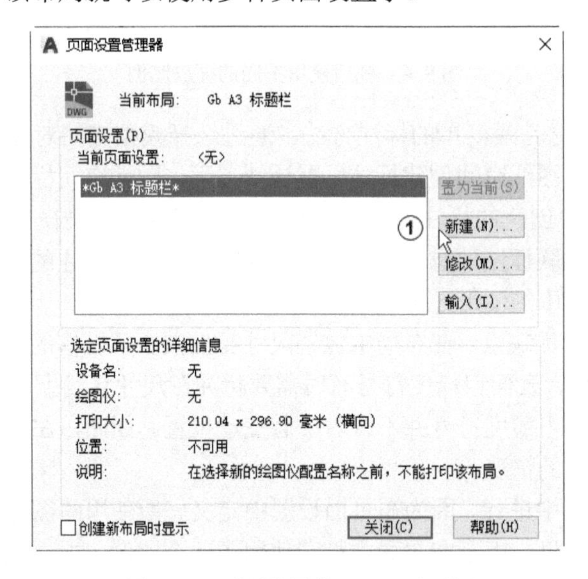

图 9-7　“页面设置管理器”对话框

单击“修改”按钮，直接修改布局 1 的页面设置。在打开的“页面设置”对话框中，选择所支持的打印机，“图纸尺寸”选择 A4，“打印样式表”选择 monochrome.ctb。该打印样式表文件为颜色相关打印样式表，它能将其他颜色都映射为黑色。对于使用黑白打印机对图纸进行打印的情况非常有用。

在布局中除放置视口外，还需要添加图框与标题栏。选择“图框”图层为当前层，使用 rectang 命令绘制一矩形作为图框。根据 A4 图纸尺寸（297×210），设置矩形的起始坐标为（15，2），终止坐标为（282，198）。

9.2 绘制零件图

在手工绘制零件图时，都要先布置视图，画出零件各个视图的基准线。但在 AutoCAD 中绘图，由于可以使用“移动”命令整体移动视图，并不需要像手工绘图时一样绘制各个视图的基准线。有时为了保证视图之间的投影关系，绘制辅助线条方便，还特意将两个视图放置得非常近。在绘好之后再布置各个视图。AutoCAD 绘图的特点，读者可通过练习慢慢体会，但一定要注意零件图的基本原则，视图之间的投影关系一定要正确。

9.2 绘制零件图-分析

在绘制零件图的过程中，大量使用到了“偏移”和“修剪”等命令。

下面以图 9-8 所示的钳座为例来说明零件的绘制过程，其三维模型如图 9-9 所示。

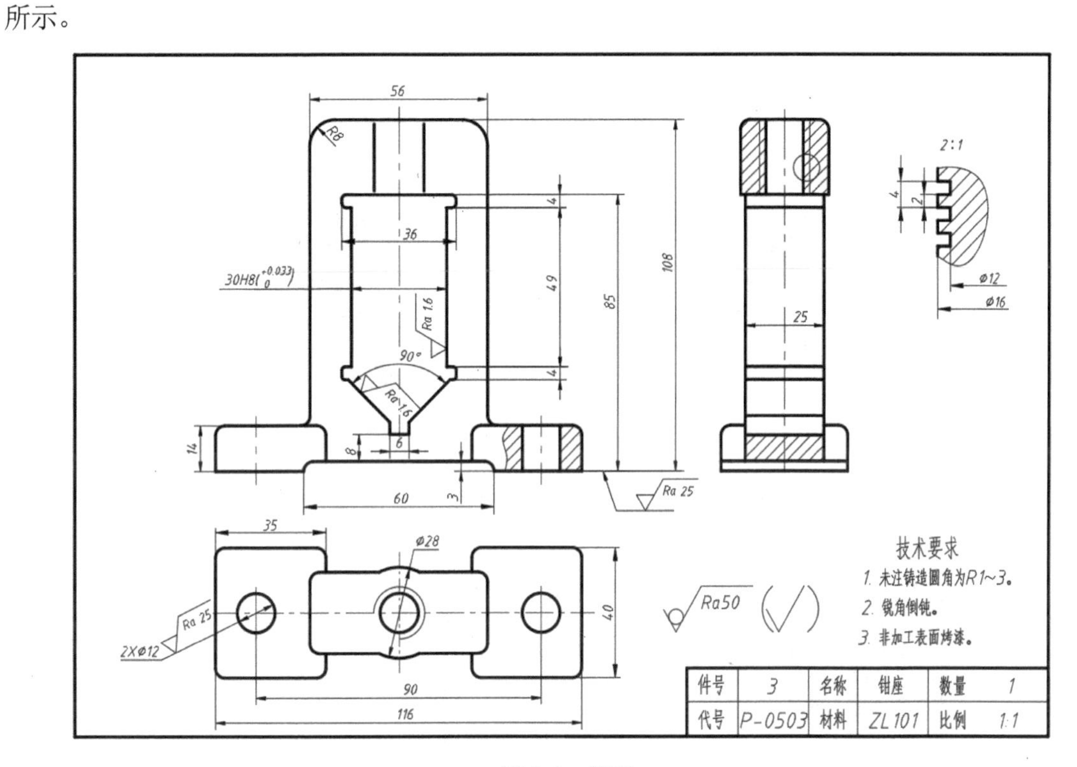

图 9-8　钳座

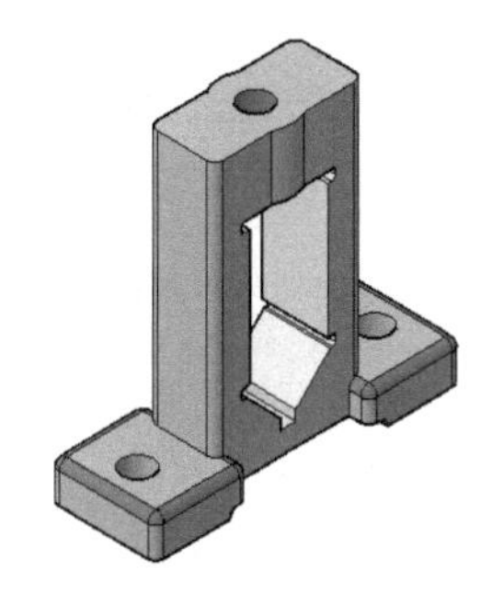

图 9-9　钳座的三维模型

9.2.1 绘制图形

1）单击“标准”工具栏上的“新建”按钮，以“A3 国标”样板文件创建一个新文件。

2）以 0 层为当前层，绘制 3 个封闭的线框，在绘图过程中使用极轴对象追踪来保证投影关系的正确，注意对称关系，不用标注出尺寸，如图 9-10 所示。

9.2.1 绘制图形

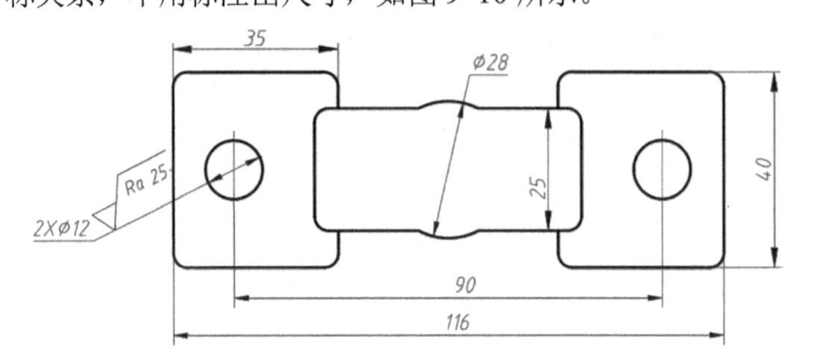

图 9-10　绘制出 3 个封闭的线框

3）单击“按住并拖动”按钮，拉伸出 3 个形体，如图 9-11 所示。

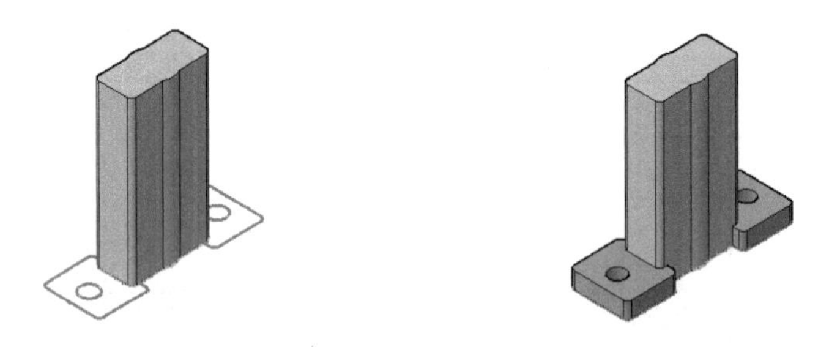

图 9-11　拉伸出 3 个形体

4）绘制两个封闭的线框，使其下端面在同一条水平线上，如图 9-12 所示。

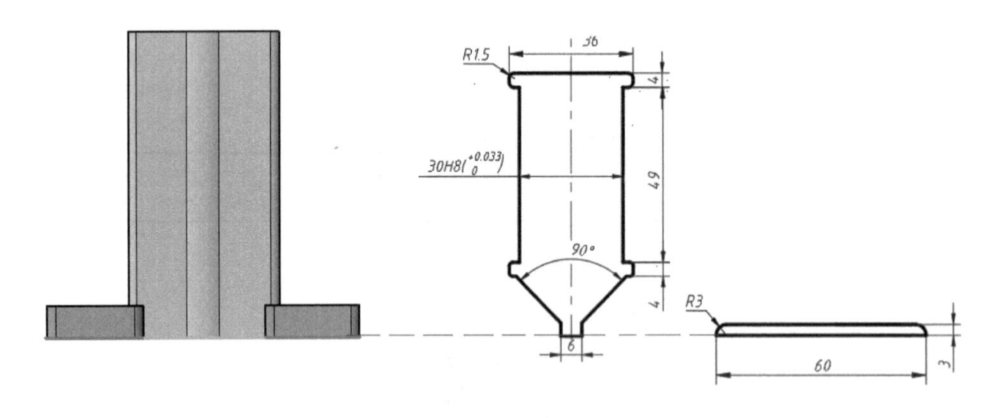

图 9-12　绘制两个封闭的线框

5）拉伸封闭的线框为 40，移动到大形体的下端面中点，再垂直上移 11，然后做差集，如图 9-13 中①～③所示。在最顶面打一个直径为 12 的孔，如图 9-13 中④所示。

6）画一条水平线连接两个底板，拉伸封闭线框并将其移动到水平线的中点做差集，如图 9-14 中①～④所示。

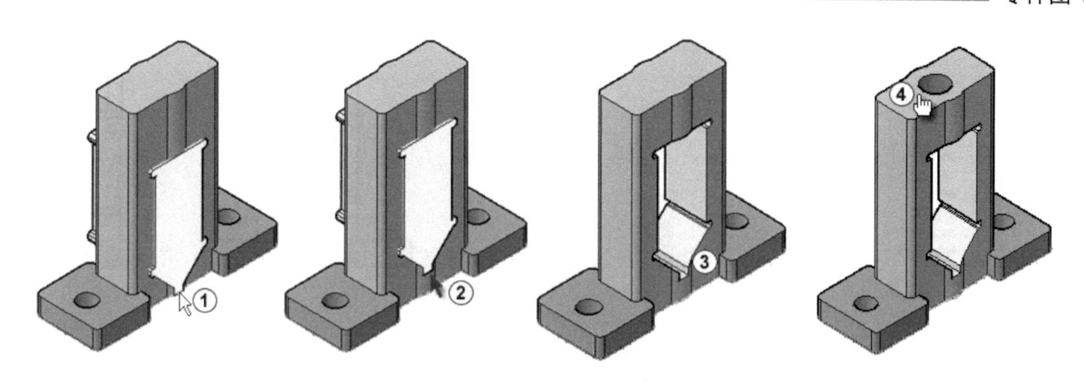

图 9-13　差集和打孔

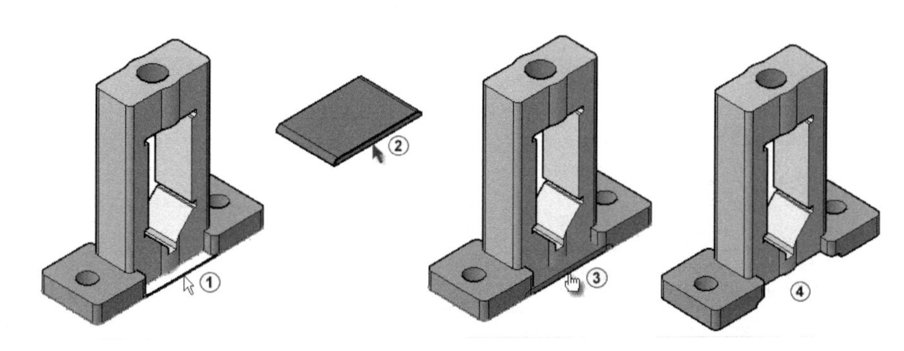

图 9-14　下方做差集运算

7）使用“圆角边”命令倒出 R3 圆角，如图 9-15 中①所示。

8）绘制矩形，拉伸，然后做差集运算，如图 9-15 中①～③所示。

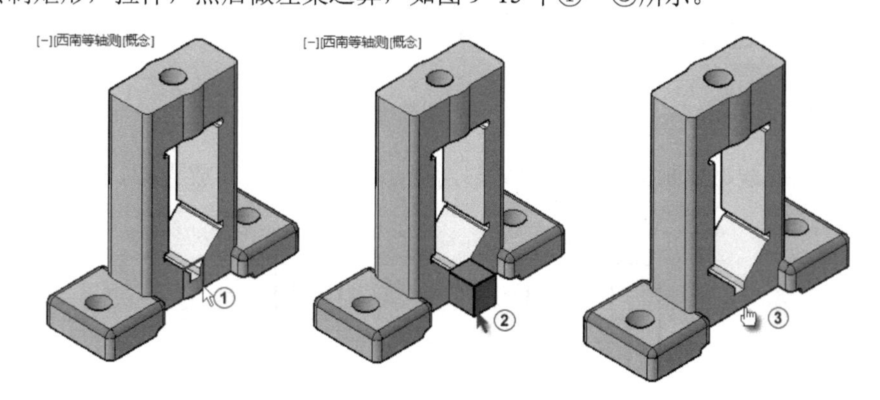

图 9-15　绘制矩形，拉伸，做差集运算

9）对对称的另一面也做相同的操作。

10）右击 layout1，从弹出的菜单中选择“绘图标准设置”选项，在打开的“绘图标准”对话框中选择“第一个角度”选项，再选择螺纹样式，最后单击“确定”按钮，如图 9-16 中①～⑤所示。

11）使用“基点”、“投影”和“截面”命令得到钳座的工程图，结果如图 9-17 所示。

12）右击 layout1，从弹出的快捷菜单中选择“将布局输出到模型”选项，打开“将布局输出到模型空间图形”对话框，保存该图形，然后在打开的对话框中单击“打开”按钮，如图 9-18 中①～③所示。

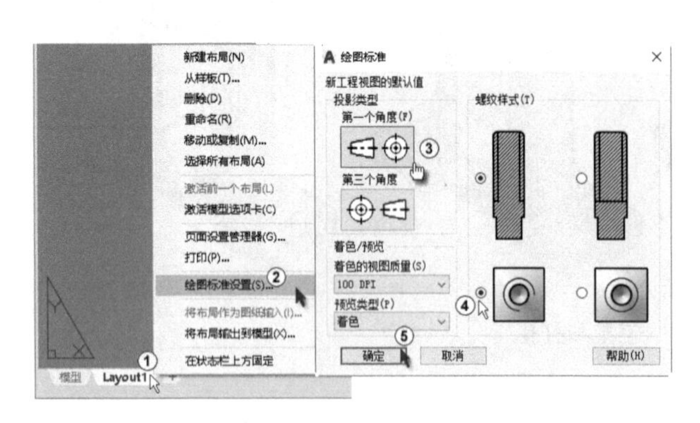

图 9-16　绘图标准设置

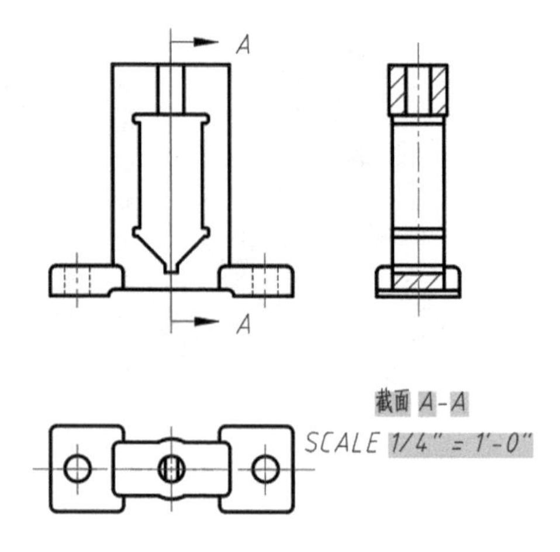

图 9-17　投影图形

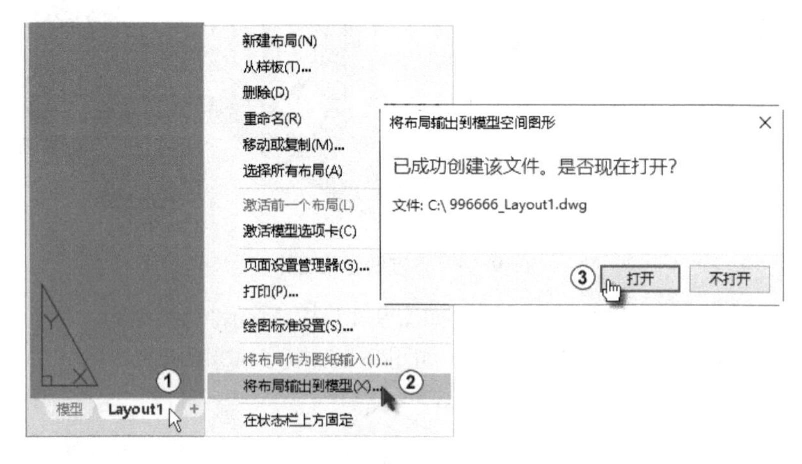

图 9-18　将布局输出到模型

13）删除多余的线，绘制圆角，添加局部剖视，添加螺纹线和放大图，最后得到的结果如图 9-19 所示。

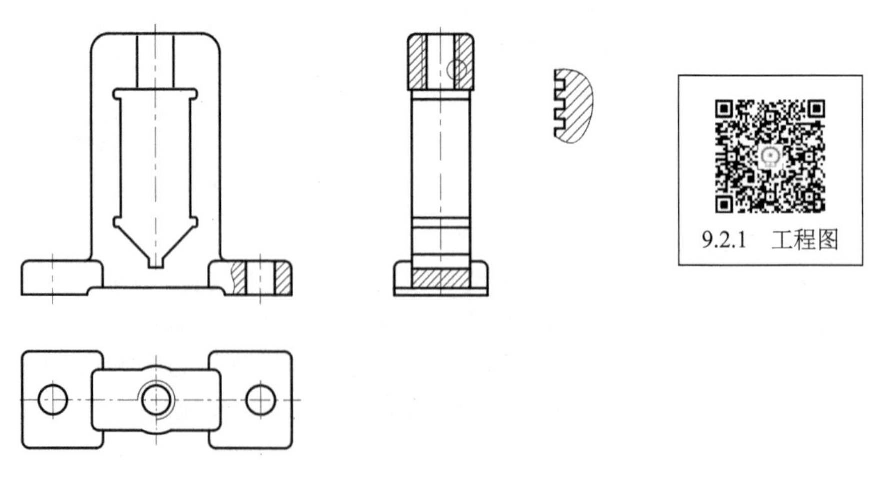

图 9-19　整理图形

9.2.2 标注尺寸和技术要求

1）标注尺寸，如图9-20所示。

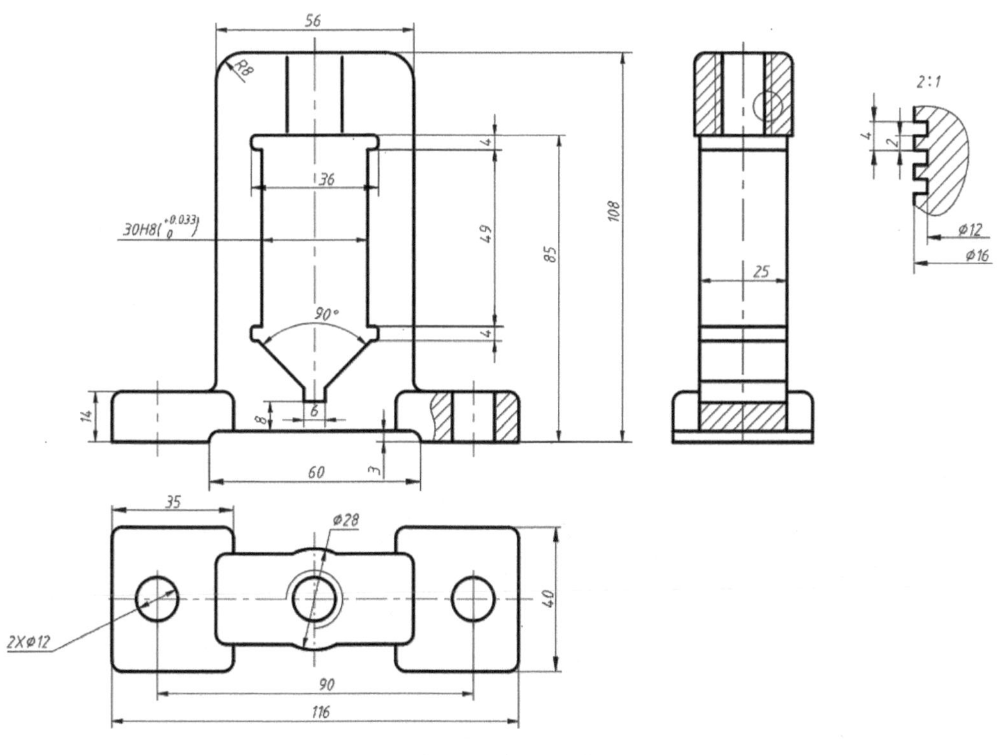

图9-20 标注尺寸

2）在视图中插入表面结构要求符号，在图样的右下角填写技术要求，如图9-21所示。

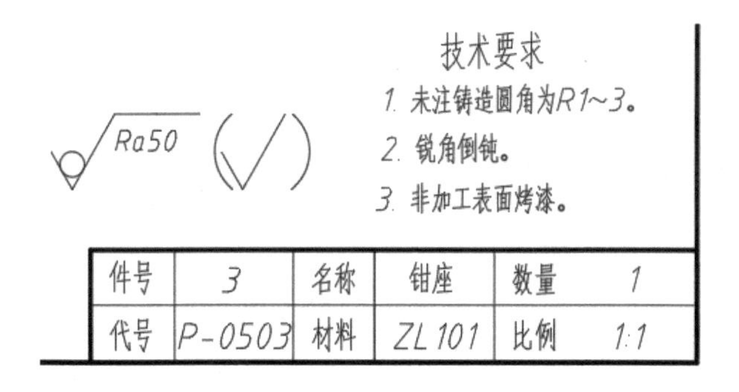

技术要求

1. 未注铸造圆角为R1~3。
2. 锐角倒钝。
3. 非加工表面烤漆。

件号	3	名称	钳座	数量	1
代号	P-0503	材料	ZL101	比例	1:1

图9-21 钳座的技术要求及标题栏

9.3 习题

1. 绘制如图9-22所示的轴承盖并标注尺寸，其三维立体图如图9-23所示。
2. 绘制如图9-24所示的泵盖并标注尺寸，其三维立体图如图9-25所示。

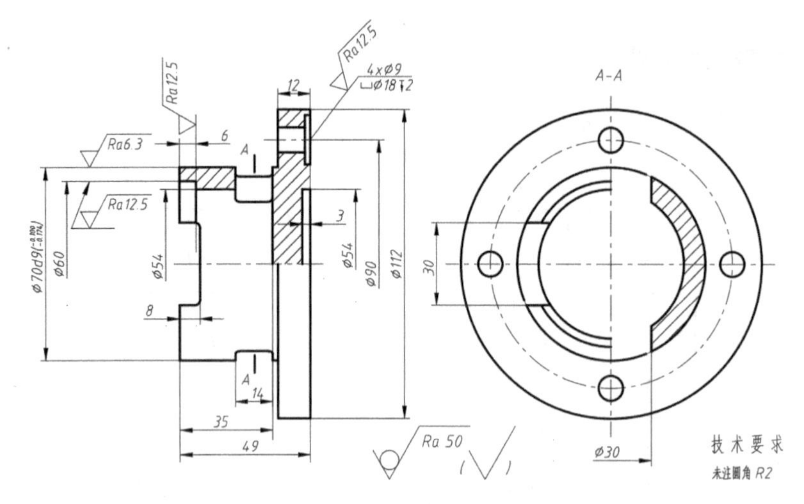

图 9-22 轴承盖

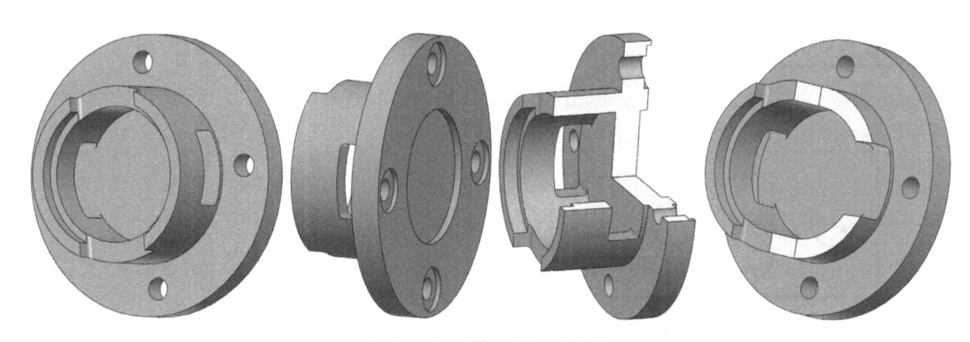

图 9-23 轴承盖立体图

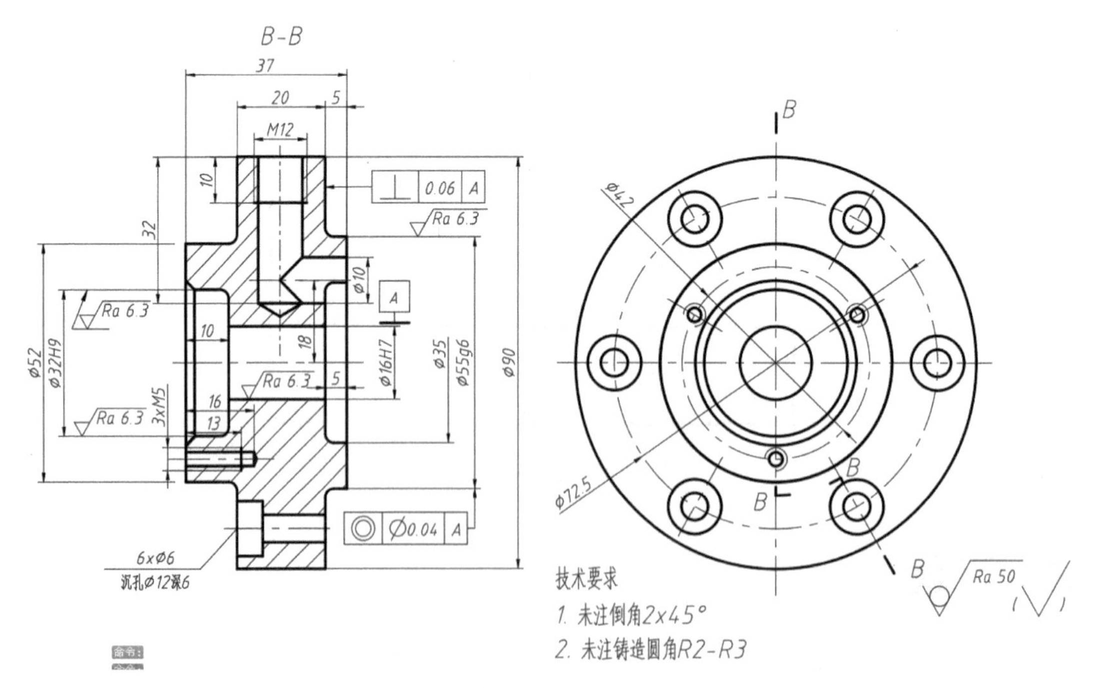

图 9-24 泵盖

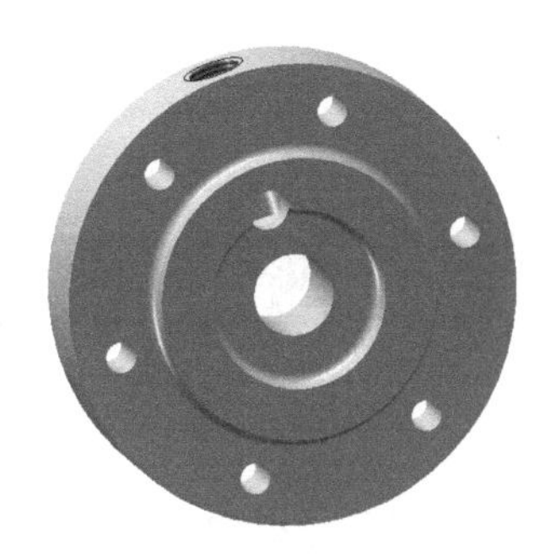

图 9-25　泵盖的三维模型

第10章 装 配 图

本章介绍了装配图的特点、绘图方法和技巧及绘制零件图的一般流程和方法。

10.1 装配图的规定和绘图方法

装配图是表达产品或部件中，部件与部件、部件与零件或零件之间连接的图样。装配图主要表达组成件之间的装配关系、工作原理、结构情况、技术要求等。

装配图包括以下内容：

1）一组视图：包括视图、剖视、断面等，用以表示组成件之间的装配关系、产品或部件的结构特点和工作原理；必要时，还应表达主要零件的结构形状。

2）必要的尺寸：表示产品或部件的规格、性能、装配、连接、安装等方面的尺寸。

3）技术要求：用文字或代号在装配图上说明对产品或部件的装配、试验、运输、包装和使用等方面的要求。

4）编号、标题栏及明细栏：产品或部件及其各个组成部分，均应按照有关规定编写序号和代号，并应填写标题栏和明细栏。

由于装配图相对于零件图所表达重点不同，因此装配图的表达方法也有所不同，根据装配图的要求还提出了一些规定画法和特殊的表达方法。

10.1.1 装配图的规定

1．装配图的规定和特殊画法

1）相邻两零件的接触表面或配合表面，只画一条共有轮廓线；不接触表面或非配合表面，仍需保留各自轮廓线，即使间隙很小，也必须画出两条线，必要时允许适当夸大画出。

2）在剖视、断面图中，相邻两零件的剖面线的方向应相反，或方向相同间距不同，但同一零件在各视图中的剖面线的方向和间隔必须一致。

3）当剖切平面通过标准件（如螺钉、螺母、垫圈等）及实心体（如轴、手柄、连杆、销等）的轴线时，这些零件均按不剖绘制。当剖切平面垂直这些零件的轴线时，则应画出剖面线。

2．装配图的特殊画法

1）沿结合面剖切和拆卸画法。在装配图中，为了表达部件内部零件的装配情况，可假想沿某些零件的结合面剖切。

2）假想画法。为了表达运动零件的极限位置或本部件与相邻零件之间的相互关系，可以用双点画线画出零件的极限位置或相邻零件的轮廓。

3）夸大画法。在装配图中，对一些薄片零件、细丝、弹簧等若按照它们的实际尺寸画，则很难表达清楚，这时允许对其夸大画出。

4）单独画出某个零件。在装配图中，当个别零件的某些结构没有表达清楚时，可以单独画出该零件的视图，同时标明零件的视图的序号及投射方向。

当然装配图中还有其他特殊画法，如简化画法、展开画法等，这里不再详述。在绘制装配图的过程中，要注意装配图中的这些规定画法和特殊画法，按照装配图的这些规定来绘图。

10.1.2 装配图的绘图方法

实际上，装配体的设计包括自下而上和自上而下两种设计方式：

1）自下而上设计：将现有的零件按照各零件之间的装配关系、相对位置安装成装配体的设计过程。自下而上设计是比较传统的方法，在装配之前需要先完成各个零件的设计工作。这种设计方式的优点是零部件是独立设计，构建速度快，有助于零部件的设计重用；缺点是零件间的尺寸配合无关联性。

2）自上而下设计：从装配体的设计方案出发，设计人员从零开始分工设计各个零件，直到最后完成装配体的设计过程。自上而下设计符合人类的思维方式，在整个设计过程中，分担不同设计任务的设计人员都是从一个概念化的设计目标出发，分工完成设计任务，但在整个装配体中每个人的设计成果随时都可共享，相关零件的设计也可随时进行调整。

与此相对应，在 AutoCAD 中绘制装配图的方法也有两种。一种是从头开始直接绘制装配图；另一种是根据零件图拼装装配图。对于直接绘制装配图，本书使用螺纹联接这一比较简单的实例来说明其绘制方法，在该实例中还重点介绍装配图中序号的标注方法和明细栏的绘制。对于根据零件图拼装装配图，使用管钳的例子来说明，主要介绍拼装装配图的方法、技巧及注意事项。

10.2 直接绘制二维装配图

图 10-1 所示为螺纹联接装配图，图 10-2～图 10-4 所示为螺纹联接中所使用的标准件，图 10-5 所示为螺纹联接中的板件。

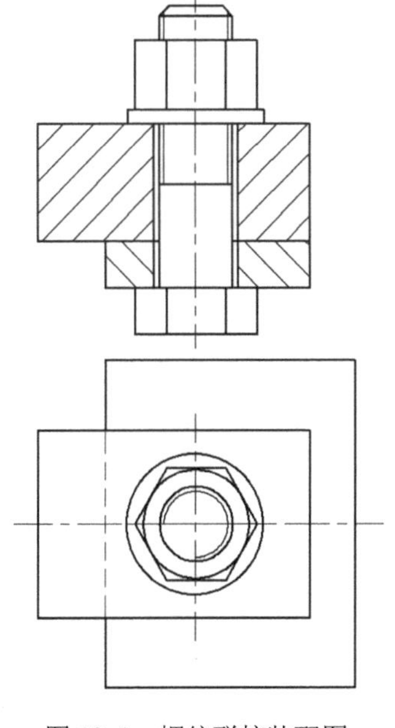

图 10-1 螺纹联接装配图

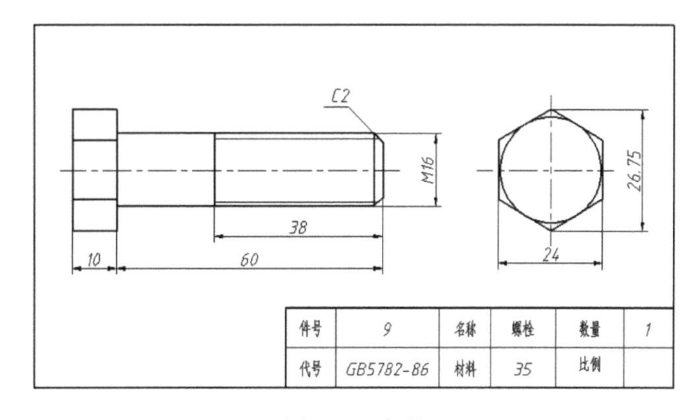

图 10-2 螺栓

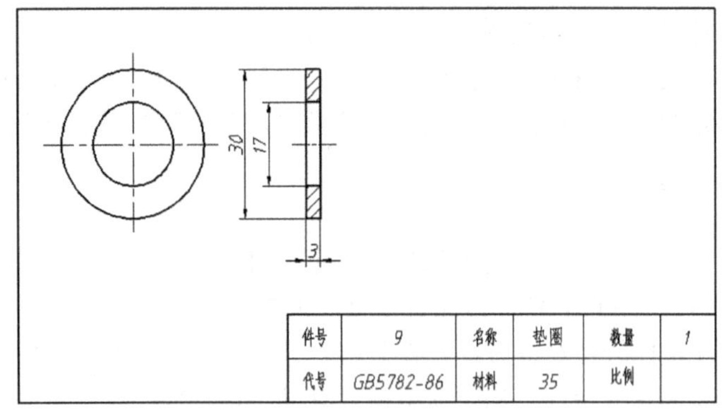

图 10-3　垫圈

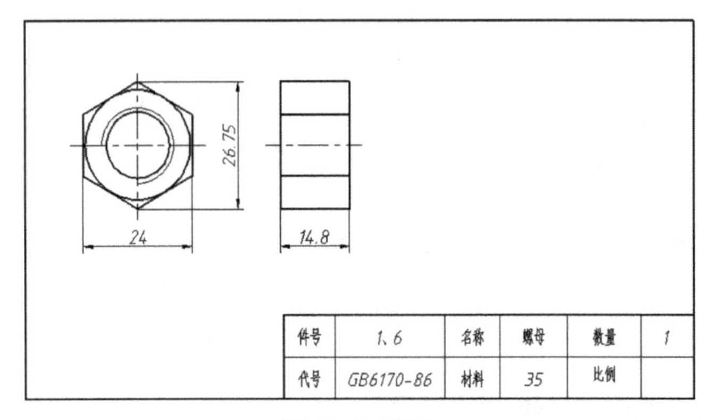

图 10-4　螺母

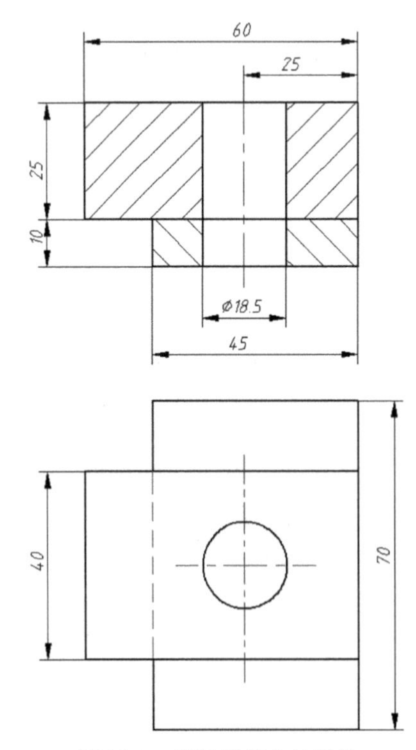

图 10-5　螺纹联接中的板件

从头开始直接绘制装配图与绘制零件图类似，只是在绘图过程中需要注意绘图顺序，另外在绘图过程中一次不要绘制过多零件，以 2～3 个为宜。这样可以避免草图过于复杂给编辑工作带来不必要的麻烦。

在本例中可以先绘制两个被连接的板件，再绘制螺栓联接，具体绘图步骤如下。

1）单击“标准”工具栏上的“新建”按钮，以之前创建的“A3.dwt”样板文件创建一个新文件。

2）使用直线、偏移、圆及夹点编辑，先绘制板件的草图，如图 10-6 所示。

3）绘制螺栓，如图 10-7 所示。

注意

相邻两零件的剖面线方向应相反。

4）绘制垫圈，如图 10-8 所示。

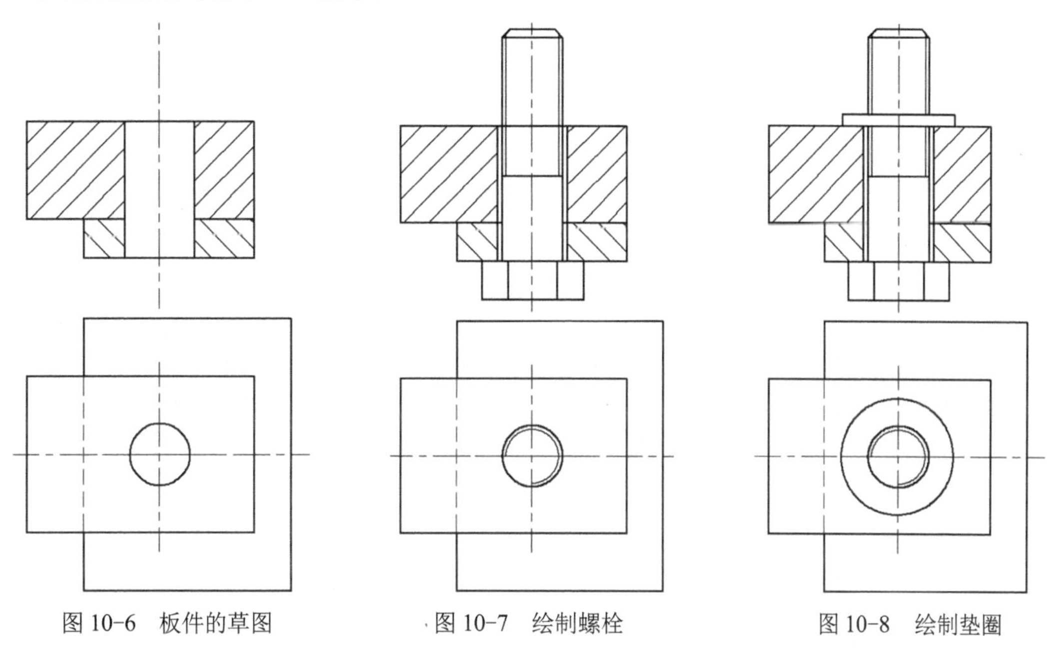

图 10-6　板件的草图　　图 10-7　绘制螺栓　　图 10-8　绘制垫圈

5）绘制螺母，如图 10-1 所示。

6）修改各中心线的长度，单击“保存”按钮，保存绘图结果。至此，只完成了螺纹联接装配图的视图绘制工作，该装配图的其他工作将在后续章节中介绍。

10.3　装配图中的序号和代号

装配图中各个组成部分的编号分序号和代号两种，它们的编排和标注有一定的规则。

10.3.1　序号和代号的编排及标注方法

1．序号和代号的编排

序号是按组成部分在装配图中的顺序所编排的号码，其先后顺序的编排尽可能考虑装配次序或组成部分的重要性。序号可按顺时针或逆时针的方向，按大小顺序排列成水平或垂直的整齐行列，如果整张图上序号无法连续时，可只在每个水平或垂直方向顺序排列。

代号是表明各组成件对产品从属关系的编号。

2．序号和代号的标注方法

1）同一装配图中，相同的组成部分，一般只编一个序号，而且只标注一次，若有必要，对于图中多次出现的相同部分可重复标注，其代号填写在明细栏中。

2）标注序号时，可选取图 10-9a～c 所示的 3 种形式之一。当用图 10-9a 或图 10-9b 所示的形式时，编号号码可以用比尺寸数字高度大一号的数字或大两号的数字，注写在水平线之上。当用图 10-9c 所示的形式时，编号号码必须用比尺寸数字高度大两号的数字，注写在指引线附近。我国国家标准规定，水平线、圆圈和指引线全部用细实线绘制，其末端均必须画一小圆点。指引线应在所指部分的轮廓之内引出，如果所指部分为很薄的零件或涂黑的剖面，其末端不宜画小圆点时，改画箭头，并指向该部分的轮廓，如图 10-9d 所示。

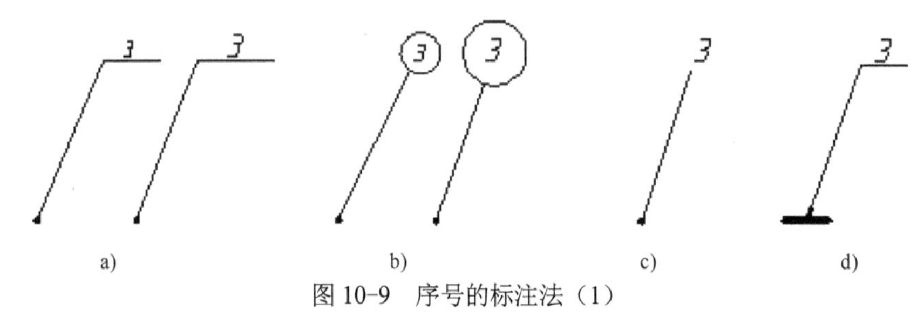

图 10-9　序号的标注法（1）

a) 水平线形式　b) 圆圈形式　c) 指引线附近形式　d) 箭头形式

3）指引线不能相交。当其通过画有剖面线的区域时，指引线应尽量不要与剖面线平行。必要时，指引线可以画成折线，但只能曲折一次。一组紧固件或一组装配关系明确的零件，允许采用一条共同的指引线，如图 10-10 所示。

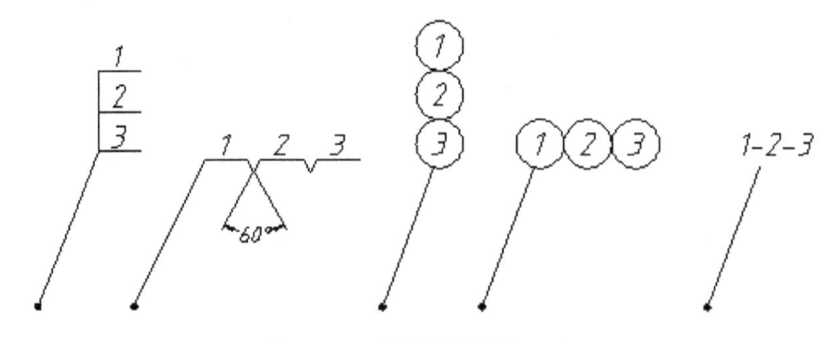

图 10-10　序号的标注法（2）

同一装配图中，标注序号的形式应一致。

10.3.2 在 AutoCAD 中标注序号

1）使用快速引线命令 qleader，可以绘制带有圆点的指引线。在命令行窗口输入 qleader 后按〈Enter〉键，打开“引线设置”对话框。在该对话框的“引线和箭头”选项卡中，设置箭头类型为“点”，如图 10-11 所示。

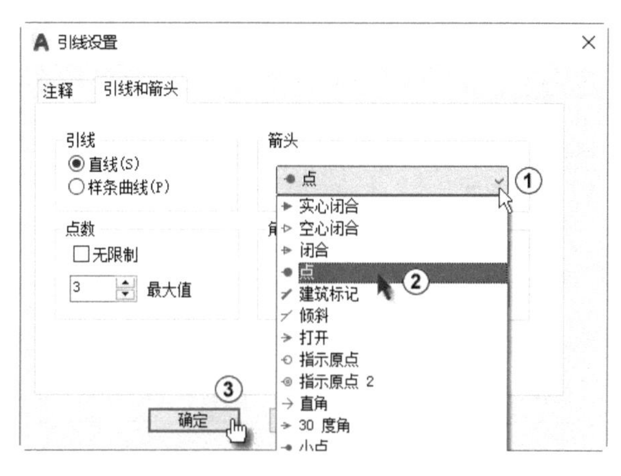

图 10-11　设置箭头类型

2）设置好箭头类型之后，默认情况下该操作实际上是添加了一个标注样式替代。选择“标注”→“标注样式”选项，打开“标注样式管理器”，可以看到该“样式替代”如图 10-12 所示。选择该“样式替代”，单击“修改”按钮，在打开的“替代当前样式”对话框“符号和箭头”选项卡中的“箭头大小”文本框中可以修改圆点大小。

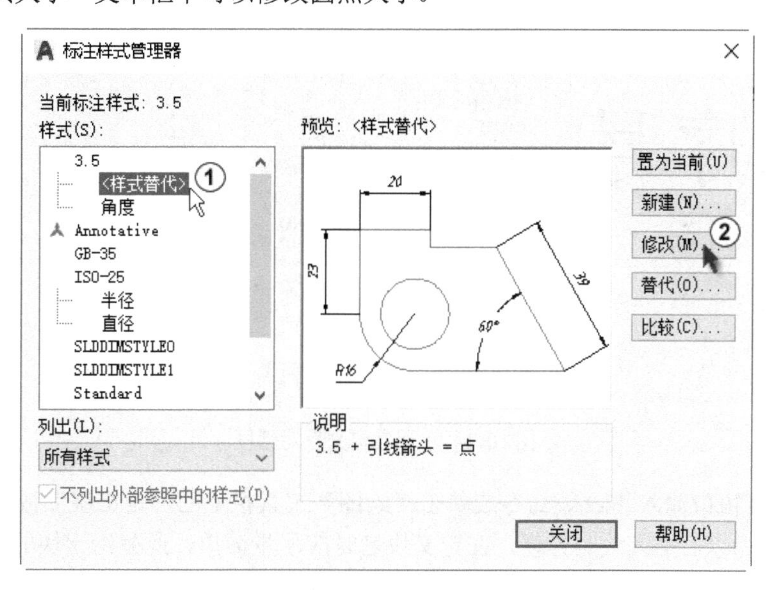

图 10-12　标注样式管理器

3）对于序号为图 10-9b 所示的圆圈形式，可以设置引线的注释类型为“块参照”，如图 10-13 所示。此时需要创建两个块，一个是圆圈在指引线右方的块，另一个是圆圈在指引线左方的块。这里只介绍圆圈在指引线右方的块的创建步骤。

4）使用“圆”命令绘制半径为 5 的圆。在命令行窗口输入 attdef 命令或选择“绘图”→“块”→“定义属性”选项，打开“属性定义”对话框，将序号定义成块的属性，如图 10-14 所示。定义属性的高度为 3.5，在放置属性标记的位置时需要注意使标记的第一个字符放置在圆圈的中心处。这是由于，在最后插入块时，属性值将替换属性标记，放置在属性标记所在的位置。

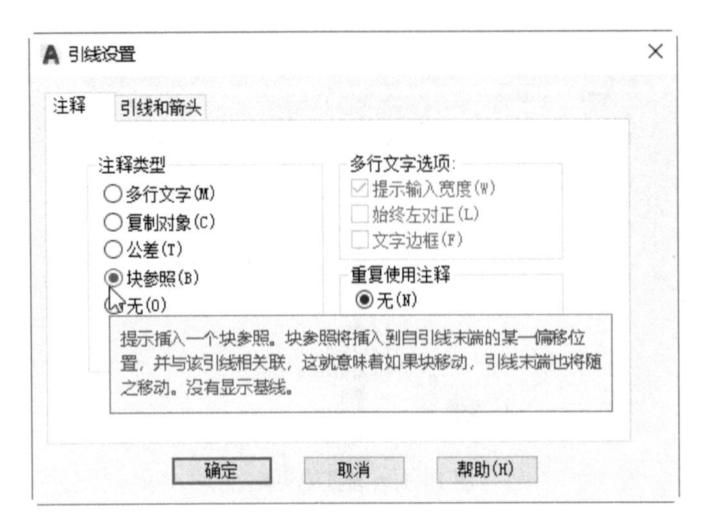

图 10-13　设置注释类型

图 10-14　“属性定义”对话框

5）在命令行窗口输入 block 命令或单击“绘图”工具栏上的“定义块”按钮，打开“块定义”对话框。为以后插入块时方便，在定义块名时应尽量简单，此处给定块的名称为 R，表示圆圈在引线右方。定义块的基点为圆的左下角点，选择圆和属性两个对象作为块，单击“确定”按钮，完成块的定义。

6）使用如上所述方法，将快速引线的箭头定义为“点”，注释类型定义为“块参照”，此时即可使用快速引线命令 qleader 来插入圆圈形序号了，具体过程如下。

```
命令:qleader↙
指定第一个引线点或 [设置(S)] <设置>:
指定下一点:(指定引线的起点)
指定下一点:(指定引线的另一点)
输入块名或 [?] <R>:↙(接受默认块名 R)
单位: 毫米   转换:    1.0000
指定插入点或 [基点(B)/比例(S)/X/Y/Z/旋转(R)]:(指定块的插入点，为引线的第二点)
```

```
        输入 X 比例因子，指定对角点，或 [角点(C)/XYZ(XYZ)] <1>:
↙（接受比例因子 1）
        输入 Y 比例因子或 <使用 X 比例因子>:↙（接受比例因子 1）
        指定旋转角度 <0>:↙（接受旋转角度 0）
        输入属性值 请输入该零件序号 <1>:2↙（输入零件序号）
```

7）对于圆圈在指引线左方的块，读者可自行建立，这里不再详述。使用上述方法，在螺纹联接装配图的主视图上插入序号，结果如图 10-15 所示。

需要指出的是，这种插入序号的方法并不是特别方便。实际上应先绘制没有注释类型的引线，再直接绘制圆圈，并在圆圈内添加单行文本。单击“修改”工具栏上的“复制”按钮，复制出其他圆圈，再双击修改圆圈内的单行文本。这里仅指出圆圈形式序号的一种实现方法。

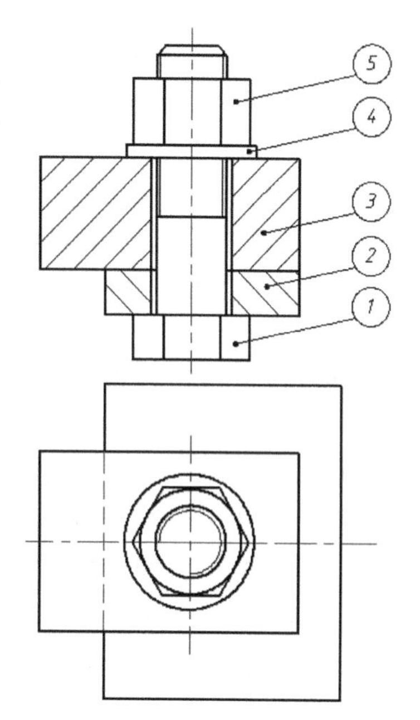

图 10-15　插入序号

10.4　装配图中的明细栏

装配图与零件图的另一个重要区别在于装配图必须有明细栏。明细栏应紧接在标题栏上方，一般包括序号、代号、名称、数量、材料、备注等内容，也可以在装配图外另制明细栏。填写明细栏时应注意以下几点。

1）明细栏中“序号”一格应自下向上顺序填写，并应与装配图中各组成部分所引出的序号一致。根据图纸的布局情况，允许将明细栏分段连续排列。

2）明细栏中“代号”一格，应填写各组成部分的代号，对于螺钉、螺母等标准件可填写标准号。

3）明细栏中“名称”一格，对于一些标准件和外购件等，除填写名称外，还应填写型号与规格，如对于螺栓可填写“螺栓 M8×45”。

使用 line 命令直接绘制明细栏，再向其中添加单行文本或多行文本，这是绘制明细栏的一种简单方法，这里不再叙述。实际上，使用 AutoCAD 提供的 table（表格）命令也可以非常方便地创建明细栏。

目前，各个工厂、单位所使用的明细栏格式各有不同。但只要掌握了表格的操作方法即可很容易地创建各种样式的明细栏。使用表格创建明细栏的好处在于，创建方便、快捷。可以很方便地编辑表格中的文字及调整其对齐方式。但缺点是表格中的文字高度受到单元格高度的限制，不能取得足够高。

10.5　根据已有零件拼装二维装配图

如果之前已经绘制好了组成装配体的各个零件的零件图，即可根据这些零件图拼装成装配图，不需要从头开始一步步绘制。

装配可以有效地检查配合尺寸的正确性，以避免干涉情况的发生。

拼装装配图的步骤如下。

1）创建一个新的装配文件。

2）打开要进行装配的文件，关闭尺寸和标题栏图层，将所需的图形做成图插入到装配文件中或者用复制粘贴等功能将零件图复制到装配文件中。

3）利用 move 命令将图形组合在一起。

4）必要时分解图形后用 trim 命令编辑图形。

5）添加必要的视图或者线段等。

10.5.1 导入零件图的方法

根据已有零件图拼装装配图，首要的工作是将已有零件图导入所绘制的装配图中。这里介绍两种方法。

1. 使用设计中心导入

AutoCAD 提供的设计中心（按〈Ctrl+Z〉即可打开设计中心）用来在各个 DWG 文件中共享信息，如图 10-16 所示。

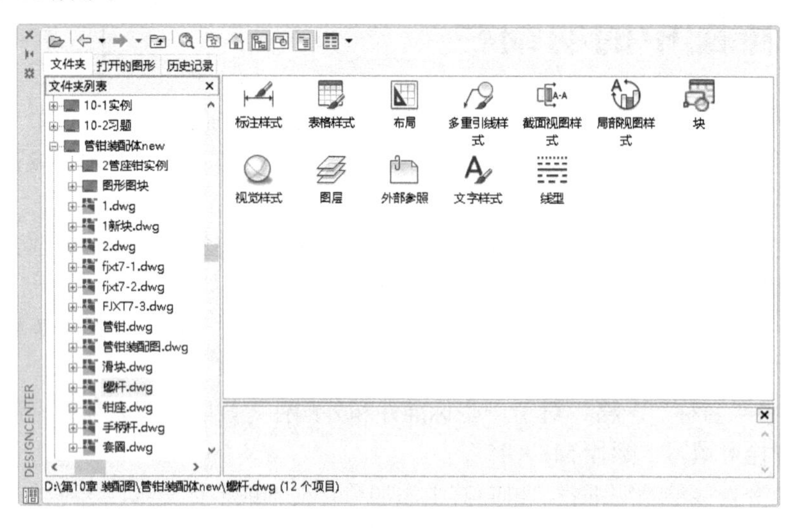

图 10-16 “设计中心”窗口

“设计中心”窗口由两部分组成，左侧为树状图，右侧为内容区。如果在树状图中选择的是文件夹，则右侧内容区显示该文件夹所包含 DWG 文件的图形图标；如果在树状图中选择的是 DWG 文件，则右侧内容区显示该文件所包含的命名对象，如图层、标注样式等；如果在树状图中选择的是具体的命名对象，如图层，则内容区显示该命名对象所包含的具体项目，可以将内容区中的这些项目拖动到当前图形中，以共享这些信息。

在内容区显示其他 DWG 文件的图形图标时，可以将其他图形整个模型空间的内容拖动到当前图形中。这里需要注意的是，如果将原图形从设计中心拖动到当前图形的绘图区域，则原图形将作为一个块插入；将图形图标从设计中心的内容区拖动到绘图区域以外的任何位置，将打开该图形。

将原图形作为一个块插入时，将插入该图形所有模型空间中的内容。因此，模型空间包含有尺寸标注、技术要求等内容时，插入后还要将这些内容删除，非常不方便。此时一个可行的方法是，在相应的零件文件中，将需要导入装配图文件中的内容做成一个块，然后使用设计中心将该块导入装配图中。这里以“螺杆”为例，讲解具体操作过程。

1）打开“螺杆.dwg”文件。单击“默认”面板上的“图层特性”按钮，系统弹出“图层特性管理器”对话框，关闭“尺寸”和“标题栏”两个图层，如图 10-17 中①②所示。由于螺杆在装配图中只有主视图需要使用，因此在制作块时，只选取主视图的相关内容，删除其他图形，结果如图 10-18 中③所示。

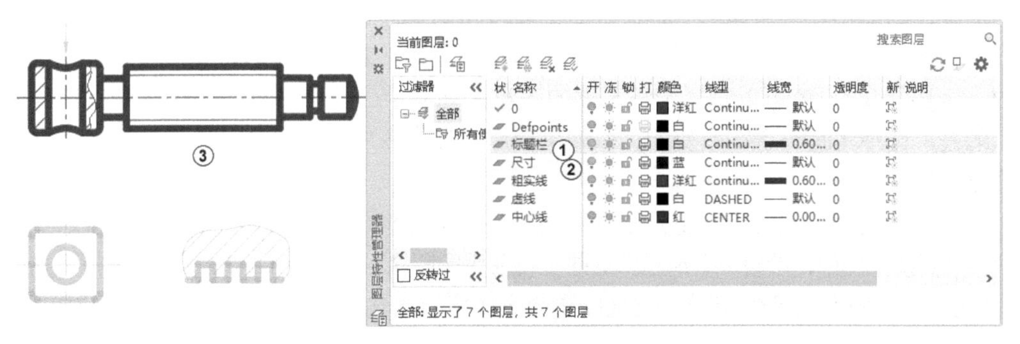

图 10-17　关闭图层删除其他图形

2）单击“插入”面板“块”选项上的“创建块”按钮，如图 10-18 中①②所示。在打开的“块定义”对话框中，输入块的名称“螺杆 3”，如图 10-18 中③所示。单击“拾取点”按钮，选择插入点，如图 10-18 中④⑤所示。单击“选择对象”按钮，选择主视图中块所包含的相关图形，如图 10-18 中⑥⑦所示。单击“确定”按钮，完成块定义。单击“保存”按钮，保存该文件。

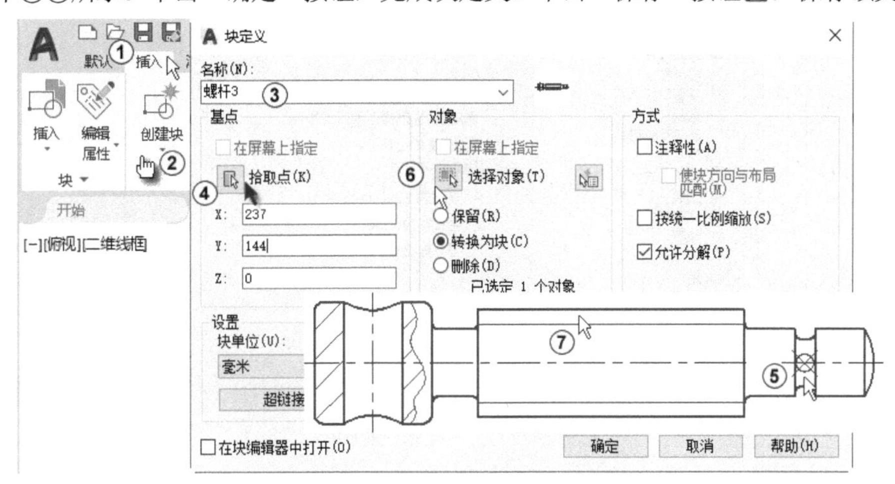

图 10-18　设计中心内容区中的图块

3）将图块“螺杆 3”从设计中心的内容区拖入装配图文件的绘图区域中，即可插入螺杆零件。

当然，如果零件图的模型空间不包括尺寸标注等内容，则可以直接从设计中心将该文件导入装配图文件中。

2．使用复制粘贴导入

将零件图中的相关内容导入装配图中的另一个方法是使用复制和粘贴命令。其具体方法是：打开零件图文件，锁定并关闭相关图层，使用窗口或交叉窗口方式选择要导入装配图文件中的图形；按〈Ctrl+C〉快捷键复制这些图形到剪贴板。在打开的装配图文件中使用〈Ctrl+V〉快捷键将相关图形从剪贴板粘贴到装配图形文件中。

在将相关图形导入装配图中后，通常将其做成一个图块。制作成图块的优点在于，当选择该块时，这些图形将作为一个块对象高亮显示。可以很清楚地将这些图形与原来装配图中的图形区别开来。

实际上，此时制作图块的目的仅仅是为了查看。在查看完之后，一般情况下还是需要将该块分解，以便对其进行修剪，去掉被其他零件遮挡住的线条。

这里介绍一种不需要制作图块就可以进行查看的方法。在进行装配图拼装的过程中，通常先选择相关零件的图形，然后使用 move 命令将其移动到零件正确的装配位置。在移动过程中，移动零件的相关图形已经被加入选择集中了，在移动到正确的装配位置后，使用 select 命令的 P 选项（前一个选择集），就可以将属于该零件的图形高亮显示。读者可自行操作，查看其效果。需要注意的是，选择集是一直在改变的，即如果使用修改命令对其他对象进行操作，则选择集就不再是该零件的图形了。

以上介绍的这些方法各有利弊，读者可根据自己的需求选用，如果使用设计中心，将零件作为图块插入到装配图中，希望最后清理掉这些不再使用的图块，可以使用清理命令。选择“文件”→“绘图实用程序”→“清理”选项，或直接在命令行窗口中输入 purge 命令，均可打开如图 10-19 所示的“清理”对话框，在该对话框中，选择相应的图块，单击“全部清理”按钮即可。

图 10-19 “清理”对话框

10.5.2 拼装管钳

根据已有零件图拼装二维装配图，整个拼装过程需要注意两点。

1）拼装零件的顺序。在拼装过程中应尽可能地按照零件的实际装配顺序拼装。

2）零件正确的装配位置。即要正确确定零件从一点移动到另一点时，定位点的位置。

这里以管钳为例来详细介绍根据已有零件拼装装配图的步骤。管钳的二维装配图如图 10-20 所示。管钳的零件图如图 10-21 所示。管钳的三维装配图如图 10-22 所示。管钳是一种常见的机械，广泛应用于各个行业的生产设备中。现在以这种小型机器为例，讲述其装配图的绘制过程，绘制步骤如下。

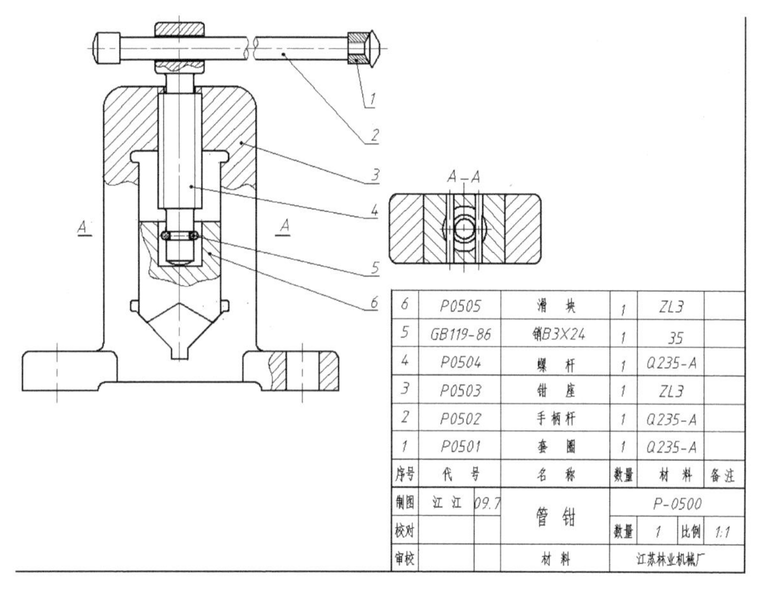

图 10-20　管钳二维装配图

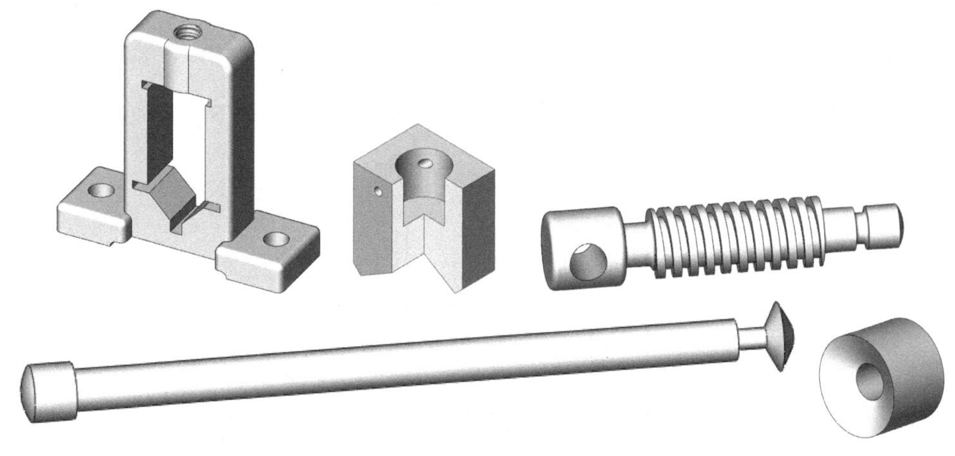

图 10-21　管钳二维零件图

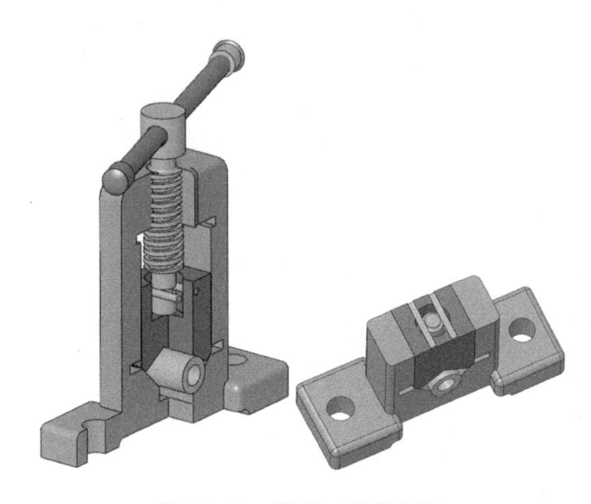

图 10-22　管钳三维装配图

1）打开“A3”样板文件创建一个装配新文件，并将该文件保存为“管钳.dwg”。

2）将相应章节文件中的删除了 2 条过度线的“钳座”主视图导入装配图中，如图 10-23 所示。

3）将相应章节文件中的“滑块”零件图导入装配图中，定位点如图 10-24 所示。

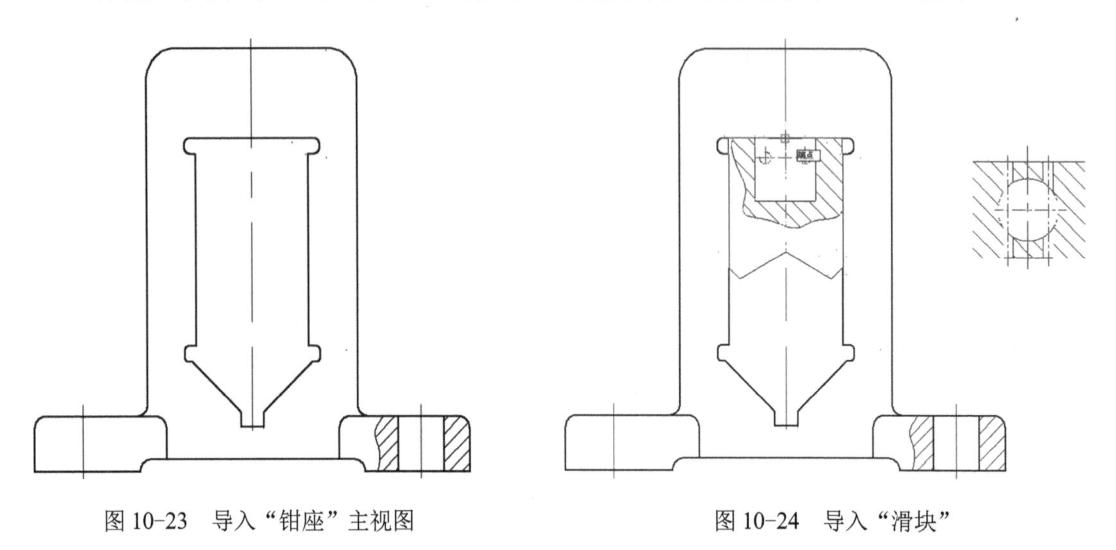

图 10-23　导入“钳座”主视图　　　图 10-24　导入“滑块”

4）单击“常用”面板上的“移动”按钮，将“滑块”垂直向下移动 24.88，如图 10-25 所示。

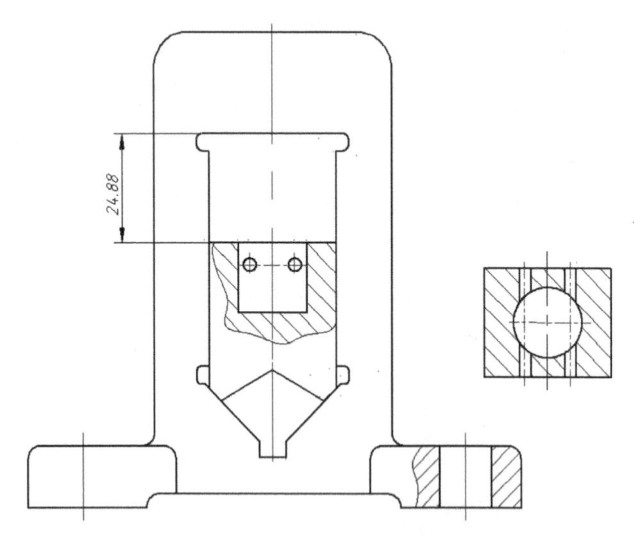

图 10-25　移动图形

5）将相应章节文件中的“螺杆”导入装配图中，单击“修改”工具栏上的“旋转”按钮，将其顺时针旋转 90°，使用 move 命令将其放置在“滑块”的相应位置，定位点如图 10-26 所示。

6）使用 trim 命令修剪掉“钳座”被“螺杆”遮挡住的图线，如图 10-27 所示。

7）将图形放大，添加表示螺纹大小径的线段共 4 条，如图 10-28 所示。

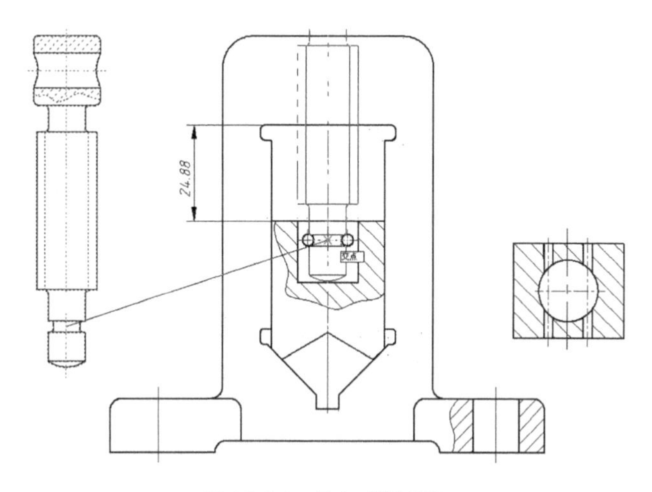

图 10-26　导入“螺杆”

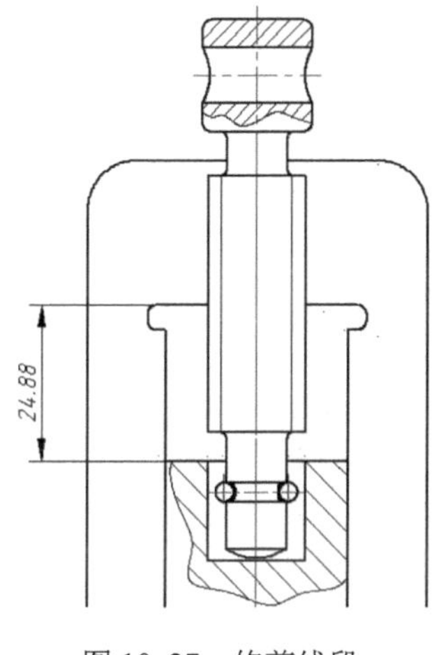

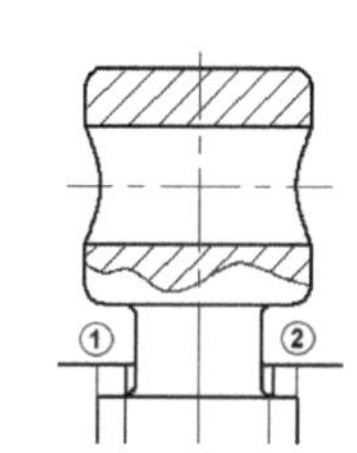

图 10-27　修剪线段

图 10-28　添加线段

8）将相应章节文件中的“手柄杆”导入装配图中，其定位点如图 10-29 所示。

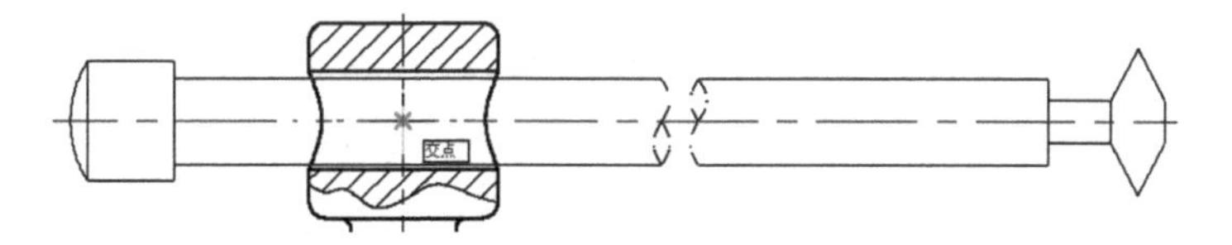

图 10-29　插入“手柄杆”

9）单击“常用”面板上的“修剪”按钮，修剪“螺杆”被“手柄杆”遮挡住的图线，如图 10-30 所示。

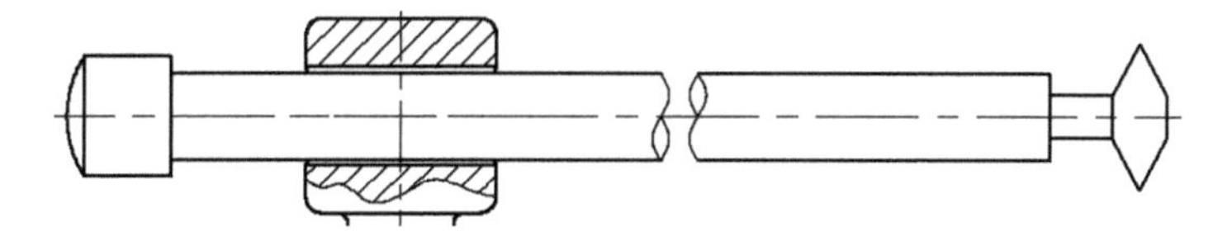

图 10-30　修剪线段

10）将相应章节文件中的“套圈”导入装配图中，其定位点如图 10-31 所示。

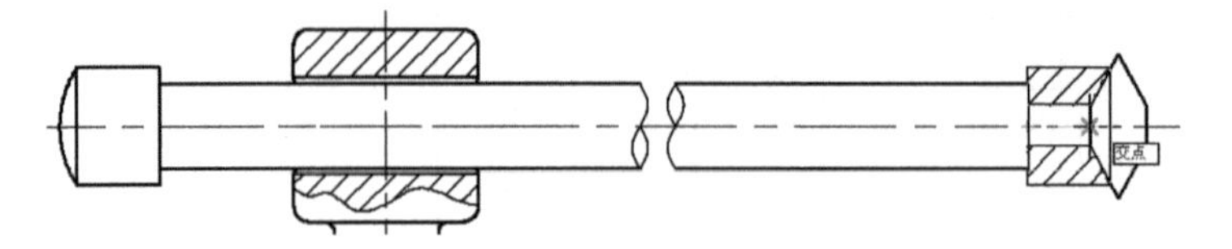

图 10-31　插入“套圈”

11）添加局部剖视图，注意剖面线打到粗实线，如图 10-32 所示。注意相同的零件的剖面线的方向及间隔保持一致，相邻两个零件的剖面线尽量相反或者间隔不一样。

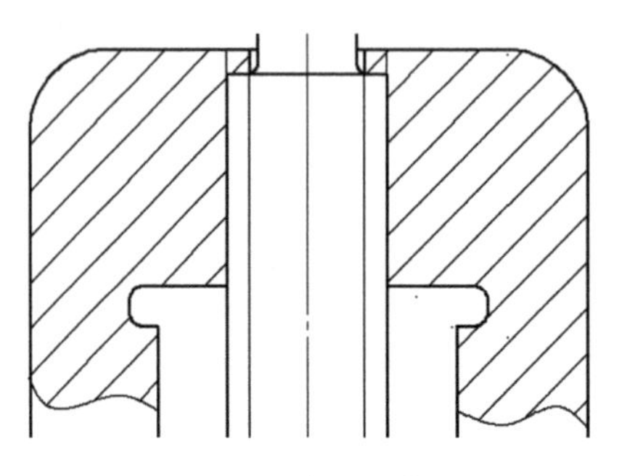

图 10-32　添加局部剖视图

12）添加 2 个圆柱销的剖面线，如图 10-33 所示。

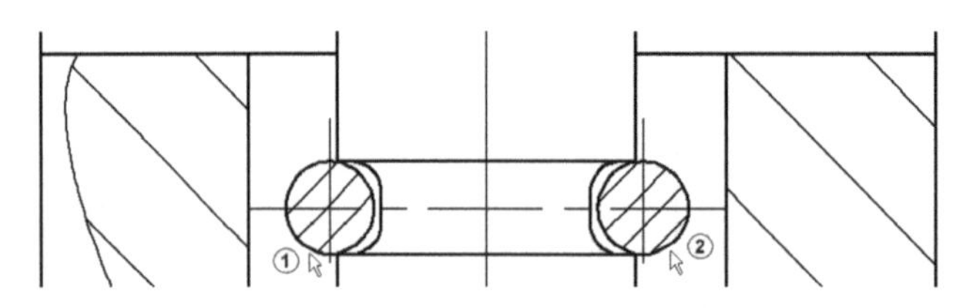

图 10-33　添加“圆柱销”

13）移动“滑块”到钳座的正下方，注意投影关系。将“滑块”的剖视图由图 10-34 中①所示的图形修改为图 10-34 中②所示的图形，即装配后的图形。

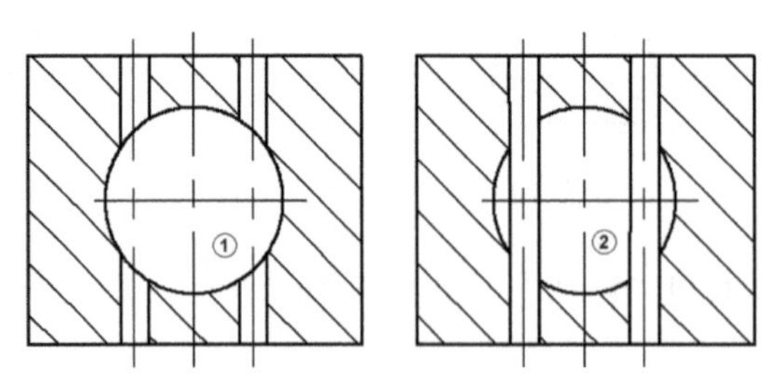

图 10-34　修改“滑块”的剖视图

14）手工添加俯视钳座的断面图，如图 10-35 所示。

15）手工添加螺杆的俯视投影，如图 10-36 所示。

16）手工添加剖切位置和断面图的名称，如图 10-37 所示。

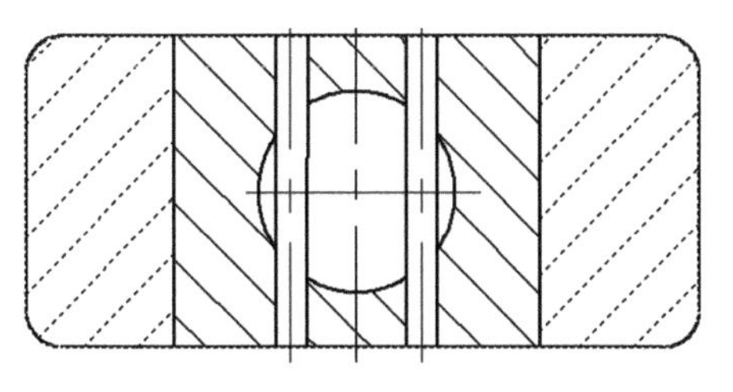

图 10-35　添加俯视钳座的断面图

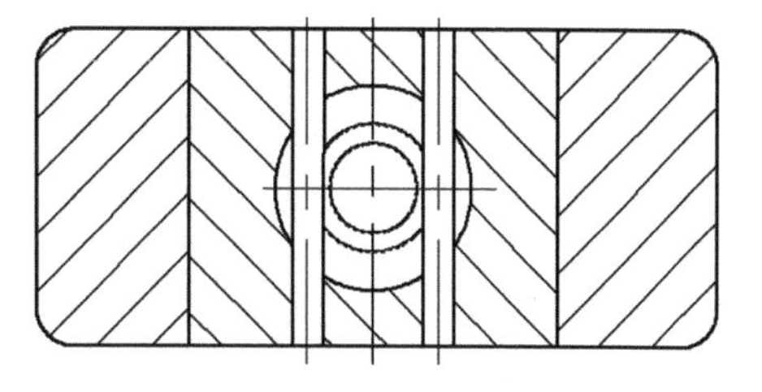

图 10-36　添加螺杆的俯视投影

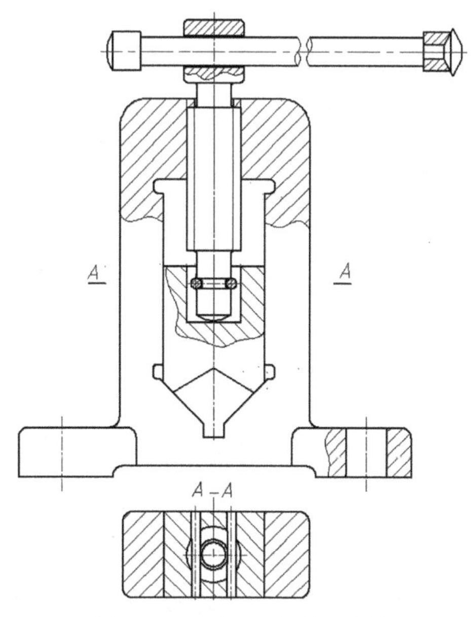

图 10-37　手工添加剖切符号

17）添加序号。这里使用水平线形式的序号。单击“注释”选项卡“引线”面板中右下角的“多重引线样式管理器”按钮，如图 10-38 中①②所示。在系统弹出的“多重引线样式管理器”对话框中单击“新建”按钮，如图 10-38 中③所示。在系统弹出的“创建新多重引线样式”对话框中单击“继续”按钮，如图 10-38 中④所示。

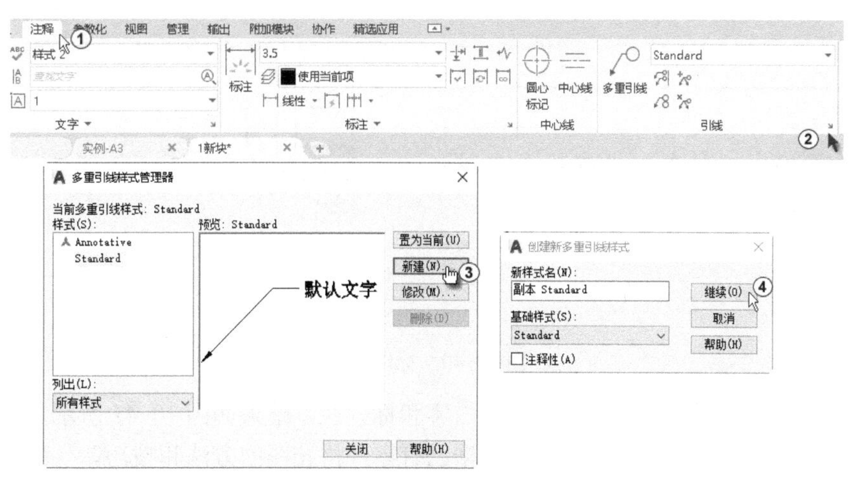

图 10-38　新建引线样式

18）在系统弹出的“修改多重引线样式：副本 Standard”对话框中进行设置，如图 10-39 中①～⑨所示。单击“确定”按钮，完成引线样式设置。

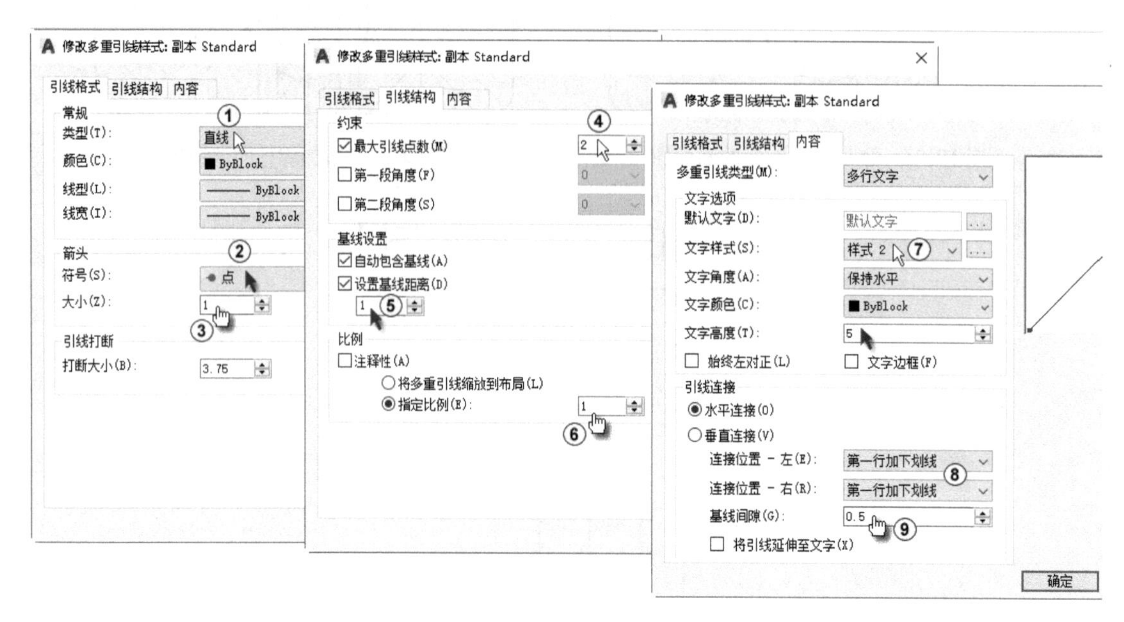

图 10-39　设置引线样式

19）单击“注释”面板中“引线”选项的“多重引线”按钮，如图 10-40 中①②所示。在绘图区单击两点确定文字的输入范围后输入序号“1”，如图 10-40 中③所示；然后移动鼠标指针到相应的零件上单击，如图 10-40 中④所示。利用以上方法完成所有零件序号的标注，结果如图 10-41 所示。

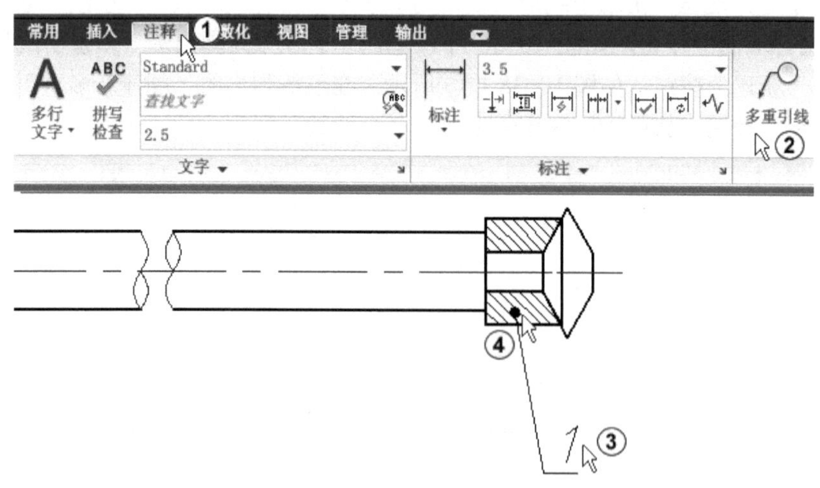

图 10-40　标注序号

20）用表格或者复制建立明细栏并填写内容和标题栏，结果如图 10-42 所示。到此，管钳已经装配完成。读者可以从以上步骤中体会根据已有零件拼装图的方法和技巧。

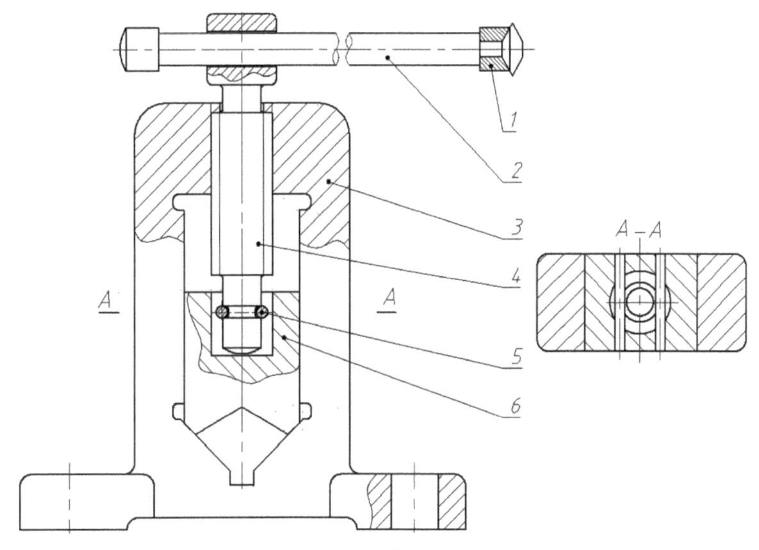

图 10-41　序号标注完的情况

6	P0505	滑　块	1	ZL3	
5	GB119-86	销B3X24	1	35	
4	P0504	螺　杆	1	Q235-A	
3	P0503	钳　座	1	ZL3	
2	P0502	手柄杆	1	Q235-A	
1	P0501	套　圈	1	Q235-A	
序号	代　号	名　称	数量	材　料	备注
制图	江　江　09.7	管　钳	P-0500		
校对			数量	1	比例 1:1
审校		材　料	江苏林业机械厂		

图 10-42　明细栏

10.6　创建管钳图纸集

图纸集顾名思义是图纸的集合。但要注意，这里的图纸概念实际上是 DWG 图形文件中的布局。AutoCAD 提供的图纸集管理器可以非常方便地管理一个产品的所有图纸，还可以将这些图纸都包含在图纸集管理器中统一进行管理。使用图纸集管理器还可以非常方便地打印、发布或归档整个图纸集。

指定图形文件的“布局”将输入到图纸集中，用于定义图纸集的关联和信息存储在图纸集数据（DST）文件中。在创建图纸之前，应完成以下准备工作。

1）合并图形文件：将要在图纸集中使用的图形文件移动到几个文件夹中，这样可以简化图纸集管理。

2）尽量避免多个布局选项卡：要在图纸集中使用的每个图形最好只包含一个布局，该布局将用作图纸集中的图纸。

3）建立图纸创建样板：建立或指定图纸集来创建新图纸的图形样板（DWT）文件。该图形样板文件被称作图纸创建样板，可以在“图纸集特性”对话框或“子集特性”对话框中指定此样板文件。

4）页面设置替代文件：创建或指定DWT文件来存储页面设置，以便打印和发布。该页面设置替代文件可用于将一种页面设置应用到图纸集中的所有图纸，并替代存储在每个图形中的各个页面设置。

注意

虽然可以使用同一个图形文件中的几个布局作为图纸集中的不同图纸，但不建议这样做。由于一次只能在一个图形中打开一张图纸，图形文件的多个布局可能会使多个用户无法同时访问每个布局，还会减少管理选项并使图纸集整理工作变得复杂。

系统提供了两种方法创建图纸集。

（1）从图纸集样例创建图纸集

在向导中，可以选择从“图纸集样例”来创建图纸集，该样例可以提供新图纸集的组织结构和默认设置。使用该样例还可以指定根据图纸集的子集存储路径来创建文件夹。通常，使用这种方法来创建空图纸集，然后单独地输入布局或创建图纸。

（2）从现有图形文件创建图纸集

在向导中，还可以选择从现有图形文件创建图纸集，此时需要指定一个或多个包含图形文件的文件夹。使用这种方法创建图纸集，可以指定让图纸集的子集组织复制图形文件的文件夹结构。即使用文件夹结构来创建图纸集的子集。文件夹中图形的布局可自动输入到图纸集中。

这里只介绍从现有图形文件创建图纸集的步骤。从图纸集样例创建图纸集，过程非常简单，读者可自行操作练习。创建管钳图纸集的步骤如下。

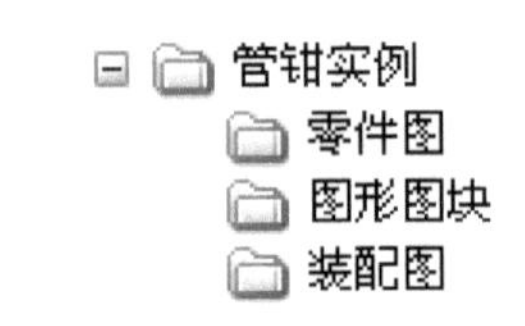

图 10-43　管钳图形的文件夹结构

1）从现有图形文件创建图纸集时，需要指定一个或多个包含图形文件的文件夹。按图10-43所示，整理管钳图形文件所在的文件夹结构。其中管钳所包含的用于拼装装配图的图形图块文件整理在“图形图块”文件夹内；装配图形文件整理在“装配图”文件夹内；零件图形文件整理在“零件图”文件夹内。3个文件夹都包含在“管钳实例”文件夹内。

2）选择“文件”→“新建图纸集”选项，在打开的如图10-44所示的“创建图纸集”向导“开始”窗口中，选中“现有图形”单选按钮。单击“下一步”按钮。

3）打开“图纸集详细信息”窗口，输入图纸集的名称和说明，如图10-45中①②所示。注意，图纸集数据文件（DST文件）应尽量与项目的图形文件保存在同一文件夹内，可单击“浏览”按钮[...]，如图10-45中③所示。在打开的对话框中找到保存图形文件的“管钳实例”文件夹，选择该文件夹后，返回“图纸集详细信息”窗口，单击“下一步”按钮，如图10-45④⑤所示。

4）打开“选择布局”窗口，单击“浏览”按钮，打开“浏览文件夹”对话框，找到保存管钳图形文件的文件夹，再单击“确定”按钮，如图10-46所示。在“选择布局”单击“输入选项”按钮，打开“输入选项”对话框，选中所有复选框再单击“确定”按钮，如图10-47中①～④所示。在“选择布局”窗口中，单击“下一步”按钮。

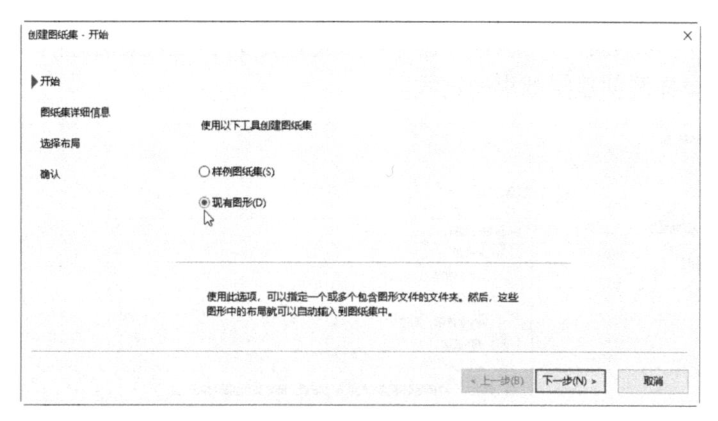

图 10-44　创建图纸集－开始

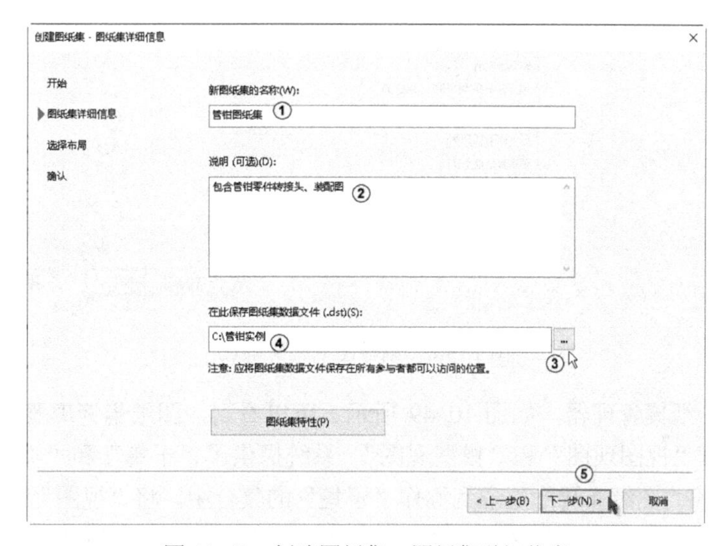

图 10-45　创建图纸集－图纸集详细信息

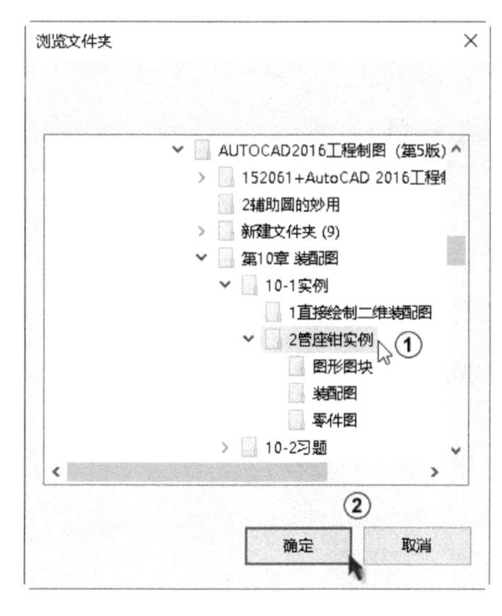

图 10-46　“浏览文件夹”对话框

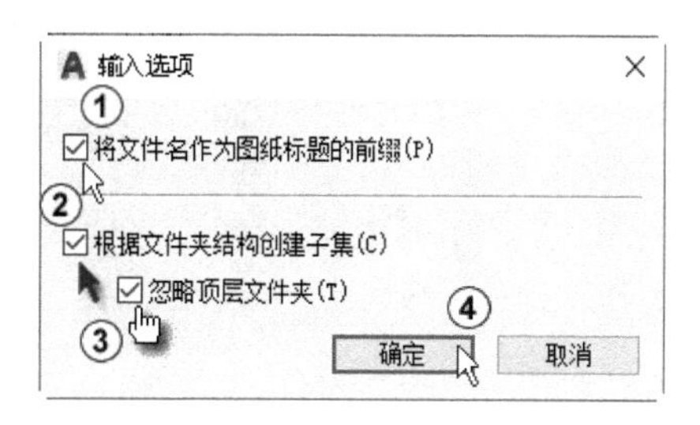

图 10-47　“输入选项”对话框

5）打开如图 10-48 所示的“确认”窗口，该窗口是关于图纸集信息的预览，单击“完成”按钮，完成从图纸集样例创建图纸集的过程。

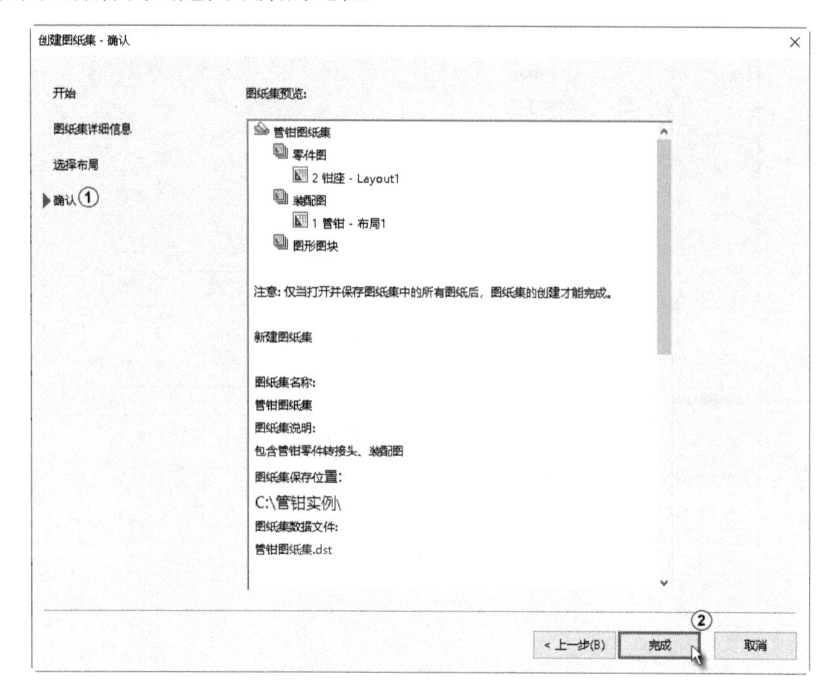

图 10-48　创建图纸集－确认

6）系统打开图纸集管理器，如图 10-49 所示。可以看到，图纸集管理器包括 3 个选项卡，分别是“图纸列表”“视图现图”和“模型现图”。系统提供了“子集”和“类别”的层次结构来管理图纸集；可以将“图纸布局”整理到称作“子集”的集合中，将“视图”整理到称作“类别”的集合中。这里要注意理解两个概念：“子集”和“类别”。“子集”管理的是图形文件的布局，“类别”管理的是图纸视图（命名视图或视口）。对于图纸视图可以按“类别”和“图纸”两种方法查看。

图 10-49　管钳图纸集

图纸子集通常与某个主题相关联。在某些情况下，创建与查看状态或完成状态相关联的子集可能会很有用处。可以根据需要将子集嵌套到其他子集中。创建或输入图纸或子集后，可以通过在树状图中拖动对它们进行重排序。

创建子集的方法是，在图纸集顶层节点或某一子集节点上右击，在弹出的快捷菜单中选择“新建子集”选项。打开如图 10-50 所示的“子集特性”对话框，在其中输入“子集名称”、确认存储该子集图形 DWG 文件的文件夹及确定创建子集图纸的样板文件，最后单击“确定”按钮即可。

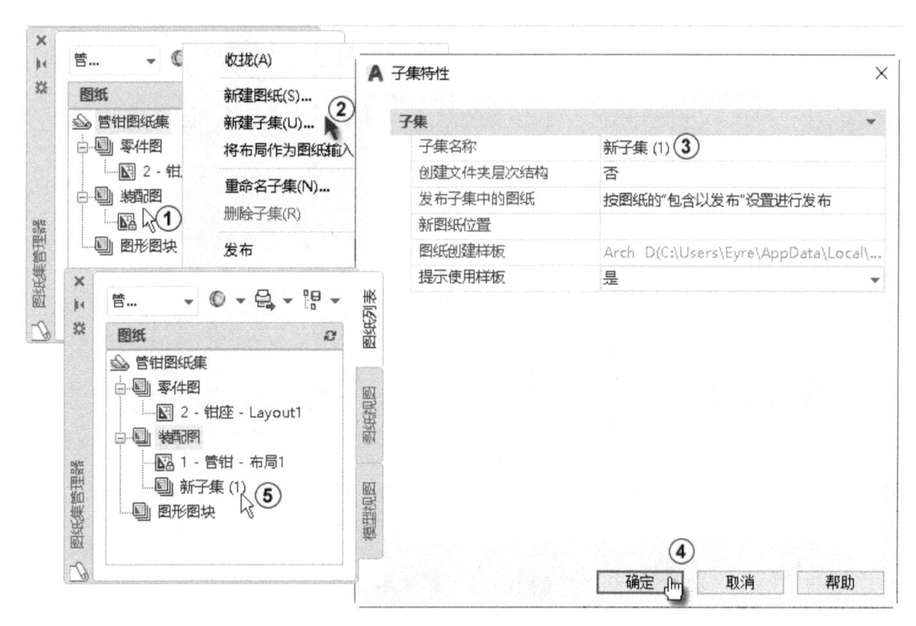

图 10-50 “子集特性”对话框

在创建图纸集的过程中，若在“输入选项”对话框中选中了“根据文件夹结构创建子集”复选框，则创建的管钳图纸集自动包含了“图形图块”“装配图”和“零件图”3 个子集。

删除子集的操作为：在图纸集管理器的“图纸列表”选项卡中，将子集中的所有图纸拖出该子集，在要删除的子集上右击，在弹出的快捷菜单中选择“删除子集”选项。删除子集不会删除相应的图形文件，也不会删除图形文件中的图纸。在相应子集上使用右键快捷菜单，选择“重命名子集”和“特性”选项都可以为子集重新命名。

图纸集管理器的“视图列表”选项卡用来管理类别，类别管理的是图纸视图。类别通常与功能相关联。系统提供了按类别和图纸两种方法来显示视图，对应于图纸集管理器上的“按类别查看”按钮和“按图纸查看”按钮。

10.7 习题

1．根据图 10-51 所示的低速滑轮装置零件图，拼绘“低速滑轮装置”装配图，如图 10-52 所示。标准件请查阅相关的资料获得。

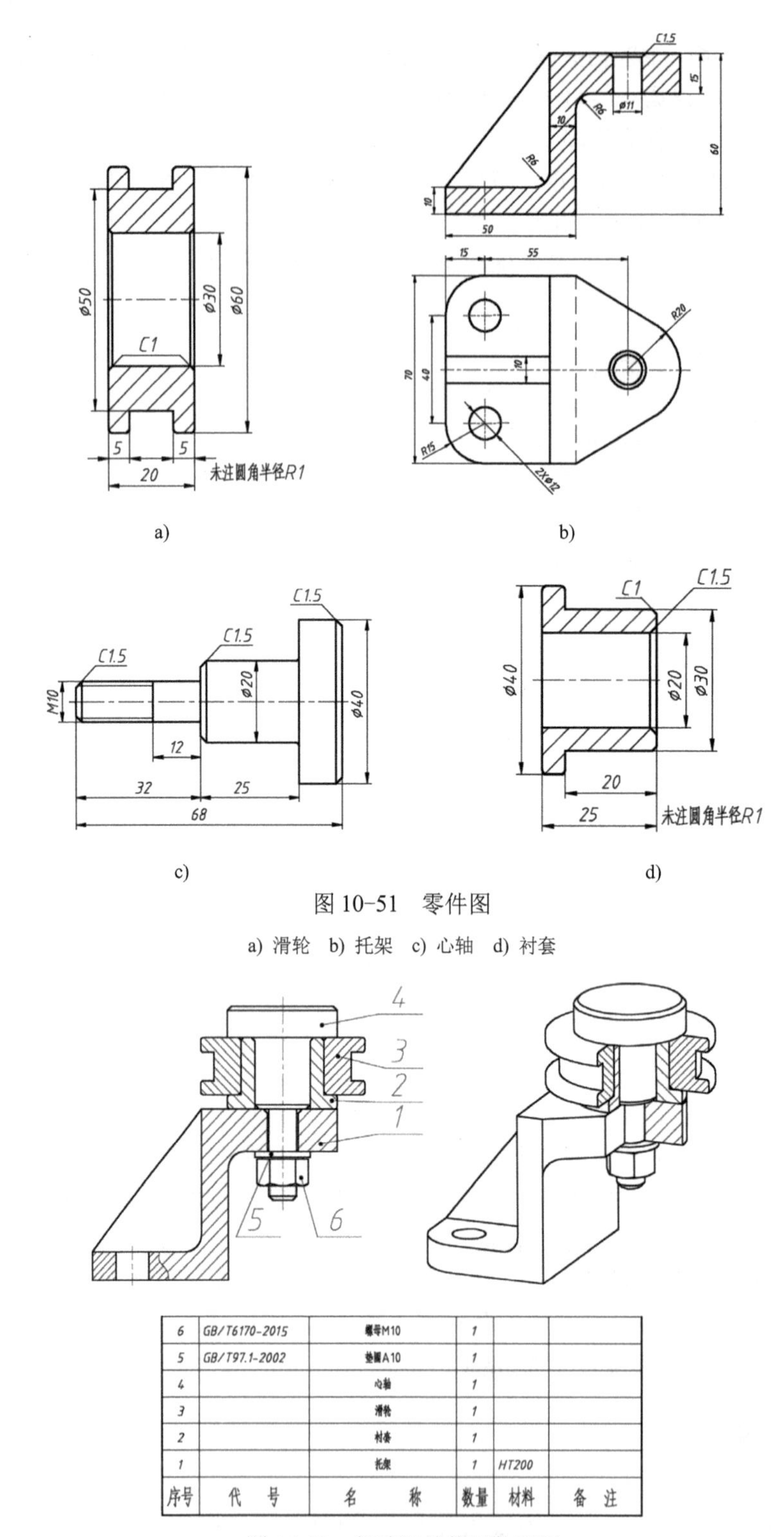

图 10-51　零件图

a) 滑轮　b) 托架　c) 心轴　d) 衬套

序号	代　号	名　称	数量	材料	备　注
6	GB/T6170-2015	螺母M10	1		
5	GB/T97.1-2002	垫圈A10	1		
4		心轴	1		
3		滑轮	1		
2		衬套	1		
1		托架	1	HT200	

图 10-52　低速滑轮装置装配图

2. 根据所绘零件图，拼装“一级齿轮减速器”装配图，如图 10-54 所示，其明细栏如图 10-54 所示。相关零件图请参阅相应的电子文档。

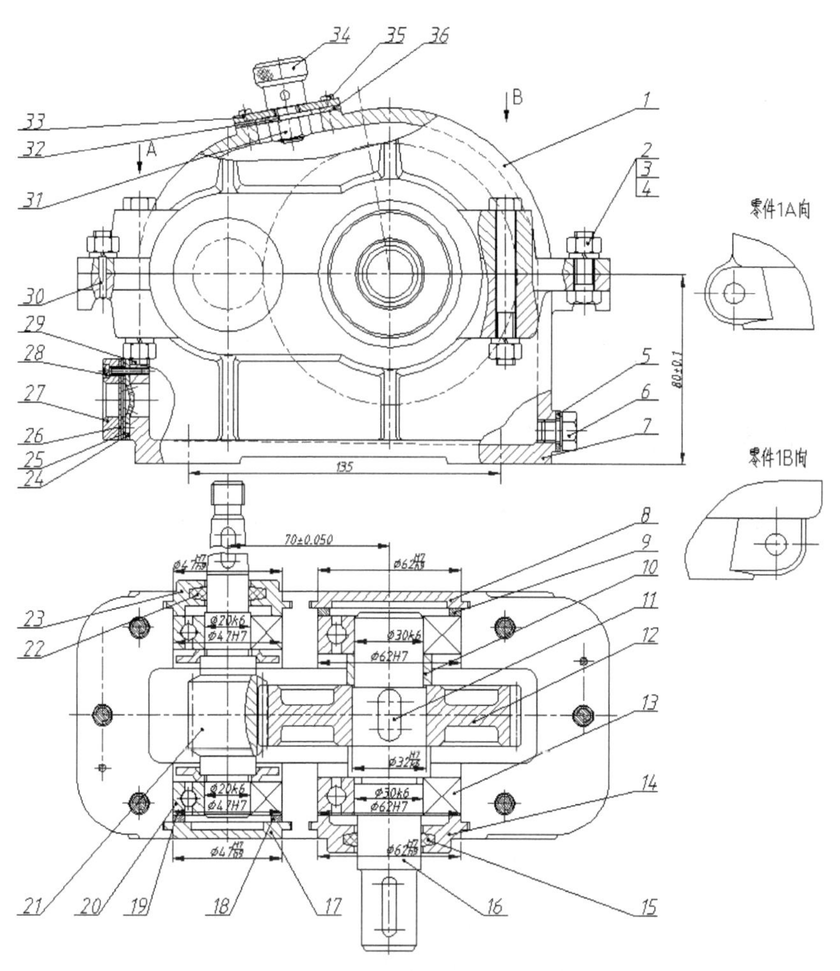

图 10-53 “一级齿轮减速器”装配图

序号	代号	名称	数量	材料	备注
36		垫片	1	压纸板	
35	GB/T65-2016	螺钉M3x10	4	Q235A	
34		透气塞	1	Q235A	
33		视孔盖	1	Q235A	
32	GB/T97.1-2002	垫圈A10	1	Q235A	
31	GB/T6170-2015	螺母M10	1	Q235A	
30	GB/T117-2000	圆锥销3x18	2	45	
29	GB/T5782-2016	螺栓M8x65	4	Q235A	
28	GB/T818-2016	螺钉M3x14	3	Q235A	
27		小盖	1	HT150	
26		油面指示片	1	有机玻璃	
25		垫片	2	毛毡	
24		反光片	1	铝	
23		小轴密封圈	1	毛毡	
22		小端盖	1	HT150	
21	m=2,z=15	齿轮轴	1	45	
20		挡油环	2	Q235A	
19	GB/T276-2013	轴承6204	2		
18		小轴调整环	1	Q235A	
17		小闷盖	1	HT150	
16		轴	1	45	
15		大轴密封圈	1	毛毡	
14		大闷盖	1	HT150	
13	GB/T276-2013	轴承6206	2		
12	m=2,z=55	齿轮	1	45	
11	GB1096-2003	键A10x22	1	45	
10		套筒	1	Q235A	
9		大轴调整环	1	Q235A	
8		大闷盖	1	HT150	
7		箱体	1	HT150	
6		螺塞	1	Q235A	
5	ZB71-82	纸封油圈	1		
4	GB/T93-1987	弹簧垫圈	6	Q235A	
3	GB/T6170-2015	螺母M8	6	Q235A	
2	GB/T5782-2016	螺母M8x25	2	Q235A	
1		箱盖	1	HT150	
序号	代号	名称	数量	材料	备注
制图		减速箱			
校对			数量		比例 1:1
审核					

图 10-54 明细栏

第 11 章　打　　印

AutoCAD 的打印功能非常强大，本章通过实例介绍了打印输出图形时的各种设置和选项，以及在模型空间打印、在图纸空间打印和批量打印等最基本的内容。

11.1　在模型空间打印

下面通过一个例子来说明如何在模型空间进行打印。用 A4 纸来打印如图 11-1 所示的图形。

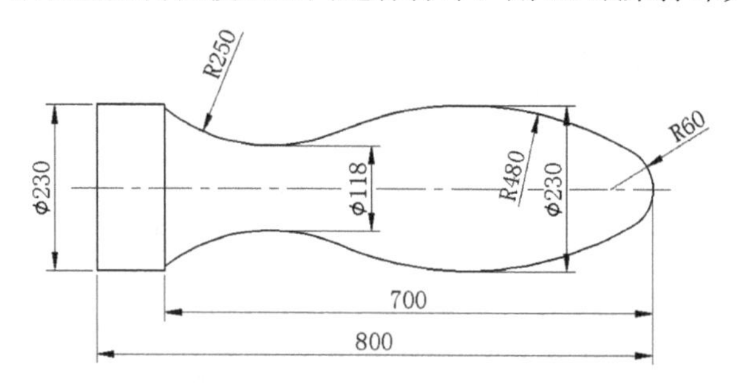

图 11-1　模型空间打印例图

单击“快速访问”工具栏上的“打印”按钮，或者在“模型”选项卡或“布局”选项卡上右击，如图 11-2 中①所示，从弹出的快捷菜单中选择“页面设置管理器”选项，如图 11-2 中②所示，在打开的“页面设置管理器”对话框中单击“新建”按钮，如图 11-2 中③所示，弹出“新建页面设置”对话框，单击“确定”按钮，如图 11-2 中④所示，均弹出“页面设置-模型”对话框。

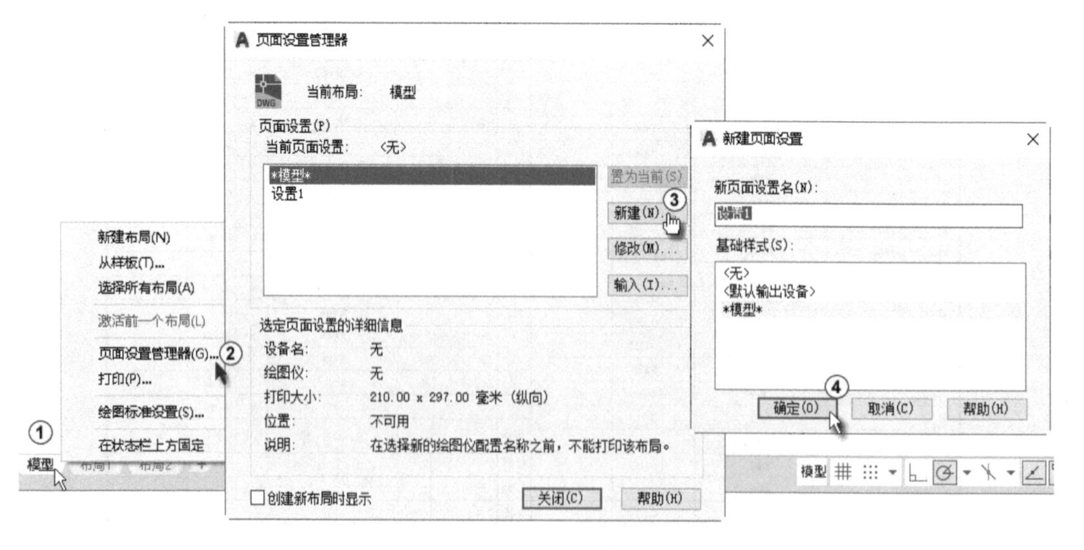

图 11-2　打开“打印”对话框的方式

在“页面设置-模型”对话框中，需要进行下列操作：

1）选择打印机/绘图仪。在“名称”下拉列表中选择打印机（打印机驱动程序应该事先安装好），如图 11-3 中①所示。

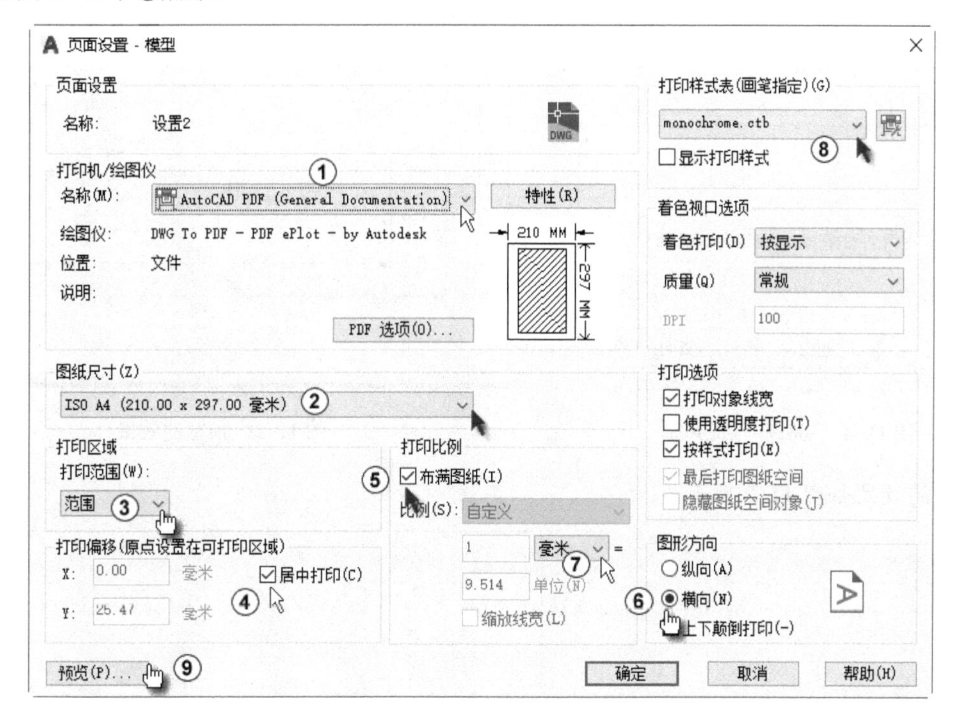

图 11-3 “页面设置-模型”对话框

2）选择图纸尺寸。在“图纸尺寸”下拉列表中选择“2SDA4”选项，如图 11-3 中②所示。

3）确定打印区域。单击“打印范围”下拉列表中选择“范围”，如图 11-3 中③所示。

4）打印偏移。选中“居中打印”复选框，如图 11-3 中④所示。

5）打印比例。选中“布满图纸”复选框，如图 11-3 中⑤所示。

6）图形方向。在“图形方向”选项组中，选中“横向”单选按钮，如图 11-3 中⑥所示。

7）选择单位。选择“毫米”，如图 11-3 中⑦所示。如果图形由公制模板文件（如：acadiso.dwt）建立，则默认设置为毫米；如果图形由英制模板文件（如：acad.dwt）建立，则默认设置为英寸。“像素”仅在选择了光栅输出时才可用。

8）打印样式表（画笔指定）。在“打印样式表（画笔指定）”下拉列表中选择“monochrome.ctb”（黑白打印），如图 11-3 中⑧所示。弹出如图 11-4 所示的“问题”对话框，单击“否”按钮，退出该对话框。

9）预览。单击“页面设置-模型”对话框左下角的“预览”按钮，预览的效果如图 11-5 所示。

10）打印。在“预览”窗口中，单击左上角工具栏中的“打印”按钮🖨，进行打印。或按〈Esc〉键返回“页面设置-模型”对话框，单击“确定”按钮，进行打印。

说明：在审阅草图时，一般不需要精确的比例。在“打印比例”选项组中，应该选择“布满图纸”进行打印。如果要设置精确的比例，在“打印比例”选项组中，应取消选中“布满图纸”

复选框，根据图纸的尺寸设置适当的打印比例。本例图形宽度为 800 毫米，A4 纸宽度为 297 毫米，如图 11-1 所示。用 1∶5 的打印比例，打印到图纸上的尺寸为 160 毫米，如图 11-6 所示。

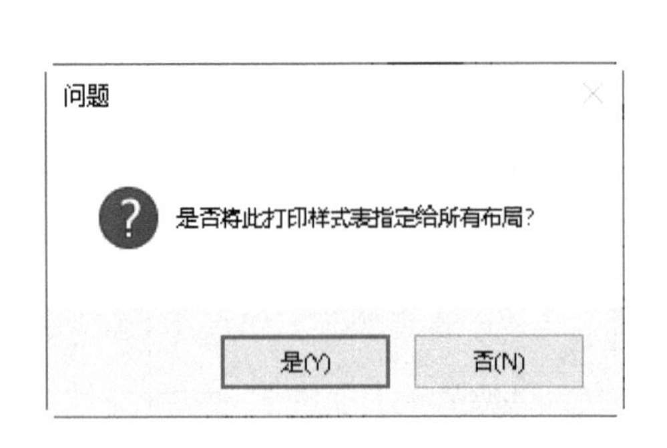

图 11-4 “问题”对话框

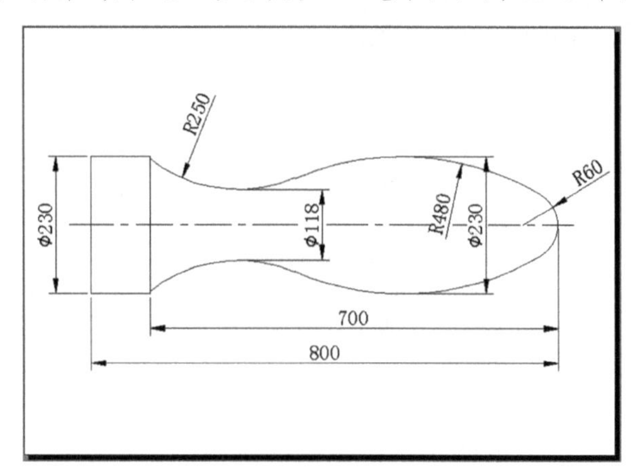

图 11-5 预览的效果

预览的效果如图 11-7 所示。

图 11-6 设置打印比例

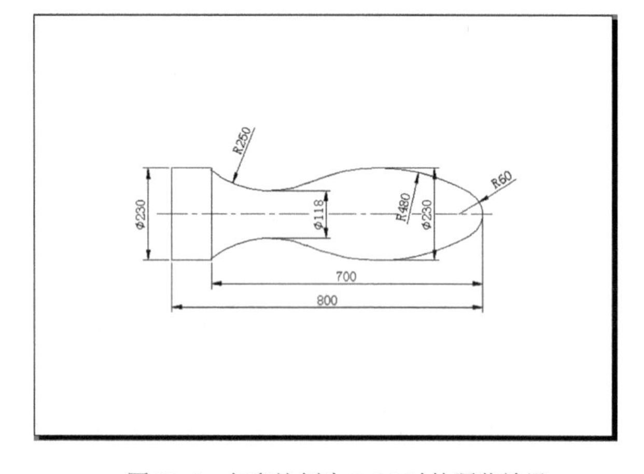

图 11-7 打印比例为 1∶5 时的预览效果

如果要打印图形的一部分（通常是几个图形画在同一个 dwg 文件时），“打印范围”应该选择“窗口”，按 AutoCAD 命令行提示选择两个角点，即可完成打印图形一部分的工作（其他设置同前）。

11.2 在图纸空间打印

本节通过一个例子来说明如何运用图纸空间进行打印。

现在用 A4 纸来打印图 11-8 所示的图形，根据图形的尺寸，可以设置打印比例为 2∶1。

1）将系统变量 PLOTOFFSET 设置为 1（如已设置过，就不必再进行设置）。

```
命令:PLOTOFFSET↙
输入 PLOTOFFSET 的新值 <0>:1↙
```

2）单击“布局 1”，进入图纸空间，如图 11-9 所示。图中最外的长方形为图纸，虚线长方形框内为可打印区域，框外为不可打印区域，内部小长方形为视口线。

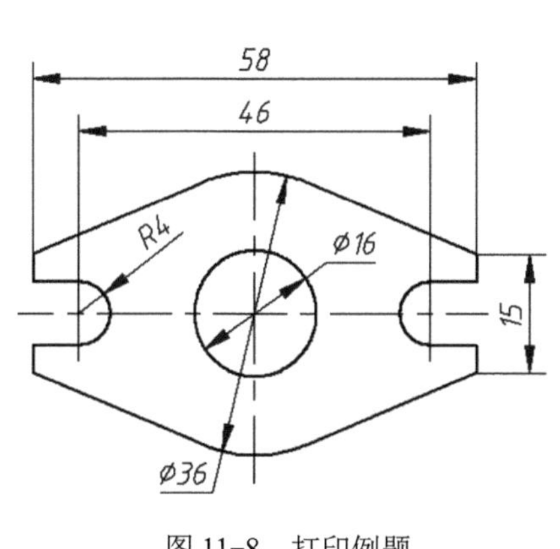

图 11-8　打印例题

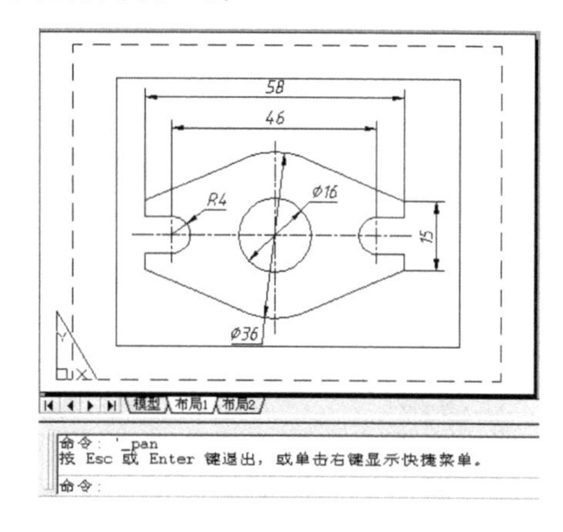

图 11-9　布局

3）右击“布局 1”，在弹出的快捷菜单中选择“页面设置管理器”选项，在系统弹出的“页面设置管理器”中单击“修改”按钮，如图 11-10 中①～③所示。

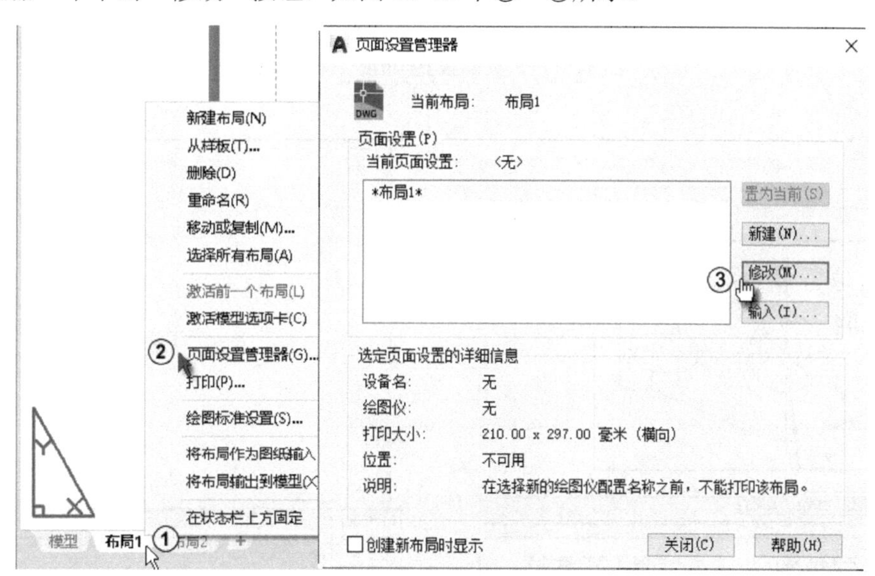

图 11-10　页面设置管理器

4）打开“页面设置-布局 1”对话框，如图 11-11 所示。在“打印机/绘图仪”选项组的“名称”下拉列表中选择打印机，在“图纸尺寸”选项组选择图纸尺寸，在“打印偏移”选项组将 X、Y 的值设置为 0（将坐标原点设在图纸的左下角），在“图纸方向”选项组选择合适的方向，并选中“上下颠倒打印”复选框。单击“确定”按钮，退出“页面设置-布局 1”对话框。回到“页面设置管理器”对话框，单击“关闭”按钮，退出“页面设置管理器”对话框。

5）如图 11-12 所示，进入图纸空间，单击长方形视口线，这时出现夹点，按〈Delete〉键，将视口删除，如图 11-13 所示。

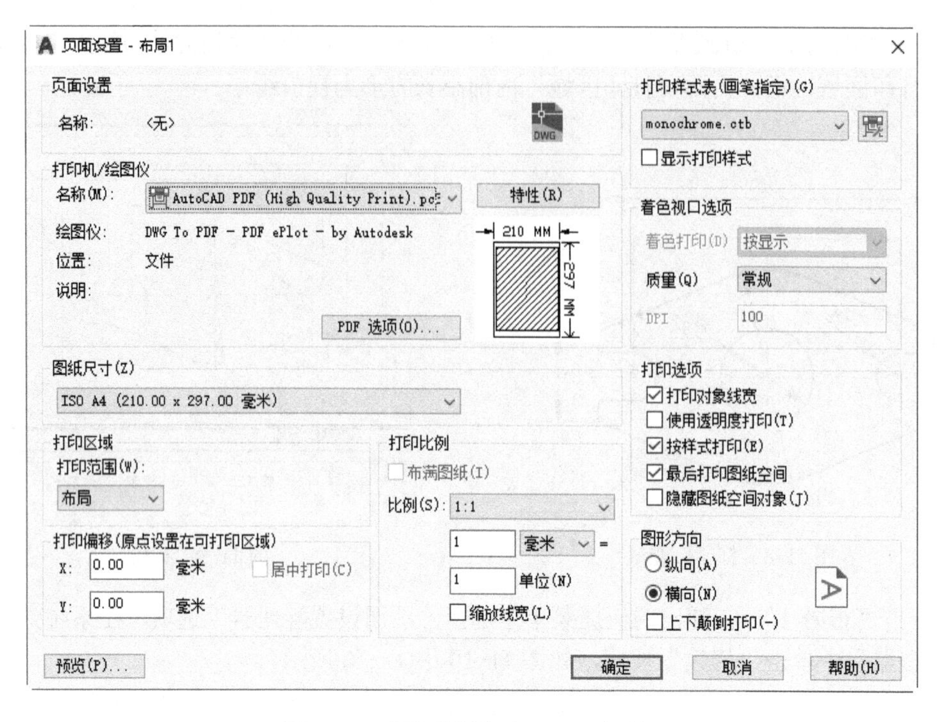

图 11-11 “页面设置-布局 1”对话框

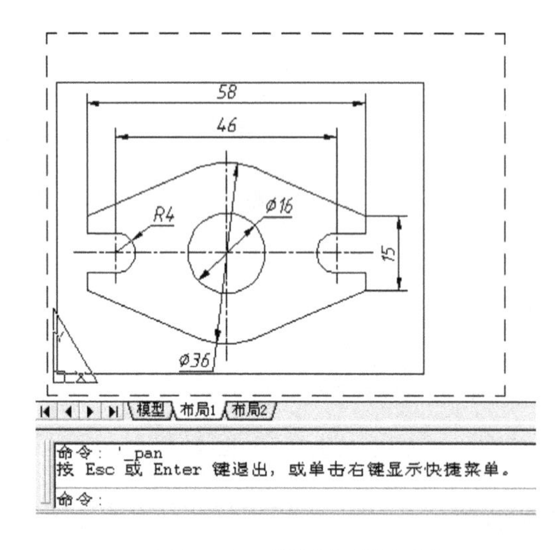

图 11-12 删除视口前的布局

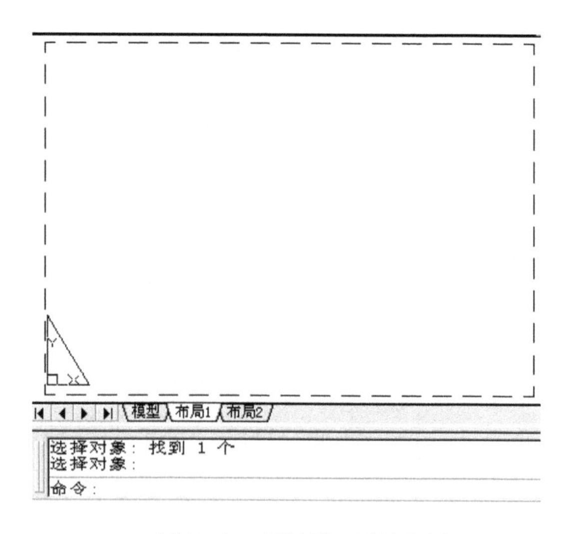

图 11-13 删除视口后的布局

6）新建一图层，设置线宽为 0.8mm，并置为当前层，画一长方形图框，结果如图 11-14 所示。

```
命令:rec↙
RECTANG
指定第一个角点或 [倒角(C)/标高(E)/圆角(F)/厚度(T)/宽度(W)]:10,10↙
指定另一个角点或 [面积(A)/尺寸(D)/旋转(R)]:@277,190↙
```

图 11-14　绘制图框

注意

对于不需要装订的图纸，图框距离纸边的距离为 10mm，如果用 A4 图纸（297mm × 210mm），则图框的长宽分别为（297-20）mm 和（210-20）mm。对于需要装订的图纸或其他尺寸的图纸，可用同样的方法来计算图框的尺寸。

7）重建视口，如图 11-15 所示。

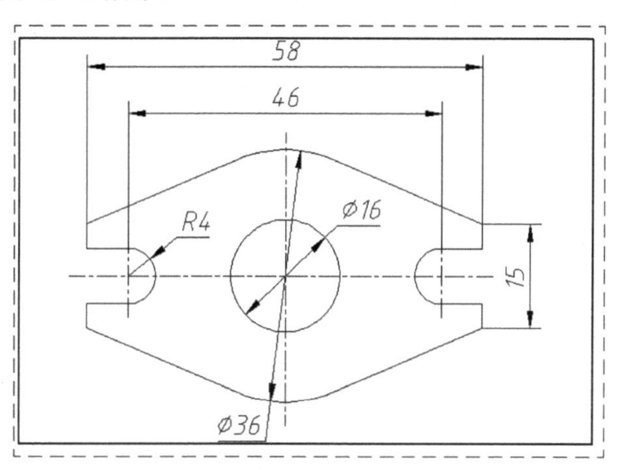

图 11-15　图框转化为视口

```
命令: vports↙
指定视口的角点或
[开(ON)/关(OFF)/布满(F)/着色打印(S)/锁定(L)/对象(O)/多边形(P)/恢复(R)/2/3/4]<布满>:o↙
选择要剪切视口的对象:（选择长方形图框）
正在重生成模型。
```

8）调出“视口”工具栏，在图纸空间单击视口线，然后选择视口，在“视口”工具栏的下拉列表中选择“2∶1”，如图 11-16 所示。也可选择视口，按〈Ctrl+1〉快捷键打开“特性”对话框，将其“标准比例”由“自定义”改为“2∶1”，如图 11-17 所示。

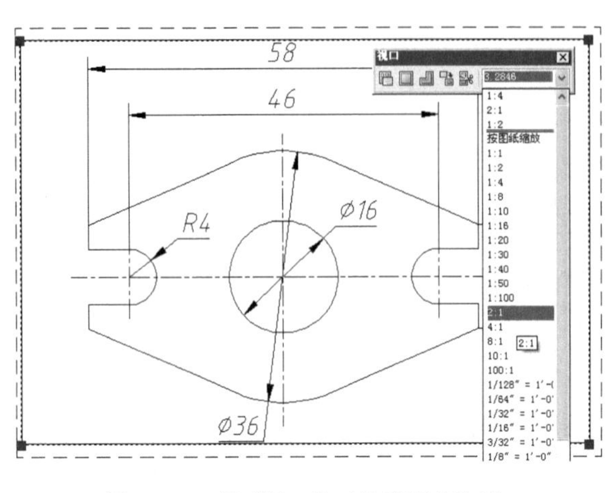

图 11-16　用“视口”工具栏调节比例

图 11-17　用视口的“特性”对话框调节比例

9）用插入块的方法插入标题栏（要事先准备好）。同时注意标题栏块是普通块还是属性块。

10）插入图块，如图 11-18 所示。编辑所要修改的文字（属性块在插入时修改）

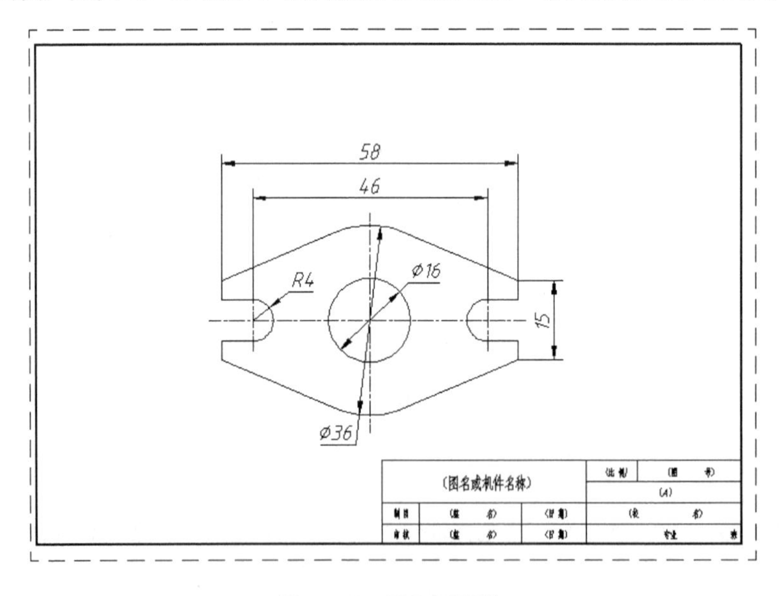

图 11-18　插入标题栏

11）在视口内双击，则“图纸”按钮就成了“模型”按钮。原来较细的视口线就变得较粗，这时可以对图形进行编辑（常常要用移动命令调整图形的位置，进行标注或修改标注），如图 11-19 所示。

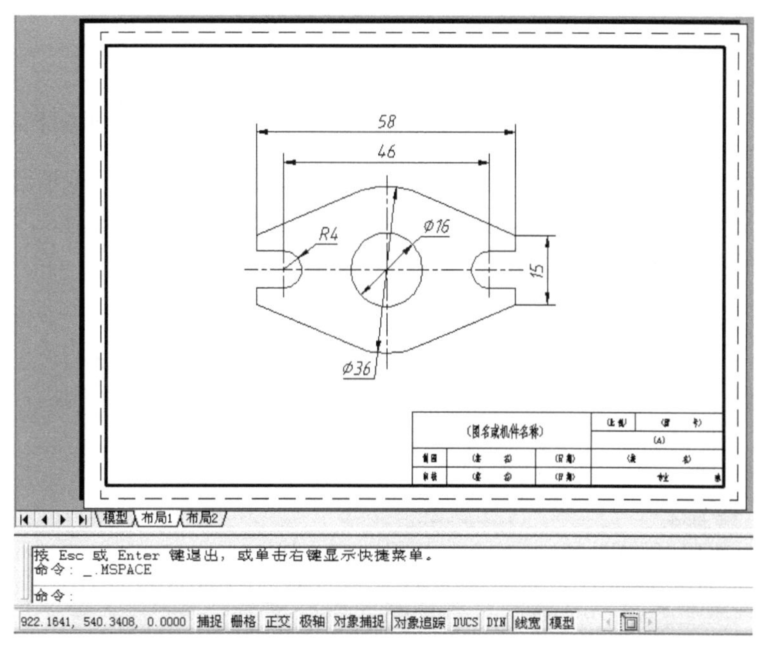

图 11-19　编辑图形

12）用 D 命令进行标注设置，保证不论以何比例打印出图，字高保持不变。打开“标注样式管理器”对话框，单击“修改”按钮。

13）打开“修改标注样式：3.5”对话框，如图 11-20 所示。选择“调整”选项卡，在“标注特征比例”选项组中，设置“使用全局比例”为 0.5，单击“确定”按钮，退出“修改标注样式：3.5”对话框，回到“标注样式管理器”对话框，再单击“关闭”按钮，退出“标注样式管理器”对话框。

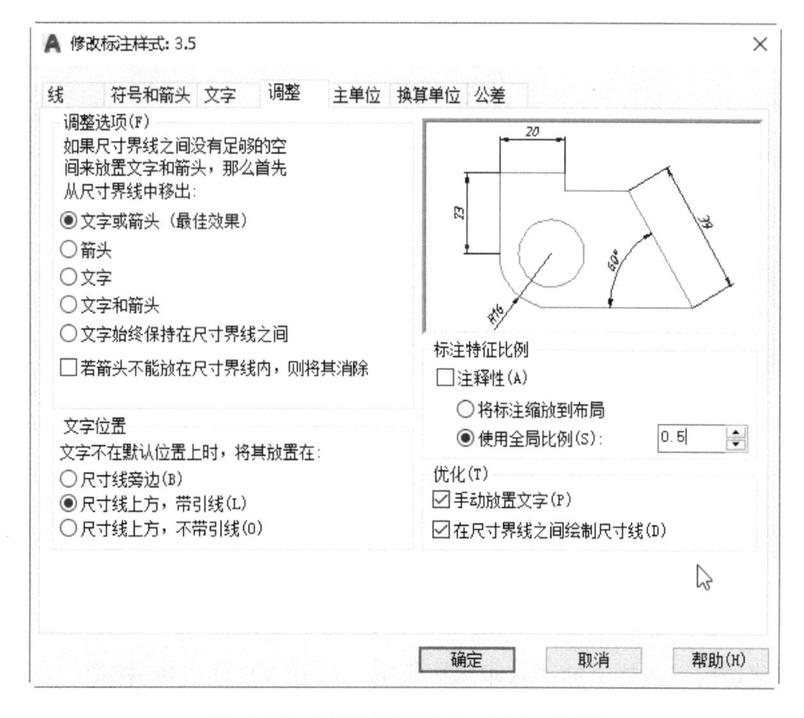

图 11-20　“修改标注样式：3.5”对话框

注意

全局比例值和视口比例值互为倒数，若视口比例为 1∶100，则“使用全局比例”为 100。

14）用 linetpye 命令打开“线型管理器”对话框，如图 11-21 所示。取消选中“缩放时使用图纸空间单位”复选框，修改“全局比例因子”0.05（如原来为 0.1，现改为 0.1×0.5），单击“确定”按钮退出“线性管理器”对话框。

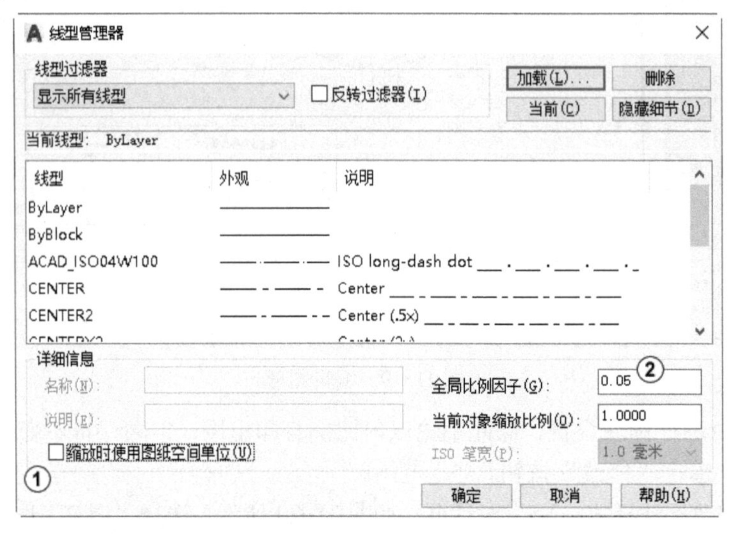

图 11-21 “线型管理器”对话框

15）现在各项设置均已完成，结果如图 11-22 所示。

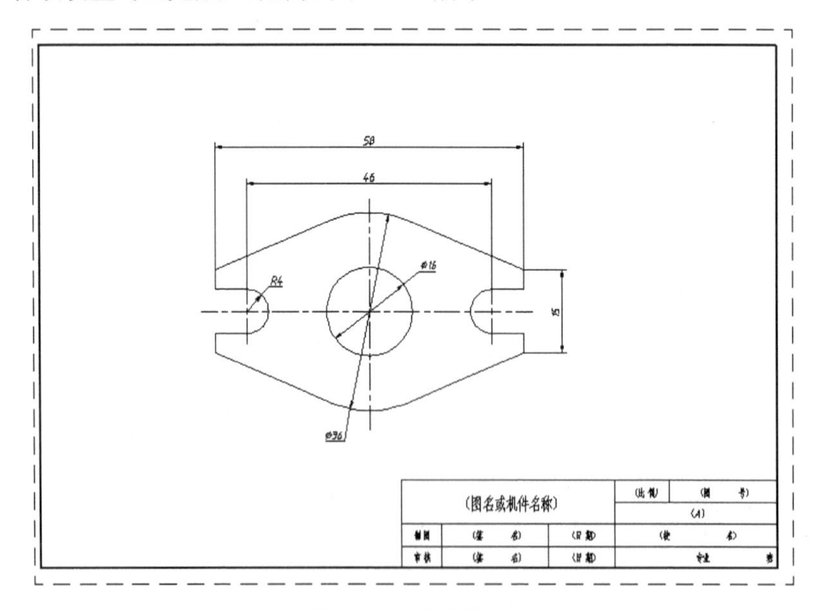

图 11-22 完成设置

16）单击快速访问工具栏上的“打印”按钮，打开“页面设置-模型”对话框，单击“确定”按钮，即可进行打印。

11.3 拼图打印

为了节省图纸，有时会将几个需要打印的图拼在一起打印。

1）打开“底座.dwg”文件，弹出“缺少 SHX 文件”对话框，选择“为每个 SHX 文件指定替换文件”选项，打开“指定字体给样式 STANDARD”对话框，在“大字体”列表中选择“gbcbig.shx”选项，如图 11-23 中①②所示，单击“确定”按钮。

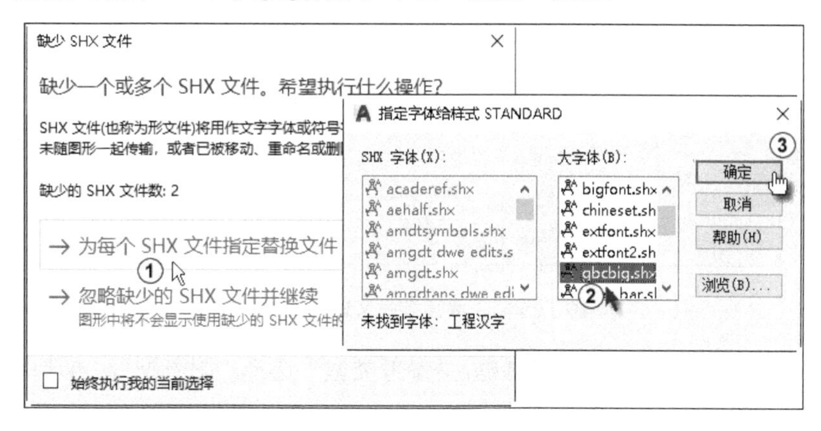

图 11-23　指定字体样式

2）系统弹出“选择形文件：cc.shx”对话框，单击“取消”按钮，如图 11-24 所示。

图 11-24 “选择形文件：cc.shx”对话框

3）为了省纸，可将不同比例的图拼在一张图里打印出来以查看效果或者检查是否有错误等。选择“插入”→“DWG 参照”选项，弹出“选择参照文件”对话框，选择“螺钉.dwg”文件，单击“打开”按钮，如图 11-25 所示。

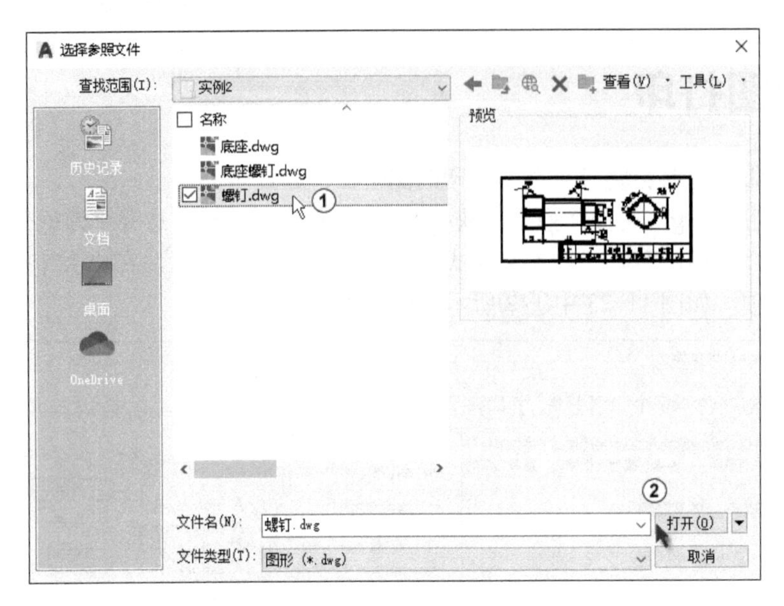

图 11-25 “选择参照文件”对话框

4）系统弹出“附着外部参照”对话框，“参考类型”选择“附着型”，再选中“在屏幕上指定”3 个复选框，最后单击“确定”按钮。

5）在工作界面中指定插入点，连续按 3 次〈Enter〉键，取默认值，完成引入外部参照的操作。用 move 命令和缩放命令，调整图样的位置，最终结果如图 11-26 所示。

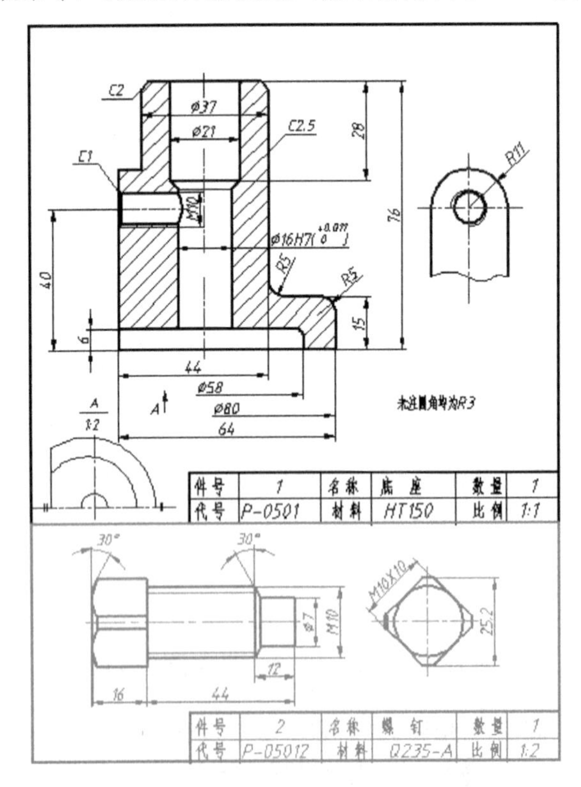

图 11-26 引入外部参照并调整图形后的结果

6）选择“文件”→“打印”选项或者按快捷键〈Ctrl+P〉，弹出“打印-模型”对话框，在对话框中进行设置，如图 11-27 所示。

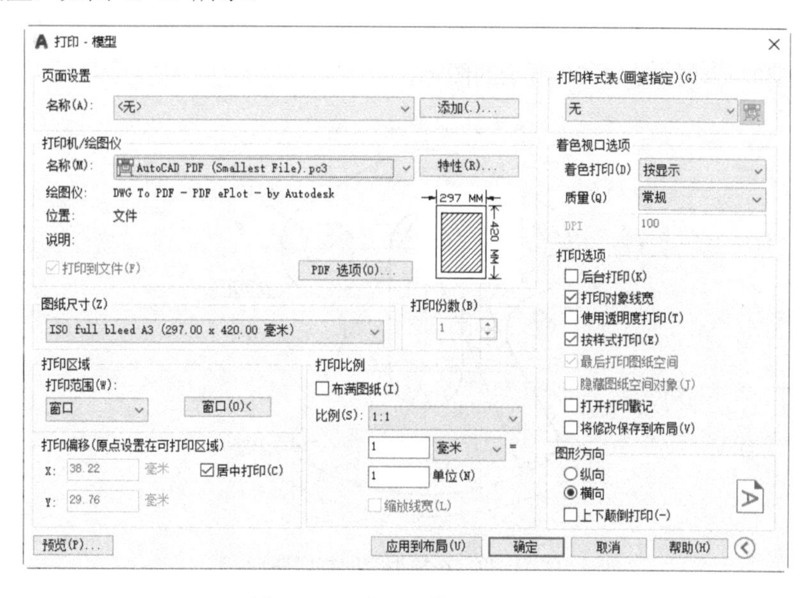

图 11-27　“打印-模型”对话框

7）选择“打印范围”为“窗口”，单击“窗口(0)”按钮，系统返回图形界面，框选要打印的范围，如图 11-28 中①②所示。系统返回“打印—模型”对话框，单击“预览”按钮，在预览的图形中右击，从弹出的快捷菜单中选择“打印”选项，如图 11-28 中③所示，即可完成拼图打印。

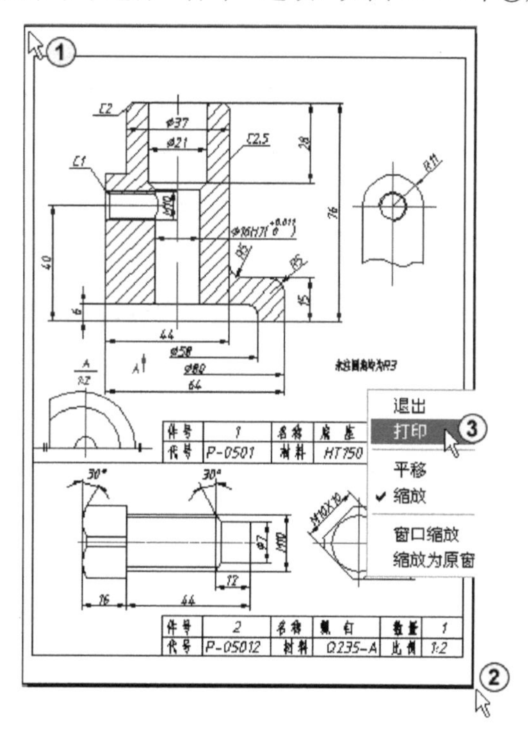

图 11-28　预览图形

11.4 习题

1．在模型空间打印如图 11-29 所示的图形。

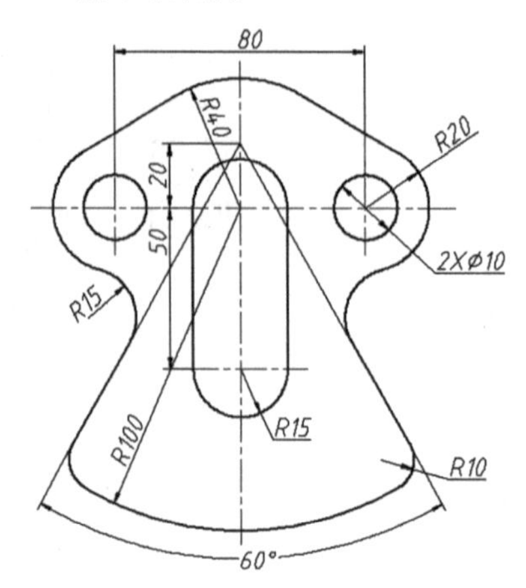

图 11-29　在模型空间打印图形

2．在图纸空间打印如图 11-30 所示的反光片图形。

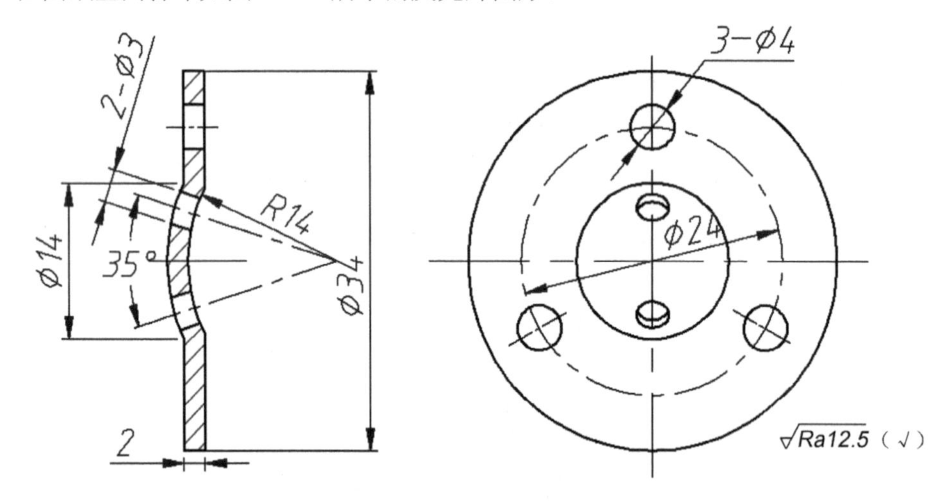

图 11-30　在图纸空间打印